数据驱动的故障检测与诊断

以高炉炼铁过程为例

杨春节　楼嗣威　孙优贤　著

科学出版社

北　京

内 容 简 介

高炉炼铁过程故障检测与诊断是国际公认的挑战性难题。本书从数据驱动角度系统性地总结和阐述作者及其团队近 10 余年在高炉炼铁过程故障检测与诊断方面的一系列研究成果，主要包括绪论、故障检测、故障诊断及工业应用四部分内容。故障检测部分主要针对过程数据强噪声、非线性和非平稳等问题，重点介绍主成分追踪、平稳子空间分析和图理论等检测方法；故障诊断部分主要针对多工况、大时变和小样本等难点，重点介绍隐马尔可夫模型、核网络模型、生成对抗网络和迁移学习等诊断方法；工业应用部分主要阐述工业互联网基础上故障检测与诊断的具体实现，包括工业互联网平台架构、数字孪生体构建和应用实例。

本书可作为高等院校控制、冶金、计算机、人工智能等学科研究生和高年级本科生的参考书，也可供相关专业的工程技术和设备运维人员参考。

图书在版编目（CIP）数据

数据驱动的故障检测与诊断 ：以高炉炼铁过程为例 / 杨春节，楼嗣威，孙优贤著. -- 北京 ：科学出版社，2024. 10. -- ISBN 978-7-03-079546-5

Ⅰ. TF53

中国国家版本馆 CIP 数据核字第 20248Y02V0 号

责任编辑：闫　悦　霍明亮 / 责任校对：胡小洁

责任印制：师艳茹 / 封面设计：蓝正设计

科学出版社出版

北京东黄城根北街 16 号

邮政编码：100717

http:// www.sciencep.com

北京中科印刷有限公司印刷

科学出版社发行　各地新华书店经销

*

2024 年 10 月第　一　版　开本：720×1000　1/16

2024 年 10 月第一次印刷　印张：16 3/4　插页：4

字数：335 000

定价：158. 00 元

（如有印装质量问题，我社负责调换）

前　言

钢铁工业是国民经济的重要支柱产业，是关乎工业稳定增长、经济平稳运行、绿色低碳发展的重要领域。我国钢铁工业经过几十年的发展，形成了庞大的生产规模，至2021年末，规模以上企业达5640家，粗钢产量连续多年位居世界第一。国家统计局数据显示，2022年中国粗钢产量为101300万吨。我国已成为世界钢铁生产和消费大国，但是钢铁工业的发展面临着生产综合能效低、环境负荷重、事故风险大等重大共性问题，这是我国由钢铁大国向钢铁强国跨越必须解决的关键难题。

在钢铁制造流程中，高炉炼铁过程是能耗最大、排放最多、成本最高的关键环节。在高炉炼铁过程中，原燃料品质波动、设备故障、人员误操作等使得高炉炉况失常时有发生。高炉炉况一旦失常，不仅会增加生产能耗、排放和成本，而且会导致资源和设备的重大损失，甚至有可能引发事故造成人员伤亡。高炉炼铁过程故障检测与诊断是钢铁企业智能化提升的重要组成部分，及时地发现和处理故障，保证高炉安全、稳定和高效运行，对钢铁企业智能制造至关重要。

本书是一本专注于高炉炼铁过程故障检测和诊断技术的专业著作。针对高炉炼铁过程实际工程问题和需求，本书作者及其团队深入实际工业现场开展研究，提出了一系列先进的数据驱动故障检测与诊断方法，并采用了数值实验、实际高炉炼铁过程数据进行了充分验证，部分工作进行了实际工程应用。研究成果已在 *IEEE Transactions on Industrial Informatics*、*IEEE Transactions on Automation Science and Engineering*、*IEEE Transactions on Instrumentation and Measurement*、*Information Sciences*、*Journal of Process Control*、*Industrial and Engineering Chemistry Research* 等国际权威期刊发表。本书正是这些已发表研究成果的系统性总结、凝练和进一步提升。

本书从数据驱动角度系统性总结和阐述了作者10余年在高炉炼铁过程故障检测与诊断方面的系列研究工作，包括绪论、故障检测、故障诊断及工业应用四部分内容。全书共分为4部分。第1部分是关于高炉炼铁过程及故障检测与诊断的绪论，第2部分（第2～4章）详细地介绍高炉炼铁过程故障检测的方法，第3部分（第5～8章）介绍高炉炼铁过程故障诊断方法，第4部分（第9章）介绍基于工业互联网架构的高炉炼铁过程故障检测与诊断APP开发及应用，包括工业互联网平台的架构、数字孪生体的构建及基于互联网平台的高炉炼铁过程故障检测与诊断。其中，第2部分包含3章，主要涵盖高炉炼铁过程检测的主成分追踪、平稳子空间分析、图理论等方法。第3部分包含4章，主要介绍高炉炼铁过程故障诊断的隐马尔可夫模型、核网络、生成对抗网络及迁移学习等方法。每章均包含多种方法，这些方法在技术层面逐步递进，同时也为不同问题提供了相应的解决方案。

本书涉及的研究工作得到了诸多科研项目的持续支持。在此要特别感谢国家自然科学基金委员会重大项目（61290320）和国家自然科学基金委员会重点项目（61933015）、工业和信息化部工业互联网创新发展项目（TC19084DY）、国家高技术研究发展计划（863计划）项目（2012AA041709）等的资助。国家自然科学基金委员会重大项目（61290320）由浙江大学牵头，中南大学、东北大学、清华大学和上海交通大学联合参与，重点研究大型高炉高性能运行控制基础理论和关键技术。本书作者孙优贤院士为项目负责人，杨春节教授为技术负责人。本书作者诚挚感谢中南大学桂卫华院士、蒋朝辉教授，东北大学柴天佑院士、王宏教授、周平教授，清华大学叶昊教授、周东华教授、熊智华教授、张统帅博士，上海交通大学关新平教授、陈彩莲教授、杨根科教授，燕山大学华长春教授、李军朋教授，武汉科技大学毕学工教授，北京科技大学张瀚文副教授，浙江理工大学吴平副教授等对本书相关研究工作给予的鼎力支持和帮助。

本书的研究工作及相关项目执行得到了广西柳州钢铁集团有限公司的大力支持，特别是副总经理施沛润、炼铁厂厂长莫朝兴、炼铁厂党委书记谢庆生、首席技术官李明亮、炼铁厂2号高炉党委书记范磊和2号高炉车间主任丘未名，以及广西柳钢东信科技有限公司董事长张海峰和苏志祁博士等给予的坚定支持与无私帮助，在此表示衷心感谢。

在本书涉及的诸多科研工作中，作者的博士和硕士研究生王琳、潘怡君、安汝峤、孙梦园、谢澍家、高大力等做出了重要的贡献，在此表示感谢。此外，在本书撰写过程中，作者的学生黄晓珂、朱雄卓、张徐杰、孔丽媛、杨越麟、闫夺今、王少琪参与了整理工作，在此一并表示感谢。

由于作者水平有限，难免存在不足之处，恳请广大读者批评指正，在此表示感谢。

作　者
2023年11月1日于浙江省杭州市

目　　录

第1章　绪　　论

1.1　引言

钢铁工业是我国国民经济的重要支柱产业，早在 2006 年，我国生铁产量就已超过 4 亿吨，以 46%的比例在全球生铁总产量中占有压倒性的份额；且截至 2021 年底，我国粗钢年产量更是达到了 10.32 亿吨，超过世界其他国家及地区的总和。从产量上而言，中国钢铁产量在全世界是毫无争议的第一，但其背后存在的问题却不容小觑，包括：能耗与排放过高、生产安全隐患较多、产业过于分散、高品质钢材生产能力不足和供应链管理水平较低等。因而，尽管产量位居第一，我国的钢铁产业却未能在全世界的钢铁行业中取得领先地位，严重影响我国钢铁产业的发展[1-4]。

随着钢铁工业生产过程规模越来越大，生产复杂程度不断提高，生产过程的不确定性也逐渐增大，如图 1.1.1 所示。这进一步使得钢铁生产故障发生频率提高，从而加剧生产过程中可能出现的故障状况。高炉炉况一旦失常，往往会引起燃料比增加、铁水质量下降、休风时间增长等问题，不仅会增加生产能耗、排放和成本，而且会导致资源和设备的重大损失，降低高炉炉龄，甚至有可能引发事故并造成人员伤亡[5-8]。2011 年 10 月 5 日，江苏南京钢铁股份有限公司炼铁厂 5 号高炉发生严重的铁水外溢事故，最终造成 12 死 1 伤的惨痛后果；2019 年 5 月 29 日，江西南昌方大特钢科技股份有限公司高炉发生煤气管道燃爆事故，造成 6 人死亡，9 人受伤；2019 年 10 月，吉林恒联精密铸造科技有限公司 1 号高炉下降管装置发生爆炸，造成 1 人死亡，2 人受伤[9]（图 1.1.2）。上述生产事故无一不表明，在现代工业运行过程中，安全性及可靠性需要设计人员与现场工程师格外注意。

图 1.1.1　某钢铁厂高炉炼铁过程远景图

(a) 江苏南京钢铁股份有限公司炼铁厂5号高炉铁水外溢事故　(b) 江西南昌方大特钢科技股份有限公司高炉煤气管道燃爆事故　(c) 吉林恒联精密铸造科技有限公司1号高炉下降管装置爆炸事故

图 1.1.2　高炉炼铁过程事故现场图

随着钢铁工业的数字化转型，通过工业过程中广泛使用的分布式控制系统（distributed control system，DCS）及各种智能化仪表、现场总线技术，其数据中心采集并集中存储了大量的过程数据。在高炉系统投建时，也会在高炉本体与辅助系统上安装大量的传感器，用于测量压力、温度和流量等过程数据。这些数据共同反映了高炉炼铁过程的运行状态，通过分析与研究这些数据，可以实现及时准确的故障检测与诊断，将发生重大事故的可能性最大限度地减小，保证高炉炼铁过程能够始终处于平稳、正常的运行状态[10]。

1.2　高炉炼铁过程及其故障检测与诊断问题描述

1.2.1　高炉炼铁过程描述

高炉炼铁流程示意图如图 1.2.1 所示，其中原料通过一次料场、二次料场的混匀配料，再通过烧结机的烧结工序，将混匀矿、助溶剂、焦丁、煤粉等组成的烧结原料烧结以形成烧结矿。烧结矿和焦炭通过料斗从炉顶进入高炉，空气则通过鼓风机加压和热风炉加热后鼓入高炉。最终，铁水作为产物从高炉底部导出，而顶部则持续排出煤气，并通入高炉煤气余压透平发电装置（blast furnace top gas recovery turbine unit，TRT）实现能源的二次利用。

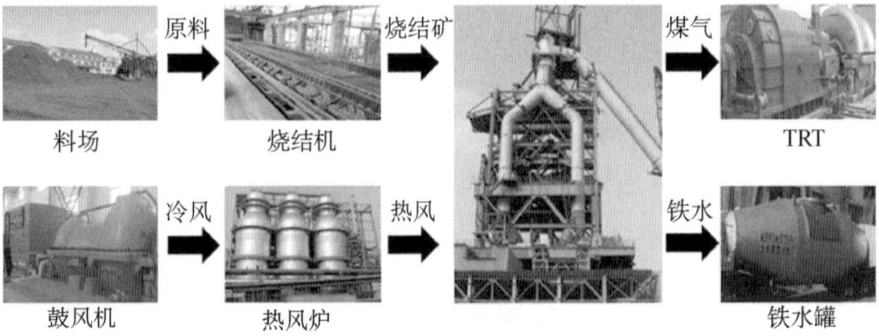

图 1.2.1　高炉炼铁流程示意图

高炉本体按内部结构由上而下分为炉喉、炉身、炉腰、炉腹和炉缸五个部分。辅助系统包括上料系统、燃料喷吹系统、热风系统、出铁系统和高炉煤气处理与脱尘系统[11]。

上料系统：用于高炉的上部调剂，即装料制度调剂。在高炉炼铁生产过程中，焦炭、铁矿石和石灰石等溶剂按规定配比称量并筛分后装入料仓，通过皮带机将炉料运输至高炉炉顶，再由投料设备装入高炉内。根据特定的生产需求，按规定要求进行分批布料，以保持炉喉料面高度和形状。

燃料喷吹系统：负责从风口向高炉内部均匀、稳定地喷入煤粉、油或天然气等辅助燃料，以实现炉内热量的平稳输送。

热风系统：由鼓风机和多座热风炉等设备组成，通过环绕在高炉炉腹周围的风口，连续不断地向高炉本体供给约 1200℃的高温热风，以实现送风制度调剂。

出铁系统：在高温高压下，铁矿石通过与焦炭和喷吹燃料中的碳及一氧化碳的氧化还原反应，冶炼出液态铁水。当积攒到一定程度后，高温铁水从出铁口排出，并装入铁罐车（如鱼雷罐、开口罐等），送往后续炼钢工序。同时，随着铁水的产出，炉渣也通过撇渣器从出渣口排出。

高炉煤气处理与脱尘系统：风口前的焦炭燃烧产生大量煤气，煤气不断向上运动，并与下降的炉料发生以氧化还原反应为主的一系列复杂物理化学反应，从而将铁从铁矿石中还原出来。上升的高炉煤气最终从炉顶回收，并经过重力除尘、余压发电等环节进行回收再利用。

综上所述，高炉炼铁过程是一个具有高温、高压、高粉尘及多相多场耦合等特点的复杂连续生产过程。通过上料系统、燃料喷吹系统、热风系统、出铁系统和高炉煤气处理与脱尘系统等辅助系统的协同作用，实现高炉炼铁过程中的物料供应、热能调控、铁水处理和煤气回收等功能。

1.2.2　高炉炼铁过程生产操作制度

在实际生产过程中，高炉炼铁过程的基本操作可归纳为四个制度：装料制度、送风制度、热制度和造渣制度。组合运用合适的操作制度，对于高炉的平稳运行、高产出、产品优质和低能耗至关重要[12,13]。

装料制度：其属于上部调剂，通过调节装料的控制参数，如旋转溜槽的布料角度、布料圈数、料线高度、铁矿石与焦炭批重及装料顺序等，以确保高炉内的炉料分布和高温煤气流运动状况相适应，从而保证炼铁过程的正常运行。

送风制度：其属于下部调剂，根据冶炼条件的变化选择合理的送风参数。这些参数包括冷风流量、热风温度、热风压力、鼓风湿度、喷煤量和富氧流量等。通过控制这些参数使炉缸工作状态良好，并确保煤气流初始分布合理。

热制度：其主要任务是通过控制炉缸的物理温度及化学温度，保持炉缸温度处于适当的水平。热制度主要通过调剂焦炭负荷来维持炉热的稳定性。

造渣制度：其主要任务是根据原燃料条件，选择最佳的炉渣成分和碱度，保证炉渣具有良好的流动性、稳定性和足够的脱硫能力。

在高炉炼铁过程中，装料制度、送风制度、热制度及造渣制度都扮演着重要的角色。它们相互关联，相互影响，只有在合理的范围内进行调节，才能确保高炉的稳定顺行，并生产优质高产的铁水。对于炉缸工作状态的调节而言，送风制度是至关重要的因素。炉缸内煤气的初始分布会影响炉料的运动状况，而炉料在炉内的分布也会影响煤气的分布。因此，上部调剂的装料制度和下部调剂的送风制度需要综合运用。只有这两个制度调剂合理，才能正确发挥其他两个制度的作用。相反，如果制度调剂不当，会引起炉缸工作状况的剧烈波动，最终破坏高炉的顺行和稳定性，导致出现铁水质量波动或不达标现象。造渣制度对高炉顺行和产品质量的影响也是巨大的。如果不适当地操作，会破坏炉型并引发生产故障。热制度与其他三个制度的关系非常密切。如果热制度调节不合理，会破坏其他三个制度的稳定性和效能，从而引发高炉运行不顺及炉凉的问题。为此，只有在合理范围内保持基本操作制度，才能确保高炉的稳定顺行，实现高质高产。

1.2.3 不同工况特性阐述

高炉炼铁过程可以分为正常和故障两种典型工况，这两种工况在冶炼过程中表现出不同的特点和影响。

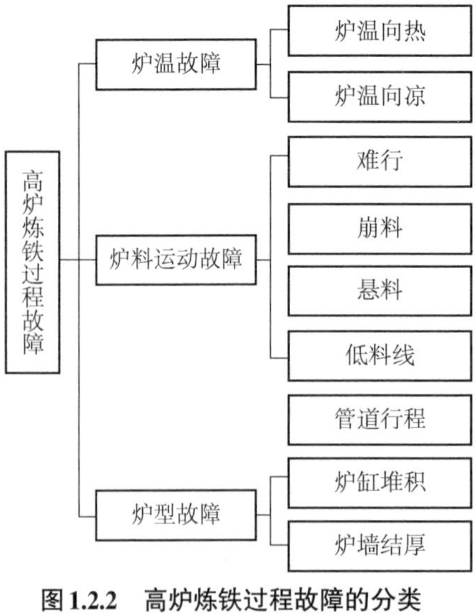

图 1.2.2 高炉炼铁过程故障的分类

当高炉运行正常时，其炉况表现为：铁水流动性良好，呈现白亮色，并带有火花和较多的石墨碳含量；炉渣温度合适，流动性较好，断口处呈现褐色玻璃状；高炉风口处明亮但不耀眼，圆周工作均匀；料尺下降均匀，流畅，无崩料滑料现象，料面平整；炉喉十字测温边缘温度大于 100℃，中心温度大于 500℃；炉顶压力稳定，无显著高压尖峰；炉喉取样 CO_2 曲线呈两股气流，边缘高于中心；冷却设备水温差稳定在规定范围内。

然而，现代高炉炼铁过程呈现出多场多相耦合、非线性、时变性与多工况等复杂特点，致使引起故障的因素众多[14]。其中发生频率较高的故障大致包含炉温故障、炉料运动故障及炉型故障，如图 1.2.2 所示。

下面对各种故障发生的原因和征兆进行介绍。

炉温向热/向凉：炉温向热/向凉是指炉温偏离正常水平向过热/过凉的方向发展。引起炉温向热的原因较复杂，焦比过高、原料变化都会间接造成炉温向热。其中，炉温向热表现形式为：热风压力小幅度地缓慢上升；冷风流量缓慢下降；透气性指数下降；下料速度缓慢；风口明亮且耀眼；铁水明亮，火花较少；炉渣流动性好，断口处呈白色石头状。炉温向凉表现形式为：热风压力小幅度地缓慢下降；冷风流量缓慢上升；透气性指数上升；下料速度加快；风口暗淡；铁水暗淡，火花变多；炉渣流动性变差，断口处颜色变黑。

难行：炉料下降速度显著减慢而失去均衡的现象称为炉况难行，可能由原燃料质量不高和稳定性差引起，也可能由不合理的送风制度引起。其表现形式为：炉料下降变慢，直至接近停滞或出现短时间的停滞；风压上升，风量下降，两者不相对应，透气性指数明显下降；炉顶温度上升，温度曲线变窄。

崩料：将炉料下降缓慢或停止，后续发生崩塌称为崩料。其发生的原因可能为原料品质变坏、透气性恶化、设备缺陷、高炉内衬被侵蚀、操作不当等。其表现形式为：下料不均，出现停止、陷落的现象；炉顶处，温度波动，平均值升高，煤气压力波动较大，出现尖峰现象；炉喉处，CO_2 曲线混乱；风口工作不均，部分风口可能出现涌渣、灌渣现象；风量、风压、透气性指数曲线呈锯齿形波动，故障发生前风压降低，风量增加，之后风压升高，风量减少。

悬料：炉料停止下降，称为悬料，连续两次以上称为连续悬料。其发生的原因可能为热风压力升高、炉内透气性变差等。其表现形式为：料尺下降缓慢或者停止；在炉顶处，煤气压力降低，温度升高，四点温差缩小；透气性指数明显下降；风口不活跃，部分风口出现大块[15]。

低料线：料面低于规定位置 0.5m 以下，谓之低料线。其发生的原因可能为装料系统包括上料与炉顶设备发生故障，原料系统发生故障。其表现形在于：炉料与气流分布异常，炉温与气流分布异常，炉料得不到正常的预热与还原；炉顶温度上升，严重时会对炉顶设备产生破坏；若料面持续较低，延续时间越长，也会引起炉温向凉等其他异常炉况。

管道行程：管道行程是高炉横截面中某一局部位置的气流过分发展，风量与料柱的透气性不匹配，原因是原料强度变坏、粉末变多、低料线作业、布料不合理、风口进风不合理、炉型不均匀等。其表现形式为：初期风压变低，风量和透气性指数增大；管道堵塞时风压回升，风量锐减，两者呈锯齿状波动；在管道发生部位炉顶和炉喉温度升高，十字测温中心点升高；炉顶处，煤气压力出现高压尖峰现象；下料不均匀，快慢不均，可能出现偏料、滑料等现象；在风口处，管道方位忽明忽暗，可能出现升降；渣铁的温度波动很大[16]。

炉缸堆积：是指尚未反应完全的炉料进入炉缸，堆积在中心或边缘，形成中心堆积和边缘堆积。其发生的原因可能为原材料品质下降、操作不合理等。其中，中心堆积表现形式为：在炉顶处，煤气中 CO_2 分布曲线中间高，边缘低；在炉喉处，十字测温边缘温度高，中心温度低；风压减低，风量透气性指数增大；在炉顶处，压力曲线出现尖峰，边缘下料较快；在风口处，颜色明亮，部分有大块升降现象；产出的铁水硅、硫含量增大。边缘堆积表现形式为：在炉顶处，煤气中 CO_2 分布曲线中间低，边缘高；在炉喉处，十字测温边缘温度低，中心温度高；风压增大，风量透气性指数减小；在炉顶处，压力曲线不稳定出现尖峰；在风口处，颜色暗淡，风口显凉；产出的铁水硅、硫含量减少。

炉墙结厚：软熔态的矿石黏结到炉墙上，不断地加厚，到一定程度会导致炉料的下行和煤气流的上行，这就是炉墙结厚。如果不及时地处理炉墙结厚，最终会在局部出现结瘤现象，从而严重地影响炉料下行和高炉炼铁过程。其表现形式为：炉料下行困难，不均匀，难行；出现偏料、管道行程、悬料的故障；不易接受风量。

1.2.4 炼铁过程变量分析

高炉炼铁过程是长流程多工序、多场多相复杂耦合、规模非常庞大的复杂工业系统，其各个生产环节上安装了大量传感器，记录了炼铁过程的多种特征变量，并通过数据采集系统将传感数据记录在数据库中。以此为基础，对炼铁生产过程进行适当调节，保证各项性能指标始终维持在良好状态。这些检测主要包括以下几种。

温度检测：是指对高炉内部，参与复杂化学反应的各种气体的温度进行检测。

压力检测：是指对高炉所需的各类气体的压力值进行检测。

流量检测：是指对参与高炉内部化学反应的气体、液体等流量值的检测。

热工计算：是指对高炉生产过程中涉及的各类热工参数进行检测计算[17,18]。

高炉炼铁系统中的各种传感器设置是不同的，以某钢铁厂 2 号高炉为例，描述高炉生产状态的变量，如表 1.2.1 所示。以 10s 的采样间隔进行采样，并以表格形式存储在数据库中。大量运行数据包含着高炉每个时刻的具体炉况信息，但是缺少标签，无法直接用于训练有监督的分类模型，而对照交班记录进行数据筛选和标注费时费力，而且需要专业的技能。

表 1.2.1　高炉炼铁过程可测变量列表

编号	变量名	单位	编号	变量名	单位
1	富氧率	%	5	CO_2 体积	%
2	透气性指数	—	6	标准风速	m/s
3	CO 体积	%	7	富氧流量	m^3/h
4	H_2 体积	%	8	冷风流量	$10^3m^3/h$

续表

编号	变量名	单位	编号	变量名	单位
9	鼓风动能	kJ	24	冷风温度	℃
10	炉腹煤气量	m^3	25	热风温度	℃
11	炉腹煤气指数	—	26	顶温东北	℃
12	理论燃烧温度	℃	27	顶温西南	℃
13～16	炉顶压力（1，2，3，4）	kPa	28	顶温西北	℃
17	富氧压力	MPa	29	顶温东南	℃
18～19	冷风压力（1，2）	MPa	30	顶温下降管	℃
20	全压差	kPa	31	阻力指数	—
21～22	热风压力（1，2）	MPa	32	鼓风湿度	g/m^3
23	实际风速	m/s			

1.2.5 过程数据特性分析

在故障检测阶段，高炉炼铁过程是一种传统的冶金连续过程，研究表明高炉数据特性主要表现为以下几点[19-21]。

非线性：随着现代流程工业的快速扩大，不同工艺变量间的关系也变得更加复杂。在这种情况下，过程变量间的非线性关系是普遍存在的。而变量间的非线性关系通过传统方法难以建模。

动态性：动态性是指数据在时间上的变化和演化。在实际高炉炼铁流程过程中，由于自身特性及闭环控制的影响，过程变量在时序上呈现出一定程度的自相关特性，即在一定时间区间内前后关联。

非平稳性：非平稳性是指数据在统计特性上随时间变化的性质。在非平稳数据中，统计特性如均值、方差和自相关等会随时间发生变化，因此无法简单地应用传统的统计方法。

多工况：在高炉炼铁过程中，由于原料波动、设定点变化、设备老化和季节影响，高炉炼铁过程的运行条件在实践中频繁变化。此外，在市场竞争日益激烈的刺激下，复杂工业过程迫切需要更高品质和更多类型的产品，这将使得过程可能是在几个稳态工况下运行的，从而数据呈现出明显的多工况特性。

少样本：相较于大量的正常运行数据，储存在数据库中的高炉炼铁故障数据种类多但样本量少，因此不仅存在正常样本和故障样本的数据不平衡问题，还存在不同类别故障间的数据不平衡问题。此外，在高炉的运行过程中，某一段时期内的历史生产数据难以覆盖所有的故障类别，与待检测的高炉数据相比，其故障类别往往不完整。

多源数据：在高炉故障诊断的实际应用中，往往存在多个与待检测数据分布不同但具有一定相关性的历史数据，如果将其弃之不用，无疑是对数据信息的巨大浪费。

数据质量差：历史故障的发生并不会标记明确的时间，工人往往只会记录班上曾经发生过故障，例如，某钢铁厂实际的一次交班记录这样写道："前期顺，炉温合适，班中水温差一直上行，班末风压突起，悬料，放风坐下，缩批重退负荷加焦 2 批恢复，焦炭含硫上升，余原燃料正常"，但是具体时间未标明。

先验分布不确定：在高炉的运行过程中，产生各类故障的概率会随高炉的运行状态而有所变化，从而表现出明显的类别先验分布差异。

1.3 高炉炼铁过程故障检测与诊断研究现状

自 20 世纪 70 年代以来，故障检测与诊断技术已经取得了显著的进步。其中，故障检测技术的主要目的是了解和掌握机器在运行过程中的状态，以判断其是否处于正常或故障状态。而故障诊断，从广义上来讲，它包括故障检测、故障分类、识别与定位等各个环节。然而，本书将重点关注狭义的故障诊断，也就是故障分类的技术研究与应用[22-24]。

1.3.1 定性分析方法

定性分析方法就是将人们主观上的经验、知识等转化为定性的描述，然后根据这些描述，具体分析实际情况，对过程中可能出现的工况进行判断。显然，这一类方法在模型建立时较为简单，但这些模型是建立在对过程的了解上的，即综合了大量的经验知识。其关键在于通过定性描述的方式，将工业生产过程中不同生产环节之间关系、互相影响程度、反应物产物的流动顺序等复杂的逻辑关系准确地表示出来，即系统输入输出及系统内部各环节间的连接关系、信息流向关系等[25-27]。这是建立在操作人员的实际生产操作经验及理论知识的基础上的。这样一来，就能够通过不同环节之间的关系，对故障的传播模式做出更为准确的判断，从而做到对故障的预测。

定性分析方法主要包括图论方法、专家系统及定性仿真等。其中，图论方法包括符号有向图、故障树等。利用图方法对时间序列进行突变点检测，对采集到的时间序列上的数据特征是没有限制的，即采集到的数据矩阵无论是否具有非线性、非高斯性或者其他特殊的特征，均可以利用基于图的方法进行突变点检测。而对于高炉炼铁过程而言，其非线性、非高斯等特性相互耦合，这使得基于图的突变点检测方法具有更为出色的表现。对于工业过程故障检测，Musulin[28,29]利用了谱图分析理论进行了相应的研究。与 Musulin 的研究成果不同的是，基于图方法的突变点检测，没有利用谱图分析理论，而是利用采样观测值之间的欧氏距离绘制最小生成树，并且根据最小生成树的绘制结果，建立相应的统计量，判断突变点是否存在。

此外，专家系统包括传统专家系统、模糊专家系统、置信规则库专家系统等。专家系统是之前国内外高炉炼铁过程故障检测与诊断研究最为火热的领域。对于国外而言[30]，有以下系统。

日本川崎公司 AGS（Advanced Go-Stop）系统：日本川崎公司于 20 世纪 70 年代，在高炉工艺机理、炉长操作经验的基础上，综合考虑透气性指数、高炉炉热、炉顶煤气分布及成分、炉顶温度分布、炉体温度、炉缸渣铁量、风压、炉身压力等参数，对炉况进行判断，开发出 AGS 系统并不断地进行改进完善，用于高炉炼铁过程的参考。

芬兰 Rautaruukki 公司高炉控制专家系统：在日本 AGS 系统的基础上，根据该公司在高炉炼铁过程中的经验，形成 850 条规则，并分为两个智能库，分别用于高炉正常的操作及对炉况的故障诊断。

奥地利联合钢铁集团的 VAiron 高炉优化控制系统：其最初是一种“咨询式”系统，后来通过整合高级过程模型、人工智能和闭环专家系统等部分，进行了升级，形成了闭环专家系统。该系统具有模拟炉内冶炼情况的能力，可以帮助操作人员采取更合适的措施，以确保高炉炉况的稳定。

对于国内而言[31-33]，有以下系统。

首钢集团有限公司人工智能高炉炼铁专家系统：该系统由首钢集团有限公司与北京科技大学合作开发，应用于首钢集团有限公司 2 号高炉。该系统知识库由模糊矩阵、隶属度、隶属函数等构成，结合统计、机理模型，全方位地判断高炉炼铁过程。

马鞍山钢铁股份有限公司高炉自动化控制系统：该系统由原冶金工业部自动化研究院与马鞍山钢铁股份有限公司合作开发，并应用于马鞍山钢铁股份有限公司。该系统包括高炉上料系统、高炉炉顶系统、高炉本体系统、高炉煤气洗涤系统、热风炉系统和高炉喷吹煤粉系统等几部分。

浙江大学高炉智能控制专家系统：该系统由浙江大学自主开发，综合了确定性数学模型（多目标优化模型）、随机性模型（贝叶斯条件概率模型）、模糊逻辑判断推理等模型，包含了高炉炼铁系统的各个子系统（如上料子系统、布料子系统、富氧子系统、煤粉喷吹子系统等），并在杭州钢铁集团有限公司、济钢集团有限公司、莱芜钢铁集团有限公司等钢铁厂得到了广泛的推广应用。

上述定性分析方法最大的特点在于，并不需要提供工业生产过程的精确数学模型，而是更依赖于经验知识。这一特点既是优势，也是劣势。缺点在于，经验知识往往难以获得，一般是建立在长期的操作经验上，且经验知识的准确性往往难以保证，这就使得基于该类方法的故障诊断技术的准确性大打折扣。考虑到在现如今的工业生产环境中，往往能够获得大量的、反映工业过程进程的数据，故更应考虑如何利用庞大量级的现场数据，对高炉炼铁过程进行故障检测与诊断。本书从数据分析的角度出发，开展高炉炼铁过程故障的检测与诊断。

1.3.2 定量分析方法

定量分析方法可进一步分为基于解析模型的方法及数据驱动的方法两类。

1. 基于解析模型的方法

基于模型的方法，也是最传统的故障检测方法。基于解析的方法是对研究对象构建机理模型，通过建模的方式获得相应结果[22]。建模时可以依靠大量的理论知识，如化学过程的反应规律、质量能量守恒定律、先验演化特性等。模型建立得越精确，模型反映出的效果就越好。基于解析模型的方法目前应用于航天、造船、车辆制造，以及精密仪器加工等领域[34-36]，在这些方面往往对精确度和可靠度要求较高，也比较容易获得较为准确的理论知识。

Poos 等[37,38]根据物质和热量平衡公式，建立高炉内部变量间的关系，确定各部分输入热量比例，从而对内部热化学特性有了一定的了解。

1962 年，Ridgion[39]在 Poos 和 Decker 的基础上，对高炉内部的热量以 50℃为间隔进行了分区，发现不同温度区之间进行的化学反应不同。

1965 年，法国钢铁研究院（institut de recherche de la sidérurgie，IRSID）的 Staib 等将高炉分成上下两个部分。上部对炉料进行加热，主要的化学反应则在下部展开，对高炉炉况的预报也是基于对高炉下部的分析。

Muchi[40]、Fielden 和 Wood[41]在对高炉炉况的诊断上，引入了更多的反应方程，将更多的影响因素考虑在内，改进了炉况诊断的效果。

随后，基于高炉炼铁过程的模型方法逐渐陷入停滞，复杂的内部机理使得研究人员无法建立准确的机理模型。之后随着传感器技术的发展，将现场实际的生产数据作为模型输入，并采用模型辨识的方法，获得了进一步发展。其大致可以分为三类：状态估计方法、参数估计方法、等价空间方法[42]。

状态估计方法：关键在于获得残差信号，并通过对这些信号的分析，对系统进行故障诊断。这些信号的来源，可以是滤波后获得的新息序列。滤波的方法有很多，最常见的如卡尔曼（Kalman）滤波方法等；也可以通过构造观测器，在观测器帮助下，获得残差信号，但需注意，此观测器需满足龙伯格（Luenberger）条件。

参数估计方法：关键在于系统参数的获得。可采用的方法包括最小二乘法、滤波器、模糊推理、神经网络等，并根据模型中参数的变化来对系统进行故障诊断。

等价空间方法：关键在于判断系统模型的输入和输出之间是否满足等价关系，从而实现故障的检测。此方法最早由 Chow 和 Willsky[43]提出；Ding 等[44]重点研究了等价空间方法与观测器方法之间的参数对应；Izadi 等[45]针对采样间隔不一致的情况，设计了适用于不同采样间隔的等价空间方法，最大限度地降低了残差对系统中可能出现干扰的敏感程度。

基于解析模型的方法，如果能够建立精确的模型，那么毫无疑问，该类方法的故障检测与诊断效果会非常好。然而实际情况是，不同于实验室中进行的各种模拟反应，真实条件下的工业过程是非常复杂的，且始终处于不断地变化与波动之中，不论是过程机理模型还是通过数据辨识的模型，都很难建立精确的模型。因此，尽管该类方法从理论上来说效果最优，但实际生产过程中其应用范围和效果是受到严格限制的。在通常情况下，若应用该类方法，则会采取折中的方式，根据生产过程中量测得到的大量实际生产数据，在一定的范围内，建立相应的模型。该类模型从理论上来说并不精确，但由于结合了具体对象的实际生产特性，反而能够更好地反映系统特性，有助于对系统进行监控与故障诊断。

2. 数据驱动的方法

数据驱动的方法关键在于数据。在现今情况下，实际高炉炼铁生产现场往往设置了相当多数量的数据采集设备，用于采集随着工业过程的进程变化每个时刻各变量的数值。这些数据可以分为历史数据与当前数据。基于数据的方法，往往是通过对历史数据进行分析，从而判断对应当前生产过程有无故障发生。利用工作状态正常时的特征信息来建立正常工况下的模型，然后在此基础上，分析当前数据表现出来的特征，与历史数据进行对比，根据两者之间的偏差值，参考相应统计量的值，从而判断是否有故障发生。

该技术于 20 世纪 90 年代提出，截至目前，不仅成功在许多工业过程控制领域得到了应用，如化工过程、高分子聚合、微电子制造等领域，也是国内外学术界的研究热点[46-49]。大量著名学者面对不同的复杂工业特性提出了一系列行之有效的解决方案，如瑞典于默奥大学 Wold 等[50-52]、加拿大麦克马斯特大学 MacGregor[53-55]、美国南加利福尼亚州大学 Qin 等[56-58]、德国杜伊斯堡-埃森大学 Ding 等[59-62]，以及国内学者如浙江大学孙优贤院士与宋执环教授、清华大学周东华教授、香港科技大学高福荣教授等[63-71]。

数据驱动的方法优势非常明显，与定性分析的方法相比，此类方法并非建立在经验知识上，对经验知识没有依赖性；与基于解析模型的方法相比，考虑到并非所有工业生产过程均能够建立精准的解析模型，或者说绝大多数工业生产过程均很难用解析模型进行描述。而数据驱动的方法则不需要得到工业过程准确的机理数学模型，它通过工业过程运行时所获得的各项数据进行分析处理，对过程运行状态做出控制判断，更为简单可行。因而，针对数据驱动方法的研究，近年来发展得十分迅猛。数据驱动的方法包括以下几种。

机器学习：根据相应工业过程对象在正常工况下及故障状态下变量的特点，对算法进行训练，从而准确地对故障进行诊断，包括神经网络、支持向量机等算法。该类方法的准确率建立在样本数据较为完备的情况下，样本数据越完备，训练效果越好，诊断的正确率也就越高。

信息融合：现场用于数据采集的传感器之间往往存在互补、冗余的信息，信息融合方法就是针对该类信息，将其有效地用于故障的诊断。

粗糙集：该类方法旨在利用最少的属性信息提取故障特征信息，并用于故障的诊断，而剔除了一些不相关的、重要性很低的信息，这样做提高了故障诊断的效率。

信号处理：分析现场信号，将与故障相关的信号的时域、频域特征提取出来，在这些特征信息的基础上进行分析，从而实现故障诊断，包括小波分析、谱分析等[72-74]。

多元统计分析：主成分分析（principal component analysis，PCA）、偏最小二乘（partial least squares，PLS）法、独立成分分析（independent component analysis，ICA）、主成分回归（principal component regression，PCR）、费舍尔判别分析（Fisher discriminate analysis，FDA）、因子分析（factor analysis，FA）等均属于多元统计方法，主要利用变量间的相关性进行故障诊断。

1.3.3 故障检测与诊断的量化指标

在工业场景中，高炉炼铁过程是一项复杂而关键的过程。为了确保高炉炼铁过程的顺利进行，采用量化指标对其进行故障检测和诊断至关重要。

对于故障检测而言，其旨在判断当前过程是否发生故障，可包含以下三个步骤：

（1）根据历史收集数据并训练故障检测模型，以计算故障检测统计量阈值 J_{th}；

（2）根据实时收集的过程数据和训练得到的模型计算实时测量变量 x；

（3）根据监测统计量与阈值的故障检测逻辑判断过程状态，如下：

$$\begin{cases} x > J_{th} \Rightarrow \text{故障} \\ x \leqslant J_{th} \Rightarrow \text{正常} \end{cases} \tag{1.3.1}$$

在上述解决方案中，过程信息由统计量 x 来表示。当过程无故障发生时，x 应该始终小于其阈值 J_{th}；反之，则判断为发生故障。但是也需要注意到，x 是一个随机变量，这也意味着即使过程处于正常工况（$f=0$）下，故障检测逻辑式（1.3.1）仍然有可能会触发报警，这种情况就可以称为错误报警。而故障检测算法的误报概率（false alarm rate，FAR）可以用以下公式表示：

$$\mathrm{FAR}(\%)=\frac{样本数(x>J_{\mathrm{th}}\mid f=0)}{总样本数(f=0)}\times 100(\%) \tag{1.3.2}$$

这里 FAR 趋向于 0%，表明模型能准确地判断正常工况，避免错误报警。相反，在故障工况（$f\neq 0$）时，故障检测模型应能发现故障并触发报警。其中，故障检测率（fault detection rate，FDR）和漏报率（missed detection rate，MDR）可用以下公式量化：

$$\mathrm{FDR}(\%)=\frac{样本数(x>J_{\mathrm{th}}\mid f\neq 0)}{总样本数(f\neq 0)}\times 100(\%) \tag{1.3.3}$$

$$\mathrm{MDR}(\%)=\frac{样本数(x\leqslant J_{\mathrm{th}}\mid f\neq 0)}{总样本数(f\neq 0)}\times 100(\%) \tag{1.3.4}$$

当 FDR 趋近于 1%或 MDR 趋近于 0%，表明模型具备更出色的故障检测能力。此外，故障检测的敏感性与及时性也是重要的指标，其可用检测时延（detection delay，DD）表示能够连续正确检测出 5 个连续故障的时刻。

对于故障诊断，其目标是估计当前过程的工况状态。通常包括以下两个步骤：

①根据历史收集数据来训练故障诊断模型；

②根据实时收集的过程数据和训练得到的模型计算实时工况估计。

然而，由于工业过程中存在周期性波动干扰和强烈的过程噪声，故障诊断模型在准确性方面往往无法达到令人满意的指标。为了评估模型的性能准确性，可以构建误分类率（misclassification rate，MCR）和真阳性率（true positive rate，TPR）：

$$\mathrm{MCR}(\%)=\frac{误分类样本总数}{总样本数}\times 100(\%) \tag{1.3.5}$$

$$\mathrm{TPR}(\%)=\frac{预测正确的该类样本总数}{所有该类样本总数}\times 100(\%) \tag{1.3.6}$$

式中，当 MCR 趋近于 0%时或当 TPR 趋近于 100%时，表明模型能够更准确地识别当前工况状态。较低的 MCR 和较高的 TPR 表示模型在故障诊断方面具有更高的准确性。

参 考 文 献

[1] 中华人民共和国工业和信息化部. 钢铁工业调整升级规划（2016-2020 年）[R]. 2016 年 10 月 28 日.

[2] 中国钢铁工业协会. 2022 年钢铁行业经济运行报告[R]. [2023-06-05]. https://lwzb.stats.gov.cn/pub/lwzb/fbjd/202306/W020230605413586261007.pdf.

[3] 世界钢铁协会. 世界钢铁统计数据[R]. [2022-04-30]. https://worldsteel.org/wp-content/uploads/World-Steel-in-Figures-2022-CN.pdf.
[4] 中国节能协会冶金工业节能专业委员会, 冶金工业规划研究院. 中国钢铁工业节能低碳发展报告(2020)[R]. [2020-12-17]. https://www.mpi1972.cn/xwzx/yndt/202012/t20201224_94730.html.
[5] Naito M, Takeda K, Matsui Y. Ironmaking technology for the last 100 years: Deployment to advanced technologies from introduction of technological know-how, and evolution to next-generation process[J]. ISIJ International, 2015, 55(1): 7-35.
[6] Zhou P, Song H D, Wang H, et al. Data-driven nonlinear subspace modeling for prediction and control of molten iron quality indices in blast furnace ironmaking[J]. IEEE Transactions on Control System, 2017, 25(5): 1761-1774.
[7] Lou S, Yang C, Wu P. A local dynamic broad kernel stationary subspace analysis for monitoring blast furnace ironmaking process[J]. IEEE Transactions on Industrial Informatics, 2022, 19(4): 5945-5955.
[8] Nigerian accident investigation Bureau. Accident Investigation Report [EB/OL]. [2021-05-03]. https://aib.gov.ng.
[9] 安全文化网. 化工事故统计[EB/OL]. [2020-08-24]. https://www.anquan.com.cn.
[10] 周东华, 叶银忠. 现代故障诊断与容错控制[M]. 北京: 清华大学出版社, 2000.
[11] 周传典. 高炉炼铁生产技术手册[M]. 北京: 冶金工业出版社, 2015.
[12] 林万明, 宋秀安. 高炉炼铁生产工艺[M]. 北京: 化学工业出版社, 2010.
[13] Saxen H, Gao C, Gao Z. Data-driven time discrete models for dynamic prediction of the hot metal silicon content in the blast furnace: A review[J]. IEEE Transactions on Industrial Informatics, 2012, 9(4): 2213-2225.
[14] Gao D, Zhu Z X, Yang C, et al. Deep weighted joint distribution adaption network for fault diagnosis of blast furnace ironmaking process[J]. Computers and Chemical Engineering, 2022, 162: 107797.
[15] Lou S, Yang C, Zhu X, et al. Adaptive dynamic inferential analytic stationary subspace analysis: A novel method for fault detection in blast furnace ironmaking process[J]. Information Sciences, 2023, 1(642):119176.
[16] Lou S, Yang C, Wu P, et al. Fault diagnosis of blast furnace iron-making process with a novel deep stationary kernel learning support vector machine approach[J]. IEEE Transactions on Instrumentation and Measurement, 2022, 19(71): 3521913.
[17] 姜斌, 冒泽慧. 控制系统的故障诊断与故障调节[M]. 北京: 国防工业出版社，2009: 36-38.
[18] 李海军, 马登武. 贝叶斯网络理论在装备故障诊断中的应用[M]. 北京: 国防工业出版社, 2009: 45-46.
[19] Narazaki H, Iwatani T, Omura K, et al. An AI tool and its applications to diagnosis problems[J]. ISIJ International, 1990, 30(2): 98-104.
[20] Wang L, Yang C, Sun Y. Multimode process monitoring approach based on moving window hidden Markov model[J]. Industrial and Engineering Chemistry Research, 2018, 57(1): 292-301.
[21] An R, Yang C, Pan Y. Unsupervised change point detection using a weight graph method for process monitoring[J]. Industrial and Engineering Chemistry Research, 2019, 58(4): 1624-1634.

[22] Frank P M. Analytical and qualitative model-based fault diagnosis-a survey and some new results[J]. European Journal of Control, 1996, 2(1): 6-28.

[23] Blanke M, Schroder J. Diagnosis and Fault-Tolerant Control[M]. Berlin: Springer, 2006.

[24] Isermann R, Balle P. Trends in the application of model-based fault detection and diagnosis of technical processes[J]. Control Engineering Practice, 1997, 5(5): 709-719.

[25] Maurya M R, Rengaswamy R, Venkatasubramanian V. A signed directed graph and qualitative trend analysis-based framework for incipient fault diagnosis[J]. Chemical Engineering Research and Design, 2007, 85(10):1407-1422.

[26] Gao D, Wu C G, Zhang B K, et al. Signed directed graph and qualitative trend analysis based fault diagnosis in chemical industry[J]. Chinese Journal of Chemical Engineering, 2010, 18(2): 265-276.

[27] Magott J, Skrobanek P. Timing analysis of safety properties using fault trees with time dependencies and timed state-charts[J]. Reliability Engineering and System Safety, 2012, 97(1): 14-26.

[28] Musulin E. Process disturbances detection via spectral graph analysis[J]. Computer Aided Chemical Engineering, 2014, 33: 1885-1890.

[29] Musulin E. Spectral graph analysis for process monitoring[J]. Industrial and Engineering Chemistry Research, 2014, 53(25): 10404-10416.

[30] Druckenthaner H. Blast furnace automation for maximizing economy[J]. Steel Tines International, 1997, 21(1): 16-26.

[31] 刘云彩, 张宗民, 庄玉茹, 等. 首钢 2 号高炉冶炼专家系统的开发与应用[J]. 炼铁, 1995, 14(6): 31-35.

[32] 王荣贵. 马钢 2500m^3 高炉自动化控制系统设计与调试要点[J]. 钢铁设计, 1994, 4: 6-8.

[33] 刘祥官, 刘芳, 刘元和, 等. 莱钢 1 号 750m^3 高炉智能控制专家系统[J]. 钢铁, 2002, 37(8): 18-22.

[34] Wang Y, Haskara I. Exhaust pressure estimation and its application to detection and isolation of turbocharger system faults for internal combustion engines[J]. Journal of Dynamic Systems, Measurement, and Control, 2012, 134(2): 1-8.

[35] Marzat J, Piet-Lahanier H, Damongeot F, et al. Model-based fault diagnosis for aerospace systems: A survey[J]. Proceedings of the Institution of Mechanical Engineers, Part G Journal of Aerospace Engineering, 2012, 226(10): 1329-1360.

[36] Zhang L, Huang A Q. Model-based fault detection of hybrid fuel cell and photovoltaic direct current power sources[J]. Journal of Power Sources, 2011, 196(11): 5197-5204.

[37] Poos A, Decker A. Heat balances and coke-consumption in the blast furnace[J]. Revue Universelle des Mines, 1959, 15: 19-32.

[38] Servin R, Poos A, Decker A. The application of a digital computer to the calculation of material and heat balances in the blast furnace[J]. Journal of the Iron crud Steel Instantiate, 1962, 200: 1261-1269.

[39] Ridgion J M. Blast furnace heat balance in stages: Development of a computer program[J]. Journal of the Iron and Steel Institute, 1962, 200(5): 389-394.

[40] Muchi I. Mathematical model of the blast furnace[J]. Transactions of the Iron and Steel Institute of Japan, 1967, 7(7): 223-237.

[41] Fielden C J, Wood B I. A dynamic digital simulation of the blast furnace[J]. Journal of the Iron and Steel Institute, 1968, 206(7): 650-658.

[42] Frank P M. Fault diagnosis in dynamic systems using analytical and knowledge-based redundancy: A survey and some new results[J]. Automatic, 1990, 26(3): 459-474.

[43] Chow E, Willsky A S. Analytical redundancy and the design of robust failure detection systems[J]. IEEE Transactions on Automatic Control, 1984, 29(7): 603-614.

[44] Ding S X, Ding E L, Jeinsch T. An approach to analysis and design of observer and parity relation based FDI systems[C]. Proceedings of XIV IFAC World Congress, Beijing, 1999.

[45] Izadi I, Shah S L, Chen T W. Parity space fault detection based on irregularly sampled data[C]. American Control Conference, Seattle, 2008: 2798-2803.

[46] Qin S J. Data-driven fault detection and diagnosis for complex industrial processes[J]. Fault Detection, Supervision and Safety of Technical Processes, 2009, 42(8): 1115-1125.

[47] Kadlec P, Gabrys B, Strandt S. Data-driven soft sensors in the process industry[J]. Computers and Chemical Engineering, 2009, 33(4): 795-814.

[48] Kano M, Nakagawa Y. Data-based process monitoring, process control, and quality improvement: Recent developments and applications in steel industry[J]. Computers and Chemical Engineering, 2008, 32(1): 12-24.

[49] MacGregor J F, Kourti T. Statistical process control of multivariate processes[J]. Control Engineering Practice, 1995, 3(3): 403-414.

[50] Wold S, Esbensen K, Geladi P. Principal component analysis[J]. Chemometrics and Intelligent Laboratory Systems, 1987, 2(1): 37-52.

[51] Wold S. Cross-validatory estimation of the number of components in factor and principal components models[J]. Technometrics, 1978, 20(4): 397-405.

[52] Wold S, Sjostrom M. Chemometrics, present and future success[J]. Chemometrics and Intelligent Laboratory Systems, 1998, 44(1): 3-14.

[53] Nomikos P, MacGregor J F. Monitoring batch processes using multiway principal component analysis[J]. AIChE Journal, 1994, 40(8):1361-1375.

[54] MacGregor J F, Kourti T, Nomikos P. Analysis, monitoring and fault diagnosis of industrial processes using multivariate statistical projection methods[C]. 13th IFAC World Congress, San Francisco, 1996.

[55] Yacoub F, MacGregor J F. Product optimization and control in the latent variable space of nonlinear PLS models[J]. Chemometrics and Intelligent Laboratory Systems, 2004, 70(1): 63-74.

[56] Qin S J. Statistical process monitoring: Basics and beyond[J]. Journal of Chemometrics, 2003, 17(8/9): 480-502.

[57] Qin S J. Recursive PLS algorithms for adaptive data modeling[J]. Computers and Chemical Engineering, 1998, 22(4): 503-514.

[58] Qin S J, Thomas J M. Nonlinear PLS modeling using neural networks[J]. Computers and Chemical Engineering, 1992, 16(4): 379-391.

[59] Ding S X. Data-driven Design of Fault Diagnosis and Fault-tolerant Control Systems[M]. Berlin: Springer, 2014.

[60] Yin S, Ding S X, Xie X, et al. A review on basic data-driven approaches for industrial process monitoring[J]. IEEE Transactions on Industrial Electronics, 2014, 61(11): 6418-6428.

[61] Yin S, Ding S X, Amol N, et al. On pca-based fault diagnosis techniques[C]. Control and Fault-Tolerant Systems (SysTol), Nice, 2010: 179-184.

[62] Ding S X, Shen Y M, Wang Y, et al. Data-driven design of observers and its applications[C]. Proceedings of the 18th IFAC World Congress, Milano, 2011.

[63] Zhao C H, Li W Q, Sun Y X. Subspace decomposition approach of fault deviations and its application to fault reconstruction[J]. Control Engineering Practice, 2013, 21(10): 1396-1409.

[64] Zhao C H, Sun Y X, Gao F R. A multiple-time-region (mtr)-based fault subspace decomposition and reconstruction modeling strategy for online fault diagnosis[J]. Industrial and Engineering Chemistry Research, 2012, 51(34):11207-11217.

[65] Li G, Qin S J, Zhou D H. Geometric properties of partial least squares for process monitoring[J]. Automatic, 2010, 46(1): 204-210.

[66] Zhou D H, Li G, Qin S J. Total projection to latent structures for process monitoring[J]. AIChE Journal, 2010, 56(1): 168-178.

[67] 周东华, 刘洋, 何潇. 闭环系统故障诊断技术综述[J]. 自动化学报, 2013, 39(11): 1933-1943.

[68] Zhu Z, Song Z H, Palazoglu A. Process pattern construction and mulls-mode monitoring[J]. Journal of Process Control, 2012, 22(1): 247-262.

[59] Wang H, Song Z H, Li P. Fault detection behavior and performance analysis of principal component analysis based process monitoring methods[J]. Industrial and Engineering Chemistry Research, 2002, 41(10): 2455-2464.

[70] 谭帅, 王福利, 常玉清, 等. 基于差分分段 PCA 的多模态过程故障监测[J]. 自动化学报, 2010, 36(11): 1626-1636.

[71] Yao Y, Gao F R. Phase and transition based batch process modeling and online monitoring[J]. Journal of Process Control, 2009, 19(5): 816-826.

[72] 文成林, 胡静, 王天真, 等. 相对主元分析及其在数据压缩和故障诊断中的应用研究[J]. 自动化学报, 2008, 34(9): 1128-1139.

[73] Wen C L, Zhou F N, Wen C B, et al. An extended multi-scale principal component analysis method and application in anomaly detection[J]. Chinese Journal of Electronics, 2012, 21(3): 471-476.

[74] 文成林, 胡玉成. 基于信息增量矩阵的故障诊断方法[J]. 自动化学报, 2012, 38(5): 9.

第 2 章　高炉炼铁过程故障检测的主成分追踪方法

在高炉炼铁过程故障检测中，PCA 应用较为广泛，但其对异常值十分敏感[1]。PCA 方法在处理离群点时，主要有两种方式。第一种是基于得分图移除异常目标，再重复 PCA 操作。第二种是应用鲁棒主成分分析（robust PCA，RPCA）方法。对于 RPCA 方法，最简单的方式是将经典的协方差或相关系数矩阵用鲁棒估计量代替[2]。

Candes 和 Recht[3]提出一种新的鲁棒主元分析方法，即主成分追踪（principal component pursuit，PCP）方法。由于其优越的统计性能及较高的计算效率，引起了研究学者的广泛关注[4-6]。基于 PCP 方法能够从离群点污染的数据矩阵中准确地恢复低秩结构，并且其理论性和收敛性都可以在较少的限制条件下得到证明。Isom 和 Labarre[6]在故障检测领域应用 PCP 方法，证明该方法对离群点是鲁棒的，而且通过观察可以得到稀疏矩阵，完成故障检测和分离。随后，Cheng 等[7]提出适合于 PCP 方法的残差收集器，并基于 PCP 的坐标下降算法及 Lyapunov 方法给出了收敛性证明。Yan 等[8]提出基于稳定 PCP（stable PCP，SPCP）方法的故障检测模型和其相应的在线监测统计量。此外，Yan 等[8]介绍了数值优化算法，如交替方向乘子法（alternating direction method of multipliers，ADMM）实现了 PCP 的快速求解，降低了存储和计算难度。因此，在故障检测领域应用 PCP 方法来处理离群点具有广阔的前景和重要意义。

在高炉炼铁过程中，小故障可能会被认为是干扰而不加以控制，因此存在于收集到的数据矩阵中[9, 10]。小故障具有和过程噪声、离群点不同的特征，这些特征也将表现在数据矩阵中[11, 12]。小故障是一个连续过程，体现在一段时间内一个或多个变量上，表现在数据矩阵中就是行和列存在部分损坏的元素。虽然上段阐述了一些解决离群点和过程噪声的方法，但是由于特征不同，不能直接用来处理小故障，这些方法没有考虑含有小故障的数据矩阵具有块稀疏的特性。

本章以某钢铁厂 2 号高炉炼铁过程为研究对象，基于 PCP 的理论框架，从强噪声、小故障方面进行优化改进，给出了两种面向高炉炼铁过程的故障检测方法：改进主成分追踪（improved PCP，IPCP）方法和鲁棒主成分追踪（robust PCP，RPCP）方法[13, 14]。

2.1　主成分追踪概述

2.1.1　主成分分析概述

PCA 是得到广泛研究的多元统计分析方法，在很多研究领域均有应用。其目标在于：从数据矩阵中获得大部分的过程重要信息，在保留重要信息的基础上压缩数据矩阵的维数，简化数据集的描述，分析观测值和过程变量的结构。给定一个数据矩阵 $\boldsymbol{X}\in\mathbb{R}^{n\times m}$，包含 n 个采样观测值，m 个变量。根据主成分分析方法可以建立统计分析模型为

$$\boldsymbol{X}=\boldsymbol{T}\boldsymbol{P}^{\mathrm{T}}+\boldsymbol{E} \tag{2.1.1}$$

式中，$\boldsymbol{T}=\boldsymbol{X}\boldsymbol{P}\in\mathbb{R}^{n\times k}$ 为主成分得分矩阵；$\boldsymbol{P}\in\mathbb{R}^{m\times k}$ 为负荷向量矩阵；$\boldsymbol{E}$ 为残差矩阵；k 为主成分个数，可以通过百分比变化量测试、Scree 检验、平行分析法及累计方差贡献率等方法得到。其中，有些学者认为应用平行分析法能够获得最佳的主成分个数。主成分分析方法可以表示为如图 2.1.1 所示的模型结构。

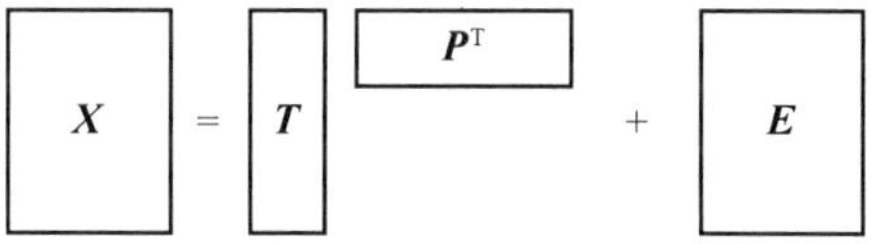

图 2.1.1　主成分分析模型结构

对矩阵 $\boldsymbol{X}$ 的协方差矩阵 $\sum=\dfrac{1}{N}\boldsymbol{X}^{\mathrm{T}}\boldsymbol{X}$ 进行奇异值分解，协方差矩阵 $\boldsymbol{\Sigma}$ 的前 k 个特征向量组成负荷矩阵 $\boldsymbol{P}$，对应的前 k 个特征值为相应的方差，按照从大到小的顺序排列。通过公式 $\boldsymbol{T}=\boldsymbol{X}\boldsymbol{P}$ 计算得到得分向量矩阵 $\boldsymbol{T}$，残差矩阵 $\boldsymbol{E}=\boldsymbol{X}-\boldsymbol{T}\boldsymbol{P}^{\mathrm{T}}$。经过主成分分析分解，原始的 n 维数据矩阵降维到 k 维，得到相应的主成分空间和一个残差矩阵 $\boldsymbol{E}$。主成分分析可以通过分解矩阵的方式去除过程噪声的影响，同时减小计算复杂度。PCA 是一种线性降维方法，按照数据的变化方差最大的原则，其获得了一系列正交的向量，这些向量和对协方差矩阵进行奇异值分解得到的负荷向量是一致的。

2.1.2　鲁棒主成分分析概述

离群点在实际工业生产数据中十分常见，由于其会在很大程度上影响 PCA 方法的负荷向量方向，从而导致较差的故障检测效果[15]。因此，在高炉炼铁过程故障检测中，应用 RPCA 是十分重要的。在本书的第 1 章综述了一些 RPCA 方法，本节介绍其中一种：最小协方差判定（minimum covariance determinant，MCD）是由 Rousseeuw

在 1984 年提出的，该方法通过计算马哈拉诺比斯（Mahalanobis）距离及迭代的方法获得协方差矩阵的估计值，用来解决 PCA 方法对离群点比较敏感的问题。其中，Mahalanobis 距离的表达式为

$$\mathrm{MD}(x)=\sqrt{(\boldsymbol{x}-\bar{\boldsymbol{x}})^{\mathrm{T}}\boldsymbol{S}^{-1}(\boldsymbol{x}-\bar{\boldsymbol{x}})} \tag{2.1.2}$$

式中，$\bar{\boldsymbol{x}}$ 为均值向量；$\boldsymbol{S}^{-1}$ 为协方差矩阵。

在数据矩阵 $\boldsymbol{X}\in\mathbb{R}^{n\times m}$ 中，包含 n 个采样观测点，各采样点包含 m 个变量。在 n 个采样观测点中随机选择 h 个，其中，$h=\alpha\times n,\ 0.5<\alpha<1$。MCD 算法是通过寻找所有 h 个采样观测点协方差矩阵行列式的最小值，来得到最终协方差矩阵估计值的。

基于 MCD 的鲁棒主成分分析可以总结为以下步骤。

（1）从矩阵 $\boldsymbol{X}$ 中随机选出 h 个样本，并且计算样本的均值 $\boldsymbol{\mu}_1$ 和协方差 $\boldsymbol{\Sigma}_1$ 并将其作为初始值。若此时协方差矩阵行列式为 0，则增加采样观测点，直到不为 0。

（2）利用式（2.1.2）计算数据矩阵 $\boldsymbol{X}$ 中 n 个样本点到 h 个采样观测值数据中心的 Mahalanobis 距离，然后从中选出距离较小的 h 个采样观测值，将其作为新的 h 个采样观测值，并求出相应的均值 $\boldsymbol{\mu}_2$ 和协方差 $\boldsymbol{\Sigma}_2$。

（3）重复步骤（2），直到 $\det(\boldsymbol{\Sigma}_i)=\det(\boldsymbol{\Sigma}_{i-1})$ 得到鲁棒协方差矩阵 $\boldsymbol{\Sigma}_{\mathrm{mcd}}$ 及采样观测点均值 $\boldsymbol{\mu}_{\mathrm{mcd}}$。

（4）计算 n 个采样观测点到鲁棒协方差矩阵 $\boldsymbol{\Sigma}_{\mathrm{mcd}}$ 和采样观测点均值 $\boldsymbol{\mu}_{\mathrm{mcd}}$ 的 Mahalanobis 距离 $d(i)$。

$$d(i)=\sqrt{(\boldsymbol{x}_i-\boldsymbol{\mu}_{\mathrm{mcd}})^{\mathrm{T}}\boldsymbol{\Sigma}_{\mathrm{mcd}}{}^{-1}(\boldsymbol{x}_i-\boldsymbol{\mu}_{\mathrm{mcd}})} \tag{2.1.3}$$

（5）为了在提高鲁棒性的同时，进一步提高有效性，可以利用权重的方法实现。按照 Mahalanobis 距离 $d(i)$ 服从置信度为 97.5%的 χ^2 分布，当 $d(i)>\sqrt{\chi^2_{m,0.975}}$ 时，记为 $\boldsymbol{w}(i)=0$；反之，$\boldsymbol{w}(i)=1$。

（6）此时，根据权重 $\boldsymbol{w}(i)$ 及式（2.1.4）计算新的均值 $\boldsymbol{\mu}$ 和协方差矩阵 $\boldsymbol{\Sigma}$。

$$\boldsymbol{\mu}=\frac{\sum_{i=1}^{n}\boldsymbol{w}(i)\boldsymbol{x}(i)}{\sum_{i=1}^{n}\boldsymbol{w}(i)},\quad \boldsymbol{\Sigma}=\frac{\sum_{i=1}^{n}\boldsymbol{w}(i)(\boldsymbol{x}(i)-\boldsymbol{\mu})(\boldsymbol{x}(i)-\boldsymbol{\mu})^{\mathrm{T}}}{\sum_{i=1}^{n}\boldsymbol{w}(i)} \tag{2.1.4}$$

（7）将步骤（6）中计算得到的鲁棒协方差矩阵替换为普通 PCA 方法中的协方差矩阵即可。

通过以上步骤，得到协方差矩阵估计量，解决数据矩阵中包含离群点的问题。

2.1.3 主成分追踪理论

在高炉炼铁过程故障检测中，数据驱动方法得到了广泛的应用，源于其计算较

为简单及当前大量的过程生产数据采集十分容易。在高炉炼铁过程中，为了保证设备的安全可靠运行，布设着大量的传感器，并且部分传感器用于测量同一种状态。因此，采集到的数据矩阵包含的重要信息主要取决于其潜在的低维子空间。在高炉炼铁过程故障检测中，PCA 是一个应用比较广泛的方法，可以用来获得包含重要过程生产信息的低维子空间。然而，PCA 方法对于高炉炼铁过程中频繁出现的离群点比较敏感，采样数据点的分布会在很大程度上影响负荷向量的方向，从而导致较大的故障误报率。在近些年，一种称为 PCP 的 RPCA 矩阵分解方法被提出和广泛应用[2]。和 PCA 相比，PCP 对离群点不敏感，计算复杂度较低及假设条件较少，对采集到的过程数据特征没有限制，因此，可以应用于高炉炼铁过程的故障检测。

给定一个数据矩阵 $\boldsymbol{X}\in\mathbb{R}^{n\times m}$，包含 n 个采样观测值，其中，每个观测值包含 m 个变量。PCP 的目标是求解一个如式（2.1.5）所示的优化问题：

$$\min \operatorname{rank}(\boldsymbol{A})+\lambda\|\boldsymbol{E}\|_0, \quad \text{s.t. } \boldsymbol{X}=\boldsymbol{A}+\boldsymbol{E} \tag{2.1.5}$$

式中，$\boldsymbol{A}\in\mathbb{R}^{n\times m}$ 是一个低秩数据矩阵；$\boldsymbol{E}\in\mathbb{R}^{n\times m}$ 是一个包含离群点及其他非正常工况数据的稀疏矩阵；$\|\boldsymbol{E}\|_0$ 是矩阵 $\boldsymbol{E}$ 的 l_0 范数，是矩阵 $\boldsymbol{E}$ 中所有非零元素的个数；λ 是一个平衡两个因子的参数。

式（2.1.3）是一个求解很困难的非凸优化问题，提出 PCP 方法的作者指出，可以用矩阵的核范数近似代替计算矩阵的秩，矩阵的范数 l_1 可以用来近似代替计算矩阵的 l_0 范数。因此，式（2.1.5）中的目标函数可以改写成如式（2.1.6）所示的形式，将目标函数转换为凸优化函数，方便计算求解：

$$\min \|\boldsymbol{A}\|_* +\lambda\|\boldsymbol{E}\|_1, \quad \text{s.t. } \boldsymbol{X}=\boldsymbol{A}+\boldsymbol{E} \tag{2.1.6}$$

式中，$\|\boldsymbol{A}\|_*$ 是矩阵 $\boldsymbol{A}$ 的核范数，是矩阵 $\boldsymbol{A}$ 的奇异值之和；$\|\boldsymbol{E}\|_1$ 是矩阵 $\boldsymbol{E}$ 的 l_1 范数，是矩阵 $\boldsymbol{E}$ 中所有非零元素的绝对值之和，λ 是一个平衡 $\|\boldsymbol{A}\|_*$ 和 $\|\boldsymbol{E}\|_1$ 两个范数因子的参数，一般利用公式 $\lambda=\dfrac{1}{\max(n,m)}$ 求解。

2.1.4　数据噪声处理与故障检测实现

PCP 方法目前已在图像分析、背景图像提取等方面广泛地应用。然而，在近年来故障检测的应用研究中，并未提出适合 PCP 算法的统计量。研究人员一般通过观察分解得到稀疏矩阵中的元素来进行故障检测，或者利用 PCA 的 T^2 统计量进行故障检测。所以本章提出一种适合于 PCP 方法的故障检测统计量。PCP 是一种有效的矩阵分解方法，可以用来处理一段时间内收集的数据。PCA 方法的主要目的是降维，数据矩阵被分解为两部分：主成分空间和残差空间。在主成分空间利用 T^2 统计量进行故障检测；在残差空间中，利用平方预测误差（squared prediction error, SPE）统计量进行故障检测。PCP 与 PCA 相似，将数据矩阵分解为低秩矩阵和稀疏矩阵。其中获得的低秩矩阵可以作为新的训练矩阵，并且由于过程噪声等干扰被分解到稀疏矩阵中，因此可以直接使用 T^2 统计量在低秩空间进行故障检测。利用该方法能够消除高炉炼铁过程数据的噪声影响。

在稀疏矩阵中，本节提出一个新的均值相关系数故障检测统计量。而故障检测统计量由稀疏矩阵中变量的均值和相关系数这些基本的数值统计信息建立。在正常工况下，分解得到的稀疏矩阵应该仅仅包含过程噪声；在故障工况下，稀疏矩阵包含过程噪声及过程故障。因此，可以通过计算二者稀疏矩阵的基本统计量特性，进行故障检测。利用 T^2 统计量和均值相关系数统计量，能够充分地考虑高炉炼铁过程的特征，分别从低秩矩阵和稀疏矩阵两部分进行故障检测。T^2 统计量利用过程的重要信息，均值相关系数统计量则利用过程出现的噪声及故障信息。至此，全部生产信息均被用来进行故障检测，从而取得较好的故障检测效果，具体故障检测效果在本章的后续章节中通过仿真结果展示。在实际的工业生产中，为提高生产的安全性和可靠性，一些传感器通常用于描述一种状态。因此，实际工业过程在没有噪声、离群点等干扰下，应该是低秩的。PCP 方法将收集到的数据矩阵分解为低秩和稀疏矩阵，符合高炉炼铁过程的工艺原理。因此，PCP 方法适合于高炉炼铁过程故障检测。

本章的主要目的是验证 PCP 方法处理包含过程噪声的训练矩阵的鲁棒性效果及 PCP 方法对故障检测的效果。过程噪声是高炉炼铁过程中普遍存在的现象，对实际的故障检测效果影响较小，同时，本章仅利用基本 PCP 方法进行故障诊断，对方法并未改进。因此，在本章不利用实际高炉炼铁过程数据验证方法的效果。

1. 问题描述

给定一个训练矩阵 $\boldsymbol{X}\in\mathbb{R}^{n\times m}$，矩阵包含 n 个采样观测值，每个采样观测值包含 m 个变量。在数据矩阵 $\boldsymbol{X}$ 中，可能包含过程的传感器噪声。通过 PCP 方法分解，可以得到一个低秩矩阵和一个稀疏矩阵。其中，低秩矩阵包含过程的重要生产信息，稀疏矩阵包含过程可能存在的传感器噪声，如下：

$$\boldsymbol{X}=\boldsymbol{A}+\boldsymbol{E} \tag{2.1.7}$$

为了方便 PCP 方法在高炉炼铁过程中的应用，考虑下面两个假设。

假设 2.1.1 利用 PCP 方法分解矩阵 $\boldsymbol{X}$，在没有传感器噪声的条件下，其是低秩的。

假设 2.1.2 在数据矩阵 $\boldsymbol{X}$ 中，过程噪声的存在是有规律的。在连续生产的高炉炼铁过程中，过程噪声的分布是不变的。

在高炉炼铁过程中收集到的数据，基本满足上述两个假设。在没有传感器噪声、离群点及过程故障的情况下，高炉炼铁过程变量彼此是相关的，因此数据矩阵是低秩的。此外，在高炉炼铁过程中出现的过程噪声可以看作均匀分布。由于本章的目的是验证 PCP 方法对高炉炼铁过程噪声的处理效果，因此，本节不考虑训练矩阵中离群点及过程故障的存在。

2. 基于主成分追踪方法的故障检测

给定一个数据矩阵 $\boldsymbol{X} \in \mathbb{R}^{n\times m}$，包含 n 个采样观测值，每个采样观测值包含 m 个变量。数据矩阵 $\boldsymbol{X}$ 可以利用 PCP 方法分解得到一个低秩矩阵和一个稀疏矩阵，如式（2.1.7）所示。PCP 的本质是求解凸优化问题，如式（2.1.6）所示，$\|\boldsymbol{A}\|_*$ 是矩阵 $\boldsymbol{A}$ 的核范数，是矩阵 $\boldsymbol{A}$ 的奇异值之和，$\|\boldsymbol{E}\|_1$ 是矩阵 $\boldsymbol{E}$ 的 l_1 范数，是矩阵 $\boldsymbol{E}$ 中所有非零元素之和。参数 λ 是用来平衡 PCP 方法中的两个范数算子的，参数的选择可以先根据式（2.1.8）进行计算，再根据经验调节。有的学者可能会认为，根据数据矩阵 $\boldsymbol{X}$ 的特征，调整参数 λ 的值，可以获得更为准确的低秩矩阵 $\boldsymbol{A}$ 和稀疏矩阵 $\boldsymbol{E}$。但是，PCP 方法的提出者在文献[2]中指出，参数 λ 的选择与数据矩阵 $\boldsymbol{X}$ 的组成不相关，也就是说，不论数据矩阵 $\boldsymbol{X}$ 具有何种特点，利用式（2.1.7）均可获得正确的分解结果。因此，其优点是不需要调节参数。

$$\lambda = \frac{1}{\sqrt{\max(n,m)}} \tag{2.1.8}$$

求解式（2.1.8）中凸优化函数的方法有很多，如 ADMM。本章利用不确定增广拉格朗日算子（inexact augmented Lagrange multiplier，IALM）方法进行求解，具体如表 2.1.1 所示。

表 2.1.1　利用 IALM 算法求解 PCP 问题

输入：数据矩阵 $\boldsymbol{X} \in \mathbb{R}^{n\times m}$，参数 λ

初始化：$\boldsymbol{A}_0 = 0, \boldsymbol{E}_0 = 0, \boldsymbol{Y}_0 = 0, \mu_0 = 10^{-8}, \rho = 1.1, \max_{\mu} = 10^{10}, \varepsilon = 10^{-6}$

迭代直到收敛

$$\boldsymbol{A}_{k+1} = \operatorname{argmin} \frac{1}{\mu_k}\|\boldsymbol{A}_k\|_* + \frac{1}{2}\left\|\boldsymbol{A}_k - \left(\boldsymbol{X} - \boldsymbol{E}_k + \frac{\boldsymbol{Y}_k}{\mu_k}\right)\right\|_F^2$$

$$\boldsymbol{E}_{k+1} = \operatorname{argmin} \frac{\lambda}{\mu_k}\|\boldsymbol{E}_k\|_1 + \frac{1}{2}\left\|\boldsymbol{E}_k - \left(\boldsymbol{X} - \boldsymbol{A}_{k+1} + \frac{\boldsymbol{Y}_k}{\mu_k}\right)\right\|_F^2$$

$$\boldsymbol{Y}_{k+1} = \boldsymbol{Y}_k + \mu_k(\boldsymbol{X} - \boldsymbol{A}_{k+1} - \boldsymbol{E}_{k+1})$$

$$\mu_{k+1} = \min(\rho\mu_k, \max_{\mu})$$

收敛条件：$\|\boldsymbol{X} - \boldsymbol{A}_{k+1} - \boldsymbol{E}_{k+1}\|_\infty < \varepsilon$

输出：解 $(\boldsymbol{A}_k, \boldsymbol{E}_k)$

定理 2.1.1　对于一个向量 $\boldsymbol{y} \in \mathbb{R}^n$ 和一个阈值 τ，l_1 收缩算子（l_1 shrinkage operator）可以描述为

$$\boldsymbol{S}_\tau[\boldsymbol{y}] = \operatorname{sign}(\boldsymbol{y}_i)\left(|\boldsymbol{y}_i| - \tau\right)_+ \tag{2.1.9}$$

定理 2.1.2 假设有一个秩为 r 的数据矩阵 $\boldsymbol{X} \in \mathbb{R}^{n\times m}$ 及一个参数 τ，则奇异值收缩算子（singular value shrinkage operator，SVSO) $D_\tau(\boldsymbol{X})$ 可以根据公式计算得到

$$D_\tau(\boldsymbol{X}) = \boldsymbol{U}\boldsymbol{S}_\tau\boldsymbol{\Sigma}[\boldsymbol{V}^{\mathrm{T}}] \tag{2.1.10}$$

式中，$\boldsymbol{S}_\tau[\boldsymbol{\Sigma}] = \mathrm{diag}((\sigma_i - \tau)_+)$；$\boldsymbol{U}\boldsymbol{S}\boldsymbol{V}^{\mathrm{T}}$ 通过对矩阵 $\boldsymbol{X}$ 的进行奇异值分解得到，$\boldsymbol{\Sigma} = \mathrm{diag}(\{\sigma_i\}_{1\leqslant i\leqslant r})$。

因此，根据定理 2.1.1，可以得到矩阵 $\boldsymbol{E}$ 的计算公式为

$$\boldsymbol{E}^{k+1} = \boldsymbol{S}_{\frac{\lambda}{\mu_k}}\left(\boldsymbol{X} - \boldsymbol{A}_{k+1} + \frac{\boldsymbol{Y}_k}{\mu_k}\right) \tag{2.1.11}$$

根据定理 2.1.2，可以得到矩阵 $\boldsymbol{A}$ 的计算公式为

$$\boldsymbol{A}^{k+1} = \boldsymbol{D}_{\frac{1}{\mu_k}}\left(\boldsymbol{X} - \boldsymbol{E}_k + \frac{\boldsymbol{Y}_k}{\mu_k}\right) \tag{2.1.12}$$

这两种算法的数学计算和分析可以参考文献[16]。PCP 方法将训练数据矩阵分解为两部分：一个低秩矩阵和一个稀疏矩阵。其中，低秩矩阵包含过程的重要信息，稀疏矩阵包含实际工业生产中可能存在的过程噪声。

下面分别对低秩矩阵和稀疏矩阵建立合适的故障检测统计量。

1）基于低秩矩阵的故障检测

PCA 将数据矩阵分解为主成分空间和残差空间，分别利用 T^2 统计量和 SPE 统计量进行故障检测。和 PCA 相似，PCP 将数据分解为低秩矩阵和稀疏矩阵。其中，低秩矩阵包含过程的重要信息，去除了过程中可能存在的过程噪声等干扰，和主成分空间相似。因此在低秩矩阵中同样利用 T^2 统计量进行故障检测。给定一个训练矩阵 $\boldsymbol{X} \in \mathbb{R}^{n\times m}$ 和一个测试矩阵 $\boldsymbol{D}_0 \in \mathbb{R}^{p\times m}$。其中，训练矩阵中有 n 个观测值，测试矩阵中有 p 个观测值，变量均为 m 个。基于 PCP 分解得到的低秩矩阵的故障检测步骤如下所示。

步骤 1：矩阵分解，利用 PCP 方法将训练矩阵 $\boldsymbol{X}$ 分解，得到一个低秩矩阵 $\boldsymbol{A}$ 和一个稀疏矩阵 $\boldsymbol{E}$。其中，低秩矩阵 $\boldsymbol{A}$ 包含过程的重要信息，稀疏矩阵 $\boldsymbol{E}$ 包含高炉炼铁过程中可能存在的过程噪声。PCP 分解式如下：

$$\min \ \|\boldsymbol{A}\|_* + \lambda\|\boldsymbol{E}\|_1, \quad \text{s.t.} \quad \boldsymbol{X} = \boldsymbol{A} + \boldsymbol{E} \tag{2.1.13}$$

步骤 2：标准化，将低秩矩阵 $\boldsymbol{A} \in \mathbb{R}^{n\times m}$ 标准化，得到标准化后的矩阵 $\boldsymbol{A}_0 \in \mathbb{R}^{n\times m}$。根据低秩矩阵 $\boldsymbol{A}$ 计算相应变量的均值和标准差，标准化如下：

$$a_{0ij} = \frac{a_{ij} - \bar{\mu}_j}{\sigma_j} \tag{2.1.14}$$

式中，a_{0ij} 是标准化后低秩矩阵 $\boldsymbol{A}_0$ 中的第 ij 个元素；a_{ij} 是低秩矩阵 $\boldsymbol{A}$ 中的第 ij 个元

素；$\overline{\mu}_j$ 与 σ_j 分别是根据低秩矩阵 $\boldsymbol{A}$ 计算得到的相应变量的均值和标准差。

步骤 3：奇异值分解，将步骤 3 得到的标准化后的低秩矩阵 $\boldsymbol{A}_0$ 进行奇异值分解，得到负荷向量矩阵 $\boldsymbol{U}$ 及相应的奇异值矩阵 $\boldsymbol{\Lambda}$，分解式如下：

$$[\boldsymbol{U},\boldsymbol{\Lambda},\boldsymbol{P}]=\mathrm{svd}(\boldsymbol{A}_0) \tag{2.1.15}$$

步骤 4：T^2 统计量阈值计算，通过训练矩阵 $\boldsymbol{X}$ 计算 T^2 统计量在正常工况下的阈值：

$$T_\alpha^2=\frac{(n-1)m}{n-m}\times[F_\alpha(m,n-m)] \tag{2.1.16}$$

式中，$F_\alpha(m,n-m)$ 可以从 F 分布的表格中查询，其中，显著性水平 $\alpha=0.05$，m 和 $n-m$ 分别是自由度。

步骤 5：标准化，对测试矩阵 $\boldsymbol{D}_0\in\mathbb{R}^{p\times m}$ 进行标准化处理，根据步骤 2 中计算得到的变量均值和标准差，得到标准化后的测试矩阵 $\boldsymbol{D}$。

步骤 6：T^2 统计量计算，根据 T^2 统计量，对标准化后的测试矩阵 $\boldsymbol{D}$ 进行在线故障检测：

$$T_i^2=\boldsymbol{d}_i\times\boldsymbol{P}\times\boldsymbol{\Lambda}^{-2}\times\boldsymbol{P}^{\mathrm{T}}\times\boldsymbol{d}_i^{\mathrm{T}} \tag{2.1.17}$$

式中，$\boldsymbol{d}_i$ 是标准化后的测试矩阵 $\boldsymbol{D}$ 的第 i 行。

步骤 7：在线故障检测，将步骤 6 计算得到的统计量的数值和步骤 4 得到的正常条件下的阈值进行比较，如果大于阈值，那么表示故障出现。

2）基于稀疏矩阵的故障检测

如果能够对标准化后的测试矩阵进行 PCP 分解，那么可以对比获得的稀疏矩阵中的元素值，以此判断是否发生故障。但是如果对测试矩阵整体进行 PCP 分解，那么表示该方法是离线的，需要一段时间的采样，不满足实际的工业生产需求。因此，本章提出一种在线故障检测的统计量。该统计量是通过比较得到的稀疏矩阵中元素的统计特征来进行故障检测的。这种统计量能够减少噪声的影响，提高故障检测效果。为了得到一个可比较的统计量，向量中的元素通过与变量之间的相关系数进行结合，能够实现更有效的在线故障检测能力[17]。

步骤 1：矩阵分解，将标准化后的训练矩阵 $\boldsymbol{X}_0$ 进行 PCP 分解，得到低秩矩阵 $\boldsymbol{A}_1$ 和稀疏矩阵 $\boldsymbol{E}_1$。由文献[18]可知，数据矩阵的标准化不影响矩阵 PCP 分解得到的结果。

步骤 2：相关系数计算，计算低秩矩阵 $\boldsymbol{A}_1$ 中每个变量和第一个变量的相关系数 $\boldsymbol{c}_i,i=1,2,\cdots,m-1$。

步骤 3：比例计算，计算每个变量在相关系数中所占的比例 $\boldsymbol{p}_i,i=1,2,\cdots,m$，如：

$$\boldsymbol{p}_{i+1}=\frac{\boldsymbol{c}_i}{1+\sum_{i=1}^{m-1}\boldsymbol{c}_i},\quad \boldsymbol{p}_1=\frac{1}{1+\sum_{i=1}^{m-1}\boldsymbol{c}_i} \tag{2.1.18}$$

步骤 4：计算阈值，将相关系数比重 $\boldsymbol{p}_i, i=1,2,\cdots,m$ 和变量的均值 $\mu_i, i=1,2,\cdots,m$ 对应元素相乘，获得正常工况下的阈值 $\boldsymbol{M}$：

$$\boldsymbol{M} = \boldsymbol{p} \times \mu_i \tag{2.1.19}$$

步骤 5：矩阵形成，将标准化后的训练矩阵的后 $(n-i)\times m, i=1,2,\cdots,n$ 行与标准化后的测试矩阵的前 $i\times m, i=1,2,\cdots,p$ 行组成新的测试矩阵。

步骤 6：矩阵分解，将步骤 5 得到的新的测试矩阵进行 PCP 分解，得到低秩矩阵 $\boldsymbol{A}_2$ 和稀疏矩阵 $\boldsymbol{E}_2$。

步骤 7：在线监测统计量计算，将相关系数比例 $\boldsymbol{p}_i, i=1,2,\cdots,m-1$ 和稀疏矩阵 $\boldsymbol{E}_2$ 相乘得到向量 $\boldsymbol{G}$。将向量 $\boldsymbol{G}$ 的最后一个元素放到一个新的向量 $\boldsymbol{MG}$ 中。

步骤 8：重复步骤 5 至步骤 7 p 次，得到一个 $1\times p$ 的向量 $\boldsymbol{MG}$。

步骤 9：如果向量 $\boldsymbol{MG}$ 中元素的值大于步骤 4 计算得到的阈值，那么表示有故障出现。

基于 PCP 方法的稀疏矩阵故障检测流程图如图 2.1.2 所示。

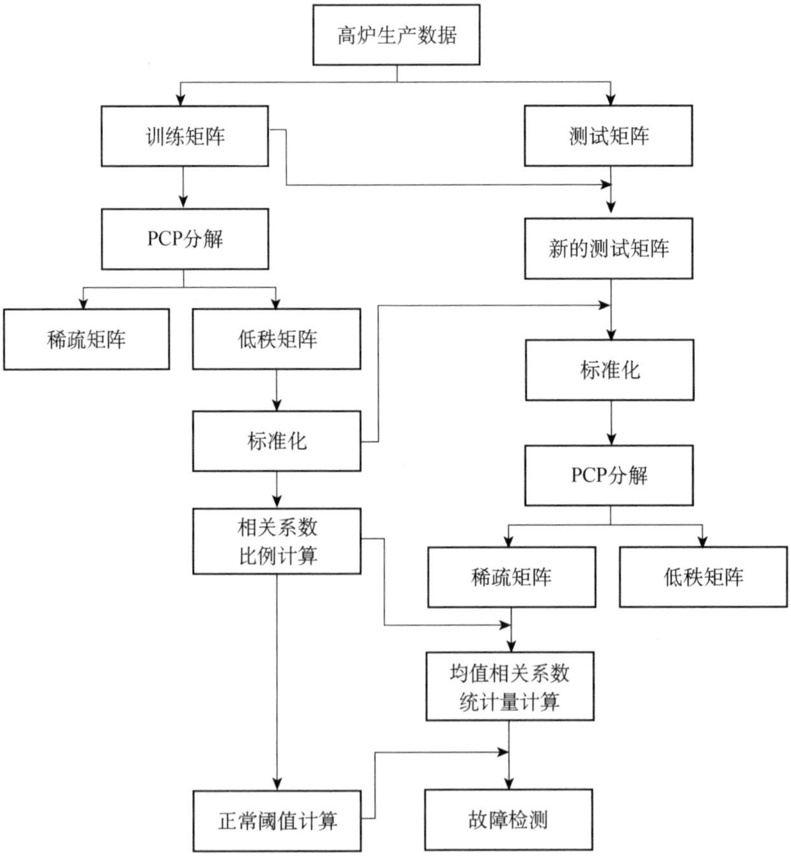

图 2.1.2 基于 PCP 方法的稀疏矩阵故障检测流程图

2.1.5 案例分析

2009 年，Alcala 提出了一种的故障检测统计量，并且利用蒙特卡罗（Monte Carlo）数值仿真，验证该统计量的有效性。因此，本节利用 Monte Carlo 数值仿真验证基于 PCP 方法的故障检测统计量的有效性。该数值仿真模型通过式（2.1.20）建立：

$$\begin{pmatrix} x_1 \\ x_2 \\ x_3 \\ x_4 \\ x_5 \\ x_6 \end{pmatrix} = \begin{pmatrix} -0.2310 & -0.0816 & -0.2662 \\ -0.3241 & 0.7055 & -0.2158 \\ -0.217 & -0.3056 & -0.5207 \\ -0.4089 & -0.3442 & -0.4501 \\ -0.6408 & 0.2105 & -0.2372 \\ -0.5655 & -0.433 & -0.5938 \end{pmatrix} \begin{pmatrix} t_1 \\ t_2 \\ t_3 \end{pmatrix} + \text{噪声} \tag{2.1.20}$$

式中，t_1、t_2、t_3 是均值为 0，标准差分别为 1、0.8 和 0.6 的随机变量；噪声是均值为 0，标准差为 0.2 的正态分布变量。训练矩阵利用式（2.1.20）获得，并利用如式（2.1.21）所示的公式建立测试数据矩阵：

$$\boldsymbol{x}_{\text{test}} = \boldsymbol{x}^* + \varepsilon_i f \tag{2.1.21}$$

式中，$\boldsymbol{x}^*$ 根据式（2.1.18）获得，故障幅值 f 是 0～0.9 均匀分布的随机数。故障的方向 ε_i 是随机出现在 6 个变量上的。在本节的数值仿真中，全部 6 个变量 $x_i, i=1,2,\cdots,6$ 均用来进行故障检测。

在本节的数值仿真中，训练矩阵包含 500 个采样观测值，每个采样观测值包含 6 个变量；测试矩阵包含 600 个采样观测值，其中，前 100 个为正常样本，后 500 个为故障样本，同样每个采样观测值包含 6 个变量。其中，100 个正常工况样本用来检测故障误报率，500 个故障样本用来检测故障检测率。基于 PCP 方法和 PCA 方法的故障检测结果如图 2.1.3～图 2.1.6 所示，基于 PCP 和 PCA 方法的故障检测如表 2.1.2 所示。

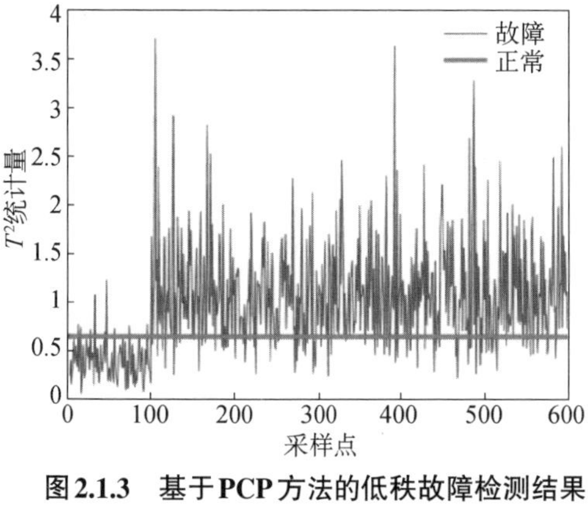

图 2.1.3　基于 PCP 方法的低秩故障检测结果

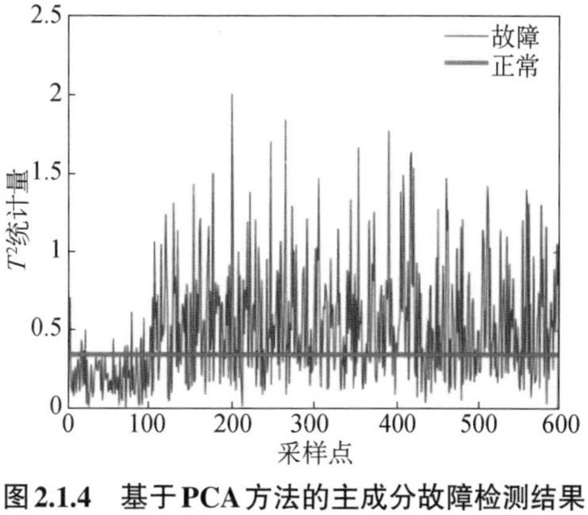

图 2.1.4　基于 PCA 方法的主成分故障检测结果

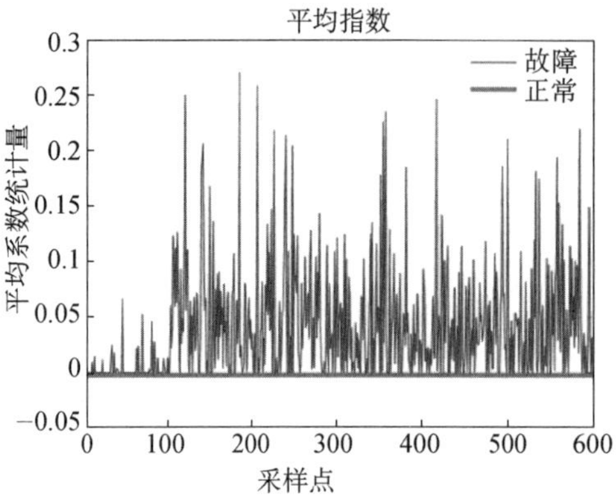

图 2.1.5　基于 PCP 方法的稀疏矩阵故障检测结果

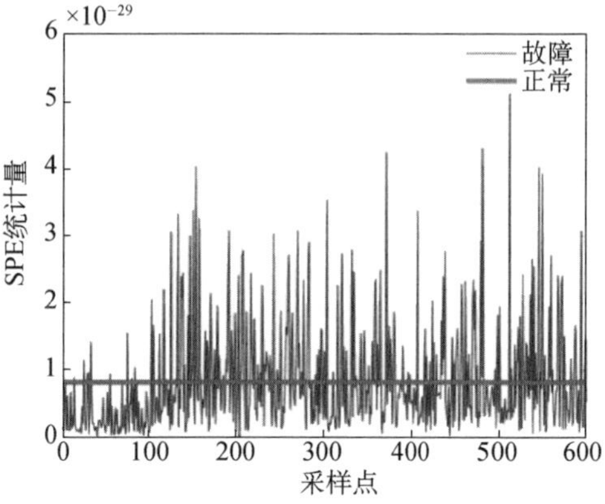

图 2.1.6　基于 PCA 方法的残差故障检测结果

表 2.1.2　基于 PCP 和 PCA 方法的故障检测

方法	指标	PCP/%	PCA/%
低秩矩阵	FDR	81.4	65.2
主成分空间	FAR	2.6	2.6
稀疏矩阵	FDR	100	60.2
残差空间	FAR	20	2.2

在 PCP 方法中，基于 T^2 统计量在正常情况下的阈值为 0.6739，基于均值相关系数的统计量在正常情况下的阈值为−0.0016，参数 λ 首先根据公式 $\lambda = 1/\sqrt{\max(n,m)}$ 计算，再通过微调得到 $\lambda=1.5$。在 PCA 方法中，通过计算累计方差贡献率来决定主成分个数为 4，在正常情况下 T^2 统计量的阈值为 0.3468，SPE 统计量的阈值为 8.71×10^{-31}。

从图 2.1.3 和图 2.1.4 中可以看出，和 PCA 方法的故障检测相比，PCP 方法利用 T^2 统计量具有较好的检测结果。同样由表 2.1.2 可知，PCP 方法具有较高的故障检测率。数值仿真是在理想条件下，验证所提出方法的有效性。从上述仿真结果中可知，PCP 方法适合于工业过程故障检测。基于低秩数据矩阵的统计量故障检测效果优于基于稀疏矩阵的统计量故障检测效果，但在数值仿真实例中，故障检测效果均优于 PCA 方法。可能原因在于 T^2 统计量是应用多年的统计量，而均值相关系数统计量仅仅利用了均值和相关系数两个比较基本的数据统计量。使用 T^2 和均值相关系数统计量能够实现基于 PCP 方法的在线故障检测，并且具有较好的效果，可以应用在实际的高炉炼铁过程中。

2.2　故障检测的主成分追踪方法

随着工业过程控制系统日趋复杂，适用于小规模过程的传统数据驱动方法在新的工业现状下性能已无法满足要求[19]。因此，需要研究新的数据驱动方法对大规模系统进行故障检测。实际的大规模系统一般工作在高温、高压及高粉尘的环境中。一些故障工况如传感器测量误差、数据传输中出现的错误及系统行为的突然变化都会导致离群点的出现。因此，在高炉炼铁过程中研究鲁棒数据驱动方法是十分必要的。为此，本章提出一个过程模型和一个基于 PCP 方法的在线监测统计量。通过 IPCP 方法可以得到一个低秩系数矩阵，这个矩阵包含明确的变量之间关系及过程的其他有用信息。因此，可以使用这个低秩系数矩阵去构建一个有效的故障检测统计量。低秩系数矩阵从训练矩阵中获得，随后将测试矩阵中的采样观测值投影到这个低秩系数矩阵来获得在线监测统计量。

2.2.1　问题描述

给定一个数据矩阵 $\boldsymbol{X}\in\mathbb{R}^{n\times m}$，每一行是一个采样时刻获得的观测值，每一列是一个变量。在这个数据矩阵中，可能包含一些离群点。离群点是一种不正常的工况，表现为采集到的一些数据明显偏离其他值。因为数据矩阵分解是为了获得低秩系数矩阵 $\boldsymbol{Z}$，因此，上述数据矩阵 $\boldsymbol{X}$ 分解为两部分：

$$\boldsymbol{X}=\boldsymbol{X}\boldsymbol{Z}+\boldsymbol{E} \tag{2.2.1}$$

式中，$\boldsymbol{Z}$ 是一个低秩系数矩阵，包含变量与变量之间明确的关系及过程的有用信息，可以用来建立统计量并进行故障检测；$\boldsymbol{E}$ 是一个稀疏矩阵，包含过程中存在的离群点。

为了方便及更好地验证所提出算法的适用性，需要考虑以下两个假设。

假设 2.2.1　不包含离群点的过程没有噪声且具有列低秩。

假设 2.2.2　离群点是一种不正常的工况，表现为采集到的一些数据明显地偏离其他值，也就是说包含离群点的数据矩阵在某一列中的某一行不为零。

上述假设过程是没有噪声的，在高炉炼铁过程中是可以接受的，因为从幅值上来说，噪声的幅值比离群点小。可以借鉴 SPCP 的思想，利用松弛因子 $\boldsymbol{N}$ 解决噪声问题，那么新的限制条件为 $\boldsymbol{X}=\boldsymbol{A}+\boldsymbol{E}+\boldsymbol{F}+\boldsymbol{N}$。

2.2.2　离群点处理的主成分追踪方法

式（2.2.1）介绍了数据矩阵分解形式，系数矩阵 $\boldsymbol{Z}$ 是以原始数据矩阵 $\boldsymbol{X}$ 为基础的关于本身的最低秩表示。因此数据矩阵 $\boldsymbol{Z}$ 可以表示变量之间明确的关系，利用该关系可以进行故障检测研究。通过将数据矩阵分解的思想融入 PCP 方法中，本节提出改进 PCP（IPCP）并将其作为新的故障检测方法。该方法是一种鲁棒的方法，能够建立一个有效的统计量。接下来详细地介绍该方法。

假设数据矩阵 $\boldsymbol{X}\in\mathbb{R}^{n\times m}$，包含 n 个采样观测值，每个观测值包含 m 个变量。IPCP 方法通过求解式（2.2.2）所示的凸优化函数，来获得低秩系数矩阵及稀疏矩阵：

$$\min\ \|\boldsymbol{Z}\|_* + \lambda\|\boldsymbol{E}\|_1,\quad \text{s.t.}\quad \boldsymbol{X}=\boldsymbol{X}\boldsymbol{Z}+\boldsymbol{E} \tag{2.2.2}$$

式中，$\|\boldsymbol{Z}\|_*$ 是矩阵 $\boldsymbol{Z}$ 的核范数，是矩阵 $\boldsymbol{Z}$ 的奇异值之和；$\|\boldsymbol{E}\|_1$ 是矩阵 $\boldsymbol{E}$ 的 l_1 范数，是矩阵 $\boldsymbol{E}$ 中所有非零元素之和；参数 λ 是一个参数用来平衡 IPCP 方法中的两个因子，参数的选择可以先根据标准公式计算，再根据经验调节：

$$\lambda=\frac{1}{\sqrt{\max(n,m)}} \tag{2.2.3}$$

这种方法旨在构建一个基于矩阵 $\boldsymbol{X}$ 的低秩系数矩阵 $\boldsymbol{Z}$，消除离群点的影响。因子 $\|\boldsymbol{Z}\|_*$ 用来获得低秩系数矩阵，范数 $\|\boldsymbol{E}\|_1$ 用来获得一个包含离群点的数据矩阵。矩阵 $\boldsymbol{Z}$ 是原始数据矩阵的一个线性组合，表示变量之间明确的关系。因为在 IPCP 模型中，利用范数 $\|\boldsymbol{E}\|_1$ 来收集离群点，因此该方法是一种鲁棒的方法。和其他鲁棒方法相比，IPCP 能够从一个离群点污染的数据矩阵中得到一个包含变量关系的低秩系数矩阵，并且可以在较少的限制条件下证明该方法的收敛性。因此，该方法很容易实施和计算。因为限制条件 $\boldsymbol{X}=\boldsymbol{X}\boldsymbol{Z}+\boldsymbol{E}$ 很难计算，所以需要引入一个辅助变量 $\boldsymbol{J}$ 来求解。因此，新的凸优化模型可以表示为

$$\begin{aligned}\min\ \|\boldsymbol{J}\|_* + \lambda\|\boldsymbol{E}\|_1,\quad \text{s.t.}\quad &\boldsymbol{X}=\boldsymbol{X}\boldsymbol{Z}+\boldsymbol{E}\\ &\boldsymbol{Z}=\boldsymbol{J}\end{aligned} \tag{2.2.4}$$

$$\begin{aligned}L_\mu(\boldsymbol{Z},\boldsymbol{E},\boldsymbol{J},\boldsymbol{Y}_1,\boldsymbol{Y}_2)=&\|\boldsymbol{J}\|_* + \lambda\|\boldsymbol{E}\|_1 + <\boldsymbol{Y}_1,\boldsymbol{X}-\boldsymbol{X}\boldsymbol{Z}-\boldsymbol{E}> + <\boldsymbol{Y}_2,\boldsymbol{Z}-\boldsymbol{J}>\\ &+\frac{\mu}{2}\left(\|\boldsymbol{X}-\boldsymbol{X}\boldsymbol{Z}-\boldsymbol{E}\|_{\mathrm{F}}^2+\|\boldsymbol{Z}-\boldsymbol{J}\|_{\mathrm{F}}^2\right)\end{aligned} \tag{2.2.5}$$

式（2.2.4）中的 IPCP 方法可以通过 IALM 算法求解，其中，拉格朗日函数见式（2.2.5）。表 2.2.1 列出求解模型的步骤。此外，该方法的收敛性证明和低阶保持（low rank retention，LRR）方法相似，IPCP 方法具有较快的收敛速度，旨在获得一个低秩系数矩阵，迭代长度和变量之间的相关性有关。此外，训练矩阵的维数也会影响迭代步数。这些会在仿真章节通过实例进行验证。

表 2.2.1　利用 IALM 算法求解 IPCP 问题

输入：数据矩阵 $\boldsymbol{X}\in\mathbb{R}^{n\times m}$，参数 λ
初始化：$\boldsymbol{Z}_0=\boldsymbol{J}_0=0,\boldsymbol{E}_0=0,\boldsymbol{Y}_1=0,\boldsymbol{Y}_2=0,\mu_0=10^{-6},\rho=1.1,\max_{\mu}=10^{10},\varepsilon=10^{-6}$
迭代直到收敛
$\boldsymbol{J}_{k+1}=\operatorname{argmin}\dfrac{1}{\mu_k}\lVert\boldsymbol{J}_k\rVert_*+\dfrac{1}{2}\lVert\boldsymbol{J}_k-(\boldsymbol{Z}_k+\boldsymbol{Y}_2/\mu_k)\rVert_{\mathrm{F}}^2$
$\boldsymbol{Z}_{k+1}=\left(\boldsymbol{I}+\boldsymbol{X}^t\boldsymbol{X}\right)^{-1}\left(\boldsymbol{X}^t\boldsymbol{X}-\boldsymbol{X}^t\boldsymbol{E}_k+\boldsymbol{J}_{k+1}+\left(\boldsymbol{X}^t\boldsymbol{Y}_1-\boldsymbol{Y}_2\right)/\mu_k\right)$
$\boldsymbol{E}_{k+1}=\operatorname{argmin}\dfrac{\lambda}{\mu_k}\lVert\boldsymbol{E}_k\rVert_1+\dfrac{1}{2}\lVert\boldsymbol{E}_k-(\boldsymbol{X}-\boldsymbol{X}\boldsymbol{Z}_{k+1}+\boldsymbol{Y}_1/\mu_k)\rVert_{\mathrm{F}}^2$
$\boldsymbol{Y}_1=\boldsymbol{Y}_1+\mu_k(\boldsymbol{X}-\boldsymbol{X}\boldsymbol{Z}_{k+1}-\boldsymbol{E}_{k+1})$
$\boldsymbol{Y}_2=\boldsymbol{Y}_2+\mu_k(\boldsymbol{Z}_{k+1}-\boldsymbol{J}_{k+1})$
$\mu_{k+1}=\min\left(\rho\mu_k,\max_{\mu}\right)$
收敛条件：$\lVert\boldsymbol{X}-\boldsymbol{X}\boldsymbol{Z}_{k+1}-\boldsymbol{E}_{k+1}\rVert_\infty<\varepsilon$ 和 $\lVert\boldsymbol{Z}_{k+1}-\boldsymbol{J}_{k+1}\rVert_\infty<\varepsilon$
输出：解 $(\boldsymbol{Z}_k,\boldsymbol{E}_k)$

在迭代过程中，计算矩阵 $\boldsymbol{J}$ 和矩阵 $\boldsymbol{E}$ 需要利用两个算子：l_1 收缩算子和奇异值阈值算子，如定理 2.1.1 和定理 2.1.2 所示。

因此，根据定理 2.1.1，可以得到矩阵 $\boldsymbol{E}$ 的计算公式为

$$\boldsymbol{E}_{k+1}=\boldsymbol{S}_{\frac{\lambda}{\mu_k}}\left(\boldsymbol{X}-\boldsymbol{X}\boldsymbol{Z}_{k+1}+\frac{\boldsymbol{Y}_1}{\mu_k}\right) \tag{2.2.6}$$

根据定理 2.1.2，可以得到矩阵 $\boldsymbol{J}$ 的计算公式为

$$\boldsymbol{J}_{k+1}=\boldsymbol{D}_{\frac{1}{\mu_k}}\left(\boldsymbol{Z}_k+\frac{\boldsymbol{Y}_2}{\mu_k}\right) \tag{2.2.7}$$

2.2.3　基于主成分追踪的故障检测方法

上面介绍了 IPCP 方法的原理及求解，接下来要基于 IPCP 方法提出一个适合的统计量进行故障检测。通过将测试向量投影到正常工况数据得到的低秩系数矩阵来获得一个在线监测统计量。低秩系数矩阵 $\boldsymbol{Z}$ 通过求解 IPCP 模型得到，该矩阵可以看作原始数据矩阵 $\boldsymbol{X}$ 在低维特征空间的一个近似表达，包含着明确的变量关系。由此，本节提出一个新的故障检测统计量 $\boldsymbol{L}^2$：

$$\boldsymbol{L}^2=\boldsymbol{x}^{\mathrm{T}}\boldsymbol{Z} \tag{2.2.8}$$

式中，$\boldsymbol{x}$ 是测试数据矩阵中的一列采样观测值。这个统计量的意义在于将测试矩阵采样观测值投影到一个低秩系数矩阵上。因此这个新的向量 $\boldsymbol{L}^2$ 包含变量之间的明确

关系。利用变量之间的相关关系将上述向量转换为一个明确的可比较的数值，用来故障检测。如果这个数值大于某个正常工况下得到的阈值，那么表示有故障出现。和 PCA 方法相似，正常工况下的阈值使用 T^2 统计量的阈值进行计算。

给定一个训练矩阵 $\boldsymbol{X}\in\mathbb{R}^{n\times m}$ 和一个测试矩阵 $\boldsymbol{D}\in\mathbb{R}^{p\times m}$。其中，训练矩阵中有 n 个观测值，测试矩阵中有 p 个观测值，变量均为 m 个。基于 IPCP 方法的故障检测步骤如下所示。

步骤 1：标准化，计算训练矩阵 $\boldsymbol{X}$ 中变量的均值向量 $\boldsymbol{\mu}\in\mathbb{R}^{1\times m}$ 和标准差向量 $\boldsymbol{\sigma}\in\mathbb{R}^{1\times m}$。将矩阵 $\boldsymbol{X}$ 中的每个元素进行标准化计算，得到标准化后的训练矩阵 $\boldsymbol{X}^*$：

$$\boldsymbol{x}_i^* = \frac{\boldsymbol{x}_i - \boldsymbol{\mu}}{\boldsymbol{\sigma}} \tag{2.2.9}$$

式中，$\boldsymbol{x}_i$ 是训练矩阵 $\boldsymbol{X}$ 中的第 i 行。

步骤 2：矩阵分解，利用 IPCP 方法获得一个低秩系数矩阵 $\boldsymbol{Z}$ 和一个稀疏矩阵 $\boldsymbol{E}$，一个低秩系数矩阵 $\boldsymbol{Z}$ 包含变量之间明确的关系及过程中的重要信息，一个块稀疏矩阵 $\boldsymbol{E}$ 包含过程的离群点：

$$\min \ \|\boldsymbol{Z}\|_* + \lambda\|\boldsymbol{E}\|_1, \quad \text{s.t.} \quad \boldsymbol{X}^* = \boldsymbol{X}^*\boldsymbol{Z} + \boldsymbol{E} \tag{2.2.10}$$

步骤 3：相关系数计算，计算标准化后矩阵 $\boldsymbol{X}^*$中每个变量与第一个变量的相关系数 $\boldsymbol{c}_i, i\in 1,2,\cdots,m-1$。

步骤 4：相关系数比例计算，计算每一个变量与第一个变量相关系数在整体相关系数中的比例 $\boldsymbol{p}_i, i\in 1,2,\cdots,m$：

$$\boldsymbol{p}_{i+1} = \frac{\boldsymbol{c}_i}{1+\sum_{i=1}^{m-1}\boldsymbol{c}_i}, \quad \boldsymbol{p}_1 = \frac{1}{1+\sum_{i=1}^{m-1}\boldsymbol{c}_i} \tag{2.2.11}$$

步骤 5：计算 T^2 统计量阈值，通过训练矩阵 $\boldsymbol{X}^*$计算 T^2 统计量在正常工况下的阈值：

$$T_\alpha^2 = \frac{(n-1)m}{n-m}\times[F_\alpha(m,n-m)] \tag{2.2.12}$$

式中，$F_\alpha(m,n-m)$ 可以从 F 分布的表格中查询，其中，显著性水平 $\alpha=0.05$，m 和 $n-m$ 分别是自由度。

步骤 6：测试矩阵标准化，对测试矩阵 $\boldsymbol{D}$ 进行标准化计算：

$$\boldsymbol{d}_i^* = \frac{\boldsymbol{d}_i - \boldsymbol{\mu}}{\boldsymbol{\sigma}} \tag{2.2.13}$$

式中，$\boldsymbol{d}_i^*$ 是标准化后测试矩阵中的第 i 行；$\boldsymbol{d}_i$ 是原始测试矩阵中的第 i 行；$\boldsymbol{\mu}$ 与 $\boldsymbol{\sigma}$ 分别是步骤 1 中计算得到的相应变量的均值和标准差。

步骤 7：计算在线监测统计量，根据上述 L^2 统计量的构建方式，可以得到测试矩阵的在线监测统计量：

$$L^2 = \boldsymbol{d}_i^* \times \boldsymbol{Z} \times \boldsymbol{p}_i \tag{2.2.14}$$

式中，$\boldsymbol{d}_i^*$ 是标准化后的测试矩阵的第 i 行；$\boldsymbol{Z}$ 是低秩系数矩阵；$\boldsymbol{p}_i$ 是步骤 4 中得到的相关系数比例向量。

步骤 8：在线故障检测，如果在步骤 7 中计算得到的测试矩阵的 L^2 统计量大于步骤 5 中计算得到的正常条件下的阈值，那么说明有故障出现。

基于 IPCP 方法的故障检测流程图如图 2.2.1 所示。

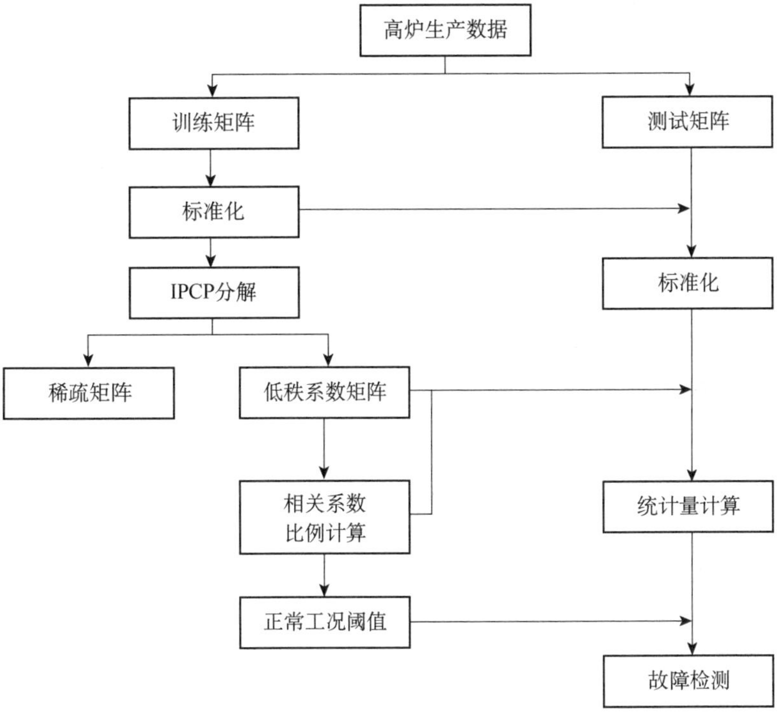

图 2.2.1　基于 IPCP 方法的故障检测流程图

2.2.4　案例分析

本节将比较 IPCP 和 PCA 的故障检测效果。因为 L^2 统计量基于低秩系数矩阵，这个矩阵和 PCA 中的主成分空间相似，因此，本节仅比较基于 IPCP 的 L^2 统计量和基于 PCA 的 T^2 统计量检测效果。IPCP 方法的检测效果首先在数值仿真例子加以验证，最后在高炉炼铁过程工业实例中，对故障检测效果进行验证。

和 PCA 方法相比，IPCP 方法具有较好的鲁棒性，能够较好地处理过程中出现的离群点。因为IPCP方法通过一个凸优化函数，得到了一个包含准确变量关系的低秩系数矩阵，并且将离群点收集到稀疏矩阵中，消除了离群点对故障检测过程的影响。因此，基于IPCP方法的故障检测，能够获得较高的FDR，并且保证一个可接受的FAR。通过矩阵分解得到低秩系数矩阵，将测试矩阵投影到正常工况下获得的准确变量关系上面，充分地利用了变量之间的关系，准确地进行故障检测。本节的数值仿真设计目的，是为了验证IPCP算法对离群点的处理能力。从仿真结果可以看出，IPCP方法可以用来处理高炉炼铁过程中存在的离群点情况。

高炉炼铁过程的生产操作状态采用三班的制度进行记录。在每一班的换岗之后，操作工长会总结他们工作期间高炉炼铁过程的生产状态（正常或者故障工况）。从记录表中可以发现故障工况的类型和发生的时间[20]。从原料、进料及生产过程各个方面出发，该表记录了多种变量。本节采集的数据是国内某钢厂2014年上半年的数据。在高炉炼铁过程中，可能会发生一些不可预料的工况，例如，测量错误、数据传输失败、系统性能突然变化等，这些都会导致离群点的出现。对于高炉炼铁过程故障检测，前些年一些学者进行了深入的研究。一些传统的数据驱动方法得到了广泛的应用，如主成分分析、人工神经网络、偏最小二乘等。然而，这些传统的数据驱动方法对离群点是很敏感的。因此，在高炉炼铁过程中研究鲁棒故障检测问题是十分有意义的。

表2.2.2为高炉炼铁过程中的主要故障。

表2.2.2 高炉炼铁过程中的主要故障

序号	名称	采样观测样本数
1	正常工况	350
2	低料线	50
3	炉温向凉	50
4	炉温向热	50
5	管道行程	50
6	悬料	50
7	崩料	50

在实际的工业实例中，故障是很稀少的。因此，本节选择了650个采样观测值，包含1个正常工况及6个故障工况。其中，350个采样点为正常数据，分为7组；300个为故障数据，每类故障包含50个采样观测值。每个采样观测值包含18个变量。高炉炼铁过程中的变量如表2.2.3所示。

表 2.2.3　高炉炼铁过程中的变量

序号	名称	序号	名称
1	透气性指数	10	热风压力
2	标准风速	11	实际风速
3	冷风流量	12	热风温度
4	鼓风动能	13	顶温 1
5	高炉煤气量	14	顶温 2
6	高炉煤气性指数	15	顶温 3
7	理论燃烧温度	16	顶温 4
8	顶压	17	阻力指数
9	全压差	18	鼓风湿度

训练集为 50 个正常工况采样观测值。六个测试集分别由 50 个正常工况采样观测值及 50 个故障数据组成。由于篇幅有限，在本节中仅仅列出高炉炼铁过程中故障 3 和故障 6 的故障检测结果。在本节中，统计量在正常情况下的阈值为 21.54，参数 $\lambda=1/\sqrt{100}=0.1$，迭代步数为 290 步，收敛速度小于 3s。对于 PCA 方法，通过基于 90%累计贡献率的方法，选择了 4 个主成分。基于 IPCP 方法和 PCA 方法的故障诊断结果如图 2.2.2～图 2.2.5 所示。FDR 和 FAR 用来比较两种方法的故障检测效果，比较结果如表 2.2.4 所示。

图 2.2.2 和图 2.2.3 是高炉炼铁过程中炉温向热故障 4 的检测结果。从图中可以看出，基于 IPCP 方法能够检测出过程的大部分故障。故障 6 是高炉悬料，指的是原料下降故障，悬在高炉本体的中间，图 2.2.4 和图 2.2.5 是该故障的故障检测结果。从表 2.2.4 可以看出，和 PCA 方法相比，IPCP 方法具有较好的故障检测效果。

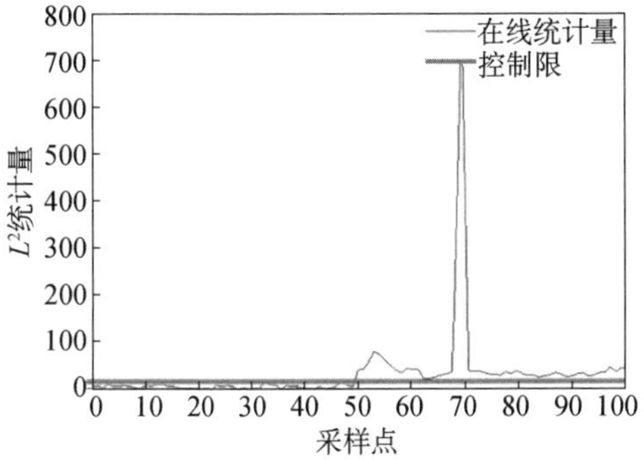

图 2.2.2　基于 IPCP 方法的高炉故障 4 的检测结果

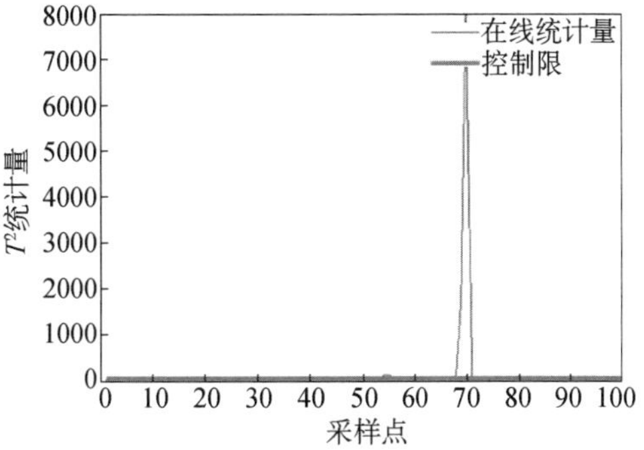

图 2.2.3　基于 PCA 方法的高炉故障 4 的检测结果

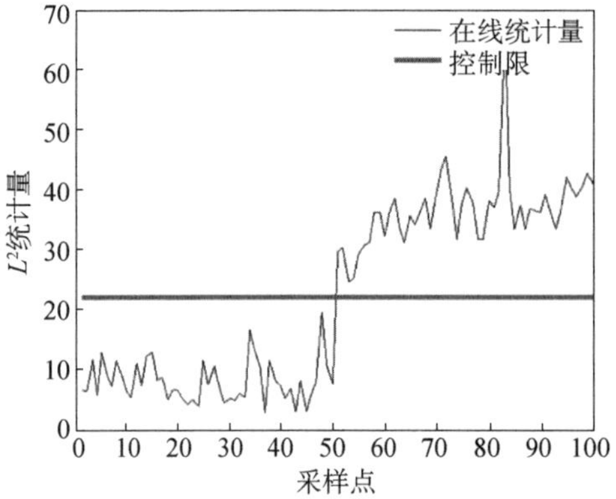

图 2.2.4 基于 IPCP 方法的高炉故障 6 的检测结果

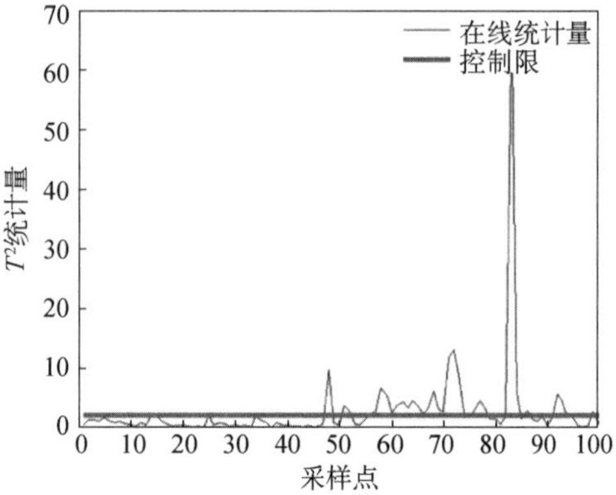

图 2.2.5 基于 PCA 方法的高炉故障 6 的检测结果

表 2.2.4 IPCP 方法与 PCA 方法对于高炉炼铁过程故障检测的 FDR 和 FAR 比较结果

序号	方法			
	FDR-IPCP/%	FAR-IPCP/%	FDR-PCA/%	FAR-PCA/%
1	36.0	12.00	30.00	16.00
2	100.0	12.00	82.00	26.0
3	100.0	0.00	80.00	16.0
4	100.0	0.00	86.00	8.0
5	100.0	4.00	66.00	12.0
6	100.0	0.00	100.00	2.0

在实际的高炉炼铁过程中，可能存在一些不确定的变化及干扰。因此，收集到的数据矩阵可能包含一些离群点。而数据的质量在很大程度上影响随后的统计分析和方法应用。因此，将离群点去除会提高故障检测方法的效果。从上述仿真结果中可以看出，IPCP 方法对于高炉炼铁过程具有较好的故障检测作用。

2.3 故障检测的鲁棒主成分追踪方法

从高炉炼铁过程中直接采集到的数据可能包含小故障，使用传统的数据驱动方法进行故障诊断时会获得较差的故障检测结果。为了解决这个问题，本节提出 RPCP 方法来处理数据中包含小故障的问题。该方法同时考虑处理损坏的列元素和行元素。RPCP 方法通过求解一个凸优化函数，将数据矩阵分解成一个低秩矩阵和一个特殊的块稀疏矩阵。其中，这个低秩矩阵包含的是高炉炼铁过程中的重要信息，特殊的稀疏矩阵包含高炉炼铁过程中发生的小故障。通过 RPCP 方法，可以将收集到的高炉炼铁过程数据中包含的小故障数据去除，从而提高故障检测效率。

2.3.1　问题描述

给定一个数据矩阵 $\boldsymbol{X} \in \mathbb{R}^{n \times m}$，每一列是一个采样时刻获得的观测值，每一行是一个变量。在这个数据矩阵中，包含一些小的故障。一个小的故障是发生在一段连续的时间内，一个或多个变量的连续过程。因为数据矩阵分解是为了获得没有小故障的低秩矩阵，因此，上述数据矩阵 $\boldsymbol{X}$ 分解为三部分：

$$\boldsymbol{X} = \boldsymbol{A} + \boldsymbol{E} + \boldsymbol{F} \tag{2.3.1}$$

式中，$\boldsymbol{A}$ 是一个低秩矩阵，包含过程的重要信息，可以建立模型来进行故障检测，$\boldsymbol{E}+\boldsymbol{F}$ 是一个稀疏矩阵，包含过程发生的小故障。

为了方便及更好地验证所提出算法的适用性，需要考虑以下两个假设。

假设 2.3.1　不包含故障的过程没有噪声且具有列低秩。

假设 2.3.2　一个小的故障是发生在一个或多个变量上的一段连续过程，也就是包含小故障的数据矩阵在连续几列、某几行上是不为零的。

上述假设过程是没有噪声的，在高炉炼铁过程中是可以接受的，因为从幅值上来说，噪声的幅值比小故障小。可以利用一个新的松弛因子 $\boldsymbol{N}$ 来解决噪声的问题，那么新的限制条件为 $\boldsymbol{X} = \boldsymbol{A} + \boldsymbol{E} + \boldsymbol{F} + \boldsymbol{N}$。此外，可以使用第 1 章所描述的离群点解决方法来解决噪声问题。

对于本节所述的小故障，除了小故障的数目，没有其他额外的限制。因为如果同时发生多个小故障，势必会造成过程处于较明显的故障状态，工长会进行控制，那么就不会存在于收集到的数据矩阵中了。所以需要对发生的小故障的数目进行限制，以不超过两个为限制条件。

2.3.2　鲁棒主成分追踪求解算法与收敛性证明

1. 小故障处理的鲁棒主成分追踪方法

一个小故障是发生在一段连续的时间内，一个或多个变量的故障工况，即收集到的数据矩阵在一些行和列是受到污染的。因此，需要使用一种新的方法，同时从数据矩阵的行和列来处理这些污染数据，而不能单纯利用处理过程噪声和离群点的方法。考虑一个数据矩阵 $\boldsymbol{X} \in \mathbb{R}^{n \times m}$，每一行是一个采样时刻获得的观测数值，每一列是同一个变量在全部采样时刻获得的数值。因此，对于 RPCP 方法，一个低秩数据矩阵 $\boldsymbol{A}$ 和一个包含小故障的数据矩阵 $\boldsymbol{E}+\boldsymbol{F}$ 需要从原始的数据矩阵中分解出来。可以通过求解一个凸优化函数来获得：

$$\min \ \|\boldsymbol{A}\|_* + \lambda\|\boldsymbol{E}\|_{1,2} + \beta\|\boldsymbol{F}\|_{2,1}, \quad \text{s.t.} \quad \boldsymbol{X} = \boldsymbol{A} + \boldsymbol{E} + \boldsymbol{F} \tag{2.3.2}$$

式中，$\|\boldsymbol{A}\|_*$ 是矩阵 $\boldsymbol{A}$ 的核范数，是矩阵 $\boldsymbol{A}$ 的奇异值之和；$\|\boldsymbol{E}\|_{1,2}=\sum_{j=1}^{m}\sqrt{\sum_{i=1}^{n}\left([\boldsymbol{E}]_{ij}\right)^2}$ 是矩阵 $\boldsymbol{E}$ 的 $l_{1,2}$ 范数；$\|\boldsymbol{F}\|_{2,1}=\sum_{i=1}^{n}\sqrt{\sum_{j=1}^{m}\left([\boldsymbol{F}]_{ij}\right)^2}$ 是矩阵 $\boldsymbol{F}$ 的 $l_{2,1}$ 范数。用参数 λ 和 β 来调整等式（2.3.2）中三个优化目标的影响关系，参数的选择可以先根据一个标准公式计算，再根据经验调节。

$$\lambda=\beta=\frac{1}{\sqrt{\max(n,m)}} \tag{2.3.3}$$

对于式（2.3.2）中显示的凸优化函数，可以使用 IALM 算法求解。增广拉格朗日函数为

$$\begin{aligned}L(\boldsymbol{A},\boldsymbol{E},\boldsymbol{F},\boldsymbol{Y},\mu)=&\|\boldsymbol{A}\|_*+\lambda\|\boldsymbol{E}\|_{1,2}+\beta\|\boldsymbol{F}\|_{2,1}+\langle\boldsymbol{Y},\boldsymbol{X}-\boldsymbol{A}-\boldsymbol{E}-\boldsymbol{F}\rangle\\&+\frac{\mu}{2}\|\boldsymbol{X}-\boldsymbol{A}-\boldsymbol{E}-\boldsymbol{F}\|_{\mathrm{F}}^2\end{aligned} \tag{2.3.4}$$

表 2.3.1 列出了求解 RPCP 算法的迭代过程。因为 $\boldsymbol{E}_k$ 与 $\boldsymbol{F}_k$ 分别是从列和行的方面来存储表示小故障的，因此在迭代过程中求解 F_k，利用 E_k 而不是 E_{k+1}。

注意到虽然求解 $\boldsymbol{A}_k$、$\boldsymbol{E}_k$ 和 $\boldsymbol{F}_k$ 是凸优化过程，但是它们都有闭环解。通过求解奇异值阈值的方法来获得矩阵 $\boldsymbol{A}_k$，具体求解方式在定理 2.1.1 中已经详述。

表 2.3.1 利用 IALM 算法求解 RPCP 问题

输入：数据矩阵 $\boldsymbol{X}\in\mathbb{R}^{n\times m}$，参数 λ,β
初始化：$\boldsymbol{A}_0=0,\boldsymbol{E}_0=0,\boldsymbol{F}_0=0,\boldsymbol{Y}_0=0,\mu_0=10^{-8},\rho=1.1,\max_\mu=10^{10},\varepsilon=10^{-6}$
迭代直到收敛
$\boldsymbol{A}_{k+1}=\operatorname{argmin}\frac{1}{\mu_k}\|\boldsymbol{A}_k\|_*+\frac{1}{2}\left\|\boldsymbol{A}_k-\left(\boldsymbol{X}-\boldsymbol{E}_k-\boldsymbol{F}_k+\frac{\boldsymbol{Y}_k}{\mu_k}\right)\right\|_{\mathrm{F}}^2$
$\boldsymbol{E}_{k+1}=\operatorname{argmin}\frac{\lambda}{\mu_k}\|\boldsymbol{E}_k\|_{1,2}+\frac{1}{2}\left\|\boldsymbol{E}_k-\left(\boldsymbol{X}-\boldsymbol{A}_{k+1}-\boldsymbol{F}_k+\frac{\boldsymbol{Y}_k}{\mu_k}\right)\right\|_{\mathrm{F}}^2$
$\boldsymbol{F}_{k+1}=\operatorname{argmin}\frac{\beta}{\mu_k}\|\boldsymbol{F}_k\|_{2,1}+\frac{1}{2}\left\|\boldsymbol{F}_k-\left(\boldsymbol{X}-\boldsymbol{A}_{k+1}-\boldsymbol{E}_k+\frac{\boldsymbol{Y}_k}{\mu_k}\right)\right\|_{\mathrm{F}}^2$
$\boldsymbol{Y}_{k+1}=\boldsymbol{Y}_k+\mu_k(\boldsymbol{X}-\boldsymbol{A}_{k+1}-\boldsymbol{E}_{k+1}-\boldsymbol{F}_{k+1})$
$\boldsymbol{\mu}_{k+1}=\min\left(\rho\mu_k,\max_\mu\right)$
收敛条件：$\|\boldsymbol{X}-\boldsymbol{A}_{k+1}-\boldsymbol{E}_{k+1}-\boldsymbol{F}_{k+1}\|_\infty<\varepsilon$
输出：解 $(\boldsymbol{A}_k,\boldsymbol{E}_k,\boldsymbol{F}_k)$

根据定理 2.1.1，可以得到矩阵 $\boldsymbol{A}_k$ 的计算公式为

$$A_{k+1}=D_{\frac{1}{\mu_k}}\left(X-E_k-F_k+\frac{Y_k}{\mu_k}\right) \tag{2.3.5}$$

此外，矩阵 E_k 和 F_k 可以根据定理 2.3.1 求解。

定理 2.3.1　对于任何参数 α、β 及向量 $t\in\mathbb{R}^q$，公式：

$$\min_{s\in\mathbb{R}^q}\alpha\|s\|+\frac{\beta}{2}\|s-t\|^2 \tag{2.3.6}$$

的最小值可以通过公式：

$$s(t)=\max\left\{\|t\|-\frac{\alpha}{\beta},0\right\}\frac{t}{\|t\|} \tag{2.3.7}$$

求解，其中，$0\cdot(0/0)=0$。

2. 鲁棒主成分追踪方法的收敛性证明

在参考文献[21]中介绍，IALM 方法用来求解如式（2.3.8）所示的凸优化函数：

$$\min\ f(X),\quad \text{s.t. } h(X)=0 \tag{2.3.8}$$

式中，$f:\mathbb{R}^n\to\mathbb{R}$，$h:\mathbb{R}^n\to\mathbb{R}^m$。则此优化模型的增广拉格朗日函数如下：

$$L(X,Y,\mu)=f(X)+\langle Y,h(X)\rangle+\frac{\mu}{2}\|h(X)\|_{\mathrm{F}}^2 \tag{2.3.9}$$

式中，μ 是一个正参数。当参数 μ_k 在迭代过程中是不减少的，同时函数 $f(X)$ 和 $h(X)$ 是连续微分函数，则在一定条件下，利用 IALM 方法可以求得最优解。然而式（2.3.2）中的目标函数不是连续微分方程，因此不能直接利用上述结论。凸优化函数式（2.3.2）的收敛性需要证明。

因为矩阵 E 与 F 分别从列和行两个方面存储了小故障，可以考虑将两个矩阵相加 $E+F$ 来分析小故障。因此，训练矩阵 X 分解为两部分：一个低秩矩阵 A 和稀疏矩阵 $E+F$。

定理 2.3.2　在 RPCP 方法中，如果参数 μ_k 在迭代过程中是不减少的，那么通过表 2.3.1 求解 RPCP 中的凸优化核函数式（2.3.2），会求得一个最优解 (A_k,E_k+F_k)。

证明　定义 (A^*,E^*,F^*,Y^*) 为 RPCP 算法的一个鞍点，则 $A^*+E^*+F^*=X$。

$$L(A,E,F,Y)=\|A\|_*+\lambda\|E\|_{1,2}+\beta\|F\|_{2,1}+\langle Y,X-A-E-F\rangle \tag{2.3.10}$$

因此，

$$\begin{cases}0\in\partial_A L(A,E,F,Y),\ 0\in\partial_E L(A,E,F,Y),\ 0\in\partial_F L(A,E,F,Y)\\ 0\in\partial\|A\|_*-Y^*,\ 0\in\partial\|\lambda E\|_{1,2}-Y^*,\ 0\in\partial\|\beta F\|_{2,1}-Y^*\\ Y^*\in\partial\|A^*\|_*,Y^*\in\partial(\|\lambda E^*\|_{1,2}),Y^*\in\partial((\|\beta F^*\|_{2,1})\end{cases} \tag{2.3.11}$$

定义一个新的序列 $\widehat{\boldsymbol{Y}}_k=\boldsymbol{Y}_{k-1}+\mu_{k-1}(\boldsymbol{X}-\boldsymbol{A}_k-\boldsymbol{E}_{k-1}-\boldsymbol{F}_{k-1})$，从表 2.3.1 中可知 $\boldsymbol{X}-\boldsymbol{A}_{k+1}-\boldsymbol{E}_{k+1}-\boldsymbol{F}_{k+1}=\mu_k^{-1}(\boldsymbol{Y}_{k+1}-\boldsymbol{Y}_k)$。通过上述两个公式，可以推断出：

$$\begin{aligned}&\left\|\boldsymbol{E}_{k+1}-\boldsymbol{E}^*+\boldsymbol{F}_{k+1}-\boldsymbol{F}^*\right\|_{\mathrm{F}}^2+\mu_k^{-2}\left\|\boldsymbol{Y}_{k+1}-\boldsymbol{Y}^*\right\|_{\mathrm{F}}^2\\&=\left\|\boldsymbol{E}_k-\boldsymbol{E}^*+\boldsymbol{F}_k-\boldsymbol{F}^*\right\|_{\mathrm{F}}^2+\mu_k^{-2}\left\|\boldsymbol{Y}_k-\boldsymbol{Y}^*\right\|_{\mathrm{F}}^2-\left\|\boldsymbol{E}_{k+1}-\boldsymbol{E}_k+\boldsymbol{F}_{k+1}-\boldsymbol{F}_k\right\|_{\mathrm{F}}^2\\&\quad-\mu_k^{-2}\left\|\boldsymbol{Y}_{k+1}-\boldsymbol{Y}_k\right\|_{\mathrm{F}}^2-2\mu_k^{-1}(\langle\boldsymbol{Y}_{k+1}-\boldsymbol{Y}_k,\boldsymbol{E}_{k+1}-\boldsymbol{E}_k\rangle+\langle\boldsymbol{Y}_{k+1}-\boldsymbol{Y}_k,\boldsymbol{F}_{k+1}-\boldsymbol{F}_k\rangle\\&\quad+\langle\boldsymbol{A}_{k+1}-\boldsymbol{A}^*,\hat{\boldsymbol{Y}}_{k+1}-\boldsymbol{Y}^*\rangle+\langle\boldsymbol{E}_{k+1}-\boldsymbol{E}^*,\boldsymbol{Y}_{k+1}-\boldsymbol{Y}^*\rangle+\langle\boldsymbol{F}_{k+1}-\boldsymbol{F}^*,\boldsymbol{Y}_{k+1}-\boldsymbol{Y}^*\rangle)\end{aligned}\tag{2.3.12}$$

此外，凸函数的次梯度是一个单调算子。因此，

$$\begin{aligned}&\langle\boldsymbol{A}_{k+1}-\boldsymbol{A}^*,\hat{\boldsymbol{Y}}_{k+1}-\boldsymbol{Y}^*\rangle\geqslant0,\quad\langle\boldsymbol{E}_{k+1}-\boldsymbol{E}^*,\boldsymbol{Y}_{k+1}-\boldsymbol{Y}^*\rangle\geqslant0\\&\langle\boldsymbol{F}_{k+1}-\boldsymbol{F}^*,\boldsymbol{Y}_{k+1}-\boldsymbol{Y}^*\rangle\geqslant0,\quad\langle\boldsymbol{E}_{k+1}-\boldsymbol{E}_k,\boldsymbol{Y}_{k+1}-\boldsymbol{Y}_k\rangle\geqslant0\\&\langle\boldsymbol{F}_{k+1}-\boldsymbol{F}_k,\boldsymbol{Y}_{k+1}-\boldsymbol{Y}_k\rangle\geqslant0\end{aligned}\tag{2.3.13}$$

因此，根据式（2.3.12）和式（2.3.13）可知：

$$\begin{aligned}&\left\|\boldsymbol{E}_{k+1}-\boldsymbol{E}^*+\boldsymbol{F}_{k+1}-\boldsymbol{F}^*\right\|_{\mathrm{F}}^2+\mu_k^{-2}\left\|\boldsymbol{Y}_{k+1}-\boldsymbol{Y}^*\right\|_{\mathrm{F}}^2\leqslant\left\|\boldsymbol{E}_k-\boldsymbol{E}^*+\boldsymbol{F}_k-\boldsymbol{F}^*\right\|_{\mathrm{F}}^2\\&+\mu_k^{-2}\left\|\boldsymbol{Y}_k-\boldsymbol{Y}^*\right\|_{\mathrm{F}}^2\end{aligned}\tag{2.3.14}$$

在表 2.3.1 的迭代过程中，要求 $\mu_{k+1}\geqslant\mu_k$，所以，

$$\begin{aligned}&\left\|\boldsymbol{E}_{k+1}-\boldsymbol{E}^*+\boldsymbol{F}_{k+1}-\boldsymbol{F}^*\right\|_{\mathrm{F}}^2+\mu_{k+1}^{-2}\left\|\boldsymbol{Y}_{k+1}-\boldsymbol{Y}^*\right\|_{\mathrm{F}}^2\leqslant\left\|\boldsymbol{E}_k-\boldsymbol{E}^*+\boldsymbol{F}_k-\boldsymbol{F}^*\right\|_{\mathrm{F}}^2\\&+\boldsymbol{\mu}_k^{-2}\left\|\boldsymbol{Y}_k-\boldsymbol{Y}^*\right\|_{\mathrm{F}}^2\end{aligned}\tag{2.3.15}$$

从式（2.3.12）可知：

$$\begin{aligned}&\mu_k^{-2}\left\|\boldsymbol{Y}_{k+1}-\boldsymbol{Y}_k\right\|_{\mathrm{F}}^2\\&=\left\|\boldsymbol{E}_k-\boldsymbol{E}^*+\boldsymbol{F}_k-\boldsymbol{F}^*\right\|_{\mathrm{F}}^2+\mu_k^{-2}\left\|\boldsymbol{Y}_k-\boldsymbol{Y}^*\right\|_{\mathrm{F}}^2-\left\|\boldsymbol{E}_{k+1}-\boldsymbol{E}^*+\boldsymbol{F}_{k+1}-\boldsymbol{F}^*\right\|_{\mathrm{F}}^2-\mu_k^{-2}\left\|\boldsymbol{Y}_{k+1}-\boldsymbol{Y}^*\right\|_{\mathrm{F}}^2\\&\quad-\left\|\boldsymbol{E}_{k+1}-\boldsymbol{E}_k+\boldsymbol{F}_{k+1}-\boldsymbol{F}_k\right\|_{\mathrm{F}}^2-2\mu_k^{-1}(\langle\boldsymbol{Y}_{k+1}-\boldsymbol{Y}_k,\boldsymbol{E}_{k+1}-\boldsymbol{E}_k\rangle+\langle\boldsymbol{Y}_{k+1}-\boldsymbol{Y}_k,\boldsymbol{F}_{k+1}-\boldsymbol{F}_k\rangle\\&\quad+\langle\boldsymbol{A}_{k+1}-\boldsymbol{A}^*,\hat{\boldsymbol{Y}}_{k+1}-\boldsymbol{Y}^*\rangle+\langle\boldsymbol{E}_{k+1}-\boldsymbol{E}^*,\boldsymbol{Y}_{k+1}-\boldsymbol{Y}^*\rangle+\langle\boldsymbol{F}_{k+1}-\boldsymbol{F}^*,\boldsymbol{Y}_{k+1}-\boldsymbol{Y}^*\rangle)\\&\quad\leqslant\left\|\boldsymbol{E}_k-\boldsymbol{E}^*+\boldsymbol{F}_k-\boldsymbol{F}^*\right\|_{\mathrm{F}}^2+\mu_k^{-2}\left\|\boldsymbol{Y}_k-\boldsymbol{Y}^*\right\|_{\mathrm{F}}^2-\left\|\boldsymbol{E}_{k+1}-\boldsymbol{E}^*+\boldsymbol{F}_{k+1}-\boldsymbol{F}^*\right\|_{\mathrm{F}}^2-\mu_k^{-2}\left\|\boldsymbol{Y}_{k+1}-\boldsymbol{Y}^*\right\|_{\mathrm{F}}^2\\&\quad\leqslant\left\|\boldsymbol{E}_k-\boldsymbol{E}^*+\boldsymbol{F}_k-\boldsymbol{F}^*\right\|_{\mathrm{F}}^2+\mu_k^{-2}\left\|\boldsymbol{Y}_k-\boldsymbol{Y}^*\right\|_{\mathrm{F}}^2-\left\|\boldsymbol{E}_{k+1}-\boldsymbol{E}^*+\boldsymbol{F}_{k+1}-\boldsymbol{F}^*\right\|_{\mathrm{F}}^2-\mu_{k+1}^{-2}\left\|\boldsymbol{Y}_{k+1}-\boldsymbol{Y}^*\right\|_{\mathrm{F}}^2\end{aligned}\tag{2.3.16}$$

根据式（2.3.16），可以得到：

$$\sum_{k=1}^{+\infty}\mu_k^{-2}\left\|\boldsymbol{Y}_{k+1}-\boldsymbol{Y}_k\right\|_{\mathrm{F}}^2<+\infty\tag{2.3.17}$$

进而根据式（2.3.17），可以推断出

$$\|X-A_k-E_k-F_k\|_F=\mu_{k-1}^{-1}\|Y_k-Y_{k-1}\|_F\to 0 \tag{2.3.18}$$

所以(A_k,E_k+F_k)是 RPCP 模型的其中一个解。

因为A^*、E^*、F^*是 RPCP 模型的最优解，因此$f^*=\|A^*\|_*+\lambda\|E^*\|_{1,2}+\beta\|F^*\|_{2,1}$是 RPCP 模型的一个最优值。同时根据推导，可以得到下式：

$$\begin{aligned}&\|A_k\|_*+\lambda\|E_k\|_{1,2}+\beta\|F_k\|_{2,1}\\&\leqslant\|A^*\|_*+\lambda\|E^*\|_{1,2}+\beta\|F^*\|_{2,1}-\langle\hat{Y}_k,A^*-A_k\rangle-\langle Y_k,E^*-E_k\rangle\\&-\langle Y_k,F^*-F_k\rangle\\&=f^*+\langle Y^*-\hat{Y}_k,A^*-A_k\rangle+\langle Y^*-Y_k,E^*-E_k\rangle+\langle Y^*-Y_k,F^*-F_k\rangle\\&\quad-\langle Y^*,A^*-A_k+E^*-E_k+F^*-F_k\rangle\end{aligned} \tag{2.3.19}$$

接下来的目标就是证明存在一个序列(A_k,E_k,F_k)满足$\|A_k\|_*+\lambda\|E_k\|_{1,2}+\beta\|F_k\|_{2,1}\leqslant f^*$，这也就是说确实存在一个最优解。与获得式（2.3.17）相似，可以得到下面的公式：

$$\begin{aligned}&\sum_{k=1}^{+\infty}\mu_{k-1}^{-1}(\langle A_k-A^*,\hat{Y}_k-Y^*\rangle+\langle E_k-E^*,Y_k-Y^*\rangle\\&+\langle F_k-F^*,Y_k-Y^*\rangle)<+\infty\end{aligned} \tag{2.3.20}$$

根据之前的设定$\sum_{k=1}^{+\infty}\mu_{k-1}^{-1}=+\infty$，所以从式（2.3.20）中可以看出，有一个序列$(A_{k_j},E_{k_j},F_{k_j})$满足$\langle A_{k_j}-A^*,\hat{Y}_{k_j}-Y^*\rangle+\langle E_{k_j}-E^*,Y_{k_j}-Y^*\rangle+\langle F_{k_j}-F^*,Y_{k_j}-Y^*\rangle\to 0$存在。因此可以得知，$(A_k,E_k+F_k)$是 RPCP 模型的一个解，$A_k+E_k+F_k=X=A^*+E^*+F^*$。从式（2.3.19）可以得知：

$$\lim_{j\to+\infty}\|A_{k_j}\|_*+\lambda\|E_{k_j}\|_{1,2}+\beta\|F_{k_j}\|_{2,1}\leqslant f^* \tag{2.3.21}$$

因此，$(A_{k_j},E_{k_j}+F_{k_j})$近似等于$(A^*,E^*+F^*)$是 RPCP 模型的一个最优解。同时因为$\mu_k\to+\infty$和$Y_k$是有边界的，可以推断出$\left\{\|E_{k_j}-E^*+F_{k_j}-F^*\|_F^2+\mu_{k_j}^{-2}\|Y_{k_j}-Y^*\|_F^2\right\}\to 0$。此外，从式（2.3.15）可以推断出$\left\{\|E_k-E^*+F_k-F^*\|_F^2+\mu_k^{-2}\|Y_k-Y^*\|_F^2\right\}\to 0$。也就是说$\lim_{k\to+\infty}E_k+F_k=E^*+F^*$。因为$\lim_{k\to+\infty}X-A_k-E_k-F_k=0$及$X=A^*+E^*+F^*$，可以得知$\lim_{k\to+\infty}A_k=A^*$。

综上，已经证明 RPCP 方法的收敛性。

2.3.3 基于鲁棒主成分追踪的故障检测方法

在高炉炼铁过程中，数据直接从生产过程中收集。因为收集到的数据矩阵中可能包含一些小的故障，其在生产过程中未得到工长的控制。本章提出的 RPCP 方法对于处理小故障是十分有效的，在仿真章节会加以验证。因此，在利用训练数据进行建模之前，需要先预处理数据中包含的小故障。从 2.3.1 节可以得出，训练矩阵分解为一个包含过程有用信息的低秩矩阵 $\boldsymbol{A}$ 及包含过程小故障的稀疏矩阵 $\boldsymbol{E}+\boldsymbol{F}$。单独考虑矩阵 $\boldsymbol{E}$ 或者 $\boldsymbol{F}$ 都是没有意义的。低秩矩阵 $\boldsymbol{A}$ 是一个不包含小故障的数据矩阵，T^2 统计量用来进行故障检测。

给定一个训练矩阵 $\boldsymbol{X}\in\mathbb{R}^{n\times m}$ 和一个测试矩阵 $\boldsymbol{Z}\in\mathbb{R}^{p\times m}$。其中，训练矩阵中有 n 个观测值，测试矩阵中有 p 个观测值，变量均为 m 个。则基于 RPCP 方法的故障检测的步骤如下所示。

步骤 1：矩阵分解，利用 RPCP 方法将训练矩阵 $\boldsymbol{X}$ 分为两部分：一个包含过程有用信息的低秩矩阵 $\boldsymbol{A}$ 及一个包含过程小故障的块稀疏矩阵 $\boldsymbol{E}+\boldsymbol{F}$：

$$\min \ \ \|\boldsymbol{A}\|_* + \lambda\|\boldsymbol{E}\|_{1,2} + \beta\|\boldsymbol{F}\|_{2,1}, \quad \text{s.t.} \ \ \boldsymbol{X} = \boldsymbol{A} + \boldsymbol{E} + \boldsymbol{F} \tag{2.3.22}$$

步骤 2：统计量计算，根据低秩矩阵 $\boldsymbol{A}$ 计算每个变量的均值及标准差，同时对低秩矩阵 $\boldsymbol{A}$ 进行奇异值分解[22]：

$$[\boldsymbol{U},\boldsymbol{\varLambda},\boldsymbol{P}] = \text{svd}(\boldsymbol{A}) \tag{2.3.23}$$

步骤 3：T^2 统计量的阈值，通过训练矩阵计算 T^2 统计量在正常工况下的阈值：

$$T_\alpha^2 = \frac{(n-1)m}{n-m}\times[F_\alpha(m,n-m)] \tag{2.3.24}$$

式中，$F_\alpha(m,n-m)$ 可以从 F 分布的表格中查询，其中，显著性水平 $\alpha=0.05$，m 和 $n-m$ 分别是自由度。

步骤 4：标准化，对测试矩阵 $\boldsymbol{Z}$ 进行标准化计算：

$$d_{ij} = \frac{z_{ij} - \overline{a}_j}{s_j} \tag{2.3.25}$$

式中，d_{ij} 是标准化后测试矩阵 $\boldsymbol{D}$ 中的第 ij 个元素；z_{ij} 是测试矩阵 $\boldsymbol{Z}$ 中的第 ij 个元素；$\overline{a}_j$ 和 s_j 分别是步骤 2 中计算得到的相应变量的均值与标准差。

步骤 5：计算 T^2 统计量，根据 T^2 统计量的计算公式，可以得到测试矩阵的在线监测统计量：

$$T_i^2 = \boldsymbol{d}_i \times \boldsymbol{P} \times \boldsymbol{\Lambda}^{-2} \times \boldsymbol{P}^{\mathrm{T}} \times \boldsymbol{d}_i^{\mathrm{T}} \tag{2.3.26}$$

式中，$\boldsymbol{d}_i$ 是标准化后的测试矩阵 $\boldsymbol{D}$ 的第 i 行[23]。

步骤 6：在线故障检测，如果在步骤 5 中计算得到的测试矩阵的 T^2 统计量大于步骤 3 中计算得到的正常条件下的阈值，那么说明有故障出现。

基于 RPCP 方法的故障检测流程图如图 2.3.1 所示。

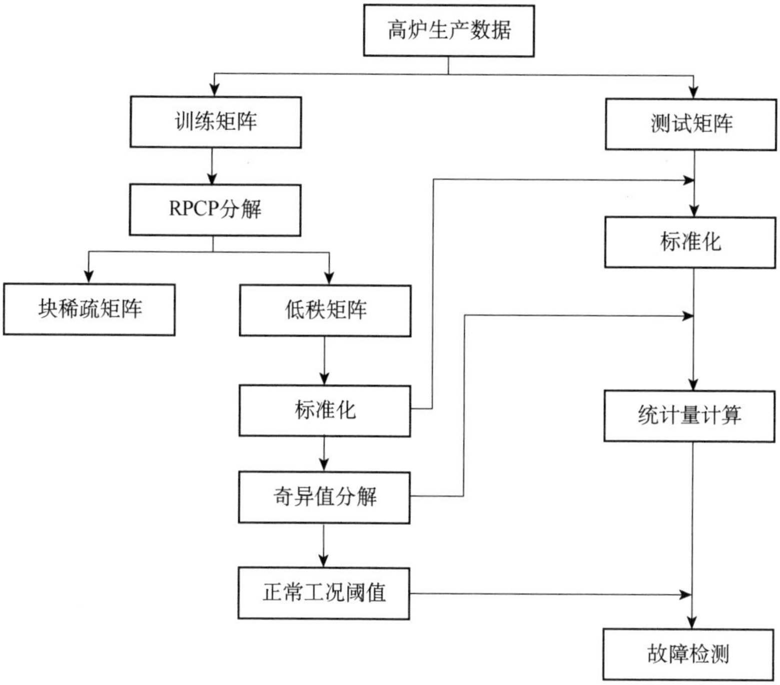

图 2.3.1　基于 RPCP 方法的故障检测流程图

2.3.4　案例分析

本节将验证基于 RPCP 方法的故障检测结果。主要从两个部分验证：其一，在过程包含小故障的情况下，利用数值仿真来验证提出方法的矩阵分解能力；其二，将高炉炼铁过程实际数据用来验证提出方法的故障检测效果。

高炉炼铁过程是在操作工长实时控制下连续生产的，不正常的工况较为稀少。因此，本节一共利用 400 个采样观测值，可以分为 1 个正常数据矩阵和 6 个故障数据矩阵。正常数据矩阵是通过高炉工长的记录表及生产技术指标选择的，因此有可能包含小故障。与 2.2.4 节相同，6 个故障分别是低料线、炉温向凉、炉温向热、管道行程、悬料及崩料。其中，正常数据矩阵包含 100 个采样观测值，每个故障数据矩阵包含 50 个采样观测值。每个采样观测值包含 18 个变量，其和 2.2.4 节中所述的一致。100 个正常工况采样观测值分成三个部分：50 个观测值用来构建训练矩阵，25 个观测值用来构建验证数据矩阵，对正常工况下得到的统计量阈值进行调节。剩余的 25 个正常工况采样观测值和每 50 个故障工况采样观测值组成 6 个测试数据矩阵。在本节中，$\lambda=\beta=0.56$。参数 λ 和 β 首先根据公式 $\lambda=\beta=\frac{1}{\sqrt{\max(n,m)}}$ 选择，再根据实际经验调节。对于 RPCA 方法，通过基于 90%累计贡献率的方法，本节选择了 4 个主成分。基于 RPCP 方法和 RPCA 方法的故障诊断结果如图 2.3.2～图 2.3.5 所示。这 2 种方法的故障检测效果由 FDR 和 FAR 进行比较，比较结果如表 2.3.2 所示。

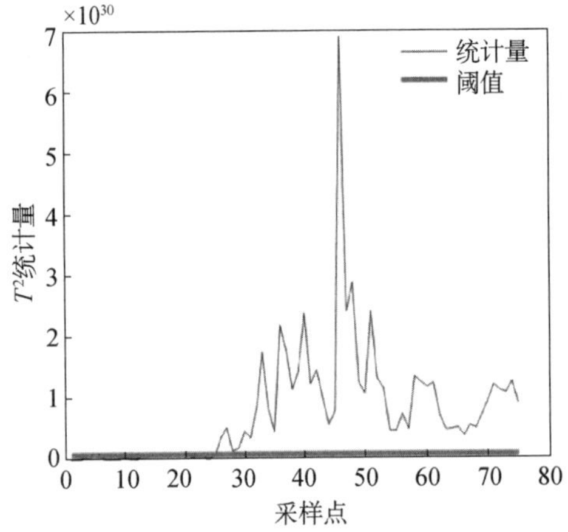

图 2.3.2　基于 RPCP 方法的故障 4 检测结果

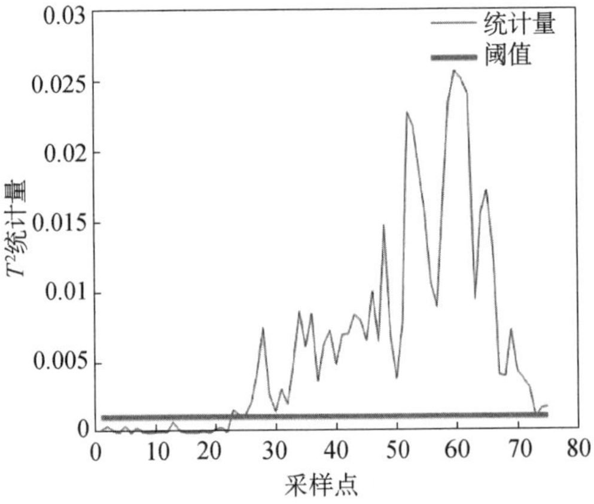

图 2.3.3　基于 RPCA 方法的故障 4 检测结果

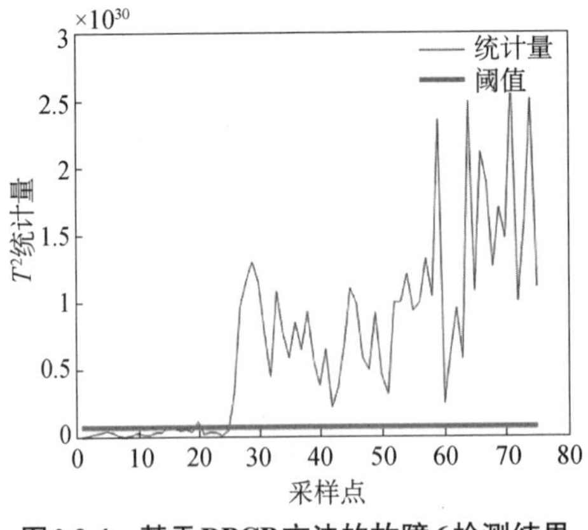

图 2.3.4　基于 RPCP 方法的故障 6 检测结果

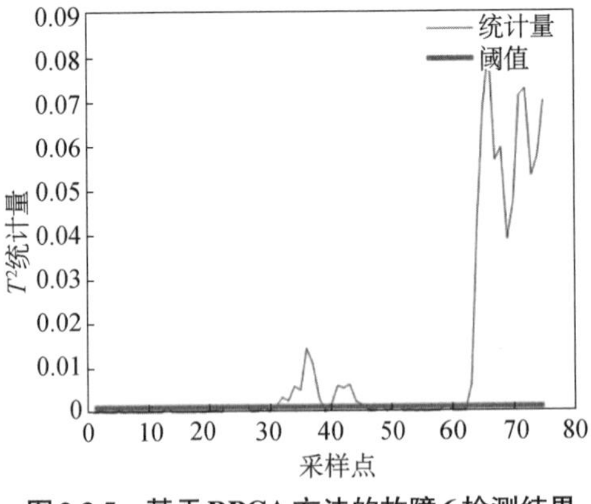

图 2.3.5　基于 RPCA 方法的故障 6 检测结果

表 2.3.2　RPCP 方法与 RPCA 方法对于高炉炼铁过程故障检测的 FDR 和 FAR 比较结果

序号	FDR-RPCP/%	FAR-RPCP/%	FDR-RPCA/%	FAR-RPCA/%
1	86	4	24	12
2	100	4	66	12
3	100	4	98	12
4	100	4	90	12
5	100	4	56	12
6	98	4	100	12

由图 2.3.2～图 2.3.5 及表 2.3.2 可以看出，基于 RPCP 方法的故障检测效果比基于 RPCA 方法好。本章提出的方法能够有效地移除数据矩阵中包含的小故障，这就说明该方法是适合于高炉炼铁过程的。图 2.3.2 显示的是对于炉温向热这个高炉故障的检测结果。从图 2.3.2 可以看出，RPCP 方法能够在第 26 个采样点发现故障，这与高炉工长记录的生产状态一致，证明了该方法对于高炉炼铁过程的故障检测能力。炉温向热在高炉炼铁过程中是一个普遍的故障，会增加原料的消耗及降低高炉的寿命。

故障 6 是悬料，图 2.3.4 是该故障的检测结果。故障在第 26 个采样点发生，应用 RPCP 方法能够及时地检测出故障。然而，由图 2.3.5 可以看出，基于 RPCA 方法可以在第 63 个采样点发现故障，存在一个较大的时延。

由表 2.3.2 可以看出，基于 RPCP 方法的 FDR 比基于 RPCA 方法的 FDR 高，同时保证较低的 FAR。这也就是说 RPCP 方法能够检测出过程的大部分故障，同时还能保证较小的故障误报率。从仿真结果中可以看出，如果未应用恰当的鲁棒方法处理训练矩阵中的小故障数据，可能会建立错误的模型，导致比较差的高炉炼铁过程故障检测结果。通过以上仿真结果，验证了 RPCP 方法在高炉炼铁过程的故障检测能力。

参 考 文 献

[1] Gharibnezhad F, Mujica L E, Rodellar J. Applying robust variant of principal component analysis as a damage detector in the presence of outliers[J]. Mechanical Systems and Signal Processing, 2015, 50-51: 467-479.

[2] Candes E J, Li X, Ma Y, et al. Robust principal component analysis[J]. Journal of the ACM, 2009, 58(3): 1-37.

[3] Candes E J, Recht B. Exact low-rank matrix completion via convex optimization[C]. 46th Annual Allerton Conference on Communication, Control, and Computing, Monticello, 2008.

[4] Chandrasekaran V, Sanghavi S, Parrilo P A, et al. Rank-sparsity incoherence for matrix decomposition[J]. Siam Journal on Optimization, 2009, 21(2): 572-596.

[5] Zhou Z, Li X, Wright J, et al. Stable principal component pursuit[C]. IEEE International Symposium on Information Theory Proceedings, Austin, 2010: 1518-1522.

[6] Isom J D, Labarre R E. Process fault detection, isolation, and reconstruction by principal component pursuit[C]. American Control Conference, San Francisco, 2011: 238-243.

[7] Cheng Y, Shi D, Chen T, et al. Optimal data scaling for principal component pursuit: A Lyapunov approach to convergence[J]. IEEE Transactions on Automatic Control, 2015, 60(8): 2057-2071.

[8] Yan Z, Chen C Y, Yao Y, et al. Robust multivariate statistical process monitoring via stable principal component pursuit[J]. Industrial and Engineering Chemistry Research, 2016, 55(14): 4011-4021.

[9] Ganesh A, Wright J, Li X, et al. Dense error correction for low-rank matrices via principal component pursuit[C]. IEEE International Symposium on Information Theory Proceedings, Austin, 2010: 1513-1517.

[10] Chen Y, Xu H, Caramanis C, et al. Robust matrix completion and corrupted columns[C]. International Conference on Machine Learning, Washington, 2011.

[11] Zhang H, Lin Z, Zhang C. Completing low-rank matrices with corrupted samples from few coefficients in general basis[J]. IEEE Transactions on Information Theory, 2015, 62(8): 4748-4768.

[12] Liu G, Liu Q, Li P. Blessing of dimensionality: Recovering mixture data via dictionary pursuit[J]. IEEE Transactions on Pattern Analysis Machine Intelligence, 2016, 39(1): 47-60.

[13] Pan Y, Yang C, An R, et al. Fault detection with improved principal component pursuit method[J]. Chemometrics and Intelligent Laboratory Systems, 2016, 157: 111-119.

[14] Pan Y, Yang C, An R, et al. Robust principal component pursuit for fault detection in a blast furnace process[J]. Industrial and Engineering Chemistry Research, 2018, 57(1): 283-291.

[15] Zhu J, Ge Z, Song Z. Robust supervised probabilistic principal component analysis model for soft sensing of key process variables[J]. Chemical Engineering Science, 2015, 122: 573-584.

[16] Cai J F, Candès, E J, Shen Z W, et al. A singular value thresholding algorithm for matrix completion[J]. SIAM Journal on Optimization, 2008, 20(4):1956-1982.

[17] 潘怡君，杨春节，孙优贤，等. 基于主成分追踪方法的过程监测[J]. 中南大学学报（自然科学版）, 2017, 48(1): 127-133.

[18] Cheng Y, Chen T. Application of principal component pursuit to process fault detection and diagnosis[J]. American Control Conference, Washington, 2013: 3535-3540.

[19] Zhou B, Ye H, Zhang H, et al. Process monitoring of iron-making process in a blast furnace with PCA-based methods[J]. Control Engineering Practice, 2016, 47: 1-14.

[20] An R, Yang C, Zhou Z, et al. Comparison of different optimization methods with support vecto machine for blast furnace multi-fault classification[J]. IFAC PapersOnLine, 2015, 48(21): 1204-1209.

[21] Bertsekas D P. Constrained Optimization and Lagrange Multiplier Methods[J]. Pittsburgh: Academic Press, 1982: 383-392.

[22] Johnson R A, Wichern D W. Applied Multivariate Statistical Analysis[M]. Upper Saddle River: Prentice Hall, 2002.

[23] Lee J M, Yoo C K, Lee I B. Statistical process monitoring with independent component analysis[J]. Journal of Process Control, 2004, 14(5): 467-485.

第3章　高炉炼铁过程故障检测的平稳子空间分析方法

在高炉炼铁过程中，由铁矿石和焦炭等组成的原料从高炉顶部装入。同时，热风和煤粉从高炉底部的风口导入。通过一系列复杂的还原反应，产生液态铁水，并定期通过出铁口排出高炉[1-3]。正如前面所述，由于高炉内部多元关系耦合和非线性动态特性，准确描述其运行机制极具挑战。由于多个热风炉之间的切换、上料和出铁的周期性变化及未知的物理和化学反应，变量表现出严重的非平稳特性，即数据的统计特性（均值、方差及协方差等）在时间纬度上无法保持一致。文献[4]和[5]展示了富氧率、高炉顶部温度和阻力指数这三个关键变量的原始数据、分布直方图和概率密度（probability density，PD）曲线。

现有文献中针对非平稳性问题，主要采用三类方法进行处理：基于自适应的方法、基于协整分析（cointegration analysis，CA）的方法和基于平稳子空间分析（stationary subspace analysis，SSA）的方法。基于自适应的方法旨在通过滑动窗口和递归技术动态跟踪系统状态。例如，Wang 等[6]提出了快速移动窗口主成分分析（moving window principal component analysis，MWPCA），能够根据过程变化调整窗口大小；Jiang 和 Yin[7]开发了递归总主成分回归（recursive total principal component regression，RTPCR）方法，适用于网络物理系统中面向关键性能指标的故障检测。另外，基于 CA 的方法则利用非平稳变量之间的协整关系以挖掘有效的建模信息[8,9]。随后，Zhang 等[10]提出了自适应 CA 方法，以将故障与正常变化进行区分，并通过 PCA 实现多模态非平稳故障下的持续学习。然而，这些方法在应用于高炉炼铁过程时存在明显局限。基于 PCA 的方法侧重于数据方差信息，而实际数据中方差的变化可能会导致频繁的假阳性问题[11]。基于 CA 的方法则假定所有变量都有一致的积分阶次，而这在实际的高炉炼铁过程中无法成立。

与强调方差和固定积分阶次的 PCA 和 CA 方法不同，基于 SSA 的方法利用弱平稳性来获得具有跨时间一致统计特性的平稳投影。SSA 是一种将非平稳信号分解为平稳子空间和非平稳子空间的技术。该方法可以有效地消除数据中存在的非平稳干扰对故障检测等任务的影响，从而避免理论上的限制和实际情况之间的差距。针对不同的应用场景，研究者提出了多种 SSA 的改进方案。Chen 和 Zhao[12]依靠解析平稳子空间分析（analytic SSA，ASSA）并将优化目标转化为指数形式，开发了指数 SSA（exponential SSA，ESSA）以提高故障检测的灵敏度。Lin 等[13]首次将 SSA 应用于故障检测并证明了其相对于 PCA 和 CA 的性能优势。Wu 等[14]利用动态 SSA 和交替方向乘子法（dynamic SSA-alternating direction method of multipliers，DSSA-ADMM）的联合建模策略以将应用场景拓展到动态非平稳过程。此外，概率 SSA（probabilistic stationary subspace analysis，PSSA）[15]通过对过程不确定性进行建模，实现了从概率角度对过程可变性的量化。尽管 DSSA-ADMM 采用了时移技术以考虑过程动态，但在非平稳信息和过程噪声反复叠加的情况下，时间扩展矩阵的构建将显著地增加平稳投影的估计难度。此外，与之带来的计算复杂度的增加和动态解释的不足可能进一步削弱其有效性。基于上述分析，直接应用这些模型无法全面地反映高炉炼铁过程中的复杂特性，从而导致故障检测敏感性不足和持续检测效果无法满足要求等问题。

本章从动态可解释性、非线性和时变性等角度进行研究改进，给出三种基于平稳子空间分析的故障检测方法：自适应动态可解释性 SSA（adaptive dynamic inferential analytic stationary subspace analysis，Adaptive DiASSA）；局部宽度核动态 SSA（local dynamic broad kernel stationary subspace analysis，Local-DBKSSA）；时间约束下的全局-局部非线性 SSA（time-constrained global and local nonlinear analytic stationary subspace analysis，Tc-GLNASSA）[4,5,16]。

3.1 平稳子空间分析概述

在过去，传统的信号处理技术主要针对平稳信号进行分析和处理，而对于非平稳信号则始终存在挑战。但在大多数实际应用中，所采集的信号往往具有非平稳特性，如语音信号、生物信号、金融时间序列等。因此，研究人员提出一种特定的处理方法，即 SSA 方法，其由德国柏林工业大学 Bünau 等[17]于 2009 年首次提出。他们意识到，尽管非平稳信号在整个时间域上始终发生变化，但其在一定的局部区域内可能具有平稳性。基于这一观察，他们提出了将非平稳信号分解为平稳子空间和非平稳子空间的方法，从而实现对非平稳信号的分析和处理。

具体而言，SSA 通过构建延迟嵌入矩阵将原始信号转化为向量序列。延迟嵌入矩阵的构建涉及选择合适的延迟参数和嵌入维度，以确保信号在时间域上的局部平稳性得到保留。接下来，利用奇异值分解（singular value decomposition，SVD）技术对延迟嵌入矩阵进行分解。SVD 将矩阵分解为三个矩阵：左奇异向量矩阵、奇异值矩阵和右奇异向量矩阵。在 SSA 中，左奇异向量矩阵表示信号的平稳子空间，以获得信号在平稳子空间上的表示，且具有较好的可解释性。通过对平稳子空间的分析，可以提取信号的特征、检测信号的变化模式或进行其他相关的信号处理任务。此外，SSA 还可以通过减去平稳子空间的投影，得到非平稳子空间，其可能包含了信号的瞬态、趋势或其他非平稳成分。

具体而言，假设原始信号 $\boldsymbol{x}(t)\in\mathbb{R}^m$ 是 l 个平稳投影（stationary projections，SP）$s_s(t)\in\mathbb{R}^l$ 和 $m-l$ 个非平稳投影（nonstationary projections，NP）$s_n(t)\in\mathbb{R}^{m-l}$ 的

线性叠加，其满足：

$$\boldsymbol{x}(t)=\boldsymbol{A}\boldsymbol{s}(t)=\left[\boldsymbol{A}_s\boldsymbol{A}_n\right]\begin{bmatrix}\boldsymbol{s}_s(t)\\ \boldsymbol{s}_n(t)\end{bmatrix} \tag{3.1.1}$$

式中，$\boldsymbol{A}\in\mathbb{R}^{m\times m}$ 是由 $\boldsymbol{A}_s$ 和 $\boldsymbol{A}_n$ 组成的可逆矩阵。根据 SSA 的构造目标，可以估计投影矩阵为 $\boldsymbol{B}=\boldsymbol{A}^{-1}=\left[\boldsymbol{B}_s^{\mathrm{T}}\ \boldsymbol{B}_n^{\mathrm{T}}\right]^{\mathrm{T}}$，从而观测信号可分解为 SP：$\boldsymbol{B}_s\boldsymbol{x}(t)$ 和 NP：$s_n(t)=\boldsymbol{B}_n\boldsymbol{x}(t)$。需要注意的是，在探索广义平稳性时，SPs 具有时不变的稳定均值和方差。为了更精细地评估平稳特性，这里将完整的数据矩阵 $\boldsymbol{X}=\left[\boldsymbol{x}(1),\boldsymbol{x}(2),\cdots,\boldsymbol{x}(n)\right]$ 分解为 N 个连续的 $\boldsymbol{X}_i\in\left\{\boldsymbol{X}_1,\cdots,\boldsymbol{X}_N\right\}$ 的滑动窗。在每个时段中，其均值为 $\boldsymbol{\mu}_i=\mathbb{E}\left[\boldsymbol{X}_i\right]$ 和协方差矩阵 $\boldsymbol{\Sigma}_i=\mathbb{E}\left[\boldsymbol{X}_i\boldsymbol{X}_i^{\mathrm{T}}\right]$。并且，基于投影矩阵 $\boldsymbol{B}_s$ 所估计的 SP 的第 i 个时段的平均值和协方差矩阵，即 $\boldsymbol{\mu}_{s,i}=\boldsymbol{B}_s\boldsymbol{\mu}_i$ 和 $\boldsymbol{\Sigma}_{s,i}=\boldsymbol{B}_s\boldsymbol{\Sigma}_i$，将等价于所有时段的平均值，即 $\boldsymbol{\mu}_s=\frac{1}{N}\sum_{i=1}^{N}\boldsymbol{\mu}_{s,i}$ 和 $\bar{\boldsymbol{\Sigma}}_s=\frac{1}{N}\sum_{i=1}^{N}\boldsymbol{\Sigma}_{s,i}$。

为了估计投影 $\boldsymbol{B}_s$，SSA 采用基于高斯分布 $\mathcal{N}(\boldsymbol{\mu},\boldsymbol{\Sigma})$ 的 Kullback-Leibler 散度 $\mathcal{D}_{\mathrm{KL}}$ 以度量各时段均值与协方差与其整体数据均值间的差距，其可以表示为

$$\begin{aligned}\boldsymbol{B}_s&=\operatorname{argmin}\frac{1}{N}\sum_{i=a}^{N}\mathcal{D}_{\mathrm{KL}}\left[\mathcal{N}\left(\boldsymbol{\mu}_{s,i},\boldsymbol{\Sigma}_{s,i}\right)\|\,\mathcal{N}\left(\boldsymbol{B}_s\bar{\boldsymbol{\mu}}_s,\boldsymbol{B}_s\bar{\boldsymbol{\Sigma}}_s\boldsymbol{B}_s^{\mathrm{T}}\right)\right]\\&=\operatorname{argmin}\frac{1}{N}\sum_{i=1}^{N}\mathcal{D}_{\mathrm{KL}}\left[\mathcal{N}\left(\boldsymbol{B}_s\boldsymbol{\mu}_i,\boldsymbol{B}_s\boldsymbol{\Sigma}_i\right)\|\,\mathcal{N}\left(\boldsymbol{B}_s\bar{\boldsymbol{\mu}}_s,\boldsymbol{B}_s\bar{\boldsymbol{\Sigma}}_s\boldsymbol{B}_s^{\mathrm{T}}\right)\right]\\&=\operatorname{argmin}\frac{1}{N}\sum_{i=1}^{N}\left[\|\boldsymbol{B}_s\left(\boldsymbol{\mu}_i-\bar{\boldsymbol{\mu}}_s\right)\|^2-\operatorname{logdet}\left(\boldsymbol{B}_s\boldsymbol{\Sigma}_i\boldsymbol{B}_s^{\mathrm{T}}\right)\right]\\&\qquad\text{s.t. }\boldsymbol{B}_s\bar{\boldsymbol{\Sigma}}_s\boldsymbol{B}_s^{\mathrm{T}}=\boldsymbol{I}\end{aligned} \tag{3.1.2}$$

由于式（3.1.2）具有非凸特性，已有的研究通过使用梯度下降搜索方法[17]获取最优投影 $\boldsymbol{B}_s$。然而，基于梯度下降的方法在初始值、算法参数和计算复杂性等方面都存在缺陷，限制了 SSA 的实际工业应用。

为了克服上述限制，式（3.1.2）通过二阶泰勒近似[18]导出的上界来替代其中的对数项，如下：

$$\begin{aligned}\boldsymbol{B}_s&=\operatorname{argmin}\frac{1}{N}\sum_{i=\mathrm{a}}^{N}\left\{\|\boldsymbol{B}_s\left(\boldsymbol{\mu}_i-\bar{\boldsymbol{\mu}}_s\right)\|^2+2\operatorname{Tr}\left[\boldsymbol{B}_s\left(\boldsymbol{\Sigma}_i-\bar{\boldsymbol{\Sigma}}_s\right)\bar{\boldsymbol{\Sigma}}_s^{-1}(\boldsymbol{\Sigma}_i-\bar{\boldsymbol{\Sigma}}_s)\boldsymbol{B}_s^{\mathrm{T}}\right]\right\}\\&=\operatorname{argminTr}\left(\boldsymbol{B}_s\boldsymbol{S}\boldsymbol{B}_s^{\mathrm{T}}\right)\end{aligned} \tag{3.1.3}$$

式中，

$$\boldsymbol{S}=\frac{1}{N}\sum_{i=1}^{N}\left\{\boldsymbol{\mu}_i\boldsymbol{\mu}_i^{\mathrm{T}}+2\boldsymbol{\Sigma}_i\bar{\boldsymbol{\Sigma}}_s\boldsymbol{\Sigma}_i\right\}-\bar{\boldsymbol{\mu}}_s\bar{\boldsymbol{\mu}}_s^{\mathrm{T}}-2\bar{\boldsymbol{\Sigma}}_s \tag{3.1.4}$$

显然，上述优化函数等价于最小化广义瑞利熵。通过引入拉格朗日乘子技术，

式（3.1.3）可以转换为以下形式：

$$\mathcal{J}\left(\boldsymbol{B}_s,\boldsymbol{\Lambda}\right)=\mathrm{Tr}\left[\boldsymbol{B}_s\boldsymbol{S}\boldsymbol{B}_s^{\mathrm{T}}\right]-\mathrm{Tr}\left[\boldsymbol{\Lambda}\left(\boldsymbol{B}_s\bar{\boldsymbol{\Sigma}}_s\boldsymbol{B}_s^{\mathrm{T}}-\boldsymbol{I}\right)\right] \tag{3.1.5}$$

式中，$\boldsymbol{\Lambda}$为拉格朗日乘子矩阵。将$\mathcal{J}\left(\boldsymbol{B}_s,\boldsymbol{\Lambda}\right)$对$\boldsymbol{B}_s$的导数设置为零，可以得到：

$$\boldsymbol{M}\boldsymbol{B}_s=\boldsymbol{\Lambda}\bar{\boldsymbol{\Sigma}}_s\boldsymbol{B}_s \tag{3.1.6}$$

式中，$\boldsymbol{\Lambda}$表示特征值矩阵，其对应的特征向量构成$\boldsymbol{B}_s$。由此，可以解得l个最小特征值所对应的特征向量并用于构建投影矩阵$\boldsymbol{B}_s$。最终，可以求得平稳投影$\boldsymbol{s}_s(t)$：

$$\boldsymbol{s}_s(t)=\boldsymbol{B}_s\boldsymbol{x}(t) \tag{3.1.7}$$

3.2 面向动态非平稳过程特性的故障检测

本章介绍一种 Adaptive DiASSA 算法。该算法旨在通过最大化预测与实际观测之间的协方差以估计可解释的动态与静态信息。其中，采用了迭代建模算法，以在封闭区域内估计动态一致特征并有效地分离动态部分和静态部分。静态部分则通过 ASSA 进一步建模，以构建静态一致特征并消除非平稳信息的干扰。此外，本节还设计自适应故障检测策略，利用指数加权统计结构与自适应阈值设置来提高检测的效率和鲁棒性。本节通过对实际高炉炼铁过程的详细案例研究，证明 Adaptive DiASSA 方法在特征提取和故障检测方面的出色效果。

3.2.1 动态非平稳过程描述

本节开发一种动态非平稳观测分解策略，旨在直观地将混合观测信号分解为非平稳成分、动态成分和静态成分，并为后续的模型构建提供指导。对于平稳成分$\boldsymbol{s}_c(t)$，本节采用动态成分和静态成分之间的线性组合形式来表示，具体形式如下：

$$\boldsymbol{s}_c(t)=\mathcal{L}\left(\boldsymbol{s}_d(t)\in\mathbb{R}^{l_d},\boldsymbol{s}_s(t)\in\mathbb{R}^{l_s}\right) \tag{3.2.1}$$

式中，$\mathcal{L}$为线性组合运算符；$\boldsymbol{s}_d(t)$为动态一致特征；$\boldsymbol{s}_s(t)$为静态一致特征。为了进一步建模和理解变量间的动态关系，本节采用了基于变量自回归模型的概念，其提供一种可预测和可解释的途径来实现对$\boldsymbol{s}_d$中动态关系的建模[19]。具体而言，在回归模型中，当前值$\boldsymbol{s}_d(t)$与它们的滞后量$\boldsymbol{s}_d(t-i),i=1,2,\cdots,q$有如下动态关系：

$$\boldsymbol{s}_d(t)\triangleq\hat{\boldsymbol{s}}_d(t)=\beta_1\boldsymbol{s}_d(t-1)+\beta_2\boldsymbol{s}_d(t-2)+\cdots+\beta_q\boldsymbol{s}_d(t-q) \tag{3.2.2}$$

式中，$\hat{\boldsymbol{s}}_d(t)$是预测值；$\beta_i,i=1,2,\cdots,q$是动态权重；$q$是滞后数。因此，通过以上思考形成了观测分解策略$\mathcal{P}_{bn}^*$，并综合考虑非平稳性和动态性，实现了对观测数据的分解和建模，即性质 3.2.1。其能够提供对动态关系的可预测性和可解释性，并为后续的数据分析和建模提供有价值的信息。

性质 3.2.1　在正常运行条件下，动态非平稳观测 $\mathcal{P}_{bn}^{*}$，其可以表示为

$$\mathcal{P}_{bn}^{*}:\begin{cases}\boldsymbol{x}(t)=\left[\boldsymbol{A}_c\boldsymbol{A}_n\right]\begin{bmatrix}\mathcal{L}\left(\boldsymbol{s}_d(t),\boldsymbol{s}_s(t)\right)\\ \boldsymbol{s}_n(t)\end{bmatrix}\\ \boldsymbol{s}_d(t)\triangleq\hat{\boldsymbol{s}}_d(t)=\beta_1\boldsymbol{s}_d(t-1)+\cdots+\beta_q\boldsymbol{s}_d(t-q)\end{cases}\tag{3.2.3}$$

性质 3.2.2　此外，为了便于后续的理论分析，此处还定义了 $\mathcal{P}_{bn}^{*}$ 在典型故障下的形式 $\mathcal{P}_{bn}^{\dagger}$（即附加故障 $\boldsymbol{\Xi f}$）：

$$\mathcal{P}_{bn}^{\dagger}:\boldsymbol{x}(t)=\boldsymbol{x}^{*}(t)+\boldsymbol{\Xi f}\tag{3.2.4}$$

式中，$\boldsymbol{x}^{*}(t)$ 是无故障样本；$\boldsymbol{\Xi}$ 是方向矩阵；$\boldsymbol{f}$ 是故障幅度向量。

随后，考虑平均后验平稳评估（mean posteriori stationary assessment，MPSA）指标，为后续量化评估动态和静态一致特征的平稳性奠定基础。

定义 3.2.1　计算 MPSA 指标为

$$\text{MSPA}(\%)=\sum\nolimits_{i=1}^{l}\left(\sum\nolimits_{k=1}^{N}\frac{1}{lN}\begin{cases}\dfrac{\left(y_{k,i}-\mu_{y,i}\right)^2}{\sigma_{y,i}},\left|y_{k,i}\right|>3\sigma_{y,i}\\ 0,\qquad\text{其他}\end{cases}\right)\tag{3.2.5}$$

式中，$y_{k,i}$ 是各个变量中的值；l 是变量数；$\mu_{y,i}$ 和 $\sigma_{y,i}$ 分别是 $y_{k,i}$ 的均值和方差。

同时，FAR 与 MDR 可以通过式（1.3.2）和式（1.3.4）定义导出。因此，本书旨在解决以下挑战：如何有效地估计动态和静态一致特征，并用 MPSA 进行量化评估；如何确保高效的故障检测并得到令人满意的 FAR 和 MDR。

3.2.2　自适应动态可解释分析平稳子空间分析算法

基于 3.2.1 节的讨论，Adaptive DiASSA 算法的目标函数将整合两个属性，即提取动态一致特征将同时保持平稳性和可解释的动态性。其中，分母将保证动态一致特征的平稳性，而分子包括最大化 $\hat{\boldsymbol{s}}_d(t)$ 和 $\boldsymbol{s}_d(t)$ 静态一致特征之间的协方差以建立可解释动态模型：

$$\begin{aligned}\left(\mathcal{B}_1,\boldsymbol{\beta}\right)&=\operatorname{argmax}\frac{1}{N-q}\sum\nolimits_{k=q+1}^{N}\frac{\mathcal{B}_d^{\mathrm{T}}\boldsymbol{x}(t)\left[\boldsymbol{x}(t-1)^{\mathrm{T}},\cdots,\boldsymbol{x}(t-q)^{\mathrm{T}}\right]\left(\boldsymbol{\beta}\otimes\mathcal{B}_d\right)}{\mathcal{B}_d^{\mathrm{T}}\boldsymbol{M}\mathcal{B}_d}\\&=\operatorname{argmax}\frac{1}{N-q}\sum\nolimits_{k=q+1}^{N}\mathcal{B}_d^{\mathrm{T}}\boldsymbol{x}(t)\left[\boldsymbol{x}(t-1)^{\mathrm{T}},\boldsymbol{x}(t-2)^{\mathrm{T}},\cdots,\boldsymbol{x}(t-q)^{\mathrm{T}}\right]\left(\boldsymbol{\beta}\otimes\mathcal{B}_d\right)\\&\text{s.t.}\quad\mathcal{B}_d^{\mathrm{T}}\boldsymbol{M}\mathcal{B}_d=\boldsymbol{I}_m,\ \boldsymbol{\beta}^{\mathrm{T}}\boldsymbol{\beta}=1\end{aligned}\tag{3.2.6}$$

式中，$\boldsymbol{\beta} \equiv [\beta_i], i=1,2,\cdots,q$ 是动态权重向量；$\mathcal{B}_d$ 表示投影矩阵；$\boldsymbol{\beta} \otimes \mathcal{B}_d$ 表示 $\boldsymbol{\beta}$ 和 $\mathcal{B}_d$ 的 Kronecker 乘积。

进一步考虑它们的矩阵形式，构造当前观察矩阵 $\boldsymbol{X}_{q+1}$：

$$\boldsymbol{X}_{q+1} = [\boldsymbol{x}(q+1), \boldsymbol{x}(q+2), \cdots, \boldsymbol{x}(N)]^{\mathrm{T}} \in \mathbb{R}^{(N-q)\times m} \tag{3.2.7}$$

$\boldsymbol{X}_i$ 和叠加滞后观测矩阵 $\mathcal{Z}_q$ 可以表示为

$$\begin{aligned} &\boldsymbol{X}_i = [\boldsymbol{x}(i), \boldsymbol{x}(i+1), \cdots, \boldsymbol{x}(N-q+i-1)]^{\mathrm{T}}, \quad i=1,\cdots,q \\ &\mathcal{Z}_q = \left[\boldsymbol{X}_1, \boldsymbol{X}_2, \cdots, \boldsymbol{X}_q\right]^{\mathrm{T}} \in \mathbb{R}^{(N-q)\times mq} \end{aligned} \tag{3.2.8}$$

将 $\boldsymbol{X}_{q+1}$ 和其滞后观测矩阵 $\mathcal{Z}_q$ 代入式（3.2.6），Adaptive DiASSA 的目标函数可以重写为

$$(\mathcal{B}_d, \boldsymbol{\beta}) = \operatorname{argmax}\ \mathrm{Tr}\left[\mathcal{B}_d^{\mathrm{T}} \boldsymbol{X}_{q+1}^{\mathrm{T}} \mathcal{Z}_q (\boldsymbol{\beta} \otimes \mathcal{B}_d)\right], \quad \text{s.t. } \mathcal{B}_d^{\mathrm{T}} \boldsymbol{M} \mathcal{B}_d = \boldsymbol{I},\ \boldsymbol{\beta}^{\mathrm{T}} \boldsymbol{\beta} = 1 \tag{3.2.9}$$

式（3.2.9）是一个典型的非凸优化问题，但可以通过固定一个变量来将优化目标转化为凸优化目标。为此，本节提出双层迭代求解算法。

首先，将投影 $\boldsymbol{b}_d$ 定义为矩阵 $\mathcal{B}_d$ 中的向量，拉格朗日函数可以定义为

$$\mathcal{J} = \boldsymbol{b}_d^{\mathrm{T}} \boldsymbol{X}_{q+1}^{\mathrm{T}} \mathcal{Z}_q (\boldsymbol{\beta} \otimes \boldsymbol{b}_d) + \lambda_b \left(1 - \boldsymbol{b}_d^{\mathrm{T}} \boldsymbol{M} \boldsymbol{b}_d\right) + 1/2\lambda_\beta \left(1 - \boldsymbol{\beta}^{\mathrm{T}} \boldsymbol{\beta}\right) \tag{3.2.10}$$

式中，λ_b 和 λ_β 分别表示拉格朗日乘数。利用 Kronecker 乘积的性质，即 $\boldsymbol{\beta} \otimes \boldsymbol{b}_d = (\boldsymbol{\beta} \otimes \boldsymbol{I}) \boldsymbol{b}_d = \boldsymbol{\beta}(\boldsymbol{I} \otimes \boldsymbol{b}_d)$，并对 $\boldsymbol{b}_d$ 和 $\boldsymbol{\beta}$ 求导。通过将导数设置为 0，即可获得最优解：

$$\frac{\partial \mathcal{J}}{\partial \boldsymbol{b}_d} = \boldsymbol{X}_{q+1}^{\mathrm{T}} \mathcal{Z}_q (\boldsymbol{\beta} \otimes \boldsymbol{b}_d) + (\boldsymbol{\beta} \otimes \boldsymbol{I}_m) \mathcal{Z}_q^{\mathrm{T}} \boldsymbol{X}_{q+1} \boldsymbol{b}_d - 2\lambda_b \boldsymbol{M} \boldsymbol{b}_d = 0 \tag{3.2.11}$$

$$\frac{\partial \mathcal{J}}{\partial \boldsymbol{\beta}} = (\boldsymbol{I}_m \otimes \boldsymbol{b}_d)^{\mathrm{T}} \mathcal{Z}_q^{\mathrm{T}} \boldsymbol{X}_{q+1} \boldsymbol{b}_d - \lambda_\beta \boldsymbol{\beta} = 0 \tag{3.2.12}$$

性质3.2.3 两个拉格朗日乘子(λ_b 和 λ_β)和目标 $\mathcal{J}$ 之间的关系为

$$\lambda_b = \lambda_\beta = \mathcal{J} \tag{3.2.13}$$

证明 将式（3.2.11）左乘 $\boldsymbol{b}_d^{\mathrm{T}}$，可以获得：

$$\boldsymbol{b}_d^{\mathrm{T}} \boldsymbol{X}_{q+1}^{\mathrm{T}} \mathcal{Z}_q (\boldsymbol{\beta} \otimes \boldsymbol{b}_d) + (\boldsymbol{\beta} \otimes \boldsymbol{b}_d)^{\mathrm{T}} \mathcal{Z}_q^{\mathrm{T}} \boldsymbol{X}_{q+1} \boldsymbol{b}_d = 2\lambda_b \boldsymbol{b}_d^{\mathrm{T}} \boldsymbol{M} \boldsymbol{b}_d \Rightarrow \mathcal{J} + \mathcal{J} = 2\lambda_b \tag{3.2.14}$$

类似地，式（3.2.12）可以通过左乘 $\boldsymbol{\beta}^{\mathrm{T}}$ 得到：

$$(\boldsymbol{\beta} \otimes \boldsymbol{b}_d)^{\mathrm{T}} \mathcal{Z}_q^{\mathrm{T}} \boldsymbol{X}_{q+1} \boldsymbol{b}_d = \lambda_\beta \boldsymbol{\beta}^{\mathrm{T}} \boldsymbol{\beta} \Rightarrow \mathcal{J} = \lambda_\beta \tag{3.2.15}$$

这表明，λ_b 和 λ_β 等价于最大目标 $\mathcal{J}$。因此，可以通过在 λ_b 和 λ_β 达到最大值时获得最优解，即 $\boldsymbol{b}_d$ 和 $\boldsymbol{\beta}$ 可以根据以下等式获得：

$$\boldsymbol{b}_d \propto \boldsymbol{M}^{\dagger} \left[\boldsymbol{X}_{q+1}^{\mathrm{T}} \mathcal{Z}_q (\boldsymbol{\beta} \otimes \boldsymbol{b}_d) + (\boldsymbol{\beta} \otimes \boldsymbol{I}_m)^{\mathrm{T}} \mathcal{Z}_q^{\mathrm{T}} \boldsymbol{X}_{q+1} \boldsymbol{b}_d\right] \tag{3.2.16}$$

$$\boldsymbol{\beta} \propto \left(\boldsymbol{I}_m \otimes \boldsymbol{b}_d\right)^{\mathrm{T}} \boldsymbol{\mathcal{Z}}_q^{\mathrm{T}} \boldsymbol{X}_{q+1} \boldsymbol{b}_d \tag{3.2.17}$$

式中，$\propto$ 表示等式两侧成比例；$\dagger$ 为伪逆算子。

备注 3.2.1　尽管式（3.2.16）和式（3.2.17）给出了计算（$\boldsymbol{b}_d$，$\boldsymbol{\beta}$）的表达式，但是在求解的过程中它们相互耦合，无法直接得到它们的解析解。因此，本节提出一种迭代搜索策略以在多变量闭合区域中优化（$\boldsymbol{b}_d$，$\boldsymbol{\beta}$）。

综上所述，Adaptive DiASSA 迭代建模算法如表 3.2.1 所示。

表 3.2.1　Adaptive DiASSA 迭代建模算法

输入：叠加滞后观测矩阵 $\boldsymbol{\mathcal{Z}}_q$ 和当前观测矩阵 $\boldsymbol{X}_{q+1}$。
输出：获取向量 $\boldsymbol{b}_d$ 和加载向量 $\hat{\boldsymbol{a}}_d^i$，其中，$i=1,2,\cdots,l_d$。
步骤 1：将 $\boldsymbol{\beta}$ 设为具有单位规范的随机向量，将 $\boldsymbol{b}_d$ 初始化为 $\boldsymbol{X}_{q+1}$ 的一列，并计算出式 $\boldsymbol{M}$，如式（3.1.4）所示。
步骤 2：计算投影向量 $\boldsymbol{b}_d$：$\boldsymbol{b}_d=\boldsymbol{M}^{\dagger}\left[\boldsymbol{X}^{\mathrm{T}}\boldsymbol{\mathcal{Z}}_q\left(\boldsymbol{\beta}\otimes\boldsymbol{b}_d\right)+\left(\boldsymbol{\beta}\otimes\boldsymbol{I}_m\right)^{\mathrm{T}}\boldsymbol{\mathcal{Z}}_q^{\mathrm{T}}\boldsymbol{X}_{q+1}\boldsymbol{b}_d\right]$，如式（3.2.18）所示。
步骤 3：对 $\boldsymbol{b}_d$ 进行归一化处理，即 $\boldsymbol{b}_d \coloneqq \boldsymbol{b}_d/\left\lVert\boldsymbol{b}_d\right\rVert$。
步骤 4：执行式（3.2.19）得到动态权重 $\boldsymbol{\beta}:\boldsymbol{\beta}=\left[\boldsymbol{I}_m\otimes\boldsymbol{b}_d\right]^{\mathrm{T}}\boldsymbol{\mathcal{Z}}_q^{\mathrm{T}}\boldsymbol{X}_{q+1}\boldsymbol{b}_d$。
步骤 5：对 $\boldsymbol{\beta}$ 进行归一化处理：$\boldsymbol{\beta}\coloneqq\boldsymbol{\beta}/\left\lVert\boldsymbol{\beta}\right\rVert$。
步骤 6：判断动态一致特征是否提取完毕。若未完成，则返回执行步骤2；反之，执行以下步骤。
步骤 7：用 $\boldsymbol{s}_d^i=\boldsymbol{X}_{q+1}^i\boldsymbol{b}_d$ 计算动态一致特征。
步骤 8：构建载荷向量 $\hat{\boldsymbol{a}}_d^{i+1}=\boldsymbol{X}_{q+1}^{i\mathrm{T}}\boldsymbol{s}_d^i/\boldsymbol{s}_d^{i\mathrm{T}}\boldsymbol{s}_d^i$。
步骤 9：缩放 $\boldsymbol{X}_{q+1}$ 和 $\boldsymbol{\mathcal{Z}}_p$：$\boldsymbol{X}_j^{i+1}=\boldsymbol{X}_j^i-\boldsymbol{s}_d^i\hat{\boldsymbol{a}}_d^{i\mathrm{T}}$，$j=1,2,\cdots,q,q+1$，$\boldsymbol{\mathcal{Z}}_q^{i+1}=\left[\boldsymbol{X}_1^{i+1},\boldsymbol{X}_2^{i+1},\cdots,\boldsymbol{X}_q^{i+1}\right]$。

上述算法包括内层循环和外层收缩两个部分。内层循环识别最佳投影向量和动态权重，而外层缩放用于迭代估计动态一致特征。通过收集所有投影和负载向量（$\boldsymbol{\mathcal{B}}_d=\left[b_d^1,b_d^2,\cdots,b_d^{l_d}\right],\hat{\boldsymbol{A}}_d=\left[\hat{a}_d^1,\hat{a}_d^2,\cdots,\hat{a}_d^{l_d}\right]$），即可认为动态一致特征包含了平稳投影与过程动态的信息。具体而言，动态一致特征为

$$\boldsymbol{S}_d=\left[\boldsymbol{s}_d^1,\boldsymbol{s}_d^2,\cdots,\boldsymbol{s}_d^{l_d}\right]=\boldsymbol{X}_{q+1}\boldsymbol{R} \tag{3.2.18}$$

式中，$\boldsymbol{R}=\boldsymbol{\mathcal{B}}_d\left(\hat{\boldsymbol{A}}_d^{\mathrm{T}}\boldsymbol{\mathcal{B}}_d\right)^{-1}$，其可以通过左乘 $\hat{\boldsymbol{A}}^{\mathrm{T}}$ 得到

$$\hat{\boldsymbol{A}}_1^{\mathrm{T}}\boldsymbol{R}=\hat{\boldsymbol{A}}_1^{\mathrm{T}}\boldsymbol{\mathcal{B}}_1\left(\hat{\boldsymbol{A}}_1^{\mathrm{T}}\boldsymbol{\mathcal{B}}_1\right)^{-1}=\boldsymbol{I}\Rightarrow\hat{\boldsymbol{A}}_d^{\mathrm{T}}\boldsymbol{R}\hat{\boldsymbol{A}}_d^{\mathrm{T}}\boldsymbol{R}=\hat{\boldsymbol{A}}_d^{\mathrm{T}}\boldsymbol{R}=\boldsymbol{R}\hat{\boldsymbol{A}}_d^{\mathrm{T}} \tag{3.2.19}$$

$\boldsymbol{I}_{l_d}$ 为单位矩阵。式（3.2.19）表明 $\boldsymbol{R}$ 可以作为 $\boldsymbol{\mathcal{B}}_d$ 的伪逆矩阵，即（$\hat{\boldsymbol{A}}_d,\boldsymbol{R}$）可以定位原始数据空间的动态和静态相关部分。

最终，$\boldsymbol{X}_{q+1}$ 可以通过 Adaptive DiASSA 模型实现彻底的数据分解，如下：

$$\boldsymbol{X}_{q+1}=\hat{\boldsymbol{X}}_{q+1}+\tilde{\boldsymbol{X}}_{q+1}=\boldsymbol{X}_{q+1}\boldsymbol{R}\hat{\boldsymbol{A}}_d^{\mathrm{T}}+\tilde{\boldsymbol{X}}_{q+1} \tag{3.2.20}$$

式中，$\hat{\boldsymbol{X}}_{q+1}$ 是具有动态信息的平稳部分；$\tilde{\boldsymbol{X}}_{q+1}$ 是通过从 $\boldsymbol{X}_{q+1}$ 中移除 $\hat{\boldsymbol{X}}_{q+1}$ 获得的残差部分。

备注 3.2.2 动态一致特征涵盖了高炉炼铁过程数据中动态和静态关系。然而，残差部分依旧包含静态平稳信息和非平稳信息，需要进一步分离。

为了进一步研究残差，本节建立静态 SSA 模型，以描述保留 $\hat{\boldsymbol{X}}_{q+1}$ 之间的关系静态一致特征 $\mathcal{S}_s$ 和非平稳残差 $\mathcal{S}_n$：

$$\mathcal{S}_s=\tilde{\boldsymbol{X}}_{q+1}\boldsymbol{\mathcal{B}}_s\in\mathbb{R}^{(N-q)\times l_s},\quad \mathcal{S}_n=\tilde{\boldsymbol{X}}_{q+1}\boldsymbol{\mathcal{B}}_n\in\mathbb{R}^{(N-q)\times(m-l_s)} \tag{3.2.21}$$

式中，$\boldsymbol{\mathcal{B}}_s$ 和 $\boldsymbol{\mathcal{B}}_n$ 分别是提取 l_s 个静态一致特征的解混矩阵。通过这种方式，$\boldsymbol{X}_{q+1}$ 可划分为三个子空间，即

$$\boldsymbol{X}_{q+1}=\mathcal{S}_d\hat{\boldsymbol{A}}_d^{\mathrm{T}}\in\mathbb{S}^d+\mathcal{S}_s\boldsymbol{\mathcal{B}}_s^{\mathrm{T}}\in\mathbb{S}^s+\mathcal{S}_n\boldsymbol{\mathcal{B}}_n^{\mathrm{T}}\in\mathbb{S}^n \tag{3.2.22}$$

各个子空间描述如表 3.2.2 所示。

表 3.2.2 各个子空间描述

类型	描述
动态平稳子空间 $\mathbb{S}^d$	该子空间只包含平稳成分中的动态信息，即自相关关系
静态平稳子空间 $\mathbb{S}^s$	该子空间只包含静态平稳信息，即变量间的时不变关系
非平稳子空间 $\mathbb{S}^n$	该子空间只包含非平稳信息

备注 3.2.3 与最近的 DSSA-ADDM[14]方法相比，本节提出的方法具有两个优点。首先，DSSA-ADDM 方法依赖于时间扩展矩阵来提取动态和静态成分。然而，由于动态和静态成分的维度可能高于原始变量维度，对动态信息的解释会变得困难。相反，本节提出的方法使用动态一致特征来捕捉平稳成分和时间滞后之间的回归关系，从而确保了比原始数据空间更低的维度，在更具有解释性的同时实现了更出色的计算效率。

3.2.3 改进统计量和自适应策略构建

当采集到新观测值 $\dot{\boldsymbol{x}}(t)$ 时，基于已训练的 Adaptive DiASSA 模型，它将分解为

$$\begin{cases}\boldsymbol{s}_d(t)\in\mathbb{S}^d=\boldsymbol{R}^{\mathrm{T}}\dot{\boldsymbol{x}}(t)\\ \boldsymbol{s}_s(t)\in\mathbb{S}^s=\boldsymbol{\mathcal{B}}_s^{\mathrm{T}}\left(\boldsymbol{I}_m-\hat{\boldsymbol{A}}_1\boldsymbol{R}^{\mathrm{T}}\right)\dot{\boldsymbol{x}}(t)=\boldsymbol{\mathcal{B}}^{\mathrm{T}}\dot{\boldsymbol{x}}(k)-\boldsymbol{\mathcal{B}}^{\mathrm{T}}\hat{\boldsymbol{A}}_1\boldsymbol{s}_1(t)\\ \boldsymbol{s}_n(t)\in\mathbb{S}^n=\boldsymbol{\mathcal{B}}_n^{\mathrm{T}}\left(\boldsymbol{I}_m-\hat{\boldsymbol{A}}_d\boldsymbol{R}^{\mathrm{T}}\right)\dot{\boldsymbol{x}}(t)=\boldsymbol{\mathcal{B}}_n^{\mathrm{T}}\dot{\boldsymbol{x}}(k)-\boldsymbol{\mathcal{B}}_n^{\mathrm{T}}\hat{\boldsymbol{A}}_d\boldsymbol{s}_d(t)\end{cases} \tag{3.2.23}$$

备注 3.2.4　然而，这里 $\boldsymbol{s}_n(t)$ 是非平稳的，不适用于过程监控，因为它的统计分布随时间变化而不是恒定的。从高炉炼铁过程的角度来看，$\boldsymbol{s}_n(t)$ 反映在正常操作条件下的热炉切换和原材料变化等的信息。因此，此处的故障检测将不会利用这部分信息。

为了进行过程监控，本节构建统计量 $D_d^2(t)$ 和 $D_s^2(t)$，分别用于度量静态与动态一致特征。它们可以通过以下公式计算获得：

$$D_d^2(t) = \boldsymbol{s}_d^{\mathrm{T}}(t)\boldsymbol{s}_d(t) \sim J_{\mathrm{th},s_d} \triangleq g_d \chi_\alpha^2(h_d) \tag{3.2.24}$$

$$D_s^2(t) = \boldsymbol{s}_s^{\mathrm{T}}(t)\boldsymbol{s}_s(t) \sim J_{\mathrm{th},s_s} \triangleq g_s \chi_\alpha^2(h_s) \tag{3.2.25}$$

式中，J_{th,s_d} 和 J_{th,s_s} 是相应的阈值，并且它们遵循 h_d 和 h_s 自由度 χ^2 分布；α 是显著性水平；$g_d = \sigma_d^2 / 2\mu_d$ 和 $g_s = \sigma_s^2 / 2\mu_s$ 基于统计量的均值与方差 (μ_d, σ_d) 及 (μ_s, σ_s) 获得。

为了进一步考虑时间阶数对监测统计量的影响，本节提出构建指数加权的累积统计量 $D_d^2(t)$ 和 $D_s^2(t)$ 的方法。该方法通过在不同的时间段(c_d , c_s)为特征分配不同的权重(w_d , w_s)，以获得改进的动态与静态一致特征，即

$$\begin{cases} \tilde{\boldsymbol{s}}_d(t) = \dfrac{w_d \boldsymbol{s}_d(t - c_d + 1) + \cdots + w_d^{c_d} \boldsymbol{s}_d(t)}{\sum_{i=1}^{c_d} w_d^i} = \dfrac{\sum_{i=1}^{c_d} w_d^i \boldsymbol{s}_d(t - c_d + i)}{\sum_{i=1}^{c_d} w_d^i} \\ \tilde{\boldsymbol{s}}_s(t) = \dfrac{w_s \boldsymbol{s}_s(t - c_s + 1) + \cdots + w_s^{c_s} \boldsymbol{s}_s(t)}{\sum_{i=1}^{c_s} w_s^i} = \dfrac{\sum_{i=1}^{c_s} w_s^i \boldsymbol{s}_s(t - c_s + i)}{\sum_{i=1}^{c_s} w_s^i} \end{cases} \tag{3.2.26}$$

改进后的统计量 $\tilde{D}_d^2(t)$ 和 $\tilde{D}_s^2(t)$ 可以表示为

$$\begin{cases} \tilde{D}_d^2(t) = \tilde{\boldsymbol{s}}_d(t)^{\mathrm{T}} \tilde{\boldsymbol{s}}_d(t) = \sum_{i=1}^{c_d} w_d^{2i} D_d^2(t - c_d + i) \Big/ \sum_{i=1}^{c_d} w_d^{2i} \\ \tilde{D}_s^2(t) = \tilde{\boldsymbol{s}}_s(t)^{\mathrm{T}} \tilde{\boldsymbol{s}}_s(t) = \sum_{i=1}^{c_s} w_s^{2i} D_s^2(t - c_s + i) \Big/ \sum_{i=1}^{c_s} w_s^{2i} \end{cases} \tag{3.2.27}$$

此外，受指数加权滑动平均方法的启发[20]，本节提出自适应阈值 $J_{\mathrm{th},\tilde{s}_d}$，其中，包含了固定阈值和灵活阈值：

$$J_{\mathrm{th},\tilde{s}} = \underbrace{g_d \chi_\alpha^2(c_d h_d) / c_d}_{J_{\mathrm{th},\tilde{s}_d}^{*}\text{(固定阈值)}} + \underbrace{\sum_{i=1}^{c_d} \| \tilde{\boldsymbol{s}}_d(k - i + 1) - \tilde{\boldsymbol{s}}_d(k - i) \|}_{\tilde{J}_{\mathrm{th},\tilde{s}_d}\text{(灵活阈值)}} \tag{3.2.28}$$

类似地，自适应阈值 $J_{\mathrm{th},\tilde{s}_s} = J_{\mathrm{th},\tilde{s}_s}^{*} + \tilde{J}_{\mathrm{th},\tilde{s}_s}$ 也可以由式（3.2.28）计算获得。

备注 3.2.5　值得注意的是，固定阈值是根据历史观测预先确定的，而灵活阈值则根据新的观测样本不断更新。根据定理 3.2.1，固定阈值提供了更灵敏的故障检测能力。与之对应的，灵活阈值具有微调功能，它考虑了指数加权累积的动态与静态一致特征，以防止突然和较大的波动影响故障检测过程。此外，还可以调整监控窗

口的大小，以满足实际要求。

Adaptive DiASSA 方法的基本架构如图 3.2.1 所示。它由两部分组成：离线训练和在线检测。离线训练部分［图 3.2.1（a）］：在离线训练阶段，使用历史观察来确定最佳参数和阈值。在线检测部分［图 3.2.1（b）］：将训练后的 Adaptive DiASSA 模型应用于新的观测样本，并检测任何潜在故障。通过这种框架，Adaptive DiASSA 方法实现了对高炉炼铁过程的实时故障检测能力。

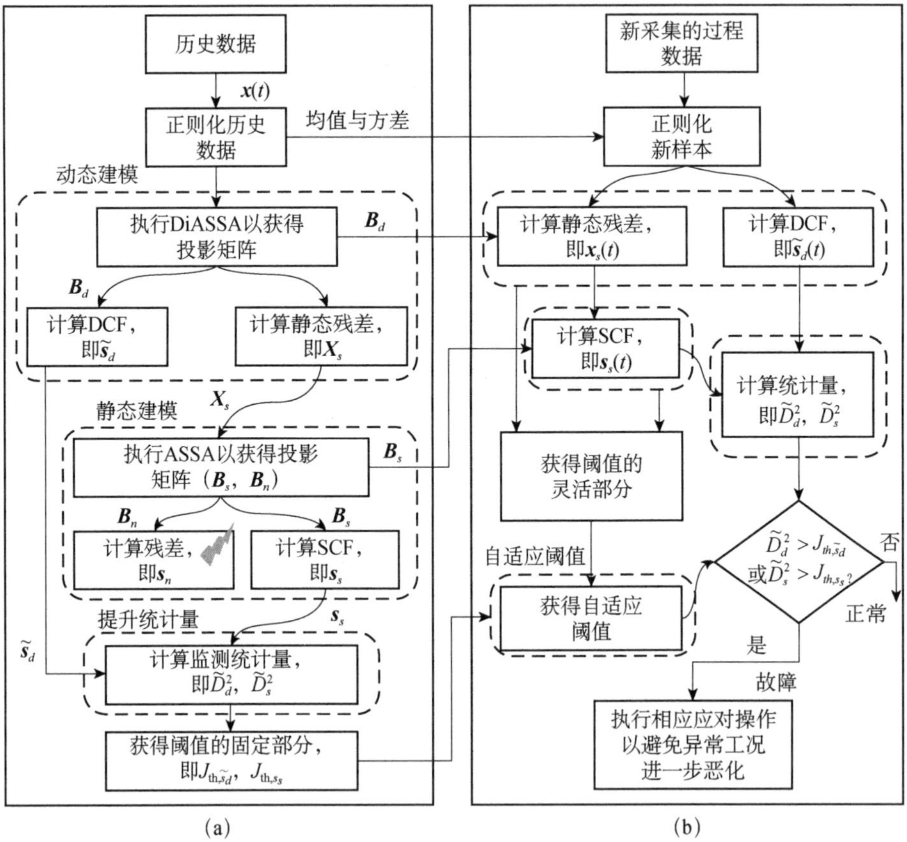

图 3.2.1 Adaptive DiASSA 方法的基本架构

DCF为动态一致特征（dynamic consistent feature），SCF为静态一致特征（static consistent feature）

3.2.4 故障可检测性分析

故障可检测性是指算法在检测故障时的表现及其性能的极限。

定理 3.2.1 对于改进统计量 $\tilde{D}_d^2(k)$ 和 $\tilde{D}_s^2(k)$，通过以下不等式关系可以得出，改进后的统计量在 MDR 方面优于原始统计量 D_d^2 和 D_s^2，即

$$\mathrm{MDR}_{\tilde{D}_d^2} < \mathrm{MDR}_{D_d^2},\quad \mathrm{MDR}_{\tilde{D}_s^2} < \mathrm{MDR}_{D_s^2} \tag{3.2.29}$$

证明　首先，以 $\tilde{D}_d^2(k)$ 和 $D_d^2(k)$ 为例，将 MDR 转换为条件概率的形式：

$$\begin{cases}\mathrm{MDR}_D = \mathrm{prob}\left(D_d^2 < J_{\mathrm{th},s} \,\middle|\, f \neq 0\right) = \int_0^{g_d\chi_\alpha^2(h_d)} \mathcal{P}\left(D_d^2(k)\right)\mathrm{d}D_d^2(k) \\ \mathrm{MDR}_{\tilde{D}_d^2} = \mathrm{prob}\left(\tilde{D}_d^2 < J_{\mathrm{th},\tilde{s}_d} \,\middle|\, f \neq 0\right) = \int_0^{g\chi_\alpha^2(c_d h_d)/c_d} \mathcal{P}\left(\tilde{D}_d^2(k)\right)\mathrm{d}\tilde{D}_d^2(k)\end{cases} \tag{3.2.30}$$

式中，$\mathcal{P}(\cdot)$ 表示概率密度函数。同时，考虑到式（3.2.26）中的 $S_d \equiv [\boldsymbol{s}_d(t)] \in \mathbb{S}^d, t = q+1,\cdots,N$，$\mathcal{P}(\boldsymbol{s}_d(t)) \cong \mathcal{P}(\boldsymbol{s}_d(t-1)) \cong \cdots \cong \mathcal{P}(\boldsymbol{s}_d(t-c_d+1))$，可以推断得出条件概率 $\mathcal{P}\left(\tilde{D}_d^2(t)\right)$ 等于 $\mathcal{P}\left(D_d^2(t)\right)$，即

$$\mathcal{P}\left(\tilde{D}_d^2(t)\right) \cong \sum_{i=1}^{c_d} w^{2i} \mathcal{P}\left(D_d^2(t)\right) / \sum_{i=1}^{c_d} w^{2i} = \mathcal{P}\left(D_d^2(t)\right) \tag{3.2.31}$$

这里，式（3.2.30）中的积分上限将决定故障检测能力。基于文献[21]，可以得出

$$\frac{g_d\chi_\alpha^2(h_d c_d)}{c_d} < g_d \underbrace{\left[\chi_\alpha^2(h_d) + \chi_\alpha^2(h_d) + \cdots + \chi_\alpha^2(h_d)\right]}_{c_d\chi_\alpha^2(h_d)} / c_d = g_d\chi_\alpha^2(h_d) \tag{3.2.32}$$

也就是说，$\mathrm{MDR}_{\tilde{D}_d^2}$ 仍然保持较低的积分上限，即在 $\mathcal{P}\left(\tilde{D}_d^2(t)\right) \cong \mathcal{P}\left(D_d^2(t)\right)$ 情况下，$\mathrm{MDR}_{\tilde{D}_d^2}$ 始终小于 $\mathrm{MDR}_{D_d^2}$。与式（3.2.30）～式（3.2.32）类似，通过类似的推导，也可以得出不等式关系 $\mathcal{P}\left(\tilde{D}_d^2(t)\right) \cong \mathcal{P}\left(D_d^2(t)\right)$。因此，定理 3.2.1 完全成立。

然而，尚未解决的问题是本节提出的故障检测方法边界在哪里，换句话说，能够检测到哪些类型的故障。下面将利用性质 3.2.2 中的故障情况 $\mathcal{P}_{bn}^{\dagger}$，给出以下定理。

定理 3.2.2　在给定统计量 $\tilde{D}_d^2(k)$ 和 $\boldsymbol{\varXi} = \boldsymbol{R}^{\mathrm{T}}\boldsymbol{\varXi}$ 的情况下，将动态一致特征识别为故障的必要条件，可归纳为以下几种情况：

①如果满足 $\mathrm{rank}(\boldsymbol{\varXi}) = 0$，那么故障无法检测。

②如果 $0 < \mathrm{rank}(\boldsymbol{\varXi}) < l_d$，且 $\boldsymbol{f} \cap \mathbb{N}(\boldsymbol{\varXi})$ 时，那么故障只能部分检测。

③如果满足 $\mathrm{rank}(\boldsymbol{\varXi}) = l_d$，当 $\boldsymbol{f} \notin \mathbb{N}(\boldsymbol{\varXi})$ 时，那么故障总是可以检测。

此外，式（3.2.33）提供了一个定量的检测边界，即

$$\begin{cases}\left\|\boldsymbol{R}^{\mathrm{T}}\boldsymbol{\varXi}\boldsymbol{f}\right\|^2 - \left\|\dfrac{w_{dd}^{c_d}\boldsymbol{R}^{\mathrm{T}}\boldsymbol{\varXi}\boldsymbol{f}}{\sum_{i=1}^{c_d} w_d^i}\right\| \geqslant 2g_d\chi^2(c_d h_d)/c_d \Rightarrow \text{故障} \\ \text{其他} \Rightarrow \text{正常}\end{cases} \tag{3.2.33}$$

定理 3.2.3　同样，对于统计量 $\tilde{D}_s^2$ 和 $\breve{\boldsymbol{\varXi}} = \boldsymbol{\mathcal{B}}_s^{\mathrm{T}}\left(\boldsymbol{I} - \hat{\boldsymbol{A}}_s\boldsymbol{R}^{\mathrm{T}}\right)\boldsymbol{\varXi}$，可检测性条件如下

所示：

①如果 $\text{rank}(\breve{\Xi})=0$，那么故障不可检测；

②如果$0<\text{rank}(\breve{\Xi})<l_s$ 且 $\boldsymbol{f}\cap\mathbb{N}(\breve{\Xi})$，那么故障部分可检测；

③如果$\text{rank}(\breve{\Xi})=l_s$ 且 $\boldsymbol{f}\notin\mathbb{N}(\breve{\Xi})$，那么得出可检测故障。

并且，静态平稳子空间 $\mathbb{S}^s$ 中的故障检测边界可以采用以下不等式表示：

$$\begin{cases}\left\|\mathcal{B}_s^{\mathrm{T}}\left(\boldsymbol{I}-\hat{\boldsymbol{A}}_d\boldsymbol{R}^{\mathrm{T}}\right)\boldsymbol{\Xi f}\right\|^2-\left\|\dfrac{w_s^{c_s}\mathcal{B}_s^{\mathrm{T}}\left(\boldsymbol{I}-\hat{\boldsymbol{A}}_d\boldsymbol{R}^{\mathrm{T}}\right)\boldsymbol{\Xi f}}{\sum_{i=1}^{c_s}w_s^i}\right\|\geqslant 2g_s\chi^2(c_sh_s)/c_s\Rightarrow \text{故障}\\ \text{其他}\Rightarrow\text{正常}\end{cases}\tag{3.2.34}$$

证明 当发生式（3.2.4）所述故障时，与故障相关的动态一致特征 $\boldsymbol{s}_d(t)$ 和静态一致特征 $\boldsymbol{s}_s(t)$ 可表示为以下形式：

$$\mathcal{P}_{bn}^{\dagger}:\boldsymbol{x}(t)=\boldsymbol{x}^*(t)+\boldsymbol{\Xi f}$$
$$\Rightarrow\begin{cases}\boldsymbol{s}_d(t)=\underbrace{\boldsymbol{R}^{\mathrm{T}}\boldsymbol{x}(t)}_{\boldsymbol{s}_d^*(t)}+\boldsymbol{R}^{\mathrm{T}}\boldsymbol{\Xi f}\\ \boldsymbol{s}_s(t)=\underbrace{\mathcal{B}_s^{\mathrm{T}}\left(\boldsymbol{I}-\hat{\boldsymbol{A}}_d\boldsymbol{R}^{\mathrm{T}}\right)\boldsymbol{x}^*(k)}_{\boldsymbol{s}_s^*(t)}+\mathcal{B}_s^{\mathrm{T}}\left(\boldsymbol{I}-\hat{\boldsymbol{A}}_d\boldsymbol{R}^{\mathrm{T}}\right)\boldsymbol{\Xi f}\end{cases}\tag{3.2.35}$$

式中，$\boldsymbol{s}_d^*(t)$ 和 $\boldsymbol{s}_s^*(t)$ 为正常工况下的动态与静态一致特征。而与故障相关的部分可以表示为 $\tilde{\boldsymbol{s}}_d(t)=\dfrac{\sum_{i=1}^{c_d}w_d^i\boldsymbol{s}_d^*(t-c_d+i)+w_d^{c_d}\boldsymbol{R}^{\mathrm{T}}\boldsymbol{\Xi f}}{\sum_{i=1}^{c_d}w_d^i}$ 和 $\tilde{\boldsymbol{s}}_s(t)=\dfrac{\sum_{i=1}^{c_s}w_s^i\boldsymbol{s}_s^*(t-c_s+i)+w_s^{c_s}\mathcal{B}_s^{\mathrm{T}}\left(\boldsymbol{I}_m-\hat{\boldsymbol{A}}_d\boldsymbol{R}^{\mathrm{T}}\right)\boldsymbol{\Xi f}}{\sum_{i=1}^{c_s}w_s^i}$，因此，改进后的统计量 $\tilde{D}_d^2(t)$ 可以重写为

$$\tilde{D}_d^2(t)=\tilde{\boldsymbol{s}}_d(t)^{\mathrm{T}}\tilde{\boldsymbol{s}}_d(t)=\left\|\frac{\sum_{i=1}^{c_d}w_d^i\boldsymbol{s}_d^*(t-c_d+i)}{\sum_{i=1}^{c_d}w_d^i}+\boldsymbol{R}^{\mathrm{T}}\boldsymbol{\Xi f}^2\right\|^2\tag{3.2.36}$$

类似地，也可以得到 $\tilde{D}_s^2(k)=\left\|\sum_{i=1}^{c_s}w_s^i\boldsymbol{s}_s^*(k-c_s+i)+\mathcal{B}_s^{\mathrm{T}}\left(\boldsymbol{I}_m-\hat{\boldsymbol{A}}_d\boldsymbol{R}^{\mathrm{T}}\right)\boldsymbol{\Xi f}\right\|$。从式中可以观察到，检测条件取决于 $\boldsymbol{R}^{\mathrm{T}}\boldsymbol{\Xi f}=\bar{\boldsymbol{\Xi}}\boldsymbol{f}$ $\mathcal{B}_s^{\mathrm{T}}\left(\boldsymbol{I}_m-\hat{\boldsymbol{A}}_d\boldsymbol{R}^{\mathrm{T}}\right)\boldsymbol{\Xi f}=\breve{\boldsymbol{\Xi}}\boldsymbol{f}$。虽然 $\boldsymbol{\Xi}$ 为满秩，但并不能保证 $\bar{\boldsymbol{\Xi}}$ 和 $\breve{\boldsymbol{\Xi}}$ 均为满秩。因此，这里采用了奇异值分解的方式：

$$\bar{\boldsymbol{\Xi}}=\boldsymbol{U}_d\boldsymbol{D}_d\boldsymbol{V}_d^{\mathrm{T}}\equiv\bar{\boldsymbol{\Xi}}^{\nabla}\boldsymbol{D}_d\boldsymbol{V}_d^{\mathrm{T}},\quad \breve{\boldsymbol{\Xi}}=\boldsymbol{U}_s\boldsymbol{D}_s\boldsymbol{V}_s^{\mathrm{T}}\equiv\breve{\boldsymbol{\Xi}}^{\nabla}\boldsymbol{D}_s\boldsymbol{V}_s^{\mathrm{T}}\tag{3.2.37}$$

式中，$\bar{\boldsymbol{\Xi}}^{\nabla}\equiv\bar{\boldsymbol{\Xi}}$；$\breve{\boldsymbol{\Xi}}^{\nabla}\equiv\breve{\boldsymbol{\Xi}}$；$\boldsymbol{D}_d=\begin{bmatrix}\boldsymbol{D}_d^{\nabla}&0\\0&0\end{bmatrix}$；$\boldsymbol{D}_s=\begin{bmatrix}\boldsymbol{D}_s^{\nabla}&0\\0&0\end{bmatrix}$，包含所有非零奇异值。

备注 3.2.6 显然，当 $\text{rank}\left(\boldsymbol{D}_d^{\nabla}\right)\equiv\text{rank}\left(\bar{\boldsymbol{\Xi}}\right)=0$ 时，$\tilde{D}_d^2(t)$ 无法检测到任何故障波动。当 D_d^{∇} 的秩小于 l_d 和 $\boldsymbol{f}\cap\mathbb{N}\left(\bar{\boldsymbol{\Xi}}\right)$ 时，部分故障信息将丢失，从而削弱检测能力。

而当 $\operatorname{rank}\left(\boldsymbol{D}_d^{\nabla}\right)=\operatorname{rank}\left(\boldsymbol{\Xi}\right)=l_d$ 表示满秩时，将检测到所有故障信息，这表示算法具有最出色的故障检测能力。因此，对于 $\tilde{D}_d^2(t)$ 而言，存在三种可能的故障必要条件。同时对于 $\tilde{D}_s^2(t)$，也存在类似情况。

在完成故障必要条件的探索后，后续研究将对检测边界进行量化。一旦出现故障，式（3.2.28）中给出的阈值的灵活部分为

$$\left\|\sum_{i=1}^{c_d}\left[\tilde{\boldsymbol{s}}_d(t-i+1)-\tilde{\boldsymbol{s}}_d(t-i)\right]\right\|=\left\|\frac{w_d^{c_d}\boldsymbol{R}^{\mathrm{T}}\boldsymbol{\Xi f}}{\sum_{i=1}^{c_d}w_d^i}\right\| \tag{3.2.38}$$

其可以将正常工况下改进的动态一致特征和重建的故障分别视为 $\boldsymbol{s}_d(t-1)\cong\boldsymbol{s}_d(t-2)\cong\cdots\boldsymbol{s}_d\left(t-c_d\right)$ 和 $\tilde{\boldsymbol{s}}_d(t-1)\cong\tilde{\boldsymbol{s}}_d(t-2)\cong\cdots\tilde{\boldsymbol{s}}_d\left(t-c_d\right)$。考虑到高炉炼铁过程出现故障时，为准确地判断当前状态，统计量应立即超过自适应阈值的边界。因此，检测边界需要满足以下条件：

$$\tilde{D}_d^2(k)=\left\|\frac{\sum_{i=1}^{c_d}w_d^i\boldsymbol{s}_d^*\left(k-c_d+i\right)}{\sum_{i=1}^{c_d}w_d^i}+\boldsymbol{R}^{\mathrm{T}}\boldsymbol{\Xi}\right\|^2\geqslant g_d\chi^2\left(c_dh_d\right)/c_d+\left\|\frac{w_d^{c}\boldsymbol{R}^{\mathrm{T}}\boldsymbol{\Xi f}}{\sum_{i=1}^{c_d}w_d^i}\right\| \tag{3.2.39}$$

根据文献[21]的研究，以下不等式始终成立：

$$\left\|\frac{\sum_{i=1}^{c_d}w_d^i\boldsymbol{s}^*\left(k-c_d+i\right)}{\sum_{i=1}^{c_d}w_d^i}+\boldsymbol{R}^{\mathrm{T}}\boldsymbol{\Xi f}\right\|^2\geqslant\left\|\frac{\sum_{i=1}^{c_d=1}w_d^i\boldsymbol{s}_d^*\left(k-c_d+i\right)}{\sum_{i=1}^{c_d}w_d^i}\right\|^2-\left\|\boldsymbol{R}^{\mathrm{T}}\boldsymbol{\Xi f}\right\| \tag{3.2.40}$$

因此，如果故障超过以下检测边界，如统计量 $\tilde{D}_d^{*,2}(k)=\left\|\frac{\sum_{i=1}^{c_d}w_d^i\boldsymbol{s}_d^*\left(k-c_d+i\right)}{\sum_{i=1}^{c_d}w_d^i}\right\|^2\leqslant g_d\chi^2\left(c_dh_d\right)/c_d$，那么该故障是充分可检测性的：

$$\begin{gathered}\left\|\boldsymbol{R}^{\mathrm{T}}\boldsymbol{\Xi f}\right\|^2\geqslant 2g_d\chi^2\left(c_dh_d\right)/c_d+\left\|\frac{w_d^{c_d}\boldsymbol{R}^{\mathrm{T}}\boldsymbol{\Xi f}}{\sum_{i=1}^{c_d}w_d^i}\right\|\\ \left\|\boldsymbol{R}^{\mathrm{T}}\boldsymbol{\Xi f}\right\|^2-\left\|\frac{w_d^{c_d}\boldsymbol{R}^{\mathrm{T}}\boldsymbol{\Xi f}}{\sum_{i=1}^{c_d}w_d^i}\right\|\geqslant 2g_d\chi^2\left(c_dh_d\right)/c_d\end{gathered} \tag{3.2.41}$$

否则，本节提出的方法将把待定过程视为正常。式（3.2.34）同样可以用类似的方法证明。至此，定理 3.2.2 和定理 3.2.3 已得到证明。

3.2.5　模型参数讨论

要将 Adaptive DiASSA 方法用于在线故障检测，必须首先根据历史观测结果确定一些重要的模型参数。这些参数包括滞后期数 q，其可以通过累积自相关分析确

定[22]，动态和静态一致特征的数量 l_d 和 l_s 可以通过 ADF（augmented Dickey-Fuller）检验确定[8]。还可以利用交叉验证方法来选择权重 (w_d,w_s) 和时滞窗口大小 (c_d,c_s)。在最优参数搜索过程中，将历史观测数据分为训练集和验证集，并通过在候选区域划分网格来搜索最优参数对的值，以实现最低的 FAR。

3.2.6 案例分析

1. 数据准备

本节讨论 Adaptive DiASSA 在某钢铁厂 2 号高炉系统上的故障检测应用表现。收集了该高炉系统 2021 年的运行数据。通过与现场工程师的合作，将所有数据划分为一个训练集（$\mathcal{T}_1$）（用于模型训练）及五个测试集（$\mathcal{N}_1,\mathcal{N}_2,\mathcal{F}_1,\mathcal{F}_2$和$\mathcal{F}_3$）（用于验证），这些信息均在表 3.2.3 中详细地列出。文献[23]介绍了 7 个关键变量，包括冷风流量（cold blast flow rate，CBFR）、冷风压力（cold blast pressure，CBP）、全压差（total pressure drop，TPD）、热风压力（hot blast pressure，HBP）、实际风速（actual air speed，AAS）、透气性指数（permeability index，PI）和阻力指数（resistance index，RI），以每 30s 采样一次的频率进行收集。我们将提出的 Adaptive DiASSA 方法与两种基准方法 CA 和 ASSA 及四种最先进的方法 DSSA-ADMM、指数解析平稳子空间分析（exponential analytic stationary subspace analysis, EASSA），动态隐变量（dynamic latent variables, DLV），动态内在主要成分分析（dynamic inner principal component analysis, DiPCA）进行了比较。实验结果表明，本节提出的方法表现出更优越的性能。

表 3.2.3 训练集和五个测试集的详细描述

工况	时间段	样本数	状态描述
$\mathcal{T}_1$	2021 年 1 月 28 日 09:20:13～17:40:13	1000	正常
$\mathcal{N}_1$	2021 年 2 月 10 日 10:24:13～18:44:13	1000	正常
$\mathcal{N}_2$	2021 年 5 月 14 日 00:30:13～8:50:13	1000	正常
$\mathcal{F}_1$	2021 年 5 月 31 日 06:10:13～10:49:43	659	传感器故障
$\mathcal{F}_2$	2021 年 6 月 23 日 06:55:13～11:40:43 和 2021 年 7 月 18 日 17:00:13～20:35:13	1010	悬料故障
$\mathcal{F}_3$	2021 年 3 月 10 日 7:00:13～2021 年 3 月 19 日 6:47:43	2855	风口故障

2. 最佳参数设置

在 CA 方法中，采用了 ADF 检验保留了两组协整变量，并允许其协整关系略有不同。同样，在 ASSA、DSSA-ADMM 和 EASSA 中，也采用 ADF 检验来确定平稳成分的数量，这里确定了 ASSA 和 EASSA 的平稳成分的数量为 2，而 DSSA-ADMM 的平稳成分的数量为 3。为确保公平，所有动态相关方法（包括 DSSA-ADMM、DLV、DiPCA 和本节提出的方法）都接受了基于累积自相关分析所确定的滞后数 5。在 DLV 中，提取了 2 个动态潜变量，并提取了基于 95%累计方差贡献率的 3 组静态主成分。在 DiPCA 中，基于梯度搜索的交叉验证法确定了 2 组动态潜变量，95%累计方差贡献率确定了 2 组静态主成分。根据 3.2.4 节的分析，通过 ADF 检验确定了动态与静态一致特征的数量均为 2。以最小 FAR 为目标确定了最佳的权重($w_d = 1.75, w_s = 1.45$)和时滞窗口大小($c_d = 4, c_s = 3$)。最后，使用显著性水平 α=99%来确定所有方法的检测阈值。

3. 一致性特征分析

为了验证本节提出的 Adaptive DiASSA 方法的建模效果，首先展示了在两个静态一致特征中分离动态关系的效果，如图 3.2.2 所示。根据备注 3.2.2 中的分析，动态一致特征中应保留所有动态信息，而静态一致特征应保持时序无关。对所有静态一致特征的样本自相关分析证实了本节提出的方法，因为在滞后数超过 0 时，自相关系数保持在大的置信区间内。

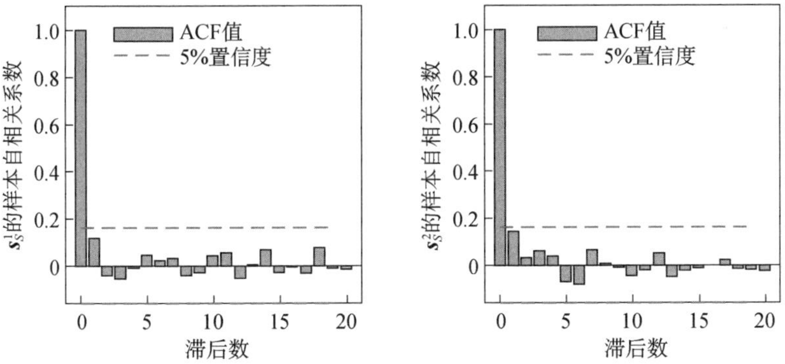

图 3.2.2 对于静态一致特征的样本自相关分析

接下来，在图 3.2.3 中展示了估计的动态一致特征 $\left(\boldsymbol{s}_d^1, \boldsymbol{s}_d^2\right)$ 和静态一致特征 $\left(\boldsymbol{s}_s^1, \boldsymbol{s}_s^2\right)$ 及其密度直方图和概率密度曲线。可以观察到，当热风炉切换时，在图 3.2.3（a）中几乎没有表现出周期性的尖峰波动。这表明本节提出的方法在消除过程非平稳性干扰方面非常有效。在图 3.2.3（b）中这些特征都近似为高斯分布，验证了在阈值设置中采用 χ^2 分布的合理性。

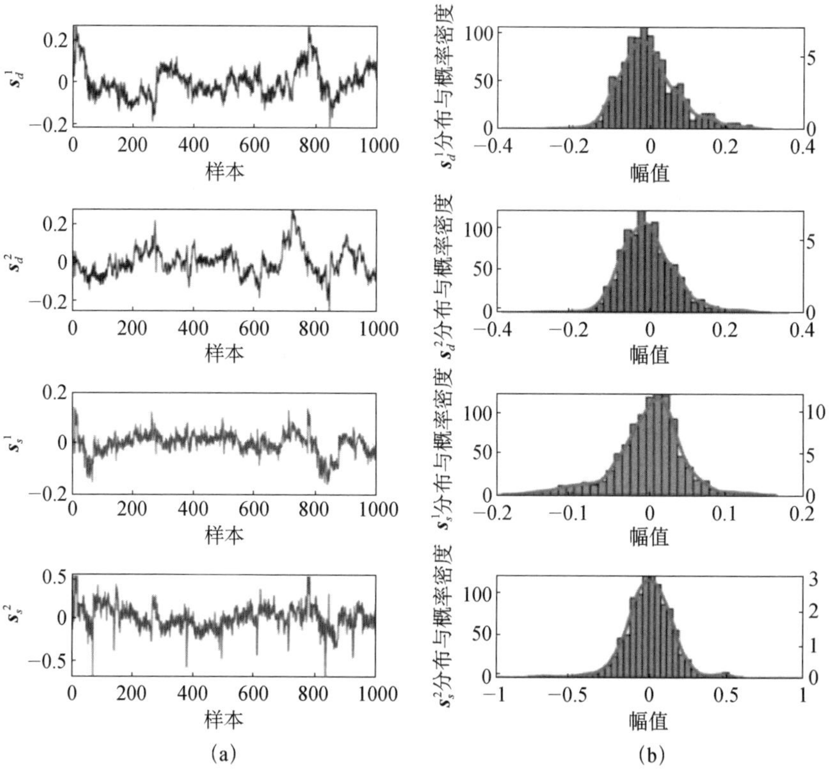

图3.2.3 动态与静态一致特征的投影表示，以及其相应的密度直方图和概率密度曲线

随后，使用 MPSA 指标对所有对比方法提取的特征进行了评估，以进一步定量地评估本节提出方案中动态与静态一致特征的平稳性，具体结果如表 3.2.4 所示。DLV 和 DiPCA 在建模过程中注重方差的影响，而本节提出方案则强调平稳性。在不考虑非平稳性的情况下，它们的 MPSA 结果并不理想。虽然 CA 的 MPSA 明显低于 DLV 和 DiPCA，但与 ASSA、DSSA-ADMM 和 EASSA 相比仍有差距。而 Adaptive DiASSA 的 MPSA 最低，仅为 1.358%，与其他方法相比，具有数量级上的优势。因此，通过将可解释的变量自回归模型与平稳信息挖掘相结合，本节提出方法有助于获得更平稳的特征表示并显著地消除非平稳干扰，为后续获得出色的故障检测性能奠定基础。

表 3.2.4 CA、ASSA、DSSA-ADMM、EASSA、DLV、DiPCA 和 Adaptive DiASSA 的 MPSA

方法	MPSA/%	方法	MPSA/%
CA	30.015	EASSA	13.178
ASSA	17.990	DLV	36.800
DSSA-ADMM	17.951	DiPCA	38.707
Adaptive DiASSA	**1.358**		

4. 故障检测效率分析

表 3.2.5 为高炉炼铁过程工况的故障检测结果，包括 FAR 和 MDR。在 $\mathcal{N}_1$ 中，自适应 $\tilde{D}_d^2$ 和 $\tilde{D}_s^2$ 的 FAR 都明显低于其他方法，分别为 0 和 2.4%。在 $\mathcal{N}_2$ 中也观察到了类似的情况，这表明本节提出方法能有效地消除过程非平稳性对故障检测的干扰。此外，值得注意的是，本节提出方法还能在三种故障情况下都能获得较低的 MDR。这是由于统计量 $\tilde{D}_d^2$ 对于故障的检测灵敏度明显地高于其他统计量。接下来，将结合 $\mathcal{N}_2$、$\mathcal{F}_2$ 和 $\mathcal{F}_3$ 进行详细讨论与分析。

表 3.2.5　高炉炼铁过程工况的故障检测结果　　（单位：%）

工况	方法									
	CA	ASSA	DSSA-ADMM	EASSA	DLV		DiPCA		Adaptive DiASSA	
	S^2	D_s^2	D	T^2	T_d^2	T_s^2	T_d^2	T_s^2	$\tilde{D}_d^2$	$\tilde{D}_s^2$
$\mathcal{N}_1$	5.1	4.8	6.8	3.1	6.3	4.8	6.2	5.6	0.0	2.4
$\mathcal{N}_2$	4.1	3.4	3.6	3.0	4.2	6.7	4.0	7.7	1.4	0.0
$\mathcal{F}_1$	34.8	34.8	30.9	33.2	29.7	36.3	22.4	36.7	12.4	15.8
$\mathcal{F}_2$	71.2	66.8	64.9	59.1	51.5	77.3	50.6	77.4	7.2	76.5
$\mathcal{F}_3$	48.1	47.0	40.5	45.9	35.1	81.8	35.3	86.7	3.8	56.4

图 3.2.4 显示了所有方法在 $\mathcal{N}_2$ 下的误检情况。可以看出，除本节提出方法外，所有方法的 FAR 都明显地高于置信水平。这说明比较方法无法正确地模拟高炉炼铁过程中的非平稳特性，从而将正常情况误判为故障。由图 3.2.4（a）和图 3.2.4（b）可以看出，基于 SSA 的方法由于没有施加严格的阶次约束，分解后的平稳投影反映了过程变量之间更稳健的一致关系。从而与 CA 相比，其统计量的 FAR 更低。虽然 DLV 和 DiPCA 都从构建动态潜变量的角度考虑了过程的动态性，但由于缺乏对非稳态特性的关注，导致它们也产生了类似的高误报结果，如图 3.2.4（e）和图3.2.4（f）所示。虽然 DSSA-ADMM 整合了非平稳性和动态性，但构建时滞变量会导致非平稳信息和噪声的重复叠加，这可能会进一步增加估计过程一致性关系的难度。这也证实了图 3.2.4（c）中 DSSA-ADMM 统计量 D 比 ASSA 更频繁地超过阈值的原因。通过采用指数函数，EASSA 获得了更灵敏的建模表现，能更有效地模拟非平稳波动，并保持较少的误报，如图 3.2.4（d）所示。通过在建模中统一时间序列观测值与过程非平稳特性之间的自回归关系，能够提取更稳健的动态一致特征，并避免平稳建模中动态特性的干扰。因此，如图 3.2.4（g）所示，该模型能够实现最小故障误检率。

对于故障工况 $\mathcal{F}_2$，值得注意的是，$\mathcal{F}_2$ 由现场工程师收集的两个时间片段拼接而成，如表 3.2.3 所示。图 3.2.5 中，第 1～100 个和第 671～770 个样本为正常样本，而浅灰色区域表示悬料故障。与工况 $\mathcal{N}_2$ 类似，本节提出的 Adaptive DiASSA

没有误检$\mathcal{F}_2$中的正常样本。在第一个时间段中，故障从逐渐发展到最终恢复。其中，ASSA 的D_s^2和 DSSA-ADMM 的D始终在相应的阈值附近波动，并且第 101～110 个样本处都没有完全检测到故障存在。另外，Adaptive DiASSA 的$\tilde{D}_s^2$在第 102 个样本处能够快速地检测到故障，并能够始终保持在阈值之上，具有出色的故障灵

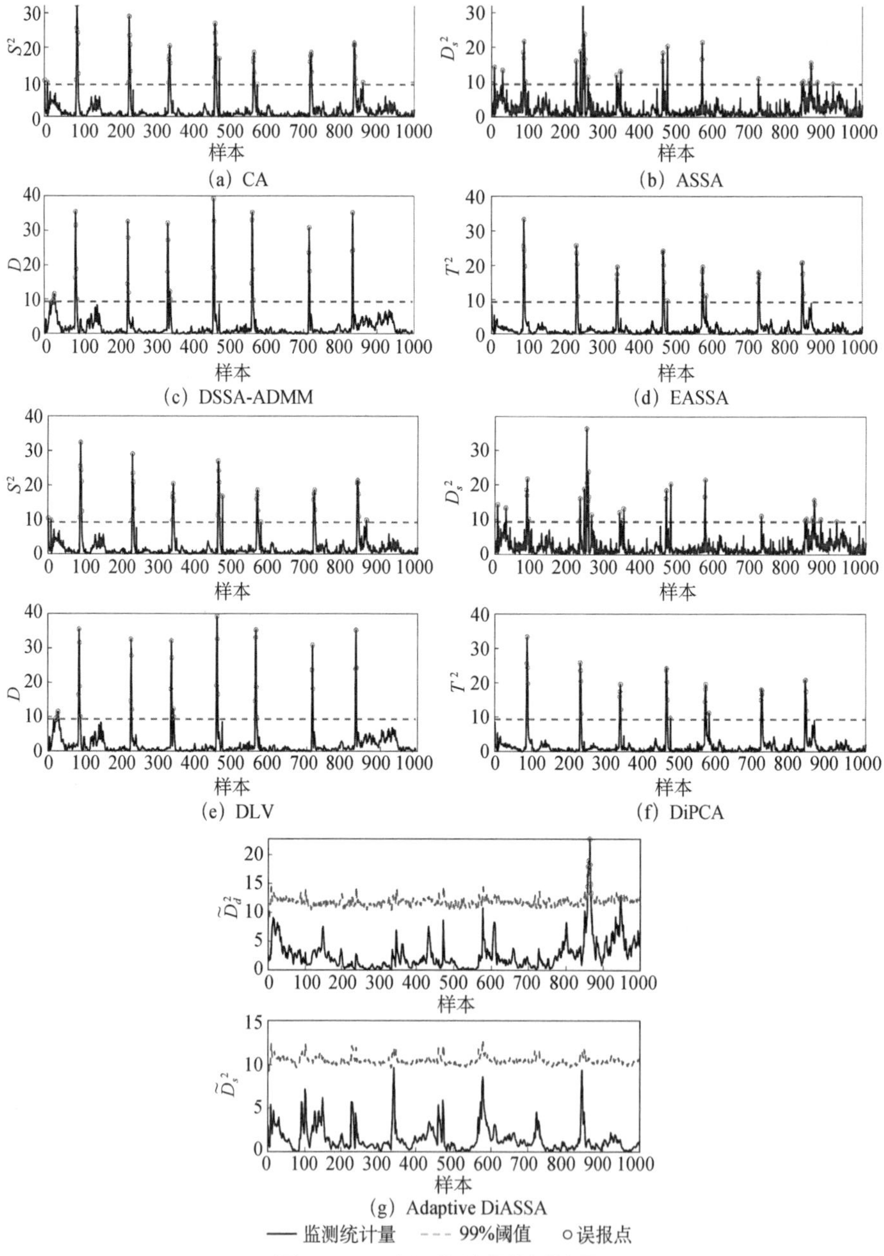

图 3.2.4　$\mathcal{N}_2$ 下的过程检测结果

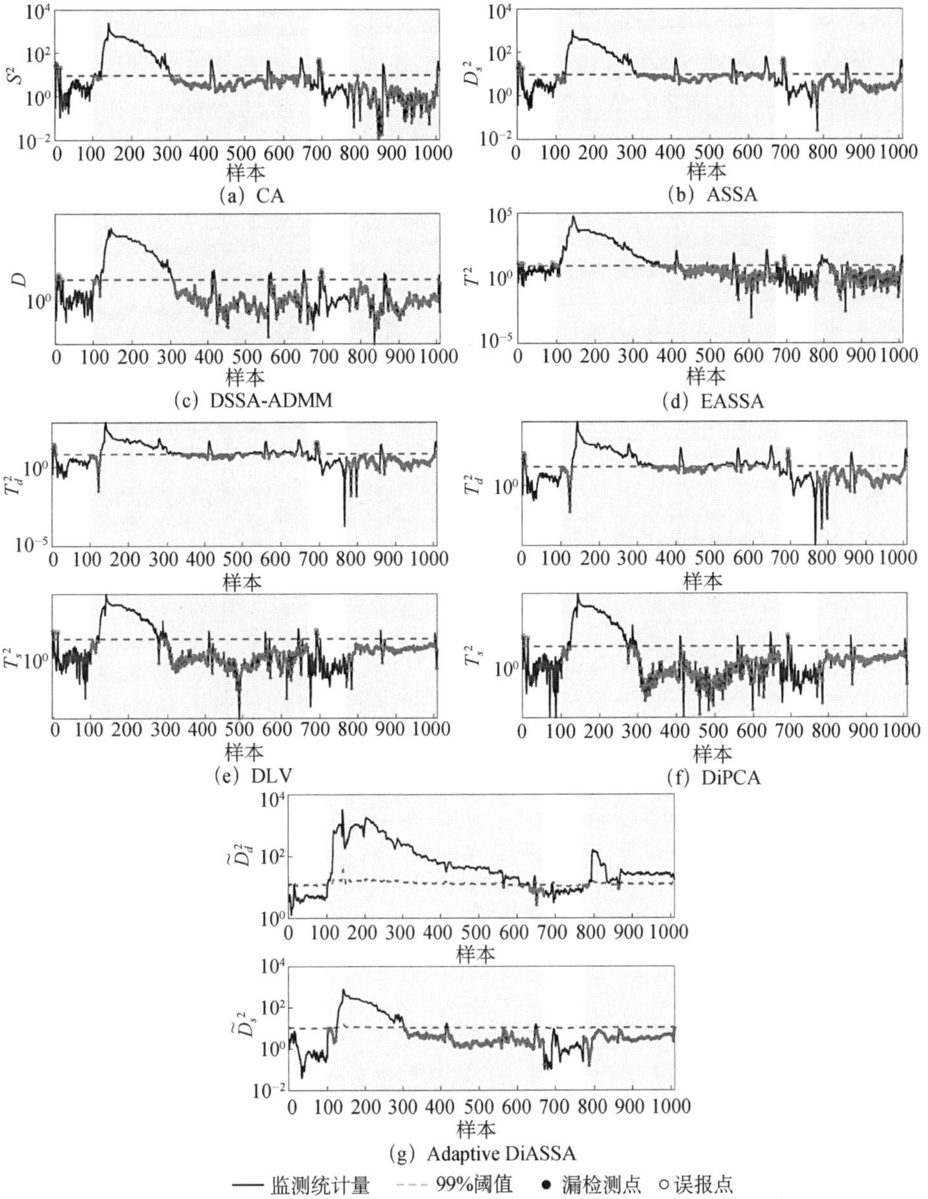

图 3.2.5　$\mathcal{F}_2$ 工况下的过程检测结果

敏度。在第 145～670 个样本的故障恢复期间，虽然单个变量逐渐恢复，但故障效应仍然存在。在第 350～670 个样本，除几个样本外，CA、ASSA、DSSA-ADMM 和 EASSA 的统计量都低于阈值。相比之下，DLV 和 DiPCA 能够在较长时间内保持模型的效率，这表明过程动态未从故障影响中恢复。然而，也可以注意到，它们的统计量 T_s^2 始终在阈值上下持续波动，这是因为非平稳波动很容易掩盖较小的故障幅度，从而限制了它们的故障检测性能。在本节提出的方法中，$\tilde{D}_s^2$ 统计量仍有一些漏检，因为静态部分受故障影响较小。相反，$\tilde{D}_s^2$ 统计量能实现长期高效的检测，MDR 仅为 7.2%。这表明，在实际的高炉炼铁过程中，将动态和静态相互隔离，并消除非平稳特性的影响，有利于提高故障检测的灵敏度。

同时，图 3.2.6 展示了工况 $\mathcal{F}_3$ 下的检测结果。与 $\mathcal{N}_2$ 相似，本节提出的方法没

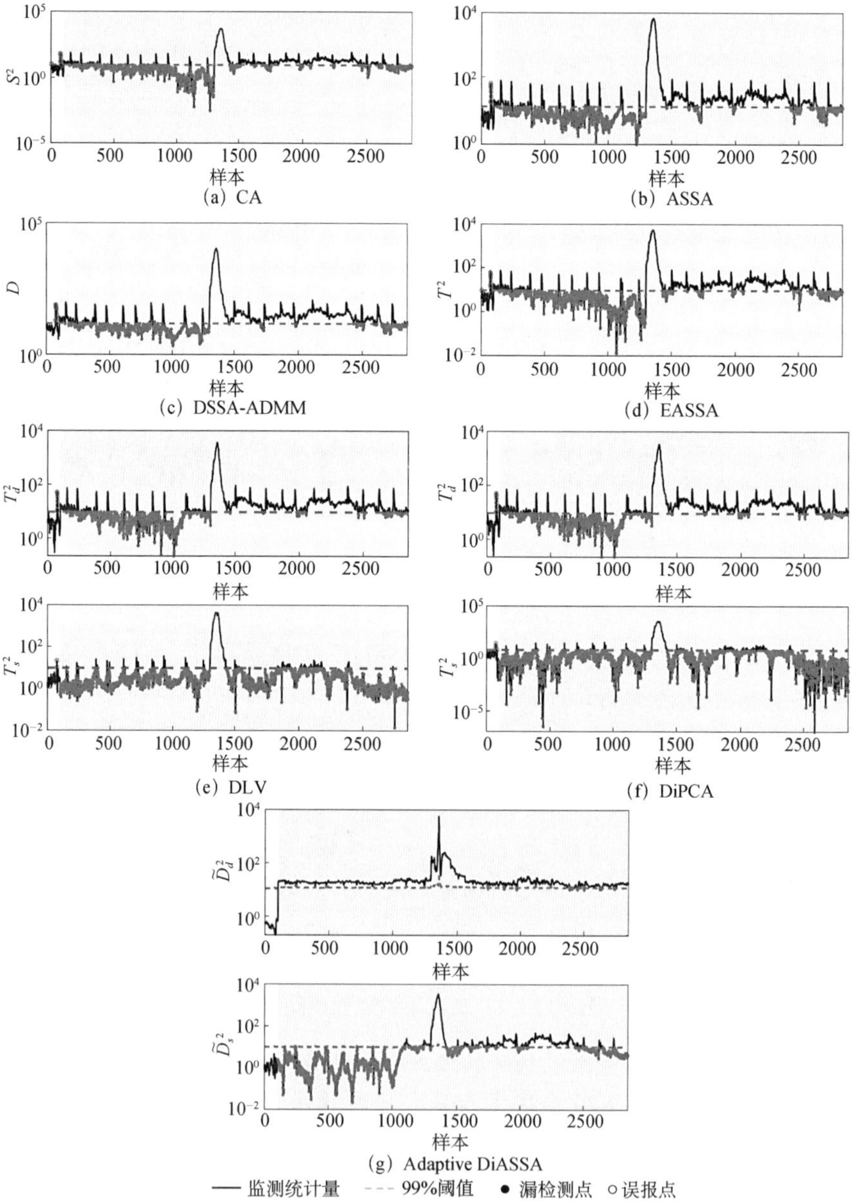

图 3.2.6　$\mathcal{F}_3$ 工况下的过程检测结果

有出现误报，而对比方法则经常出现误报情况。此外，Adaptive DiASSA 的 MDR 也明显地低于其他方法。这说明通过评估可解释的动态信息，能够准确地估计过程的状态。在此基础上还改进了动态和静态特征，有效地避免了非平稳信息的干扰。改进的统计数据和自适应阈值的引入进一步增强了故障检测能力。

3.3　面向非线性非平稳过程特性的故障检测

3.3.1　非线性非平稳高炉炼铁过程故障描述

高炉炼铁过程是一种非常复杂的分布式工业系统，由于多变量关系耦合和非线性动态特性，要准确描述高炉炼铁过程的运行机制相当困难。这也大大增加了高炉炼铁过程的复杂性。本节给出整个非线性高炉炼铁过程系统的定义。

定义 3.3.1　给定测量数据 $\boldsymbol{p}(t)$ 和基于高炉炼铁过程的动态非线性算子 $\mathcal{G}$，可以将高炉炼铁过程系统表示为

$$\mathcal{P}:\boldsymbol{p}(t)=\mathcal{G}\{\boldsymbol{x}(t)\}=\mathcal{G}\left\{\begin{bmatrix}\boldsymbol{A}_s & \boldsymbol{A}_n\end{bmatrix}\begin{bmatrix}\boldsymbol{s}_s(t)\\ \boldsymbol{s}_n(t)\end{bmatrix}\right\} \tag{3.3.1}$$

3.3.2　局部宽度核动态平稳子空间分析算法

对于高炉炼铁过程而言，处理其复杂的动态非线性一直是个迫切的挑战。为了探索过程的动态性，这首先要构建滞后变量，记为

$$\boldsymbol{z}(t)=\left[\boldsymbol{p}(t-1)^{\mathrm{T}}\,\boldsymbol{p}(t-2)^{\mathrm{T}}\cdots\boldsymbol{p}(t-q)^{\mathrm{T}}\right]^{\mathrm{T}}\in\mathbb{R}^{mq} \tag{3.3.2}$$

式中，q 为时间滞后数。随后，时间拓展矩阵由以下形式构建：

$$\boldsymbol{Z}=\left[\boldsymbol{z}(q+1)\boldsymbol{z}(q+2)\cdots\boldsymbol{z}(n)\right]\in\mathbb{R}^{mq\times(n-q)} \tag{3.3.3}$$

为了利用非线性特征，核方法可以将非线性数据映射到高维特征空间 $\mathbb{F}$ 上，从而可以转换为线性方法进行处理。近年来，这种方法在机器学习领域得到了广泛的应用[18]。根据映射函数 $\phi(\boldsymbol{z}(t)):\mathbb{R}\to\mathbb{F}$，核矩阵 $\boldsymbol{K}$ 定义为

$$\boldsymbol{K}=\left[K_{ij}\right]=\kappa(\boldsymbol{z}(i),\boldsymbol{z}(j))=\langle\phi(\boldsymbol{z}(i)),\phi(\boldsymbol{z}(j))\rangle_{\mathbb{F}} \tag{3.3.4}$$

式中，$\kappa(\cdot,\cdot)$ 为核函数；$\langle\cdot,\cdot\rangle_{\mathbb{F}}$ 为特征空间 $\mathbb{F}$ 中的内积。因此，高维特征空间 $\mathbb{F}$ 的结构可以由核函数隐式表示。$\bar{\boldsymbol{K}}$ 可以通过均值中心 $\boldsymbol{K}$ 得到，即

$$\bar{\boldsymbol{K}}=\boldsymbol{K}-\mathbf{1}_{n-q}\boldsymbol{K}-\boldsymbol{K}\mathbf{1}_{n-q}+\mathbf{1}_{n-q}\boldsymbol{K}1_{n-q} \tag{3.3.5}$$

式中，$1/(n-q)$ 构造矩阵 $\mathbf{1}_{n-q}\in\mathbb{R}^{(n-q)\times(n-q)}$ 的所有元素。为了提取 $\bar{\boldsymbol{K}}$ 中的主要信息，参考核全成分分析（kernel principal component analysis，KPCA）[19]，采用特征

值分解法，即

$$\bar{\boldsymbol{K}}/(n-q)=\boldsymbol{V}\boldsymbol{\Lambda}\boldsymbol{V}^{\mathrm{T}} \tag{3.3.6}$$

式中，对角矩阵 $\boldsymbol{\Lambda}=\mathrm{diag}\left(\lambda_1,\lambda_2,\cdots,\lambda_{n-q}\right)$ 由特征值构成；$\boldsymbol{V}=\left[\boldsymbol{v}_1,\boldsymbol{v}_2,\cdots,\boldsymbol{v}_{n-q}\right]$ 由特征向量构成。最大的 $d(d<n-q)$ 个特征值及其各自的特征向量组成非线性特征 $\boldsymbol{T}=\left[\boldsymbol{t}_i\right]=\boldsymbol{V}_d^{\mathrm{T}}\bar{\boldsymbol{K}}$，其中，还原矩阵由 $\boldsymbol{V}_d=\left[\boldsymbol{v}_1,\boldsymbol{v}_2,\cdots,\boldsymbol{v}_d\right]$ 表示。

然而，现有研究表明，单个核函数无法很好地实现内插和外推能力[24]。因此，本节同时采用了多个核函数并根据各自的优缺点进行互补。通过应用不同的核函数[25]，可以得到多个特征投影 $\boldsymbol{T}_i, i=1,\cdots,nk$ 。不同核函数下的投影差异也表明，多个核函数的联合可以从多个角度分析数据非线性的能力[26]。

因此，动态广义非线性特征 $\mathcal{T}$ 由一系列特征 $\boldsymbol{T}_i$ 来定义：

$$\mathcal{T}=\left[\boldsymbol{T}_1\ \boldsymbol{T}_2\cdots\boldsymbol{T}_{nk}\right]\in\mathbb{R}^{f\times(n-q)} \tag{3.3.7}$$

式中，f 是所选特征的数量。

备注 3.3.1 需要注意的是，该框架不仅可以使用上述核函数，还可以使用其他更多核函数来生成非线性特征。使用 KPCA 而不是简单地使用核函数的原因在于，KPCA 可以通过丢弃残差子空间来防止过程中噪声的积累，同时其还是一种降维技术，以降低后续建模的计算复杂度。

由于已充分地考虑到高炉炼铁过程数据的动态性和非线性，假定动态非线性特征 $\mathcal{T}$ 不存在自相关性和线性。随后，采用 SSA 将 $\mathcal{T}$ 继续分解为非平稳和平稳投影。设 $\mathcal{T}_i$ 的 N_b 个时段 $\left\{\mathcal{T}_1,\mathcal{T}_2,\cdots,\mathcal{T}_{N_b}\right\}$ 从 $\mathcal{T}$ 中获得，则每个时段的均值向量 $\boldsymbol{\mu}_i^t=\mathbb{E}\left[\mathcal{T}_i\right]$ 和协方差矩阵 $\boldsymbol{\Sigma}_i^t=\mathbb{E}\left[\mathcal{T}_i\mathcal{T}_i^{\mathrm{T}}\right]$ 均保持不变。根据 SSA，Local-DBKSSA 的优化目标可以采用以下设计：

$$\begin{aligned}\mathcal{B}_s&=\operatorname{argmin}\frac{1}{N_b}\sum_{i=1}^{N_b}\mathcal{D}_{\mathrm{KL}}\left[\mathcal{N}\left(\boldsymbol{\mu}_{s,i}^t,\boldsymbol{\Sigma}_{s,i}^t\right)\middle\|\mathcal{N}\left(\mathcal{B}_s\bar{\boldsymbol{\mu}}^t,\mathcal{B}_s\bar{\boldsymbol{\Sigma}}^t\mathcal{B}_s^{\mathrm{T}}\right)\right]\\&=\operatorname{argmin}\frac{1}{N}\sum_{i=1}^{N}\left\{\left\|\mathcal{B}_s\left(\boldsymbol{\mu}_i^t-\bar{\boldsymbol{\mu}}^t\right)\right\|^2\right.\\&\qquad\left.+2\mathrm{Tr}\left[\mathcal{B}_s\left(\boldsymbol{\Sigma}_i^t-\bar{\boldsymbol{\Sigma}}^t\right)\bar{\boldsymbol{\Sigma}}^{t,-1}\left(\boldsymbol{\Sigma}_i^t-\bar{\boldsymbol{\Sigma}}^t\right)\mathcal{B}_s^{\mathrm{T}}\right]\right\}\\&\text{s.t. }\ \mathcal{B}_s\bar{\boldsymbol{\Sigma}}^t\mathcal{B}_s^{\mathrm{T}}=\boldsymbol{I}\end{aligned} \tag{3.3.8}$$

式中，$\mathcal{B}_s$ 是平稳投影矩阵；$\left(\boldsymbol{\mu}_{s,i}^t,\boldsymbol{\Sigma}_{s,i}^t\right)$ 是对应各个时段平稳投影的均值和协方差；$\left(\bar{\boldsymbol{\mu}}^t,\bar{\boldsymbol{\Sigma}}^t\right)$ 是每个整体的均值 $\boldsymbol{\mu}_i^t$ 和协方差 $\boldsymbol{\Sigma}_i^t$ 的平均值。值得注意的是，使用了代替项 $\tilde{\boldsymbol{S}}=\frac{1}{N_b}\sum_{i=1}^{N_b}\left\{\boldsymbol{\mu}_i^t\boldsymbol{\mu}_i^{t\mathrm{T}}+2\boldsymbol{\Sigma}_i^t\bar{\boldsymbol{\Sigma}}^{t,-1}\boldsymbol{\Sigma}_i^t\right\}-\bar{\boldsymbol{\mu}}^t\bar{\boldsymbol{\mu}}^{t\mathrm{T}}-2\bar{\boldsymbol{\Sigma}}^t$ 将式（3.1.4）中的 $\boldsymbol{M}$ 进行替换。通过

对 $\tilde{\boldsymbol{S}}$ 的广义特征值进行分解，平稳投影 $\tilde{\boldsymbol{S}}_s$ 和非平稳投影 $\tilde{\boldsymbol{S}}_n$ 可以得到

$$\tilde{\boldsymbol{S}}_s = \mathcal{B}_s \mathcal{T} \in \mathbb{R}^{d_t \times (n-q)} \tag{3.3.9}$$

$$\tilde{\boldsymbol{S}}_n = \mathcal{B}_n \mathcal{T} \in \mathbb{R}^{(f-d_t) \times (n-q)} \tag{3.3.10}$$

式中，$\mathcal{B}_s$ 对应于最小 d_t 特征值的特征向量，其余特征向量构成 $\mathcal{B}_n$。最终，可以将特征向量矩阵 $\mathcal{T}$ 进行空间分解，得到

$$\mathcal{T} = \mathcal{B}_s^{\mathrm{T}} \tilde{\boldsymbol{S}}_s + \mathcal{B}_n^{\mathrm{T}} \tilde{\boldsymbol{S}}_n \tag{3.3.11}$$

对于给定的第 t 时刻的测量变量 $\boldsymbol{p}(t)$ 样本，形成了拓展变量 $\boldsymbol{z}(t)$。假设核的数量 nk 已确定，基于各个核的动态宽度非线性特征 $\boldsymbol{\tau}(t)$ 可以通过以下计算公式得到

$$\begin{cases} \boldsymbol{\tau}(t) = \left[\boldsymbol{t}_1(t)^{\mathrm{T}}, \cdots, \boldsymbol{t}_{nk}(t)^{\mathrm{T}} \right]^{\mathrm{T}} \\ \boldsymbol{t}_1(t) = \boldsymbol{V}_1^{\mathrm{T}} \overline{\boldsymbol{k}}_1(t) \in \mathbb{F}_1 \\ \quad \vdots \\ \boldsymbol{t}_{nk}(t) = \boldsymbol{V}_{nk}^{\mathrm{T}} \overline{\boldsymbol{k}}_{nk}(t) \in \mathbb{F}_{nk} \end{cases} \tag{3.3.12}$$

式中，中心化的 $\overline{\boldsymbol{k}}_1(t), \cdots, \overline{\boldsymbol{k}}_{nk}(t)$ 是通过将样本 $\boldsymbol{z}(t)$ 投影到不同的核空间 $\mathbb{F}_1, \cdots, \mathbb{F}_{nk}$ 产生的。然后，平稳投影 $\tilde{\boldsymbol{s}}_s(t)$ 表示为

$$\tilde{\boldsymbol{s}}_s(t) = \mathcal{B}_s \boldsymbol{\tau}(t) \tag{3.3.13}$$

监测统计量 $D^2(t)$ 定义为

$$\boldsymbol{D}^2(t) = \tilde{\boldsymbol{s}}_s(t)^{\mathrm{T}} \tilde{\boldsymbol{s}}_s(t) \tag{3.3.14}$$

由于由时不变均值和协方差估算的平稳投影可视为服从高斯分布。因此，可以基于显著性水平 α 确定其相应的阈值 $\boldsymbol{J}_{\mathrm{th}, \tilde{s}_s}$，即

$$\boldsymbol{J}_{\mathrm{th}, \tilde{s}_s} = g \chi_{\alpha}^2(h) \tag{3.3.15}$$

式中，$g = \sigma / 2\mu$，$h = 2\mu^2 / \sigma$，μ 是 $D^2(t)$ 的均值；σ 是 $D^2(t)$ 的方差。

3.3.3　非平稳对故障检测性能的影响分析

本节将进一步分析非平稳特性对统计量的影响，并强调在高炉炼铁过程故障检测中分离非平稳投影的重要性。考虑到测量样本 $\boldsymbol{p}(t)$ 包含大量非平稳信息。平稳部分 $\boldsymbol{p}_s(t)$ 和非平稳部分 $\boldsymbol{p}_n(t) = \boldsymbol{v}\boldsymbol{\zeta}$ 可以通过式（3.3.1）的步骤进行构建：

$$\boldsymbol{p}(t) = \mathcal{G}\left(\boldsymbol{A}_s \boldsymbol{s}_s(t) \right) + \mathcal{G}\left(\boldsymbol{A}_n \boldsymbol{s}_n(t) \right) = \boldsymbol{p}_s(t) + \boldsymbol{v}\boldsymbol{\zeta} \tag{3.3.16}$$

式中，$\boldsymbol{v}$ 与 $\boldsymbol{\zeta}$ 分别表示非平稳的幅度和方向。根据式（3.3.6），应用扩展变量 $\boldsymbol{z}(t)$ 来解构过程动态，因此：

$$z(t) = z_s(t) + \tilde{v}\tilde{\zeta} \tag{3.3.17}$$

这里，$\tilde{v}$ 和 $\tilde{\zeta}$ 分别是 $z(t)$ 中相应的非平稳部分的幅值与方向。随后，核方法探讨了非线性特性，虽然非平稳部分可以在特征空间 $\tau(t)$ 中检测到，但无法解释其非平稳幅度的影响。这是由于核技巧使用点积 $\langle\phi(\cdot),\phi(\cdot)\rangle_{\mathbb{F}}$ 在避免解决工业过程中复杂的非线性关系 $\phi(\cdot)$ 的同时，也导致非线性关系不明确。为了解决这个问题，本节采用了最小化非平稳效应和临界值统计量 $D^2(t)$ 差异的方法[24]。从核的角度来看，可以将 $D^2(t)$ 重新表示为

$$D^2(t) = \boldsymbol{k}\left(z(t), z(t)\right) - \boldsymbol{k}\left(z(t)\right)^{\mathrm{T}} \boldsymbol{C}\boldsymbol{k}\left(z(t)\right) \tag{3.3.18}$$

式中，$\boldsymbol{C} = \dfrac{1}{n-q}\boldsymbol{V}\boldsymbol{\Lambda}^{-1}\boldsymbol{V}^{\mathrm{T}}$ 和 $\boldsymbol{k}(z(t)) = \left[k(z(t), z(q+1)), \cdots, k(z(t), z(n))\right]$。为了进一步分析核函数下非平稳信息的演化，需要确定具体的核函数。这里以高斯 rbf 为代表，其他核函数（如 poly 核和 lapla 核）下的非平稳信息投影也可以通过类似的方法得出。假设变量 $z(t)$ 受到沿第 i 个方向 $\tilde{\zeta}_i$ 的非平稳信息的影响，可以表示为

$$\boldsymbol{k}\left(z_s(t), z(t)\right) = \boldsymbol{k}_{-i}\left(z_s(t), z(t)\right)\boldsymbol{\Delta}_t \tag{3.3.19}$$

式中，

$$\begin{cases} \boldsymbol{k}_{-i}\left(z_s(t), z(t)\right) = \prod_{p=1, p\neq i}^{mq} \exp\left(\dfrac{\left\|[z_s(t)^p - [z(t)]^p]\right\|^2}{a}\right) \\ \boldsymbol{\Delta}_t = \exp\left(-\dfrac{\left|\left(z_s(t) - z(t)\right)^{\mathrm{T}} \tilde{\zeta} + \tilde{v}\right|^2}{a}\right) \end{cases} \tag{3.3.20}$$

其中，$[\cdot]^p$ 表示 $z(t)$ 的第 p 个变量；a 为核参数。随后，向量表示为

$$\boldsymbol{k}\left(z(t)\right) = \boldsymbol{\Delta}_{nq}\boldsymbol{k}_{-i}\left(z_s(t)\right) \tag{3.3.21}$$

式中，

$$\begin{cases} \boldsymbol{\Delta}_{nq} = \mathrm{diag}\left(\boldsymbol{\Delta}_1, \cdots, \boldsymbol{\Delta}_t, \cdots, \boldsymbol{\Delta}_{n-q}\right) \\ \boldsymbol{k}_{-i}\left(z_s(t)\right) = \left[\boldsymbol{\kappa}_{-i}\left(z(q+1), z(t)\right), \cdots, \boldsymbol{k}_{-i}\left(z(n), z(t)\right)\right]^{\mathrm{T}} \end{cases} \tag{3.3.22}$$

定理 3.3.1 将非平稳投影检测为故障的充分条件为

$$\begin{cases} \tilde{v} < \left(z_s(t) - z_*(t)\right)^{\mathrm{T}} \tilde{\zeta} - 2D^{-1/2} \\ \tilde{v} > \left(z_s(t) - z_*(t)\right)^{\mathrm{T}} \tilde{\zeta} + 2D^{-1/2} \Rightarrow \text{故障} \\ \text{其他} \Rightarrow \text{正常} \end{cases} \tag{3.3.23}$$

式中，

$$z_*(t)=\arg\min_{z(t)}\sum_{p=1,p\neq i}^{mq}\left\|[z_s(t)]^p-[z(t)]^p\right\|^2\left|\left(z_s(t)-z(t)\right)^{\mathrm{T}}\tilde{\zeta}\right|$$
$$D^2(t)=\frac{a}{2}\log\left((n-q)\lambda_m\right)-\log\left(1-J_{\mathrm{th},\tilde{s}_s}\right)-\sum\nolimits_{p=1,p\neq i}^{mq}\left(\left[z_s(t)\right]^p-\left[z_*(t)\right]^p\right)^2 \tag{3.3.24}$$

式中，C 的特征值分解的最大值为 $\lambda_m=\lambda_{\max}(C)$。

证明　综合式（3.3.21）和式（3.3.22），统计量 $D^2(t)$ 可以重新导出为

$$\begin{aligned}D^2(t)&=k(z(t),z(t))-\boldsymbol{k}(z(t))^{\mathrm{T}}\boldsymbol{C}\boldsymbol{k}(z(t))\\&=k(z(t),z(t))-\boldsymbol{k}_{-i}\left(z_s(t)\right)^{\mathrm{T}}\boldsymbol{\Delta}_{nq}^{\mathrm{T}}\boldsymbol{C}\boldsymbol{\Delta}_{nq}\boldsymbol{k}_{-i}\left(z_s(t)\right)\end{aligned} \tag{3.3.25}$$

为了将非平稳投影检测为故障，需要寻找非平稳振幅的最小值，满足条件：

$$\min\left(D^2(t)\right)>J_{\mathrm{th},\tilde{s}_s} \tag{3.3.26}$$

进一步推导，可得

$$\max\left(\boldsymbol{k}\left(z_s(t)\right)^{\mathrm{T}}\boldsymbol{\Delta}_{nq}^{\mathrm{T}}\boldsymbol{C}\boldsymbol{\Delta}_{nq}\boldsymbol{k}\left(z_s(t)\right)\right)<1-J_{\mathrm{th},\tilde{s}_s} \tag{3.3.27}$$

根据 $\boldsymbol{C}$ 的特征值分解和 $\lambda_{\max}(\boldsymbol{C})=\lambda_m$，可以得到以下不等式：

$$\lambda_m\max\left(\boldsymbol{k}_{-i}\left(z_s(t)\right)^{\mathrm{T}}\boldsymbol{\Delta}_{nq}^{\mathrm{T}}\boldsymbol{\Delta}_{nq}\boldsymbol{k}_{-i}\left(z_s(t)\right)\right)<1-J_{\mathrm{th},\tilde{s}_s} \tag{3.3.28}$$

将式（3.3.22）代入式（3.3.28），下列不等式始终保持成立：

$$\max\left(\boldsymbol{k}_{-i}\left(z_s(t)\right)^{\mathrm{T}}\boldsymbol{\Delta}_{nq}^{\mathrm{T}}\boldsymbol{\Delta}_{nq}\boldsymbol{k}_{-i}\left(z_s(t)\right)\right)<(n-q)\lambda_m\boldsymbol{k}_{-i}^2\left(z_s(t),z(t)\right)\Delta_t^2 \tag{3.3.29}$$

这里，当 $z_s(t)$ 和 $z(t)$ 除第 i 个非平稳变量外尽可能接近时，$\boldsymbol{k}_{-i}\left(z_s(t),z(t)\right)$ 达到最大值。而 $\boldsymbol{\Delta}_t$ 可以在 $\|\left(z_s(t)-z(t)\right)^{\mathrm{T}}\tilde{\boldsymbol{\zeta}}+\tilde{\boldsymbol{v}}\|^2/a$ 最小时获得最大值。因此，期望向量 $z_*(t)$ 为可以在以下条件下得到

$$z(t)=\arg\min_{z(t)}\sum\nolimits_{p=1,p\neq i}^{mq}\left(\left\|[z_s(t)]^p-[z(t)]^p\right\|^2\right)\left|\left(z_s(t)-z(t)\right)^{\mathrm{T}}\tilde{\zeta}\right| \tag{3.3.30}$$

备注 3.3.2　式（3.3.30）是一个优化问题，类似的求解步骤可以参考文献[25]。通过将 $z_*(t)$ 替换 $z(t)$，并根据式（3.3.28），可以得出：

$$(n-q)\lambda_{\max}\boldsymbol{k}_{-i}^2\left(z_s(t),z_*(t)\right)\times\exp\left(-\frac{2\left\|\left(z_s(t)-z_*(t)\right)^{\mathrm{T}}\tilde{\zeta}+\tilde{\boldsymbol{v}}\right\|^2}{a}\right)<1-J_{\mathrm{th},\tilde{s}_s} \tag{3.3.31}$$

对式（3.3.31）的两边进行对数运算，可以得到：

$$\left\|\left(z_s(t)-z(t)\right)^{\mathrm{T}}\tilde{\zeta}+\tilde{\boldsymbol{v}}\right\|^2>\frac{a}{2}\left(\log\left((n-q)\lambda_m\right)+\log\left(\boldsymbol{k}_{-i}^2\left(z_s(t),z_*(t)\right)\right)-\log\left(1-J_{\mathrm{th},\tilde{s}_s}\right)\right) \tag{3.3.32}$$

通过定义：

$$D=\frac{a}{2}\log\left((n-q)\lambda_m\right)-\log\left(1-J_{\mathrm{th},\tilde{s}_s}\right)-\sum_{p=1,p\neq i}^{mq}\left(\left[\boldsymbol{z}_s(t)\right]^p-\left[\boldsymbol{z}_*(t)\right]^p\right)^2 \tag{3.3.33}$$

不等式可写成$\left\|\left(\boldsymbol{z}_s(t)-\boldsymbol{z}(t)\right)^{\mathrm{T}}\tilde{\boldsymbol{\zeta}}+\tilde{\boldsymbol{v}}\right\|^2>D$。因此，可以得到将非平稳部分错误检测为故障的充分条件式（3.3.24）。

备注 3.3.3 式（3.3.34）的左侧必须为正或 0。当 D 为正或为 0 时，上述充分条件成立；反之，则不成立。

备注 3.3.4 为了便于实际操作，这里提供两种备选方法：①人工选择表现出平稳特征的样本 $\boldsymbol{z}(t)$ 并将其作为 $\boldsymbol{z}_s(t)$；②选择正常情况下所有样本的平均值组成的向量并将其作为 $\boldsymbol{z}_s(t)$。

3.3.4 局部统计量构建与性能分析

受文献[26]的启发，可以使用局部方法来实施过程监控。首先，定义一个局部平稳投影为

$$\tilde{\boldsymbol{s}}_s(t)=\frac{1}{\sqrt{w}}\left[\tilde{\boldsymbol{s}}_s(t-w+1)^{\mathrm{T}},\cdots,\tilde{\boldsymbol{s}}_s(t)^{\mathrm{T}}\right]^{\mathrm{T}} \tag{3.3.34}$$

式中，w 是局部统计量的长度。因此，改进后的统计量 $\tilde{D}^2(t)$ 的排列方式为

$$\begin{aligned}\hat{D}^2(t)&=\hat{\boldsymbol{s}}_s(t)^{\mathrm{T}}\hat{\boldsymbol{s}}_s(t)=\frac{1}{w}\sum_{i=1}^{w}\boldsymbol{s}(t-w+i)^{\mathrm{T}}\tilde{\boldsymbol{s}}_s(t-w+i)\\&=\frac{1}{w}\sum_{i=1}^{w}\hat{D}_i(t)\end{aligned} \tag{3.3.35}$$

阈值计算公式为

$$J_{\mathrm{th},\hat{s}_s}=\left[\left(\sum_{i=1}^{w}g_i\right)\Big/ w\chi_\alpha^2\left(\sum_{i=1}^{w}h_i\right)\right]\Big/ w \tag{3.3.36}$$

式中，$g_i=\dfrac{\sigma_i}{2\mu_i}$；$h_i=\dfrac{2\mu_i^2}{\sigma_i}$，$\mu_i$ 是 $D_i^2(t)$ 的均值，σ_i 是 $D_i^2(t)$ 的方差。

定理 3.3.2 对于局部统计量 $\hat{D}^2(t)$，其可以通过以下不等式来展示其更为出色的故障检测能力：

$$\mathrm{FDR}_{\hat{D}^2(t)}>\mathrm{FDR}_{D^2(t)} \tag{3.3.37}$$

证明 下面的分析给出了基于局部策略的统计量 $\hat{D}^2(t)$ 在 FDR 方面优于标准统计量 $D^2(t)$ 的原因。从概率密度[27]的角度来看，在故障条件下统计量 $D^2(t)$ 的 FDR 可以表示为

$$\mathrm{FDR}_{D^2(t)} = \int_{g\chi_\alpha^2(h)}^{\infty} f\left(D^2(t)\right)\mathrm{d}D^2(t) \tag{3.3.38}$$

式中，$f\left(D^2(t)\right)$ 是 $D^2(t)$ 的估计概率密度函数。对于局部统计量 $\hat{D}^2(t)$，由于概率密度函数具有时间尺度上的一致性，所以 $f\left(\hat{D}^2(t)\right)$ 可以表示为

$$\begin{aligned} & f\left(\tilde{\boldsymbol{s}}_s(t)\right) = f\left(\tilde{\boldsymbol{s}}_s(t+1)\right) = \cdots = f\left(\tilde{\boldsymbol{s}}_s(t-w+1)\right) \\ \Rightarrow & f\left(\hat{D}^2(t)\right) = f\underbrace{\left(\left(D^2(t)\right) + \cdots + f\left(D^2(t)\right)\right)\Big/ w}_{w} \\ & = f\left(D^2(t)\right) \end{aligned} \tag{3.3.39}$$

因此，$\hat{D}^2(t)$ 的 FDR 计算满足：

$$\begin{aligned} \mathrm{FDR}_{\hat{D}^2(t)} &= \int_{\left(\sum_{i=1}^{w} g_i\right)\chi^2\left(\sum_{i=1}^{w} h_i\right)/w^2}^{\infty} f\left(\hat{D}^2(t)\right)\mathrm{d}\hat{D}^2(t) \\ &= \int_{\left(\sum_{i=1}^{w} g_i\right)\chi^2\left(\sum_{i=1}^{w} h_i\right)/w^2}^{\infty} f\left(D^2(t)\right)\mathrm{d}D^2(t) \end{aligned} \tag{3.3.40}$$

通过比较式（3.3.38）和式（3.3.40），可以观察到故障检测能力取决于积分的下限。由于训练样本通常包含足够样本，这将导致 $\hat{D}_i^2$ 中的方差 σ_i 和均值 μ_i 与 D^2 中的方差 σ 和均值 μ 非常接近。因此，根据 $g \approx g_i$ 和 $h \approx h_i$ 可以得出

$$\left(\sum_{i=1}^{w} g_i\right) w\chi_\alpha^2\left(\sum_{i=1}^{w} h_i\right)\Big/ w \approx g\chi_\alpha^2(wh)\big/ w \tag{3.3.41}$$

根据文献[28]，$g\chi_\alpha^2(wh)/w < g\chi_\alpha^2(h), w \geqslant 2$，因此定理 3.3.2 得到了证明。

备注 3.3.5　需要注意的是，如果训练样本不足或者过程噪声较大，可能会导致统计量不服从 χ^2 分布，从而限制了局部参数 w 的选择范围。为了解决这个问题，可以根据 FAR 来确定参数 w。

在确定阈值和统计量后，可以建立基于 Local-DBKSSA 的过程监控逻辑：

$$\begin{cases} \hat{D}(t) > J_{\mathrm{th},\hat{s}_s} \Rightarrow \text{故障} \\ \text{其他} \Rightarrow \ \text{正常} \end{cases} \tag{3.3.42}$$

综上所述，基于 Local-DBKSSA 方法的过程建模与检测图如图 3.3.1 所示。

在应用 Local-DBKSSA 模型之前，需要考虑时间滞后值 q、选择的内核数 nk、动态非线性特征的大小 d、平稳投影的数量 d_t 和本地统计量 w 的大小。根据现有的研究，可以使用以下方法来确定一些参数：q 可以通过研究变量的自相关性[25]和累积百分方差（cumulative percentage variance，CPV）法[6]来确定；平稳投影的数量 d_t 可以采用 ADF 检验[27]得到。然而，对于其他参数，现有方法无法提供确定的方

法，因此需要构建一个基于交叉验证的优化流程。具体而言，可以将正常数据集分为两个部分：① 训练子集用于训练 Local-DBKSSA 模型；② 验证子集用于评估模型的性能。这里将模型的性能定义为最小 FAR。表 3.3.1 为 Local-DBKSSA 模型的参数优化算法。

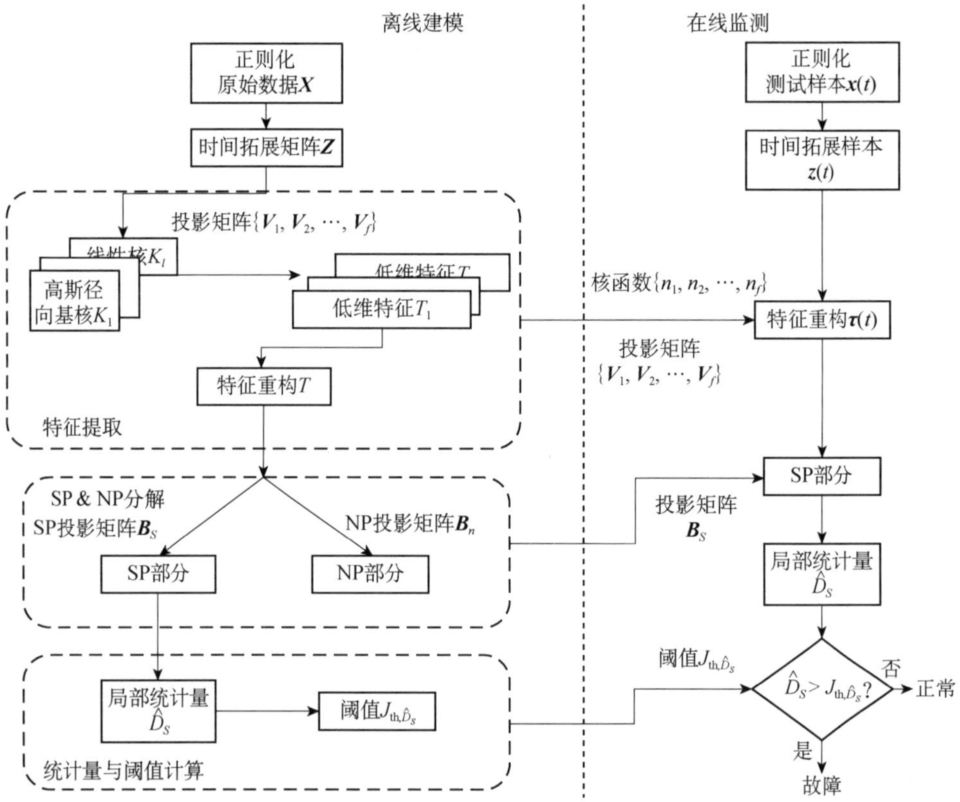

图 3.3.1　基于 Local-DBKSSA 方法的过程建模与检测图

表 3.3.1　Local-DBKSSA 模型的参数优化算法

输入：训练数据 $\boldsymbol{X}$。
输出：确定的最优参数 q,nk,d,d_t,w。
步骤 1：将 $\boldsymbol{X}$ 随机分为训练子集 $\boldsymbol{X}_t$ 和验证子集 $\boldsymbol{X}_v$；限制参数 $nk\in(1:nk_{\max})$ 和 $w\in(2:w_{\max})$。
步骤 2：应用自相关分析确定 q 并构建时滞矩阵 $\boldsymbol{Z}$。
步骤 3：执行判断 1，当 FAR 保持稳定且不再减少时。
步骤 4：进入循环 1, $c\leftarrow 1:nk_{\max}$。
步骤 5：计算式（3.3.5）中的集中化核矩阵 $\bar{\boldsymbol{K}}$。
步骤 6：用 CPV 方法选择动态非线性特征的数量。
步骤 7：根据式（3.3.11）重构特征 $\boldsymbol{\mathcal{T}}$。
步骤 8：用式（3.3.19）分解 SP 和 NP，并通过 ADF 检验确定剩余 SP 的数量。

步骤 9：进入循环 2, $w \leftarrow 2 : w_{\max}$ 。
步骤 10：根据式（3.3.35）计算局部统计量 $\hat{D}^2(t)$ 。
步骤 11：根据式（3.3.36）确定相应的阈值 $J_{\text{th},\hat{s}_s}$ 。
步骤 12：判断 w 是否大于 $w_{\max}$ ：若大于，则跳出循环 2，若小于，则返回步骤 9。
步骤 13：判断 c 是否大于 $nk_{\max}$ ：若大于，则跳出循环 1，若小于，则返回步骤 4。
步骤 14：使用在验证子集 $\boldsymbol{X}_v$ 上运行的训练模型来计算 FAR。
步骤 15：判断 FAR 是否保持稳定且不再减少；若成立，则优化结束，反之，则返回步骤 3。

3.3.5 案例分析

本节使用来自某钢铁厂 2 号高炉连续 16 天的数据来评估本节提出的 Local-DBKSSA 方法的监控性能。在分析和故障检测过程中，考虑了富氧率、富氧流量、热风温度、炉顶温度 1、炉顶温度 2、炉顶温度 3 和导流管温度这些变量，采样间隔为 10s。训练数据包括 2000 个样本，采用 2017 年 11 月 1 日 05:35:08 至 2017 年 11 月 1 日 11:08:58 的正常运行状态数据。正常工况（编号 1 和 2）和故障工况（编号 3～5）的五个测试数据验证了本节提出方法和现有的五种非平稳过程监控方法（如 MWPCA、CA、DSSA-ADMM、核平稳空间分析（kernel stationary subspace analysis, KSSA）和动态核平稳子空间分析（dynamic kernel stationary subspace analysis，DKSSA）的 FDR 和 FAR。

对于 MWPCA 模型，根据 95% CPV 标准决定，主成分数为 4。根据 ADF 检验，CA 模型确定 3 个协整变量。DSSA-ADMM 根据 5%置信区间下所有观测值平方和的自相关分析，将时间滞后值参数设为 3，并通过 ADF 检验估计出 4 个平稳投影。根据文献[28]的建议，KSSA 采用的高斯 rbf 宽度为 700（100m）。为保证案例研究的公平性，DKSSA 模型和 Local-DBKSSA 模型所保留的平稳投影数均为 4，时滞值均为 3。使用 DSSA-ADMM 的高斯 rbf 宽度 2100(100mq)。对于本节提出的 Local-DBKSSA，根据最小 FAR，确定所选核数为 3 和局部统计量大小为 4。此外，这里还采用了最佳推荐内核参数，即高斯 rbf 为 2100、ploy 核为 3 和 laplc 核为 100，在 95% CPV 标准下确定了 29 组动态非线性特征。

图 3.3.2 显示了选定的归一化训练数据，而图 3.3.3 显示了所提取的平稳投影 $\tilde{S}_s$ 。对比图 3.3.3 中的数据，$\tilde{S}_s$ 几乎不存在峰值扰动。此外，原始样本中的第 1000～1500 个表现铁矿石给料产生的波动也没有在 $\tilde{S}_s$ 中出现，这表明平稳投影表现出更加出色的正态分布特征。这说明本节提出方法在面对复杂的高炉炼铁过程时具有足够的非平稳信息分离能力，使得保留下来的平稳投影有利于故障检测。

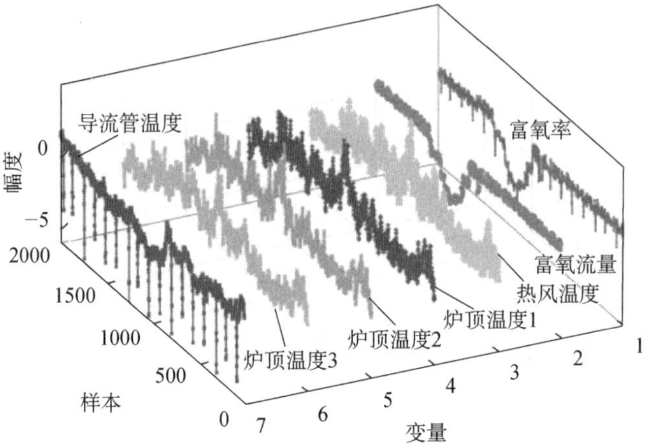

图 3.3.2 训练集的中心化 BFIP 数据

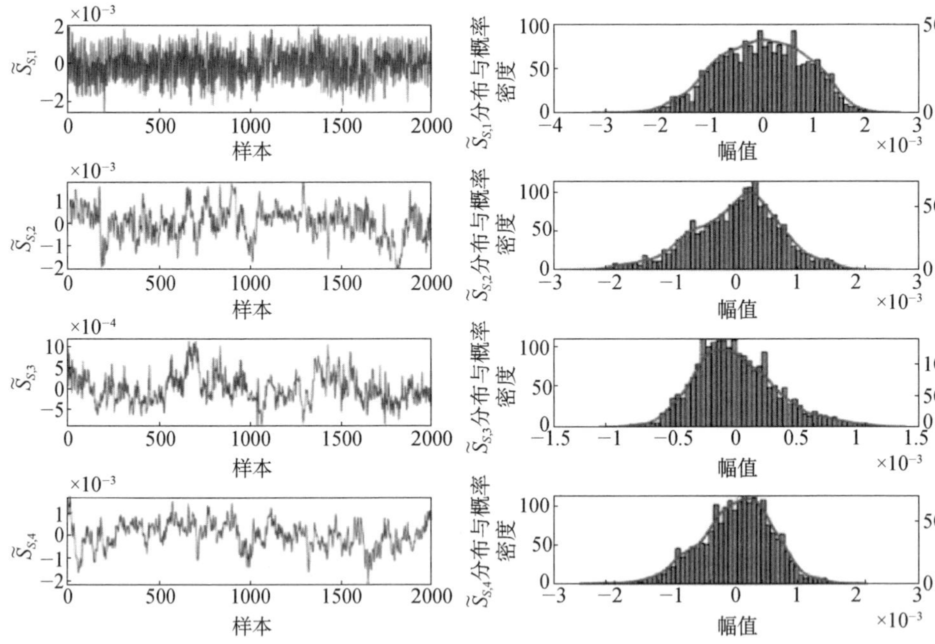

图 3.3.3 训练阶段中平稳投影 $\tilde{S}_s$ 的原始数据、密度直方图与概率密度曲线

表 3.3.2 列出了所有六种方法的 FAR 和 FDR。可以观察到基于 Local-DBKSSA 的故障检测方法的 FAR 为 1.16%，而 FDR 也仅为 1.32%。在两种正常条件下，误报率均低于对比方法。在考虑 FDR 时，所提出方法的优越性也显而易见。在所有故障条件下，Local-DBKSSA 的 FDR 均最高。特别在第 4 种情况下，与其他方法相比，本节提出方法的 FDR 提高了 25%。案例 1、案例 4 和案例 5 在后续进行了进一步的故障检测结果分析。

表 3.3.2　高炉炼铁故障检测表现　　（单位：%）

序号	时间段	工况	MWPCA	CA	DSSA-ADMM	KSSA	DKSSA	Local-DBKSSA
1	2017 年 11 月 2 日 03:58:18～10:54:58	正常	4.60	3.56	4.72	2.52	2.67	1.16
2	2017 年 11 月 6 日 05:51:58～12:48:38	正常	2.92	3.68	4.57	2.56	2.56	1.32
3	2017 年 11 月 3 日 00:00:08～00:40:48	悬料	96.45	95.74	98.58	90.07	98.58	100.00
4	2017 年 11 月 13 日 10:51:08～11:29:38	炉凉	43.78	56.25	30.47	48.44	51.56	85.94
5	2017 年 11 月 14 日 10:17:48～10:41:28	未知故障	51.52	76.77	49.49	60.61	68.69	79.80

图 3.3.4 给出了六种方法在案例 1 上的 FAR 性能。由于基于 SSA 的方法分解的平稳投影反映了过程间的不变关系，因此，在案例 1 中，其在 FAR 中表现最为出色。然而，时间拓展矩阵的构造导致了数据噪声反复叠加，从而表现为 DSSA-ADMM 的 D 和 DKSSA 的 D^2 更频繁地超过阈值。Local-DBKSSA 模型考虑了更丰富、更多元的动态和非线性信息，进而提取出的平稳投影更稳健，因此 FAR 也最低。

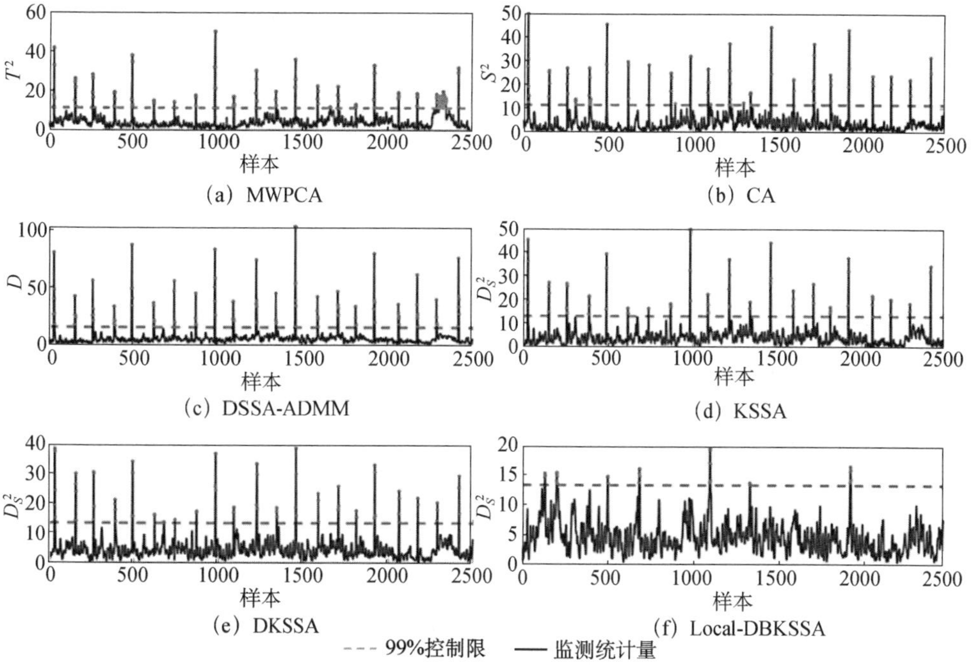

图 3.3.4　案例 1 故障检测表现

4 号和 5 号案例的故障分别发生在第 41 次采样时和第 31 次采样时。在故障检测图中，浅灰色区域表示故障正在发生。如图 3.3.5（a）所示，MWPCA 的T^2在第 48 个样本首次检测到故障，大量漏检点出现在第 75～90 个样本和第 105～155 个样本周围，这与 KSSA 的D_s^2的故障检测结果类似。对于 CA，统计量S^2实现了最快的故障检测，揭示了故障的出现，但它无法发现第 101～155 个样本中的故障。DKSSA 方法的性能与 CA 相似，且在第 41～45 个采样点检测不到故障。DSSA-ADMM 方法检测到故障的时间较晚，无法检测到第 80～100 个采样点之间的故障。对于 Local-DBKSSA，$\tilde{D}_2^s$能更快地识别故障，只遗漏了少量样本，如图 3.3.5（f）所示。

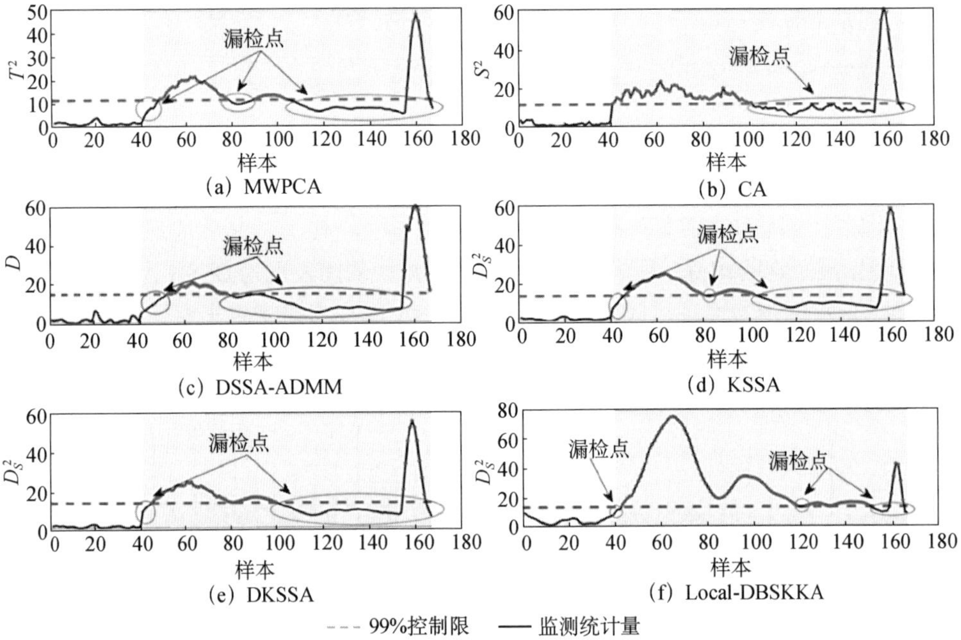

图 3.3.5　案例 4 故障检测表现

同时，案例 5 的故障检测结果也汇总在图 3.3.6 中。同样地，Local-DBKSSA 的 FDR 也显著地高于其他方法。这不仅表明动态宽度非线性特征包含了足够的过程信息，使建模更加准确，而且局部统计量的构建进一步提升了故障检测能力。在误报率方面，MWPCA、CA 和 DSSA-ADMM 的统计量比 KSSA、DKSSA 和 Local-DBKSSA 方法产生了更多的误报样本。

综上所述，案例研究表明，当面对具有动态、非线性和非平稳特性耦合的高炉炼铁过程时，本节提出的 Local-DBKSSA 方法具有更出色的故障检测能力。具体而言，本节提出的方法不仅能完整、准确地分离非平稳信息，而且对故障足够敏感。因此，在正常和故障条件下，它都能表现出较低的 FAR 和较高的 FDR。

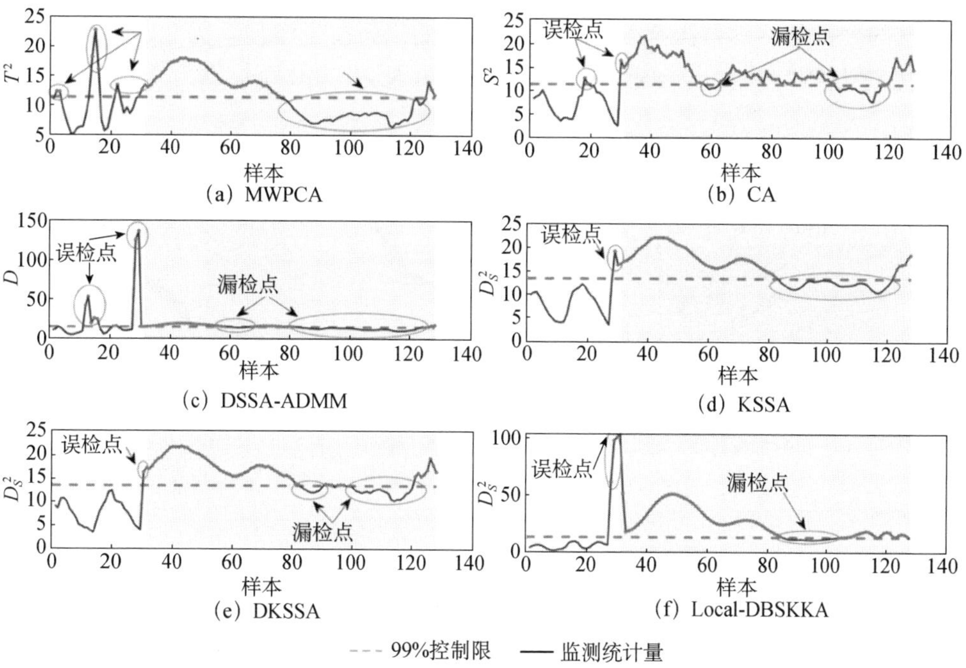

图 3.3.6　案例 5 故障检测表现

3.4　面向全局-局部非线性耦合过程特性的故障检测

3.4.1　复杂非线性问题描述

高炉炼铁过程中非线性和非平稳性的共存及长期耦合，使得实现有效和快速的故障检测仍然是一项艰巨的任务。如图 3.4.1 所示，该数据集采集自某钢铁厂 2 号高炉系统的正常运行工况。数据的时间范围是从 2021 年 1 月 15 日 00:00:13 到 2021 年 1 月 17 日 23:57:13。由于原料质量和设备切换的影响，这些数据始终表现出非平稳性，即在不同的时间段，其均值和方差都不稳定。图中按顺序显示了七个主要变量的归一化观测值及相应的分位图（quantile-quantile，Q-Q）图[11]。根据现场工程师的经验，四个热炉之间的切换、焦炭和矿石质量的变化及人工调整是造成许多尖峰干扰和所有变量非高斯分布的主要因素。此外，巨大的金属反应器中数以百计的物理化学反应同时进行，促使高度复杂的非线性和非平稳特性相互耦合，这使过程的建模和故障检测变得更加复杂。

除了上述分析，另一个限制数据驱动故障检测性能的因素是模型随时间推移逐渐退化。假设已经估算出了过程的平稳关系，但由于冶炼条件的恶化、现场操作标准的修改等，这些关系可能会随着时间变化而发生漂移。因此，有必要采用模型更新方案，使其与当前的工艺状态相匹配，以保持长期有效的故障检测模型。

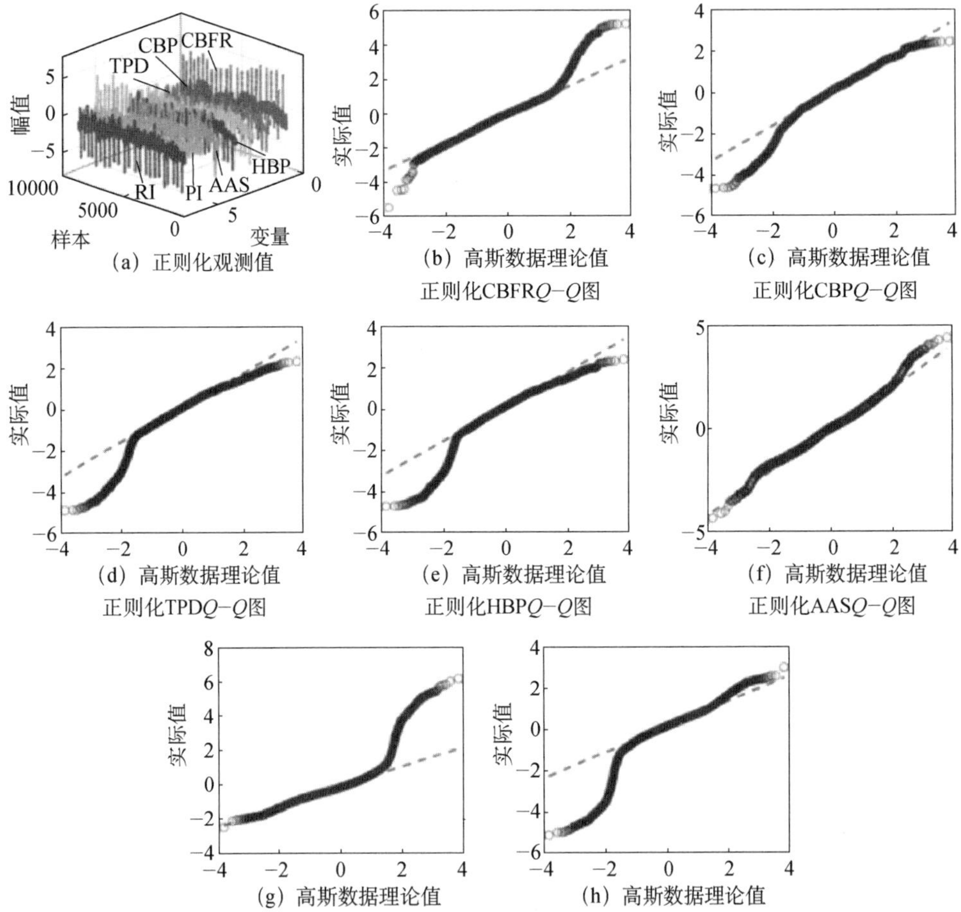

(a) 正则化观测值

(b) 高斯数据理论值 正则化CBFRQ-Q图

(c) 高斯数据理论值 正则化CBPQ-Q图

(d) 高斯数据理论值 正则化TPDQ-Q图

(e) 高斯数据理论值 正则化HBPQ-Q图

(f) 高斯数据理论值 正则化AASQ-Q图

(g) 高斯数据理论值 正则化PIQ-Q图

(h) 高斯数据理论值 正则化RIQ-Q图

图 3.4.1　CBFR、CBP、TPD、HBP、AAS、PI 和 RI 的归一化样本与 *Q*-*Q* 图

3.4.2　全局-局部非线性平稳子空间分析算法

1. 全局与局部非线性特征提取

本节提出的 Tc-GLNASSA 方法首先开发了一种非线性特征提取器。该特征提取器能够捕捉长期存在的复杂非线性特征，它利用多个核函数来进行建模。同时，由周期性非平稳性引起的局部非线性，通过具有时间限制的多种流形学习方法进行处理。具体来说，为了应对全局非线性问题，本节采用核方法。核方法通过映射函数 $\phi(\boldsymbol{x}(\cdot))\mathbb{R}\to\mathbb{F}$，将数据从原始空间 $\mathbb{R}$ 映射到高维特征空间 $\mathbb{F}$。这里同时采用了两个具有代表性的核函数，即高斯 rbf 和 poly 核，以涵盖更全面的全局非线性信息：

$$\begin{cases}\mathcal{K}_{i,j}^{r}\triangleq\left\langle\phi(\boldsymbol{x}(i)),\phi(\boldsymbol{x}(j))\right\rangle_{\mathbb{F}^{r}}=\exp\left(-\dfrac{\left\|\boldsymbol{x}(i)-\boldsymbol{x}(j)\right\|^{2}}{a}\right)\in\mathbb{F}^{r}\\ \mathcal{K}_{i,j}^{p}\triangleq\left\langle\phi(\boldsymbol{x}(i)),\phi(\boldsymbol{x}(j))\right\rangle_{\mathbb{F}^{p}}=\left(\left\langle\boldsymbol{x}(i),\boldsymbol{x}(j)\right\rangle+1\right)^{b}\in\mathbb{F}^{p}\\ i,j=1,2,\cdots,N\end{cases}\tag{3.4.1}$$

式中，$\mathcal{K}_{i,j}^{r}$ 和 $\mathcal{K}_{i,j}^{p}$ 代表每个核元素；a 是高斯 rbf 宽度；poly 核宽度为 b；$\langle\cdot\rangle_{\mathbb{F}_r}$ 和 $\langle\cdot\rangle_{\mathbb{F}_p}$ 分别是 $\mathbb{F}^r$ 和 $\mathbb{F}^p$ 中的内积算子。那么，内核矩阵 $\left(\boldsymbol{\mathcal{K}}^{r},\boldsymbol{\mathcal{K}}^{p}\right)$ 可以表示为

$$\boldsymbol{\mathcal{K}}^{r}\equiv\left[\boldsymbol{\mathcal{K}}_{i,j}^{r}\right]\text{ 和 }\boldsymbol{\mathcal{K}}^{p}\equiv\left[\boldsymbol{\mathcal{K}}_{i,j}^{p}\right]\tag{3.4.2}$$

而中心化的（$\boldsymbol{\mathcal{K}}^{r},\boldsymbol{\mathcal{K}}^{p}$）表示如下：

$$\begin{cases}\boldsymbol{\mathcal{K}}^{r}=\boldsymbol{\mathcal{K}}^{r}-\boldsymbol{I}_{N}\boldsymbol{\mathcal{K}}^{r}-\boldsymbol{\mathcal{K}}^{r}\boldsymbol{I}_{N}+\boldsymbol{I}_{N}\boldsymbol{\mathcal{K}}^{r}\boldsymbol{I}_{N}\in\mathbb{R}^{N\times N}\\ \boldsymbol{\mathcal{K}}^{p}=\boldsymbol{\mathcal{K}}^{p}-\boldsymbol{I}_{N}\boldsymbol{\mathcal{K}}^{p}-\boldsymbol{\mathcal{K}}^{p}\boldsymbol{I}_{N}+\boldsymbol{I}_{N}\boldsymbol{\mathcal{K}}^{p}\boldsymbol{I}_{N}\in\mathbb{R}^{N\times N}\end{cases}\tag{3.4.3}$$

随后，通过引入权重参数，融合 $\boldsymbol{\mathcal{K}}^{r}$ 和 $\boldsymbol{\mathcal{K}}^{p}$ 以得到全局非线性特征（global nonlinear feature，GNF）矩阵 $\boldsymbol{\mathcal{T}}^{g}$，即

$$\boldsymbol{\mathcal{T}}^{g}=1/2\left(\boldsymbol{\mathcal{K}}^{r}+\boldsymbol{\mathcal{K}}^{p}\right)\in\mathbb{R}^{N\times N}\tag{3.4.4}$$

另外，对于局部非线性特征提取方面，基于 LLE（locally linear embedding）和 HE（hessian eigenmaps）方法受到了广泛的关注[26,29,30]。与核相比，LLE 通过将多个局部线性估计进行结合来实现非线性结构：

$$\begin{aligned}\mathcal{J}\left(\boldsymbol{\mathcal{M}}_{e}\right)_{\text{LLE}}&=\arg\min\sum_{i=1}^{N}\left|\boldsymbol{x}(i)-\sum_{j=1}^{K}w_{i,j}\boldsymbol{x}(j)\right|^{2}\\&=\arg\min\operatorname{Tr}\left(\boldsymbol{X}^{\mathrm{T}}\boldsymbol{\mathcal{M}}_{e}^{\mathrm{T}}\boldsymbol{\mathcal{M}}_{e}\boldsymbol{X}\right)\end{aligned}\tag{3.4.5}$$

式中，K 是预定义的近邻数。通过求解上述问题，可以得到本地权重矩阵 $\boldsymbol{W}\equiv\left[w_{i,j}\right]$ 和 $\boldsymbol{\mathcal{M}}_{e}=\boldsymbol{I}_{N}-\boldsymbol{W}$。局部嵌入特征 $\mathcal{L}^{e}$ 也可以通过以下公式得到：

$$\mathcal{L}^{e}=\boldsymbol{X}^{\mathrm{T}}\boldsymbol{\mathcal{M}}_{e}^{\mathrm{T}}\boldsymbol{\mathcal{M}}_{e}\boldsymbol{X}\in\mathbb{R}^{N\times N}\tag{3.4.6}$$

至于 HE，其试图最小化高维流形的曲度，并通过最小化以下损失函数将所提取的特征嵌入到低维空间中，即

$$\begin{aligned}\mathcal{J}(\mathcal{M}_h)_{\mathrm{HE}} &= \arg\min \mathrm{Tr}\left(\boldsymbol{X}^{\mathrm{T}}\boldsymbol{S}^{\mathrm{T}}\boldsymbol{H}^{\mathrm{T}}\mathbf{HSX}\right) \\ &= \arg\min \mathrm{Tr}\left(\boldsymbol{X}^{\mathrm{T}}\mathcal{M}_h^{\mathrm{T}}\mathcal{M}_h\boldsymbol{X}\right)\end{aligned} \tag{3.4.7}$$

邻近关系为

$$\boldsymbol{S} \equiv \left[\mathcal{S}_{i,j}\right] = \begin{cases}1, & \boldsymbol{x}(i), \boldsymbol{x}(j) \in \mathcal{H}\left(\boldsymbol{x}(i), \boldsymbol{x}(j)\right) \\ 0, & 其他\end{cases} \tag{3.4.8}$$

式中，邻近关系由邻居判断算子 $\mathcal{H}(\cdot)$ 确定，黑塞（Hessian）矩阵 $\boldsymbol{H}$ 包含邻居 $\boldsymbol{x}(j)$ 投影中的局部信息[24]。因此，局部特征 $\mathcal{L}^h$ 可按如下方式估算：

$$\mathcal{L}^h = \boldsymbol{X}^{\mathrm{T}}\mathcal{M}_h^{\mathrm{T}}\mathcal{M}_h\boldsymbol{X} \in \mathbb{R}^{N\times N} \tag{3.4.9}$$

类似地，通过以下方法融合 $\mathcal{L}^e$ 和 $\mathcal{L}^h$，可以得到融合的局部非线性特征（local nonlinear feature，LNF）矩阵：

$$\mathcal{T}_l = 1/2\left(\mathcal{L}^e + \mathcal{L}^h\right) \in \mathbb{R}^{N\times N} \tag{3.4.10}$$

备注3.4.1 本节将 LLE 和 HE 的流形特征相结合，可以从多个角度挖掘局部信息。为了验证这一点，本节使用了经典的瑞士卷数据，并生成了基于 LLE 和 HE 的二维特征投影。图 3.4.2 展示了这些投影结果。从图中可以观察到，LLE 与 HE 在投影方向和颜色点聚集上都有明显的不同，证明了不同的流形学习可以提供更丰富的 LNF 表征。

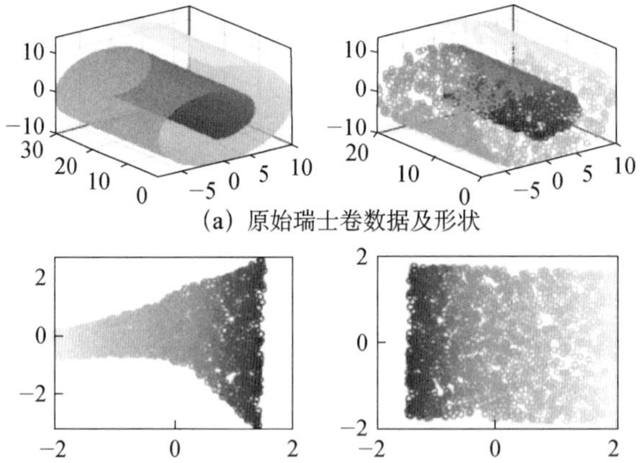

(a) 原始瑞士卷数据及形状

(b) LLE的二维流形特征投影 (c) HE的二维流形特征投影

图3.4.2 投影结果（见彩图）

备注3.4.2 在利用局部非线性特征时，识别最近的相邻数据至关重要。现有相邻数据选择技术通常使用欧氏距离和遍布所有时间片段的候选集来判断目标样本的 K 个近邻样本[31]，如图 3.4.3 中粉红色区域所示。然而，当周期性尖峰波动出现时，它们的邻居很可能出现在其他尖峰波动中。为了更好地探索由非稳定性引起的局部非线性特征，引入了时间约束，即在目标样本之前的 l_k 个时间间隔内必须有邻近样本，以探索局部非平稳性的影响。时间约束如图 3.4.3 中绿色区域所示。

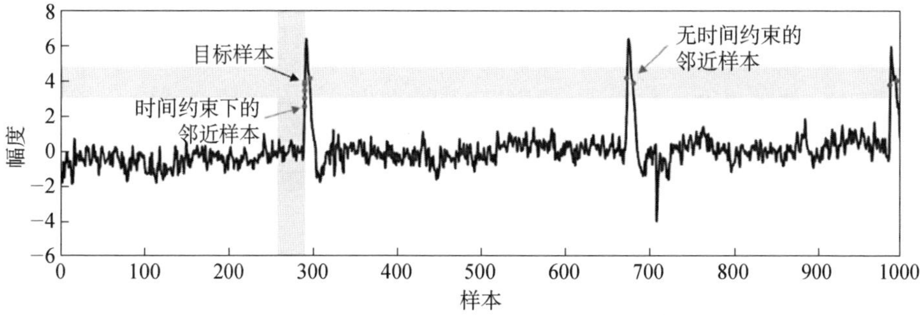

图 3.4.3　有时间约束的邻居选择示意图（见彩图）

2. 建模效率提升策略

通过整合 GNF 和 LNF，Tc-GLNASSA 构建了基于统一框架的双目标优化函数，为高炉炼铁过程获得更准确的平稳投影。在权重参数 γ 的作用下，综合特征可以通过以下公式计算为

$$\mathcal{T}_t = \gamma \mathcal{T}_g + (1-\gamma)\mathcal{T}_l \tag{3.4.11}$$

随后，本节构建一种基于 SVD 的效率提升策略。假设 $\mathcal{T}_{t,i}$ 是 $\mathcal{T}_t$ 中的第 i 个时间段，考虑到它们都是对称矩阵，可以使用 SVD 将 $\mathcal{T}_t$ 和 $\mathcal{T}_{t,i}$ 分解为

$$\begin{cases} \mathcal{T}_t = \mathcal{U}\mathcal{D}\mathcal{U}^{\mathrm{T}} = [\mathcal{U}_d \mathcal{U}_*]\begin{bmatrix} \mathcal{D}_d & 0 \\ 0 & \simeq 0 \end{bmatrix}\begin{bmatrix} \mathcal{U}_d^{\mathrm{T}} \\ \mathcal{U}_*^{\mathrm{T}} \end{bmatrix} \\ \quad \Rightarrow \tilde{\mathcal{T}}_t \equiv \mathcal{U}_d \mathcal{D}_d \mathcal{U}_d^{\mathrm{T}} \mathcal{U}_d = \mathcal{U}_d \mathcal{D}_d \\ \mathcal{T}_{t,i} = \mathcal{U}_i \mathcal{D}_i \mathcal{U}_i^{\mathrm{T}} = \left[\mathcal{U}_{d,i} \mathcal{U}_{*,i}\right]\begin{bmatrix} \boldsymbol{D}_{d,i} & 0 \\ 0 & \simeq 0 \end{bmatrix}\begin{bmatrix} \mathcal{U}_{d,i}^{\mathrm{T}} \\ \mathcal{U}_{*,i}^{\mathrm{T}} \end{bmatrix}^P \\ i = 1,2,\cdots,N_e \\ \Rightarrow \tilde{\mathcal{T}}_{t,i} \equiv \mathcal{U}_i \mathcal{D}_i \mathcal{U}_i^{\mathrm{T}} \mathcal{U}_{d,i} = \mathcal{U}_{d,i} \mathcal{D}_{d,i} \end{cases} \tag{3.4.12}$$

式中，$\mathcal{U}$ 和 $\mathcal{U}_i$ 为奇异矩阵，对角矩阵 $\mathcal{U}$ 和 $\mathcal{U}_i$ 包含所有奇异值。为了保留主信息并避免过程噪声的叠加，在 $\mathcal{D}^{N\times N}$ 中保留不收敛为零的 $\mathcal{D}_d \in \mathbb{R}^{d\times d}(d<N)$，并通过进一步利用相应的奇异矩阵 $\mathcal{U}_d$ 在 $\tilde{\mathcal{T}}_t$ 时重构 $\mathcal{T}_t$ 。类似的重构也适用于 $\bar{\boldsymbol{\Sigma}}_t$ 和 $\boldsymbol{\Sigma}_{t,i}$ 。因此，降维后的综合特征可以通过主要信息重构初步降低计算资源消耗。在 SVD 的辅助下，协方差 $\bar{\boldsymbol{\Sigma}}_t$ 和 $\boldsymbol{\Sigma}_{t,i}$ 简化为

$$\bar{\boldsymbol{\Sigma}}_t = \frac{1}{N-1}\tilde{\mathcal{T}}_t^{\mathrm{T}}\tilde{\mathcal{T}}_t = \frac{1}{N-1}\mathcal{D}_d\mathcal{U}_d^{\mathrm{T}}\mathcal{U}_d\mathcal{D}_d = \frac{\mathcal{D}_d^2}{N-1}$$
$$\boldsymbol{\Sigma}_{t,i} = \frac{1}{N-1}\tilde{\mathcal{T}}_{t,i}^{\mathrm{T}}\tilde{\mathcal{T}}_{t,i} = \frac{1}{N-1}\mathcal{D}_{d,i}\mathcal{U}_{d,i}^{\mathrm{T}}\mathcal{U}_{d,i}\mathcal{D}_{d,i} = \frac{\mathcal{D}_{d,i}^2}{N-1} \tag{3.4.13}$$

由于 $\bar{\boldsymbol{\Sigma}}$ 和 $\boldsymbol{\Sigma}_{t,i}$ 都属于对称矩阵，可以得出

$$\boldsymbol{\Sigma}_{t,i}\bar{\boldsymbol{\Sigma}}_t^{-1}\boldsymbol{\Sigma}_{t,i} = \boldsymbol{\Sigma}_{t,i}\boldsymbol{\Sigma}_{t,i}\bar{\boldsymbol{\Sigma}}_t^{-1} \Rightarrow = \frac{1}{N-1}\mathcal{D}_{d,i}^4\left(\mathcal{D}_d^2\right)^{-1} \tag{3.4.14}$$

使用式（3.1.2）中的 $\tilde{\boldsymbol{\Xi}}_t$ 与 $\bar{\boldsymbol{\Sigma}}_t$ 代替 $\boldsymbol{M}$ 和 $\bar{\boldsymbol{\Sigma}}$，可以直观地构建 Tc-GLNASSA 的改进目标函数：

$$\begin{aligned}\mathcal{J}\left(\boldsymbol{\mathcal{B}}_s\right)_{\text{Tc-GLNASSA}} &= \operatorname{argmin}\frac{1}{N_e}\sum_{i=1}^{N_e}\mathcal{D}_{\mathrm{KL}}\left[\mathcal{N}\left(\boldsymbol{\mathcal{B}}_s^{\mathrm{T}}\boldsymbol{\mu}_{t,i},\boldsymbol{\mathcal{B}}_s^{\mathrm{T}}\boldsymbol{\Sigma}_{t,i}\boldsymbol{\mathcal{B}}_s\right)\|\,\mathcal{N}\left(\bar{\boldsymbol{\mu}}_t,\bar{\boldsymbol{\Sigma}}_t\right)\right]\\ &= \operatorname{argmin}\operatorname{Tr}\left(\boldsymbol{\mathcal{B}}_s^{\mathrm{T}}\tilde{\boldsymbol{\Xi}}_t\boldsymbol{\mathcal{B}}_s\right)\\ &\quad\ \text{s.t. } \boldsymbol{\mathcal{B}}_s^{\mathrm{T}}\bar{\boldsymbol{\Sigma}}_t\boldsymbol{\mathcal{B}}_s = \boldsymbol{I}_{l_s}\end{aligned} \tag{3.4.15}$$

$$\boldsymbol{M} \Rightarrow \tilde{\boldsymbol{\Xi}}_t = \frac{1}{N_e}\sum_{i=1}^{N_e}\left\{\boldsymbol{\mu}_{t,i}^{\mathrm{T}}\boldsymbol{\mu}_{t,i} + \frac{2}{N_e-1}\mathcal{D}_{d,i}^4\left(\mathcal{D}_d^2\right)^{-1}\right\} - \bar{\boldsymbol{\mu}}_t^{\mathrm{T}}\bar{\boldsymbol{\mu}}_t - \frac{2}{N_e-1}\mathcal{D}_d^2 \tag{3.4.16}$$

N_e 是 $\boldsymbol{\mathcal{T}}^t$ 中划分的时间片段数；$\boldsymbol{\mathcal{B}}_s$ 是解耦矩阵；$\boldsymbol{I}_{l_s}$ 是标识矩阵；l_s 是平稳投影估计的假定维数。$\boldsymbol{\mu}_{t,i}$ 与 $\boldsymbol{\Sigma}_{t,i}$ 分别表示 $\boldsymbol{\mathcal{T}}_t$ 中每个时间片段的均值和协方差；$\bar{\boldsymbol{\mu}}_t$ 和 $\bar{\boldsymbol{\Sigma}}_t$ 是它们的平均值。

备注 3.4.3 在 Tc-GLNASSA 估算平稳投影的过程中，计算复杂度主要集中在 $\tilde{\boldsymbol{\Xi}}_t$ 的计算上。经过优化后，$\tilde{\boldsymbol{\Xi}}_t$ 的复杂度阶数降低为 $\mathcal{O}\left(N_e d\right)$，而不是原来的复杂度阶数 $\mathcal{O}\left(N_e N^3\right)$。更具体地说，由于 $\mathcal{D}_d$ 和 $\mathcal{D}_{d,i}$ 都是对角矩阵，式（3.4.15）的复杂度阶数从 $\mathcal{O}\left(N^3\right)$ 降到 $\mathcal{O}(d)$，这极大地降低了 Tc-GLNASSA 的整体复杂度阶数。

由于保留了前 l_s 个特征值，提取的平稳投影和剩余的非平稳投影为

$$\begin{cases}\tilde{\boldsymbol{\mathcal{S}}}_s = \boldsymbol{\mathcal{T}}_t\boldsymbol{\mathcal{U}}_d\boldsymbol{\mathcal{B}}_s = \tilde{\boldsymbol{\mathcal{T}}}_t\boldsymbol{\mathcal{B}}_s \in \mathbb{R}^{N\times l_s}\\ \tilde{\boldsymbol{\mathcal{S}}}_n = \boldsymbol{\mathcal{T}}_t\boldsymbol{\mathcal{U}}_d\boldsymbol{\mathcal{B}}_n = \tilde{\boldsymbol{\mathcal{T}}}_t\boldsymbol{\mathcal{B}}_n \in \mathbb{R}^{N\times(d-l_s)}\end{cases} \Rightarrow \tilde{\boldsymbol{\mathcal{T}}}_t = \tilde{\boldsymbol{\mathcal{T}}}_{t,s} + \tilde{\boldsymbol{\mathcal{T}}}_{t,n} = \tilde{\boldsymbol{\mathcal{S}}}_s\boldsymbol{\mathcal{B}}_s^{\mathrm{T}} + \tilde{\boldsymbol{\mathcal{S}}}_n\boldsymbol{\mathcal{B}}_n^{\mathrm{T}} \tag{3.4.17}$$

对于新采集的样本 $\boldsymbol{x}(t)$，可以建立待故障检测的综合特征 $\tau_t(t)$，如下：

$$\begin{aligned}&\begin{cases}\boldsymbol{t}^g(t) = 1/2\left(\bar{\boldsymbol{\kappa}}^r(t)\in\mathbb{F}_r + \bar{\boldsymbol{\kappa}}^p(t)\right)\in\mathbb{F}_p\\ \breve{\boldsymbol{X}}(t) = \left[\boldsymbol{x}\left(t-l_k\right),\cdots,\boldsymbol{x}\left(t-1\right)\right]^{\mathrm{T}} \in \mathbb{R}^{k\times m}\\ \boldsymbol{t}^l(t) = 1/2\left(\boldsymbol{m}^{e,\mathrm{T}}(t)\breve{\boldsymbol{X}}(t) + \boldsymbol{m}^{h,\mathrm{T}}(t)\breve{\boldsymbol{X}}(t)\right)\end{cases}\\ &\Rightarrow \boldsymbol{\tau}_t(t) = \gamma\boldsymbol{t}^g(t) + (1-\gamma)\boldsymbol{t}^l(t)\end{aligned} \tag{3.4.18}$$

式中，中心化的 $\bar{\boldsymbol{\kappa}}^r(t)$ 与 $\bar{\boldsymbol{\kappa}}^p(t)$ 是通过将样本 $\boldsymbol{x}(t)$ 投影到 $\mathbb{F}^r$ 和 $\mathbb{F}^p$ 内核空间而生成的。在线局部特征估计时，将从由 l_k 个过去时刻组成的时间片段 $\breve{\boldsymbol{X}}(t)$ 中选择 $\boldsymbol{K}$ 个最近邻居样本。根据训练集中样本的邻居选择，提取与一致邻居选择相对应的局部关系 $\boldsymbol{m}^e(t)$ 和 $\boldsymbol{m}^h(t)$，它们可以由 LLE 和 HE 中的 $\mathcal{M}_e$ 和 $\mathcal{M}_h$ 搜索得到：

$$\begin{cases}\boldsymbol{m}^e(t)=\left[\mathcal{M}^e_{i,i-l_k},\cdots,\mathcal{M}^e_{i,i-1}\right]^{\mathrm{T}}\in\mathbb{R}^{l_k}\\ \boldsymbol{m}^h(t)=\left[\mathcal{M}^h_{i,i-l_k},\cdots,\mathcal{M}^h_{i,i-1}\right]^{\mathrm{T}}\in\mathbb{R}^{l_k}\end{cases}\tag{3.4.19}$$

式中，i 是指与故障检测样本 $\boldsymbol{x}(t)$ 具有一致邻接选择的训练样本的序数。

因此，根据给定的信息，可以检测到平稳特征 $\boldsymbol{s}_s(t)$ 和非平稳特征 $\boldsymbol{s}_n(t)$：

$$\begin{cases}\boldsymbol{s}_s(t)=\boldsymbol{\mathcal{B}}_s^{\mathrm{T}}\boldsymbol{\mathcal{U}}_d^{\mathrm{T}}\boldsymbol{\tau}_t(t)=\boldsymbol{\mathcal{B}}_s^{\mathrm{T}}\tilde{\boldsymbol{\tau}}_t(t)\in\mathbb{R}^{l_s}\\ \boldsymbol{s}_n(t)=\boldsymbol{\mathcal{B}}_n^{\mathrm{T}}\boldsymbol{\mathcal{U}}_d^{\mathrm{T}}\boldsymbol{\tau}_t(t)=\boldsymbol{\mathcal{B}}_n^{\mathrm{T}}\tilde{\boldsymbol{\tau}}_t(t)\in\mathbb{R}^{d-l_s}\end{cases}\tag{3.4.20}$$

3. 正交模型更新方法

在高炉炼铁过程中，尽管 Tc-GLNASSA 能够挖掘出工艺一致的关系，但当冶炼条件恶化或现场操作标准发生变化时，这些关系会随着时间的推移而缓慢漂移，产生时变的数据特性。可以观察到，图 3.4.4 中的 CBFR 和 CBP 都表现出明显的非平

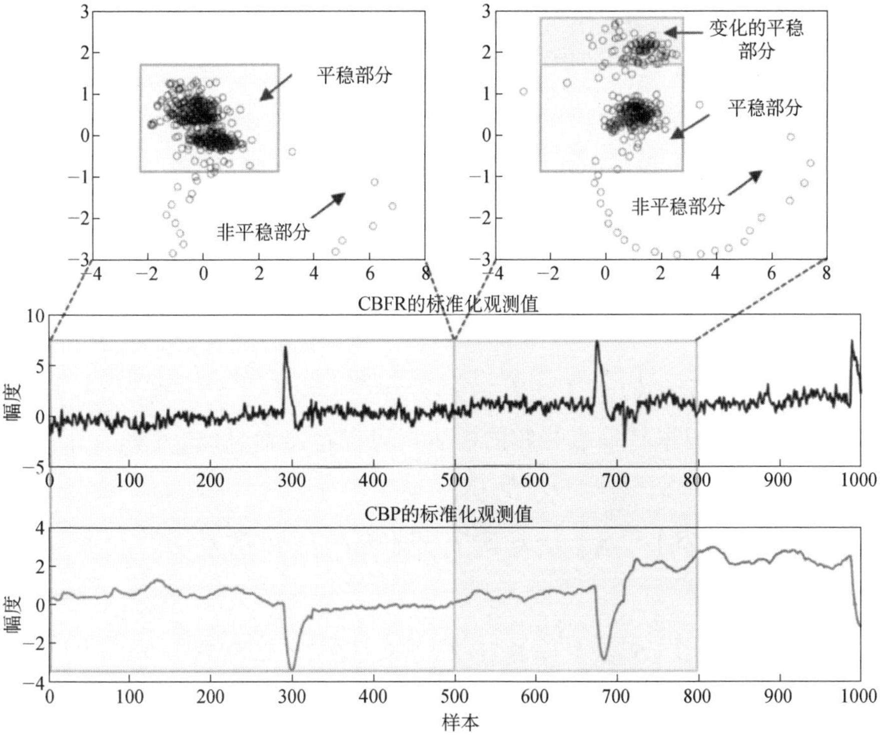

图 3.4.4　高炉炼铁过程变量的时变非平稳性特征图解（见彩图）

稳特性。将它们的第 1～500 次样本进行二维投影时，可以发现大部分样本都保持在浅蓝色区域所代表的平稳部分，这表明可以识别出一致的关系。至于第 501～800 个样本，投影显示它们的过程一致性关系随着时间的推移而漂移，浅绿色区域为变化的平稳部分。如果将基于第 1～500 次样本的模型直接用于检测后续样本，模型的表现将大大低于预期。因此，收集最新数据并更新模型至关重要。为此，本节开发一种新的正交模型更新方法，既能保持原有模型的效率，又能捕捉新出现的过程。

假设收集了 N_m 个近期正常样本 $\dot{\boldsymbol{X}} \in \mathbb{R}^{N_m \times m} = [\dot{\boldsymbol{x}}(t)], t = N+1, N+2, \cdots, N+N_m$ 。通过全局和局部特征提取策略，可以从 $\dot{\boldsymbol{X}}$ 中提取综合特征，也可以将其表示为 $\dot{\mathcal{T}}_t$ 。随后，在原始 Tc-GLNASSA 模型的基础上，通过投影矩阵 $\mathcal{B}_n$ 对 $\dot{\mathcal{T}}_t$ 进行投影，得到非平稳特征投影 $\dot{\mathcal{S}}_n$ 。并使用 $\dot{\mathcal{T}}_n$ 对 $\dot{\mathcal{T}}_t$ 中局部的非平稳部分进行定位，如下：

$$\dot{\mathcal{S}}_n = \dot{\mathcal{T}}_t \mathcal{B}_n \in \mathbb{R}^{N_m \times (d - l_s)}, \quad \dot{\mathcal{T}}_n = \dot{\mathcal{S}}_n \mathcal{B}_n^{\mathrm{T}} \in \mathbb{R}^{N_m \times d} \tag{3.4.21}$$

为了研究原始模型所忽略近期 $l_{n,s}$ 个平稳投影，基于 $\dot{\mathcal{T}}_n$ 建立了更新的 Tc-GLNASSA 模型，最终可以表示为

$$\begin{cases} \dot{\mathcal{S}}_s = \dot{\mathcal{T}}_n \dot{\mathcal{B}}_s \in \mathbb{R}^{N_m \times l_{n,s}} \\ \dot{\mathcal{S}}_n = \dot{\mathcal{T}}_n \dot{\mathcal{B}}_n \in \mathbb{R}^{N_m \times (d - l_{n,s})} \end{cases} \Rightarrow \dot{\mathcal{T}}_n = \dot{\mathcal{T}}_{n,s} + \dot{\mathcal{T}}_{n,n} = \dot{\mathcal{S}}_s \dot{\mathcal{B}}_s^{\mathrm{T}} + \dot{\mathcal{S}}_n \dot{\mathcal{B}}_n^{\mathrm{T}} \tag{3.4.22}$$

这里，$\dot{\mathcal{B}}_s$ 和 $\dot{\mathcal{B}}_n$ 是 $\dot{\mathcal{T}}_n$ 的解耦矩阵。

4. 模型的几何性质分析

性质 3.4.1 对于由解耦矩阵组成的组合空间 $\left\{\mathcal{B}_s, \mathcal{B}_s, \dot{\mathcal{B}}_n\right\}$，以下正交性质成立：

$$\forall \mathcal{B}^*, \mathcal{B}^\# \in \left\{\mathcal{B}_s, \dot{\mathcal{B}}_s, \dot{\mathcal{B}}_n\right\} \text{和} \ \mathcal{B}^* \neq \mathcal{B}^\# \Rightarrow \mathcal{B}^{*,\mathrm{T}} \mathcal{B}^\# = 0 \tag{3.4.23}$$

性质 3.4.2 对于建议的 Tc-GLNASSA，联合空间 $\left\{\tilde{\mathcal{T}}_{t,s}, \dot{\mathcal{T}}_{n,s}, \dot{\mathcal{T}}_{n,n}\right\}$ 中不同子空间的正交性可以表示为

$$\forall \mathcal{T}^*, \mathcal{T}^\# \in \left\{\tilde{\mathcal{T}}_{t,s}, \dot{\mathcal{T}}_{n,s}, \dot{\mathcal{T}}_{n,n}\right\} \text{和} \ \mathcal{T}^* \neq \mathcal{T}^\# \Rightarrow \mathcal{T}^* \mathcal{T}^{\#,\mathrm{T}} = 0 \tag{3.4.24}$$

证明 首先，根据特征值分解的性质，可以得出 $\mathcal{B}_s$ 和 $\mathcal{B}_n$ 是始终正交的，即 $\mathcal{B}_s^{\mathrm{T}} \mathcal{B}_n = 0$ 。因此根据式（3.4.23），$\dot{\mathcal{B}}_s$ 改写为

$$\dot{\mathcal{B}}_s = \dot{\mathcal{T}}_n \mathcal{S}_s \left(\dot{\mathcal{S}}_s^{\mathrm{T}} \dot{\mathcal{S}}_s\right)^{-1} = \mathcal{B}_n \mathcal{B}_n^{\mathrm{T}} \dot{\mathcal{T}}_t^{\mathrm{T}} \dot{\mathcal{S}}_s \left(\hat{\mathcal{S}}_s^{\mathrm{T}} \dot{\mathcal{S}}_s\right)^{-1} \Rightarrow \mathcal{B}_s^{\mathrm{T}} \dot{\mathcal{B}}_s = 0 \tag{3.4.25}$$

并且 $\dot{\mathcal{B}}_n$ 将服从：

$$\dot{\mathcal{B}}_n = \dot{\mathcal{T}}_n^{\mathrm{T}} \dot{\mathcal{S}}_n \left(\dot{\mathcal{S}}_n^{\mathrm{T}} \dot{\mathcal{S}}_n\right)^{-1} = \mathcal{B}_n \mathcal{B}_n^{\mathrm{T}} \dot{\mathcal{T}}_t^{\mathrm{T}} \dot{\mathcal{S}}_s \left(\hat{\mathcal{S}}_n^{\mathrm{T}} \dot{\mathcal{S}}_n\right)^{-1} \Rightarrow \mathcal{B}_s^{\mathrm{T}} \dot{\mathcal{B}}_n = 0 \tag{3.4.26}$$

此外，特征值分解引入的正交性可以表示为 $\dot{\mathcal{B}}_s^{\mathrm{T}} = \dot{\mathcal{B}}_n^{\mathrm{T}} \dot{\mathcal{B}}_s = 0$ 。因此，性质 3.4.1 已得到充分的证明。

至于 $\dot{\mathcal{T}}_{n,s}$ 和 $\dot{\mathcal{T}}_{n,n}$，根据性质 3.4.1，可以得出：

$$\begin{aligned}&\dot{\mathcal{T}}_{n,s}=\dot{\mathcal{S}}_n\dot{\mathcal{B}}_s^{\mathrm{T}}\ \text{和}\ \dot{\mathcal{T}}_{n,n}=\dot{\mathcal{S}}_n\dot{\mathcal{B}}_n^{\mathrm{T}}\\&\Rightarrow\dot{\mathcal{T}}_{n,s}\dot{\mathcal{T}}_{n,n}=\tilde{\mathcal{T}}_t\mathcal{B}_n\mathcal{B}_n^{\mathrm{T}}\dot{\mathcal{B}}_{\mathcal{S}}\dot{\mathcal{B}}_s^{\mathrm{T}}\dot{\mathcal{B}}_n\dot{\mathcal{B}}_n^{\mathrm{T}}\mathcal{B}_n\mathcal{B}_n^{\mathrm{T}}\dot{\mathcal{T}}_t^{\mathrm{T}}=0\end{aligned}\tag{3.4.27}$$

利用 $\tilde{\mathcal{T}}_{t,s}=\tilde{\mathcal{S}}_s\mathcal{B}_s^{\mathrm{T}}$，可以得到以下关系式：

$$\begin{cases}\tilde{\mathcal{T}}_{t,s}\dot{\mathcal{T}}_{n,s}^{\mathrm{T}}=\tilde{\mathcal{S}}_s\mathcal{B}_s^{\mathrm{T}}\dot{\mathcal{B}}_s\dot{\mathcal{B}}_s^{\mathrm{T}}\mathcal{B}_n\mathcal{B}_n^{\mathrm{T}}\dot{\mathcal{T}}_t^{\mathrm{T}}=0\\\tilde{\mathcal{T}}_{t,s}\dot{\mathcal{T}}_{n,n}^{\mathrm{T}}=\tilde{\mathcal{S}}_s\mathcal{B}_s^{\mathrm{T}}\dot{\mathcal{B}}_n\dot{\mathcal{B}}_n^{\mathrm{T}}\mathcal{B}_n\mathcal{B}_n^{\mathrm{T}}\dot{\mathcal{T}}_t^{\mathrm{T}}=0\end{cases}\tag{3.4.28}$$

因此，不同子空间之间的正交性也可以完整地获得，如性质 3.4.2 所示。

备注 3.4.4　值得注意的是，这里的 $\mathcal{B}_n$、$\dot{\mathcal{B}}_s$ 和 $\dot{\mathcal{B}}_n$ 始终是正交的，这导致近期的平稳投影 $\dot{\mathcal{S}}_s$ 和 $\mathcal{NP}\dot{\mathcal{S}}_n$ 与原始的平稳投影 $\tilde{\mathcal{S}}_s$ 也是正交的。这意味着，在整个模型更新过程中，投影方向 $\mathcal{B}_s$ 和 $\dot{\mathcal{B}}_s$ 不会相互干扰，从而始终保证原有模型的效率。并且，升级后的模型将与原模型互为补充，互不影响。

在采用模型更新方案的同时，对于新样本 $\boldsymbol{x}(t)$ 和综合特征 $\boldsymbol{\tau}_t(t)$，如式（3.4.20）所示，可以利用解耦矩阵 $\left(\dot{\mathcal{B}}_s,\dot{\mathcal{B}}_n\right)$ 将 $\boldsymbol{\tau}_t(t)$ 投射到：

$$\begin{aligned}\dot{\boldsymbol{s}}_s(t)&=\dot{\mathcal{B}}_s^{\mathrm{T}}\mathcal{U}_d^{\mathrm{T}}\boldsymbol{\tau}_t(t)\\\dot{\boldsymbol{s}}_n(t)&=\dot{\mathcal{B}}_n^{\mathrm{T}}\mathcal{U}_d^{\mathrm{T}}\boldsymbol{\tau}_t(t)\end{aligned}\tag{3.4.29}$$

然后，根据原始模型综合考虑平稳投影 $\boldsymbol{s}_s(t)$，整合后的平稳投影 $\boldsymbol{s}_s^t(t)$ 为

$$\boldsymbol{s}_s^t(t)=\mathcal{B}_s^{\mathrm{T}}\mathcal{U}_d^{\mathrm{T}}\boldsymbol{\tau}(t)+\dot{\mathcal{B}}_s^{\mathrm{T}}\mathcal{U}_d^{\mathrm{T}}\boldsymbol{\tau}(t)=\begin{bmatrix}\boldsymbol{s}_s(t)\\\dot{\boldsymbol{s}}_s(t)\end{bmatrix}\tag{3.4.30}$$

升级后的监测统计量 $T^{*,2}(t)$ 为

$$\begin{aligned}T^{*,2}(t)&=\underbrace{\boldsymbol{s}_s^{\mathrm{T}}(t)\boldsymbol{\Lambda}_s^{-1}\boldsymbol{s}_s(t)}_{T^2}+\underbrace{\dot{\boldsymbol{S}}_s^{\mathrm{T}}(t)\dot{\boldsymbol{\Lambda}}_s^{-1}\dot{\boldsymbol{S}}_s(t)}_{T^2}\\&=\boldsymbol{s}_s^{t,T}(t)\begin{bmatrix}\boldsymbol{\Lambda}_s^{-1}&0\\0&\boldsymbol{\Lambda}_s^{-1}\end{bmatrix}\boldsymbol{s}_s^t(t)\end{aligned}\tag{3.4.31}$$

式中，$\boldsymbol{\Lambda}_s$ 和 $\dot{\boldsymbol{\Lambda}}_s$ 分别为 $\tilde{\mathcal{S}}_s$ 和 $\tilde{\mathcal{S}}_s$ 的协方差矩阵。然后，计算相应的阈值为

$$J_{\mathrm{th},T^{*,2}}\triangleq\frac{\left(l_s+l_{n,s}\right)\left(N^2+2NN_m+N_m^2-1\right)}{\left(N+N_m\right)\left(N+N_m-l_s-l_{n,s}\right)}\mathcal{F}\left(l_s+l_{n,s},N+N_m-l_s-l_{n,s},\alpha\right)\tag{3.4.32}$$

式中，α 为置信度。

最终，基于 Tc-GLNASSA 的高炉炼铁过程监控由两部分组成：离线训练和在线监控。离线训练阶段主要是全局和局部非线性特征提取及模型估计，随后是正交模型更新和实时统计构建以组成的在线检测阶段。图 3.4.5 显示了基于 Tc-GLNASSA 的监控方案的完整流程图。

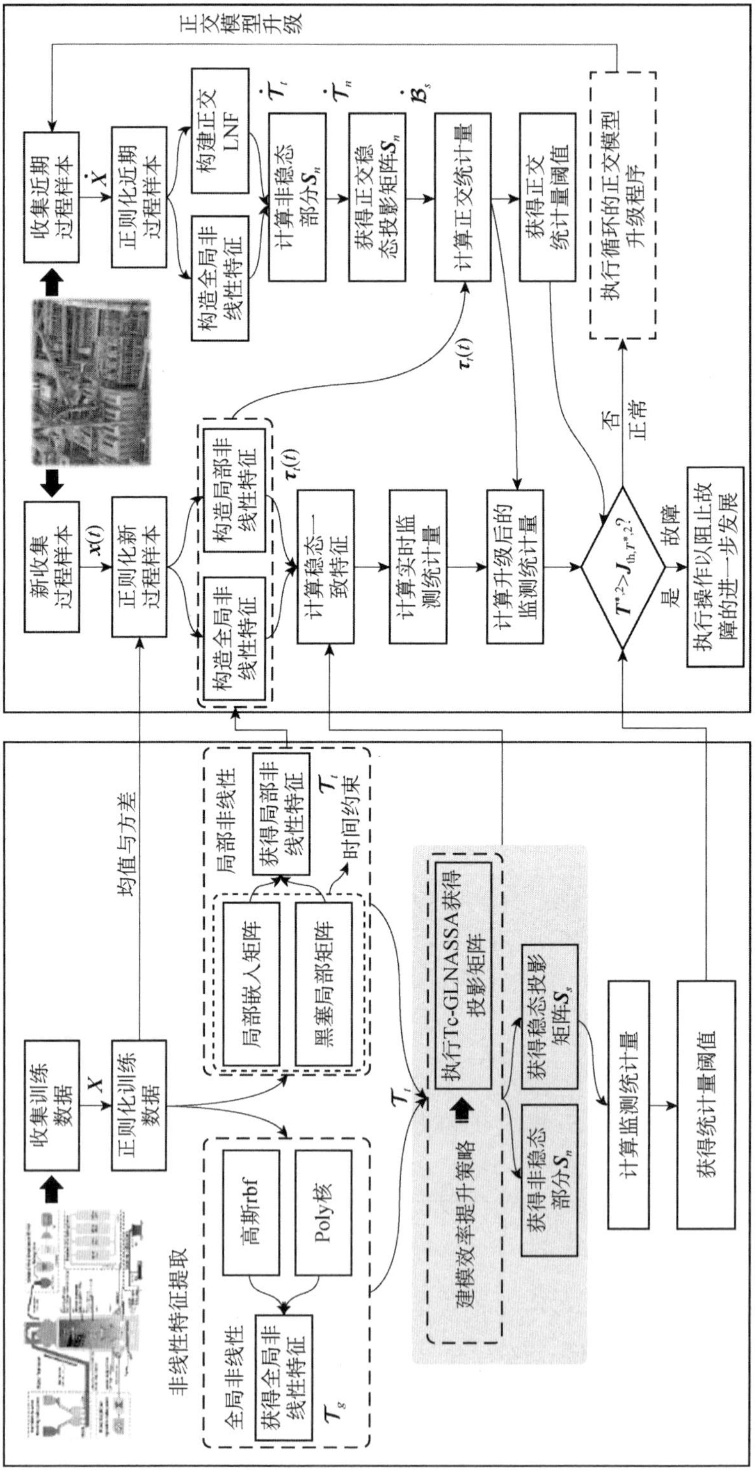

图 3.4.5 基于 Tc-GLNASSA 的监控方案的完整流程图

3.4.3 案例分析

1. 数据收集与准备

实验数据集来自某钢铁厂 2 号高炉系统的实际过程数据，时间跨度为 2021 年 1 月至 4 月。总共收集了 5870 个样本和 7 个主要测量变量用于故障检测。这些变量如表 3.4.1 所示。为了进行验证，将数据集分为六个部分，如表 3.4.2 所示。其中，数据集 $\mathcal{T}_1$ 包含了从 2021 年 1 月 28 日 09:20:13 到 1 月 29 日 02:00:13 期间收集的 2000 个正常样本，用于训练模型。另外两个数据集（$\mathcal{N}_1$ 和 $\mathcal{N}_2$）分别包含了从 2021 年 2 月 5 日 11:15:13～15:25:13 和从 2021 年 6 月 14 日 00:30:13～4:40:13 期间收集的 500 个正常样本，用于验证模型在正常条件下的误报能力。收集了两个故障数据集 $\mathcal{F}_1$ 和 $\mathcal{F}_2$，分别包含了从 2021 年 2 月 10 日 10:45:13～19:55:13 和从 2021 年 2 月 15 日 7:00:13～16:10:13 期间收集的 1100 个样本，用于验证模型对热风炉和风口故障的检测性能。另外，还使用从 2021 年 4 月 23 日 06:55:13 ~ 11:40:43 期间收集的 670 个样本的 $\mathcal{F}_3$ 故障数据集，用于验证模型对悬挂故障的检测性能。在实验中，将 Tc-GLNASSA 与其他方法进行比较，包括 CA、ASSA、PCA-ICA、EASSA、正则化混合核 ASSA（regularized mixed kernel-analytical stationary subspace analysis，RMK-ASSA）和低秩自编码器（low-rank autoencoder，LRAE）[32]。所有的实验都在 MATLAB R2021a 软件中进行，并在配备英特尔酷睿 i9-10900 CPU（2.8GHz）和 32 GB 内存的台式工作站上运行。这些实验设置提供了评估 Tc-GLNASSA 方法有效性的框架，并与其他方法进行比较，以验证其在高炉炼铁过程监控中的性能。

表 3.4.1　高炉炼铁过程中所选择的检测变量

序号	描述	单位	序号	描述	单位
$\mathcal{V}_1$	CBFR	$10^4\text{m}^3/\text{s}$	$\mathcal{V}_5$	AAS	MPa
$\mathcal{V}_2$	CBF	MPa	$\mathcal{V}_6$	PI	—
$\mathcal{V}_3$	TPD	kPa	$\mathcal{V}_7$	RI	—
$\mathcal{V}_4$	HBP	MPa			

表 3.4.2　所有训练集和测试集的详细说明

工况	时间段	样本数	工况描述
$\mathcal{T}_1$	2021 年 1 月 28 日 09:20:13～ 2021 年 1 月 29 日 02:00:13	2000	正常
$\mathcal{N}_1$	2021 年 2 月 5 日 11:15:13～15:25:13	500	正常
$\mathcal{N}_2$	2021 年 6 月 14 日 00:30:13～04:40:13	500	正常

续表

工况	时间段	样本数	工况描述
$\mathcal{F}_1$	2021 年 2 月 10 日 10:45:13~19:55:13	1100	热风炉故障
$\mathcal{F}_2$	2021 年 2 月 15 日 07:00:13~16:10:13	1100	风口故障
$\mathcal{F}_3$	2021 年 4 月 23 日 06:55:13~11:40:43	670	悬料故障

2. 模型参数确定

在参数敏感性分析实验中，所采用的数据集与离线建模的数据集保持一致。在比较过程中，所有方法都保持在最佳参数范围内。下面是各个方法所采用的参数设置。

对于 CA 方法，根据 ADF 检验，选择协整成分阶数为$l=3$。按照文献[17]中的经验公式，ASSA 方法采用 20 个时间段，并根据 ADF 检验确定 3 个平稳投影。PCA-ICA 方法根据 95%的累积方差百分比选取 3 个主成分，并保留了独立成分$l=3$。在 EASSA 方法中，为了公平起见，保留了 3 个平稳投影，同时存在 4 个非平稳投影。在 RMK-ASSA 方法中，为了避免数值误差，正则化权重为e^{-6}，高斯 rbf 宽度$a=700(100m)$， ploy 核参数$b=3$，这些均由文献[28]给出，并且 Tc-GLNASSA 也赋予了相同的核参数。LRAE 同样采用 3 个潜变量，最大迭代次数为 3000 次，通过基于网格的搜索交叉验证，确定 l 最优学习率为10^{-3}。在 Tc-GLNASSA 中，受非平稳特征影响时间约束$l_f=15$，保留平稳投影的最终数量（由 ADF 检验决定）$l_s=3$，最优时间段$N_e=20$。而对于临界邻域数k及全局和局部非线性的平衡权重γ，则采用基于网格搜索的交叉验证方案，通过 FAR 来确定合适的参数（$k=9$和$\gamma=0.4$）。

最终，在 EASSA 和 Tc-GLNASSA 中统一执行两种模型更新程序，每当收集到 100 个额外的正常样本时就更新一次。所有方法的阈值都是在置信度$\alpha=0.99$的条件下确定的。

3. 平稳投影估计

首先，确保准确估计平稳投影在本节提出方法中至关重要。为此，在图 3.4.6 中绘制了 Tc-GLNASSA 在离线训练阶段得出的 3D 平稳投影，并附有它们的Q-Q图、分布直方图和概率密度曲线。

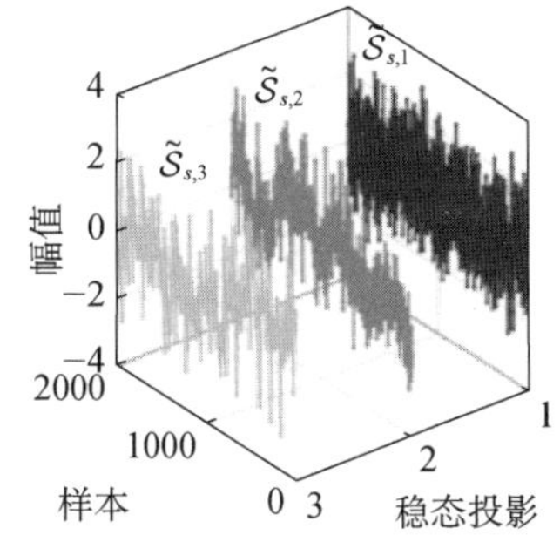

(a) 离线训练阶段三组平稳投影的数据表现

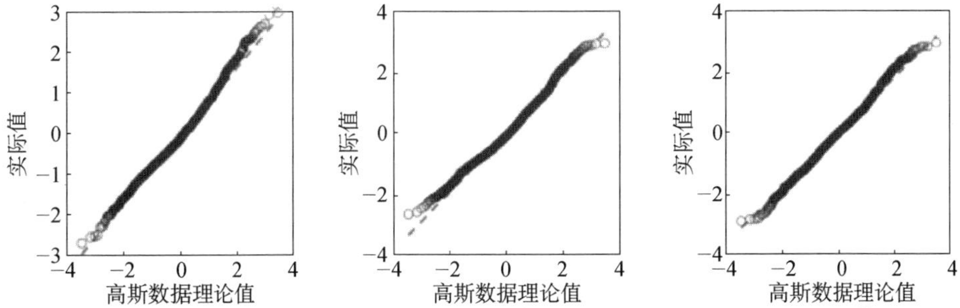

(b) 正则化$\tilde{S}_{s,1}$ Q−Q图　(c) 正则化$\tilde{S}_{s,2}$ Q−Q图　(d) 正则化$\tilde{S}_{s,3}$ Q−Q图

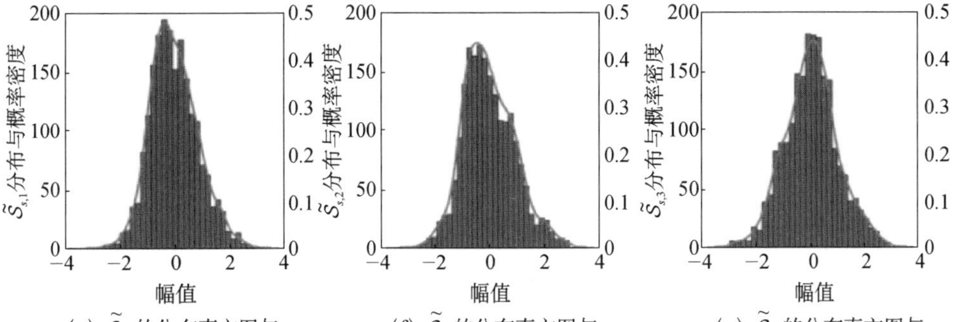

(e) $\tilde{S}_{s,1}$的分布直方图与概率密度曲线　(f) $\tilde{S}_{s,2}$的分布直方图与概率密度曲线　(g) $\tilde{S}_{s,3}$的分布直方图与概率密度曲线

图 3.4.6　离线训练阶段三组平稳投影（$\tilde{S}_{s,1}$、$\tilde{S}_{s,2}$和$\tilde{S}_{s,3}$）的数据性能、*Q*-*Q*图、分布直方图和概率密度曲线

随后，采用后验平稳评估（posteriori stationary assessment，PSA）对平稳投影的平稳性进行量化分析，具体如下：

$$\mathrm{PSA}=\sum_{j=1}^{N}\frac{1}{N}\begin{cases}\dfrac{\left(\boldsymbol{g}_j-\boldsymbol{\mu}_g\right)^2}{\boldsymbol{\sigma}_g}, & \left|\boldsymbol{g}_j\right|>3\boldsymbol{\sigma}_g\times 100(\%)\\ 0, & \text{其他}\end{cases}\tag{3.4.33}$$

式中，$\boldsymbol{g}_j$ 表示测量变量的值；$\boldsymbol{\mu}_g$ 与 $\boldsymbol{\sigma}_g$ 分别表示 $\boldsymbol{g}_j$ 的均值和方差[30]。

通过对比图 3.4.6，可以发现在提取的平稳投影中不再出现频繁尖峰状的非平稳特征，这令人感到欣慰。*Q-Q* 图显示，三维平稳投影几乎都符合高斯分布的特征，而分布直方图和概率密度曲线也呈现类似的趋势。根据表 3.4.3，通过测量原始训练数据和提取的平稳投影之间的 PSA 值，对 Tc-GLNASSA 提取的平稳投影的平滑度进行了数值评估。所有变量的 PSA 值都高于 20%，尤其是 PI，由于高炉炼铁过程中非平稳特性的干扰，PSA 值达到了 44.269%。相比之下，本节提出方法的 PSA 值显著地降低，3 个平稳投影的 PSA 值分别为 3.466%、4.814%和 6.169%。同时，原始变量的平均 PSA 为 32.731%，而本节提出的方法仅为 4.816%，在数量级上具有明显的优势。综上所述，通过本节提出方法，能够准确估计平稳源并有效地分离非平稳源，为后续出色的过程监控奠定了坚实的基础。

表 3.4.3　在线培训阶段原始数据和常规预测的 PSA

原始数据				Tc-GLNASSA	
变量	PSA/%	变量	PSA/%	投影	PSA/%
CBFR	29.304	AAS	31.700	$\tilde{S}_{s,1}$	3.466
CBF	21.375	PI	44.269	$\tilde{S}_{s,2}$	4.814
TPD	31.068	RI	40.213	$\tilde{S}_{s,3}$	6.169
HBP	31.188				
均值：32.731%				均值：4.816%	

4. 故障检测表现对比

为了评估正常和故障条件下的故障检测水平，使用了三个定量指标，即 FAR、FDR 和 DD，其中，DD 时间定义为连续五次报警后的第一次报警的时间[33]。表 3.4.4 总结了所有故障检测结果，上部显示了正常条件（$\mathcal{N}_1$ 和 $\mathcal{N}_2$）下的 FAR 和 DD 时间，下部显示了三个故障条件（$\mathcal{F}_1$、$\mathcal{F}_2$ 和 $\mathcal{F}_3$）下的所有 FDR 和 DD 时间。在两个正常测试集中，可以发现除了本节提出方法的 FAR 分别为 0.8%和 0.4%，其他方法的 FAR 明显地高于显著性水平。同时，在 DD 时间方面，只有本节提出方法保持了最准确的 DD 时间。这表明，除了本节提出方法，其他方法都无法很好地捕捉频繁的非平稳波动，从而它们往往将正常的非平稳波动误判为故障。在故障测试集中，Tc-GLNASSA 再次取得了最出色的 FDR，特别是在 $\mathcal{F}_1$ 和 $\mathcal{F}_3$ 情况下，本节提出方法的 FDR 比其他方法提高了 20%以上，并且也表现出最及时的检测能力。为了进一步研究，将在下面具体地介绍工况 $\mathcal{N}_1$、$\mathcal{F}_1$ 和 $\mathcal{F}_3$。

表 3.4.4　高炉炼铁故障检测表现

类型	CA	ASSA	PCA-ICA	EASSA	RMK-ASSA	LRAE	Tc-GLNASSA
正常工况							
$\mathcal{N}_1$	6.4①	5.8	6.6	5.8	3.0	4.4	**0.8**
	23rd②	25 th	24 th	24 th	ND	ND	ND
$\mathcal{N}_2$	7.8	7.2	7.2	7.2	4.2	5.4	**0.4**
	120 th	120 th	120 th	120 th	263 rd	120 th	ND
故障工况							
$\mathcal{F}_1$	28.5③	30.5	27.3	36.4	62.9	85.3	**100.0**
	106 th④	106 th	106 th	**105 th**	88 th	98 th	**105th**
$\mathcal{F}_2$	26.1	40.5	36.5	45.9	60.2	65.3	**76.9**
	113 th	113 rd	112 nd	107 th	**105th**	**105 th**	**105th**
$\mathcal{F}_3$	37.4	41.9	40.7	66.1	67.9	70.2	**94.2**
	7th	7th	7th	7th	105th	19th	**105th**

① 正常情况下的第一行为 FARs（%）；② 第二行为 DD；③ 故障条件下的第一行为 FDRs（%）；④ 第二行为 DD；粗体字为每行的最佳值。

在第 1 种情况下，考虑了包含 500 个样本的正常情况 $\mathcal{N}_1$。图 3.4.7 展示了所有方法的故障检测结果。从图 3.4.7（a）与图 3.4.7（c）中可以看出，由于过于强调方差振幅及理论约束过于苛刻，基于 CA 和 PCA-ICA 的统计量与基于 ASSA 的统计量相比误报率更高。尽管 EASSA 采用了指数函数来加强对非平稳特性的敏感性，但高炉炼铁过程中极其复杂的非线性干扰使其无法从图 3.4.7（d）中充分地分离出过程非平稳干扰。相比之下，RMK-ASSA 考虑得更全面，对平稳投影的估计更为出色。然而，如图 3.4.7（e）所示，在面对强烈的周期性波动时，一些统计量仍然会超过阈值。类似的情况也出现在 LRAE 中，即图 3.4.7（f），虽然 LRAE 考虑了非平稳信息，但由于缺乏足够有效的对抗局部周期性尖峰波动的对策，效果并不理想。本节提出的方法结合了 LNF 并将其与 GNF 相融合，从而可以更有针对性地对高炉炼铁过程数据中的周期性非平稳特性进行建模。因此，Tc-GLNASSA 能够更准确地表示平稳投影，如图 3.4.7（g）所示，Tc-GLNASSA 的统计量中几乎没有周期性波动，只存在零星误检。

图 3.4.8 和图 3.4.9 显示了故障条件 $\mathcal{F}_1$ 和 $\mathcal{F}_3$ 的故障检测性能，其中，前 100 个样本为正常样本，而后续样本（即浅灰色区域）则为故障样本。关于 $\mathcal{F}_1$，可以观察到

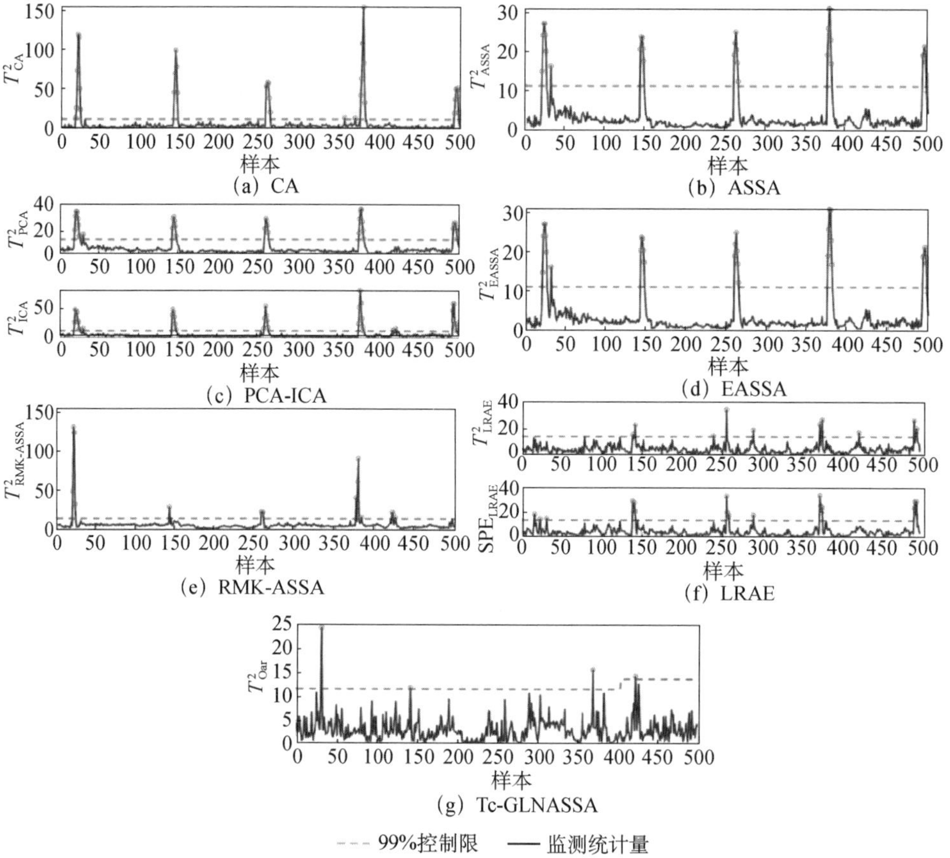

图3.4.7 在正常条件 $\mathcal{N}_1$ 下，采用（a）CA、（b）ASSA、（c）PCA-ICA、（d）EASSA、（e）RMK-ASSA、（f）LRAE和（g）本节提出方法时高炉炼铁过程的故障检测性能

CA、ASSA 和 PCA-ICA 始终无法实现稳定的故障检测，特别是在第 400 个样本之后，如图 3.4.8（a）～图 3.4.8（c）所示。另外，尽管 EASSA 在第 720 次和第 850 次采样之间恢复了部分故障检测性能，但其统计量始终在图 3.4.8（d）中相应阈值附近波动。相比之下，RMK-ASSA 和 LRAE 能够在较长时间内保持模型的故障检测能力，只有在第 101 次和第 400 次采样之间出现少量误检样本。然而，从图 3.4.8（e）和图 3.4.8（f）可以看出，在第 400 个样本之后，模型的敏感性明显地降低，这可能是由控制系统的干预导致非稳态特性淹没了故障带来的数据幅值。图 3.4.8（g）展示了本节提出方法中的 Tc-GLNASSA，不仅在前 100 个样本中没有误报，而且实现了最快的故障检测，并在整个故障期间始终保持最出色的故障检测性能。这表明，本节提出方法既能准确地分离非稳态干扰，又能保留更详细、全面的过程信息，从而不影响故障检测灵敏度。

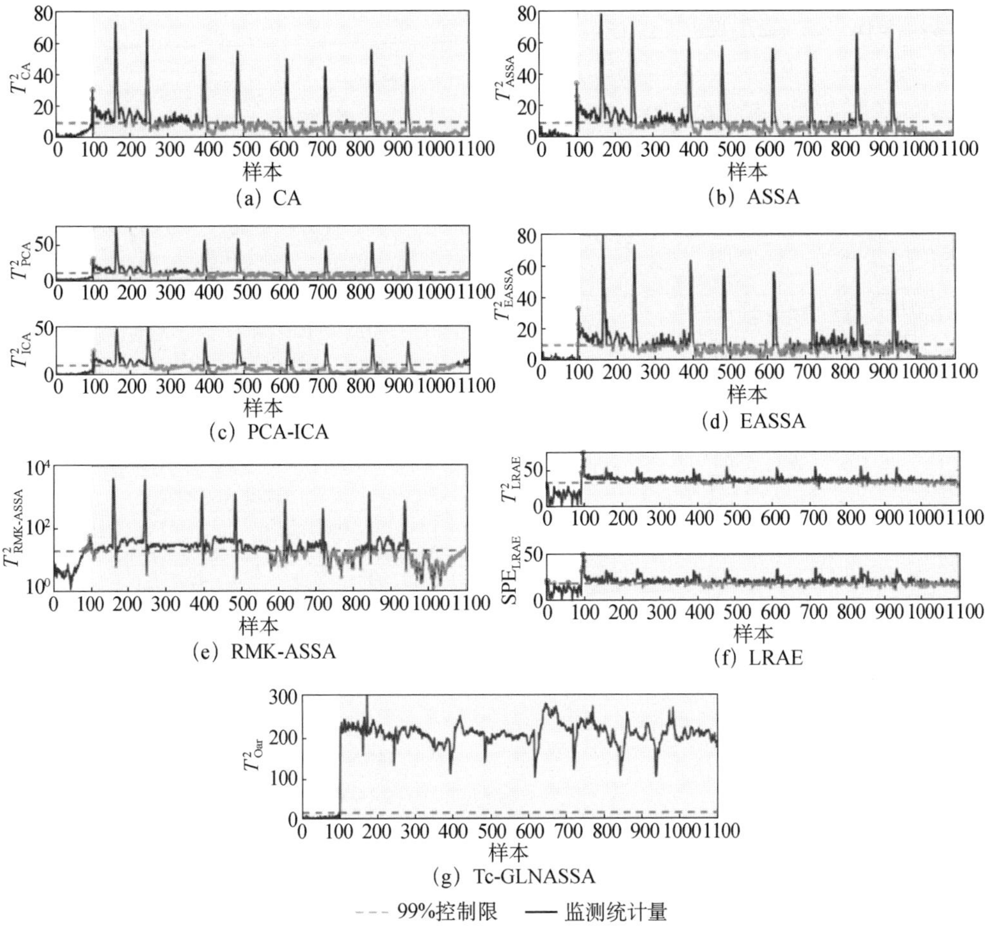

图3.4.8　在故障工况 $\mathcal{F}_1$ 下，采用（a）CA、（b）ASSA、（c）PCA-ICA、（d）EASSA、（e）RMK-ASSA、（f）LRAE和（g）本节提出方法时高炉炼铁过程的故障检测性能

在 EASSA 中，使用了发生在 4 月的 $\mathcal{F}_3$ 来检验本节提出的正交模型更新与标准自适应更新方案的影响。在图 3.4.9 中，用垂直线标注了每次模型更新。与 Tc-GLNASSA 相比，EASSA 本身在初始故障检测方面表现不佳，即未能检测到第 101 ～ 105 个故障样本，从而导致更新周期提前。此外，在 EASSA 的更新过程中，错误地囊括了某些故障信息用于更新原始模型，导致无法保持原始模型的效率，也无法通过模型更新获得额外的故障检测能力。而原始的 Tc-GLNASSA 由于其高效的能力，直到第 609 个样本才会触发模型更新。通过结合本节提出的正交模型更新策略，最近的平稳信息可以通过原始模型未受破坏的性能进行估计，从而使 Tc-GLNASSA 获得更全面的平稳投影建模能力，并使其统计量持续保持在临界值以上。

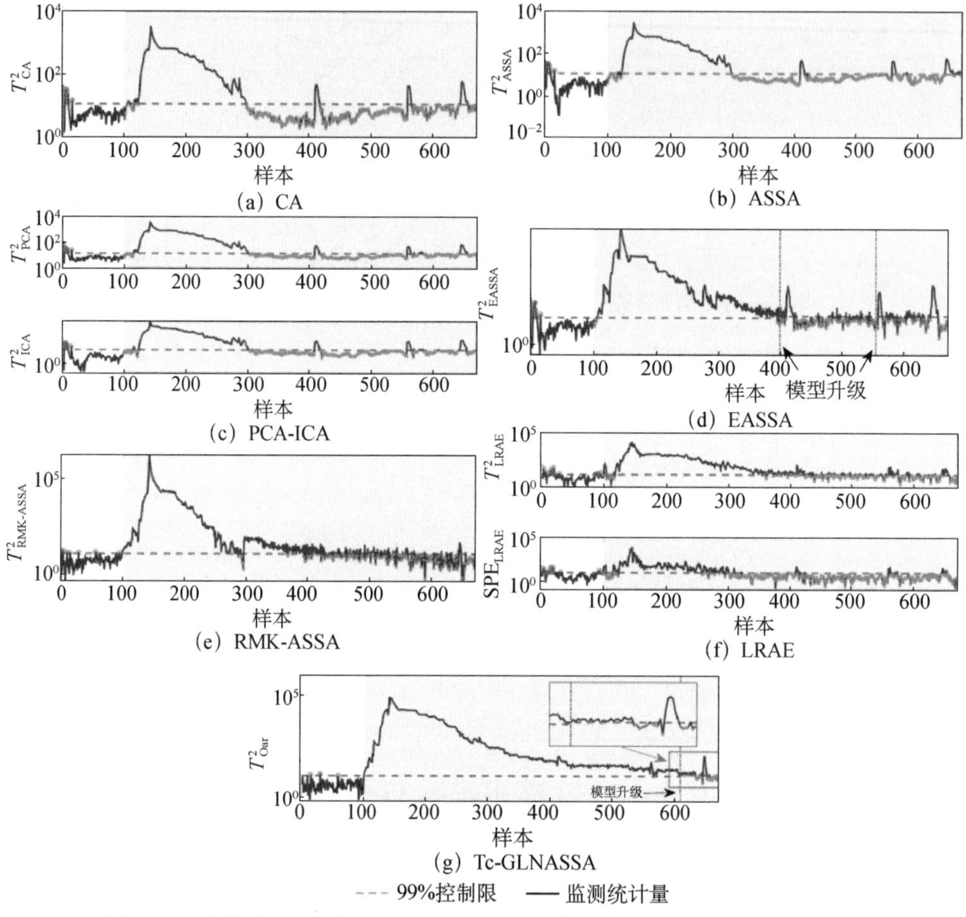

图 3.4.9 在故障工况 $\mathcal{F}_3$ 下，采用（a）CA、（b）ASSA、（c）PCA-ICA、（d）EASSA、（e）RMK-ASSA、（f）LRAE 和（g）本节提出方法时高炉炼铁过程的故障检测性能

5. **消融实验分析**

为了研究各个非线性特征分量对 Tc-GLNASSA 的高炉炼铁故障检测的影响，按以下方式进行了消融实验。考虑到除了基于高斯 rbf 的 GNF 和基于多核的 GNF，还包括基于 LLE 的 LNF 和基于 HE 的 LNF，这里分别去除这些非线性成分。值得注意的是，也验证了完全去除 GNF 和 LNF 对故障检测性能的影响。然后，重新训练 Tc-GLNASSA 模型，并在所有测试集上执行，消融实验结果见表 3.4.5 和图 3.4.10。

表 3.4.5　Tc-GLNASSA 的总体消融实验性能

移除成分	Tc-GLNASSA						
	Non①	Gaussian rbf	Poly kernel	GNF	LLE	HE	LNF
正常工况							
$\mathcal{N}_1$	0.8	1.2	1.2	2.4	1.8	1.6	3.0
	ND	ND	ND	ND	ND	ND	ND
$\mathcal{N}_1$	0.4	0.8	1.2	2.8	1.2	1.0	3.2
	ND	ND	ND	ND	ND	ND	26 th
故障工况							
$\mathcal{F}_1$	100.0	97.9	99.7	84.6	97.6	93.6	72.8
	105 th	105 th	105 th	105 th	105 th	105 th	105 th
$\mathcal{F}_2$	76.9	76.1	76.5	69.3	70.6	67.8	65.4
	105 th	105 th	105 th	105 th	105 th	105 th	105 th
$\mathcal{F}_2$	94.2	93.5	92.2	85.3	90.2	89.5	76.4
	105 th	106 th	105 th	125 th	119 th	118 th	134

① Non: 没有移除任何成分。

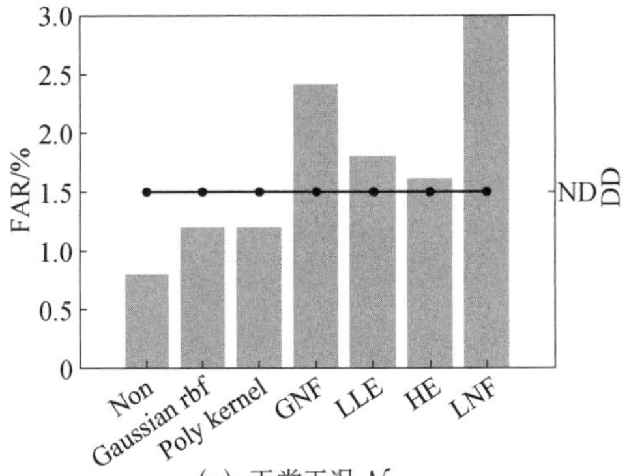

(a) 正常工况 $\mathcal{N}_1$

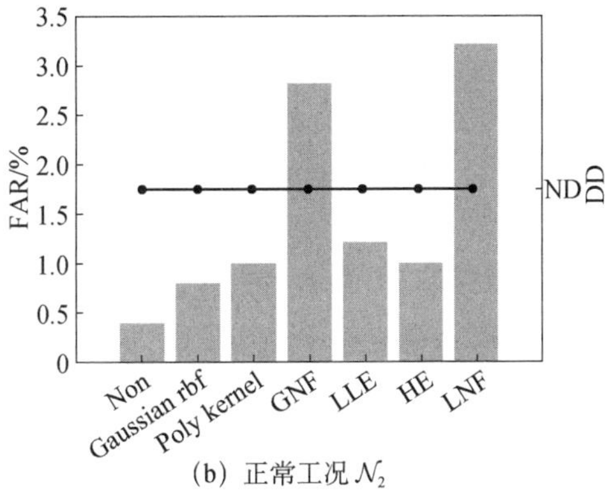

(b) 正常工况 $\mathcal{N}_2$

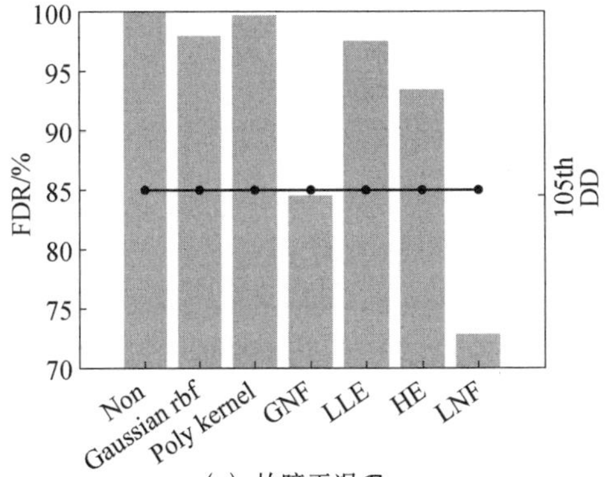

(c) 故障工况 $\mathcal{F}_1$

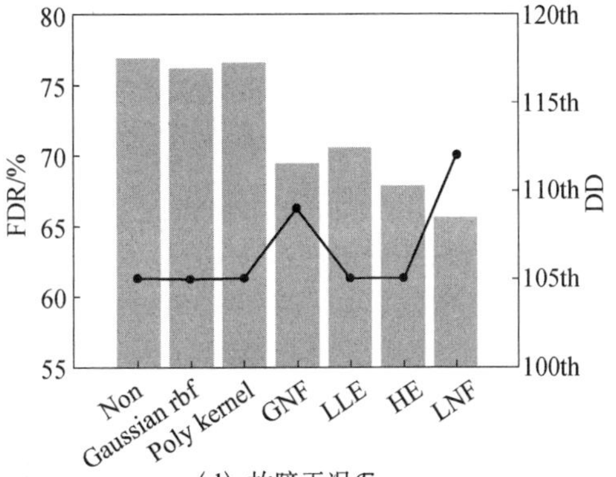

(d) 故障工况 $\mathcal{F}_2$

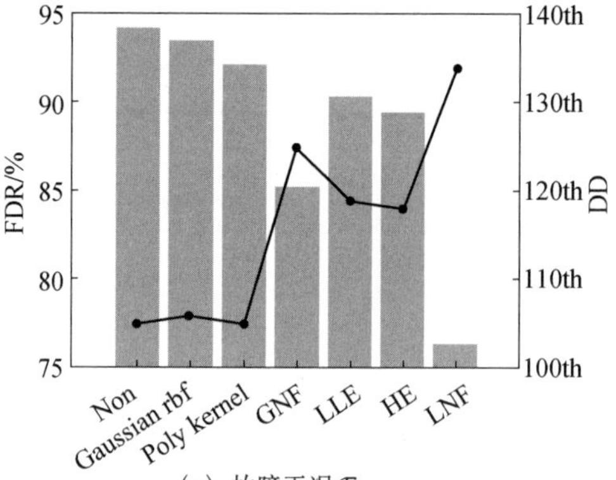

(e) 故障工况$\mathcal{F}_3$

图3.4.10 所有测试样本的消融实验表现

实验结果表明，总体而言，移除LNF的总体影响比移除GNF相更为不利。这主要是因为LNF可以捕捉周期性的尖峰干扰，并提供更准确的平稳估计。此外，去除LNF会导致故障检测灵敏度和故障条件下的稳定性出现更显著的下降。值得注意的是，保留基于HE的LNF将产生更优越的FAR，而单独基于LLE的LNF将在FDR方面更优秀。将两者结合起来，有助于发挥两者的不同优势。总之，消融实验进一步证明了多源非线性特征的每个组成部分对于高炉炼铁故障检测性能的重要性和不可或缺性。这些实验结果有助于指导在实际应用中选择和保留哪些非线性特征分量以优化故障检测系统的性能。

参 考 文 献

[1] Zhou P, Song H, Wang H, et al. Data-driven nonlinear subspace modeling for prediction and control of molten iron quality indices in blast furnace ironmaking[J]. IEEE Transactions Control System Technology, 2017, 25(5):1761-1774.

[2] He K, Wang L. A review of energy use and energy-efficient technologies for the iron and steel industry[J]. Renewable and Sustainable Energy Reviews, 2017, 70: 1022-1039.

[3] Zhou B, Ye H, Zhang H, et al. Process monitoring of iron-making process in a blast furnace with PCA-based methods [J]. Control Engineering Practice, 2016, 47: 1-14.

[4] Lou S, Yang C, Wu P. A local dynamic broad kernel SSA for monitoring blast furnace ironmaking process[J]. IEEE Transactions on Industrial Informatics, 2023, 19(4): 5945-5955.

[5] Lou S, Yang C, Zhu X, et al. Adaptive dynamic inferential analytic stationary subspace analysis: A novel method for fault detection in blast furnace ironmaking process[J]. Information Sciences, 2023, 642: 119176.

[6] Wang X, Kruger U, Irwin G W. Process monitoring approach using fast moving window PCA[J]. Industrial and Engineering Chemistry Research, 2005, 44(15): 5691-5702.

[7] Jiang Y, Yin S. Recursive total principle component regression based fault detection and its application to vehicular cyber-physical systems[J]. IEEE Transactions on Industrial Informatics, 2017, 14(4): 1415-1423.
[8] Chen Q, Kruger U, Leung A Y. Cointegration testing method for monitoring nonstationary processes[J]. Industrial and Engineering Chemistry Research, 2009, 48(7): 3533-3543.
[9] Zhao C, Sun H. Dynamic distributed monitoring strategy for large-scale nonstationary processes subject to frequently varying conditions under closed-loop control[J]. IEEE Transactions on Industrial Electronics, 2018, 66(6): 4749-4758.
[10] Zhang J X, Zhou D H, Chen M Y. Adaptive cointegration analysis and modified RPCA with continual learning ability for monitoring multimode nonstationary processes[J]. IEEE Transactions on Cybernetics, 2023,53(8): 4841-4854.
[11] Zhou P, Zhang R, Xie J, et al. Data-driven monitoring and diagnosing of abnormal furnace conditions in blast furnace ironmaking: An integrated PCA-ICA method[J]. IEEE Transactions on Industrial Electronics, 2020, 68(1): 622-631.
[12] Chen J, Zhao C. Exponential stationary subspace analysis for stationary feature analytics and adaptive nonstationary process monitoring[J]. IEEE Transactions on Industrial Informatics, 2021, 17(12): 8345-8356.
[13] Lin Y, Kruger U, Gu F, et al. Monitoring nonstationary processes using stationary subspace analysis and fractional integration order estimation[J]. Industrial and Engineering Chemistry Research, 2019, 58: 6486-6504.
[14] Wu D, Sheng L, Zhou D, et al. Dynamic stationary subspace analysis for monitoring nonstationary dynamic processes[J]. Industrial and Engineering Chemistry Research, 2020, 59: 20787-20797.
[15] Wu D. Zhou D, Chen M. Probabilistic stationary subspace analysis for monitoring nonstationary industrial processes with uncertainty[J]. IEEE Transactions on Industrial Informatics, 2021, 18: 3114-3125.
[16] Lou S, Yang C, Zhang X, et al. Blast furnace ironmaking process monitoring with time-constrained global and local nonlinear analytic stationary subspace analysis[J]. IEEE Transactions on Industrial Informatics, 2023, 20(3): 3163-3176.
[17] Bünau P V, Meinecke F C, Müller K R. Stationary subspace analysis[C]. Independent Component Analysis and Signal Separation, Paraty, 2009: 1-8.
[18] Hara S, Kawahara Y, Washio T, et al. Separation of stationary and non-stationary sources with a generalized eigenvalue problem[J]. Neural Networks, 2012, 33: 7-20.
[19] Lütkepohl H. Vector Autoregressive Models// Handbook of Research Methods and Applications in Empirical Macroeconomics[M]. Cheltenham: Edward Elgar Publishing, 2013.
[20] Ross G J, Adams N M, Tasoulis D K, et al. Exponentially weighted moving average charts for detecting concept drift[J]. Pattern Recognition Letters, 2012, 33(2): 191-198.
[21] Ding S, Zhang P, Ding E, et al. On the application of PCA technique to fault diagnosis[J]. Tsinghua Science and Technology, 2010, 15(2): 138-144.
[22] Odiowei P E P, Cao Y. Nonlinear dynamic process monitoring using canonical variate analysis and kernel density estimations[J]. IEEE Transactions on Industrial Informatics, 2009, 6(1): 36-45.

[23] Zhang H, Shang J, Zhang J, et al. Nonstationary process monitoring for blast furnaces based on consistent trend feature analysis[J]. IEEE Transactions on Control Systems Technology, 2021, 30(3): 1257-1267.

[24] Wu P, Ferrari R M, Liu Y, et al. Data-driven incipient fault detection via canonical variate dissimilarity and mixed kernel principal component analysis[J]. IEEE Transactions on Industrial Informatics, 2021, 17(8): 5380-5390.

[25] Pilario K E S, Cao Y, Shafiee M. A kernel design approach to improve kernel subspace identification [J]. IEEE Transactions on Industrial Electronics, 2021, 68(7): 6171-6180.

[26] Wu P, Lou S, Zhang X, et al. Novel quality-relevant process monitoring based on dynamic locally linear embedding concurrent canonical correlation analysis[J]. Industrial and Engineering Chemistry Research, 2020, 59(49): 21439-21457.

[27] Hu Y, Zhao C. Fault diagnosis with dual cointegration analysis of common and specific nonstationary fault variations[J]. IEEE Transactions on Automation Science and Engineering, 2020, 17(1): 237-247.

[28] Deng X, Tian X, Chen S, et al. Nonlinear process fault diagnosis based on serial principal component analysis[J]. IEEE Transactions on Neural Networks and Learning Systems, 2018, 29(3): 560-572.

[29] Donoho D L, Grimes C. Hessian eigenmaps: Locally linear embedding techniques for high-dimensional data[J]. Proceedings of the National Academy of Sciences, 2003, 100(10): 5591-5596.

[30] Zhang H, Zhang C, Dong J, et al. A new key performance indicator oriented industrial process monitoring and operating performance assessment method based on improved Hessian locally linear embedding[J]. International Journal of Systems Science, 2022, 53(16): 3538-3555.

[31] Karbauskaitė R, Kurasova O, Dzemyda G. Selection of the number of neighbours of each data point for the locally linear embedding algorithm[J]. Information Technology and Control, 2007, 36(4): 359-364.

[32] Hu Z, Zhao H, Peng J. Low-rank reconstruction-based autoencoder for robust fault detection[J]. Control Engineering Practice, 2022, 123:105156.

[33] Pilario K E S, Cao Y. Canonical variate dissimilarity analysis for process incipient fault detection [J]. IEEE Transactions on Industrial Informatics, 2018, 14(12): 5308-5315.

第 4 章　高炉炼铁过程故障检测的图理论方法

由于高炉内部的高温高压高尘等恶劣条件，其内部状态始终无法准确观测，难以获得充足的反映高炉状态的有标签数据样本。为此，亟须研究基于数据的无监督故障检测方法。图理论方法的发展为无监督故障检测带来了新的研究方向。Chen 等[1,2]提出了一种基于图的突变点检测方法，对采集到的数据矩阵是否具有非线性、非高斯性或者其他特殊的特征没有限制，具有较广泛的适用性。Musulin[3,4]利用了谱图分析理论，进行了工业过程故障检测研究。基于图的突变点检测方法，利用采样观测值之间的欧氏距离绘制最小生成树，并且根据最小生成树的绘制结果，建立相应的统计量，判断突变点是否存在，从而实现故障检测。高炉炼铁过程的强噪声导致采样观测值往往存在异常，进而影响采样观测值之间欧氏距离的计算，造成了故障检测率较低。

在本章中，以某钢铁厂 2 号高炉为研究对象，基于图理论框架，针对过程强噪声、观测值异常等问题，给出三种面向高炉炼铁过程的故障检测方法：半监督加权图、无监督加权图和自适应无监督加权图[5,6]。

4.1　图理论方法概述

给定工业过程传感器采集到的 n 个采样观测值 $\boldsymbol{x}_i, i=1,2,\cdots,n$，组成数据矩阵 $\boldsymbol{X}$。对于这个时间序列采样观测值中是否存在突变点的零假设和备择假设描述如下所示。其中零假设可以表示为

$$H_0:\boldsymbol{x}_i \sim F_0,\ i=1,2,\cdots,n \tag{4.1.1}$$

备择假设可以表示为

$$H_1:\boldsymbol{x}_i \sim \begin{cases} F_0, & i \leqslant \tau \\ F_1, & i > \tau \end{cases} \tag{4.1.2}$$

式中，τ 为相应的采样观测值包含的突变点；F_0 和 F_1 为采样观测值服从的两种不同的数据分布。首先，根据采集到的采样观测值绘制彼此之间的连接图，方法主要有三种：最小生成树的方法、最小距离对的方法及近邻图的方法[7-9]。基于图方法的突

变点检测对绘制连接图的方式没有限制，即采用上述三种方法中的任意一种方法，均不会对突变点检测的结果造成影响。本章利用最小生成树的方法绘制连接图。

根据采样观测值绘制完成连接图后，需要利用连接图计算突变点检测的统计量。将每一个采样观测值依次设定为疑似突变点，每个疑似突变点均将全部的采样观测值分为两个部分，突变点检测的统计量就是计算连接来自两个不同部分的采样观测值边的数目。当计算得到的统计量较小时，即连接来自两个部分采样观测值边的数目较少时，说明不同部分的采样观测值服从不同的分布，以此确定此时的疑似突变点为真正的突变点。

为了方便地利用图方法进行突变点检测，接下来利用数学公式对统计量进行量化。首先利用指示函数 I_x 量化两个采样观测值是否来自同一个部分，指示函数如下：

$$I_x = \begin{cases} 1, & x \text{ 为真} \\ 0, & \text{其他} \end{cases} \tag{4.1.3}$$

根据指示函数量化突变点检测统计量，即根据每一个突变点的疑似值 t，计算连接两个来自不同部分的观测值的边的数目，该统计量可以量化表示为

$$R_G(t) = \sum_{(i,j)\in G} I_{g_i(t)\neq g_j(t)}, \quad g_i(t) = I_{i>t} \tag{4.1.4}$$

为了方便理解，下面利用一个数值仿真例子举例说明基于图方法的突变点检测原理。随机生成 10 个观测值，每个观测值包含两个变量。其中，前 5 个观测值服从 $N(0,0.1\ I_2)$分布，后面 5 个观测值服从 $N\left((2,2)',0.1\,I_2\right)$ 分布。从 10 个观测值的分布可以看出，在第 5 个采样观测值处存在一个突变点，前后分别服从不同的分布。根据上述随机产生的 10 个观测值，计算两两观测值之间的欧氏距离，并据此绘制最小生成树连接图，如图 4.1.1 所示。

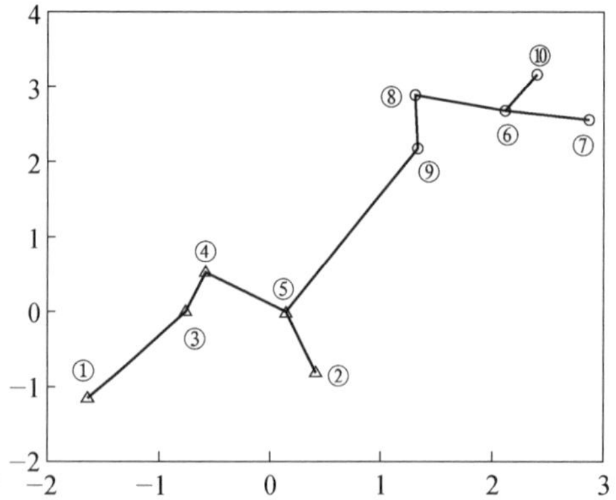

图 4.1.1　10 个数据点生成的最小生成树连接图

图中，“△”表示在突变点 τ 之前得到的观测值（也包括突变点的观测值），“○”表示在突变点 τ 之后得到的观测值。基于图的故障检测方法在 MATLAB 平台

进行仿真，从 MATLAB 的存储空间中，可以获得上述 10 个观测值彼此的连接顺序，如表 4.1.1 所示。

表 4.1.1　10 个数据点的连接顺序表

序号	第一观测	第二观测
1	1	3
2	3	4
3	4	5
4	5	2
5	5	9
6	9	8
7	8	6
8	6	10
9	6	7

基于图方法的故障检测的统计量是统计连接来自不同部分的两个观测值边的数目，疑似突变点将全部的观测值分为两个部分。根据表 4.1.1 可知，如果认定第 3 个观测值为疑似突变点时，全部的观测值分为两个部分，前 3 个观测值为 A 组，后 7 个观测值为 B 组。找到所有 A 组与 B 组连接的部分，可以得到观测值 3 连接观测值 4，观测值 5 连接观测值 2，即当观测值 3 位疑似突变点时，连接来自不同部分的观测值的边的数目为 2，即目前的统计量结果为 2。表 4.1.2 列出了其他观测值作为疑似观测值时连接前后两个部分观测值边的数目。

表 4.1.2　连接每个突变点疑似值前后两组数据点边的数目表

序号	边的数量	序号	边的数量
1	1	6	4
2	2	7	3
3	2	8	3
4	2	9	1
5	1	10	0

首先要对两边的观测值进行说明，排除首尾两边作为突变点的可能。由于两边观测值作为疑似突变点时，两个部分的观测值数目相差较多，一个部分可能只有一个或者两个观测值，导致连接来自两个部分观测值的边的数目较少，所以不考虑这些观测值为突变点。根据表 4.1.2 能够看出，当第 5 个观测值假定为疑似突变点时，连接来自疑似突变点前后两个部分观测值边的数目为 1，和其他观测值作为疑似突变点的情况相比较最小，这说明在 5 个观测值之后存在突变点，和数值仿真的

设定一致。

4.2 故障检测的半监督加权图方法

本章给出一种用于高炉故障检测的半监督加权图方法。该方法利用一部分有标签的正常工况数据计算加权值，与待检测的采样观测值之间的欧氏距离相结合得到边的权值。然后绘制最小生成树，并建立相应的故障检测统计量。在实验验证部分，利用数值仿真和高炉炼铁过程实际数据，验证半监督加权图方法的故障检测效果。

4.2.1 问题描述

假定存在一段时间序列，包含 n 个采样观测值 $\boldsymbol{x}_i, i=1,2,\cdots,n$，每个采样观测值包含 m 个变量，组成数据矩阵 $\boldsymbol{X}\in\mathbb{R}^{n\times m}$。研究目的是判断上述 n 个采样观测值 $\boldsymbol{x}_i$，$i=1,2,\cdots,n$ 中是否包含突变点 τ。这个问题在统计学中是一个二样本检验的问题。其中零假设可以表示为

$$H_0:\boldsymbol{x}_i\sim F_0,\ i=1,2,\cdots,n \tag{4.2.1}$$

备择假设可以表示为

$$H_1:\boldsymbol{x}_i\sim\begin{cases}F_0, & i\leqslant\tau\\ F_1, & i>\tau\end{cases} \tag{4.2.2}$$

式中，τ 为相应的采样观测值包含的突变点；F_0 和 F_1 为采样观测值服从的两种不同数据分布。

为了简便地研究高炉炼铁过程的突变点检测，在建立突变点检测模型时考虑下面两个假设。

假设 4.2.1 在高炉炼铁生产过程中，传感器采集的采样观测值两两之间始终相互独立。

假设 4.2.2 对于高炉炼铁生产过程中存在的噪声，假设噪声服从的分布始终保持不变。

上述假设 4.2.1 在实际工业流程中是可以通过一定方法加以实现的。虽然工业过程是一个长时间的连续过程，观测值之间往往都会存在一定关系。但是通过增加采样时间，可以有效地减少观测值之间的相关性。即使实际的工业过程可能会稍微违背假设 4.2.1 的内容，但对利用基于图方法的突变点检测的结果影响是很小的，Chen 和 Zhang[1]对此做出了证明，在仿真环节将会详细说明该方法的仿真效果。本章的目的在于降低异常值对模型建立的影响，通过对图方法进行改进，调整最小生

成树中权值的计算方法，消除异常值影响，提高高炉炼铁过程的故障检测效果。

4.2.2　基于半监督加权图的故障检测方法

1. 半监督加权图方法

基于图方法的故障检测利用最小生成树方法构建连接图，最小生成树中的权值根据观测值之间的欧氏距离来获得。在计算欧氏距离时，如果采样观测值中存在异常值，那么就会影响欧氏距离的计算，从而使得利用最小生成树绘制的连接图出现误差，导致较差的突变点检测结果。因此，本章对最小生成树中的权值计算进行改进，给出一种基于半监督加权图的突变点检测方法，主要流程如下。

（1）采集 10 个正常工况有标签的采样观测值。

（2）计算上述 10 个有标签采样观测值彼此之间欧氏距离的平均值，并把这 10 个观测值的平均值作为参考。

（3）计算待检测的采样观测值与上述计算得到的观测值平均值的欧氏距离。如果计算得到的欧氏距离大于正常工况采样观测值的欧氏距离平均值的两倍，那么说明异常值可能存在，此时将权值人为设定为 0。其他情况，权值人为设定为 1。如果连续三个采样观测值计算得到的权值均为 0，那么说明此时可能发生故障，而不是异常值出现，那么上述三个采样观测值相对应的权值重新设定为 1。

（4）计算待检测采样观测值之间彼此的欧氏距离，并与上面计算得到的权值进行加权，将从采样观测值中发现的异常值与其他观测值之间的欧氏距离全部加权为 0，以此达到消除异常值影响的目的。

（5）根据计算得到的权值利用最小生成树方法绘制连接图。当利用最小生成树绘制连接图时，这些欧氏距离加权为 0 的异常采样观测值均会与第一个采样观测值相连接，可以有效地降低异常值的影响。

（6）计算突变点检测统计量，统计连接来自两个部分观测值边的数目，以此达到故障检测的目的。

利用图方法进行突变点检测，首先将采样观测值依次设定为疑似突变点，并根据疑似突变点将采样观测值分为两个部分。突变点检测的统计量，定义为连接来自两个部分采样观测值的边的数目。在最小生成树绘制的连接图中，可以统计连接两个来自疑似突变点前后观测值群落连接边的数目，从而实现故障检测。

利用最小生成树方法绘制连接图，首先计算最小生成树中需要边的权值，利用式（4.2.3）计算 n 个采样观测值之间的欧氏距离：

$$a_{ij} = \left\| \boldsymbol{x}_i - \boldsymbol{x}_j \right\|_2 \tag{4.2.3}$$

其次，利用点乘的方式对每一个采样观测值设定一个相应的特殊权值 λ_{ij}，然后重新计算欧氏距离：

$$b_{ij} = \lambda_{ij} \left\| \boldsymbol{x}_i - \boldsymbol{x}_j \right\|_2 \tag{4.2.4}$$

式中，

$$\lambda_{ij} = \begin{cases} 0, & \boldsymbol{x}_i \text{ 或 } \boldsymbol{x}_j \text{ 为离群点} \\ 1, & \text{其他} \end{cases} \tag{4.2.5}$$

当 $b_{ij} = 0$ 时，将权值设定为无穷大 inf，目的在于避免利用最小生成树方法绘制连接图时，观测值连接到本身的情况。这样做还可以将异常值与正常的采样观测值分开。

计算一组有正常工况标签的采样观测值之间的欧氏距离，并且对这些计算得到的欧氏距离求得平均值；计算一组有标签的正常工况采样观测值之间的平均值，记为 $\boldsymbol{x}_{\text{std}}$。计算每一个待检测采样观测值 $\boldsymbol{x}_i$ 与上述求得的平均观测值 x_{std} 之间的欧氏距离：

$$t_i = \left\| \boldsymbol{x}_i - \boldsymbol{x}_{\text{std}} \right\|_2 \tag{4.2.6}$$

接下来判断是否出现异常值，当不超过连续三个待检测采样观测值得到的 t_i 大于 2 倍的平均值时，此时可以判定异常值出现，从而设置权值 λ_{ij} 为 0；否则，权值均为 1。

考虑利用权值 $\boldsymbol{\lambda}$，将采样观测值中存在的异常值与正常工况或者故障工况条件下采集得到的采样观测值之间计算得到的欧氏距离设定为无穷大，可以有效地剔除异常值，使得在计算统计量时，异常值不参与计算，可以提高突变点检测效果。

2. 故障检测策略

高炉炼铁过程传感器采集的生产数据矩阵 $\boldsymbol{X} \in \mathbb{R}^{n \times m}$，每一行是一个包含 m 个变量的采样观测值。l 个有正常工况标签的采样观测值组成数据矩阵 $\boldsymbol{Y} \in \mathbb{R}^{l \times m}$，同样每个采样观测值包含 m 个变量。l 个有正常工况标签的采样观测值可以通过绘制变量的散点图，结合高炉操作专家的经验，以及参数正常变化范围参照表获得。τ 是 n 个采样观测值中包含的突变点，高炉故障检测的半监督加权图方法，步骤如下所示。

（1）计算欧氏距离：计算待检测的高炉炼铁过程传感器采集的数据观测值之间的欧氏距离 a_{ij}，记录在矩阵 $\boldsymbol{A}$ 中：

$$a_{ij} = \left\| \boldsymbol{x}_i - \boldsymbol{x}_j \right\|_2 \tag{4.2.7}$$

（2）计算高炉炼铁过程中传感器采集到的有正常工况标签的数据观测值的平均值及彼此之间欧氏距离的平均值：

$$\begin{cases} g_{ij} = \left\| \boldsymbol{y}_i - \boldsymbol{y}_j \right\|_2 \\ \text{ave} = \left(\sum_{i=1}^{l-1} \sum_{j=i+1}^{l} g_{ij} \right) \Big/ \left(\dfrac{l(l-1)}{2} \right) \\ \boldsymbol{x}_{\text{std}} = \dfrac{\sum_{i=1}^{l} \boldsymbol{y}_i}{l} \end{cases} \tag{4.2.8}$$

（3）计算加权值：依次计算待检测采样观测值 $\boldsymbol{x}_i, i=1,2,\cdots,n$ 与式（4.2.8）中均值 x_{std} 之间的欧氏距离 p_i，并存储在向量 $\boldsymbol{P}$ 中：

$$p_i = \left\| \boldsymbol{x}_i - \boldsymbol{x}_{\text{std}} \right\|_2 \tag{4.2.9}$$

根据向量 $\boldsymbol{P}$ 中的元素确定加权值，并依次比较 p_i。如果 $p_i > 2\text{ave}$，那么相应的 $q_i = 0$。如果 q_i 及相邻的 q_{i+1}, q_{i+2} 不超过连续三个为 0，那么 $r_i = 0$；其他情况则设置 $r_i = 1$。对于最后两个采样观测值的权值参数值，可以根据倒数第三个采样观测值的权值参数确定。

（4）连接图中边的权值：边的加权值 λ 可以依照步骤（3）中得到的权值参数确定。确定方法如下：如果 $r_i = 0$，那么 $\lambda(i,:) = \lambda(:,i) = 0$；否则，$\lambda(i,:) = \lambda(:,i) = 1$。接下来，可以利用点乘的方式获得连接图中边的权值：

$$b_{ij} = \lambda_{ij} \left\| \boldsymbol{x}_i - \boldsymbol{x}_j \right\|_2 \tag{4.2.10}$$

由于相同的采样观测值之间的欧氏距离为 0，故将 $b_{ij} = 0$ 设置为无穷大，否则会出现采样观测值连接自己的状态。

（5）绘制连接图：根据步骤（4）中得到的边的权值，应用最小生成树的方法得到采样观测值之间的连接图。按照边的权值最小的为观测值的连接准则，将采样观测值进行连接。

（6）边的数目的统计：计算连接来自两个不同部分的采样观测值边的数目，两个部分是根据疑似突变点的位置进行划分的。

（7）计算统计量：因为步骤（6）中计算得到的边的数目 $R_G(t)$ 和疑似突变点 t 的位置是具有相关性的。当疑似突变点 t 较小时，边的数目 $R_G(t)$ 较小，为了降低疑似突变点 t 的位置对突变点检测结果的影响，将对边的数目 $R_G(t)$ 进行标准化计算。当 $R_G(t)$ 最小时，可以判定突变点发生。为了简便地观察突变点结果，在对 $R_G(t)$ 进行标准化计算时，还需要对其进行取反以方便观察突变点检测结果：

$$Z_G(t) = -\frac{R_G(t) - E\left[R_G(t)\right]}{\sqrt{\text{Var}\left[R_G(t)\right]}} \tag{4.2.11}$$

式中，

$$\begin{cases} E\left[R_G(t)\right]=p_1(t)|G| \\ \operatorname{Var}\left[R_G(t)\right]=p_2(t)|G|+\left(\dfrac{1}{2}p_1(t)-p_2(t)\right)\sum_i|G_i|^2+\left(p_2(t)-p_1^2(t)\right)\sum_i|G|^2 \\ p_1(t)=\dfrac{2t(n-t)}{n(n-1)} \\ p_2(t)=\dfrac{4t(t-1)(n-t)(n-t-1)}{n(n-1)(n-2)(n-3)} \end{cases} \tag{4.2.12}$$

其中，$|G|$ 是指图 G 中边的数量；G_i 是一个子图包含所有连接采样观测值 x_i 的边；$|G_i|$ 是子图 G_i 中边的数量；$E\left[R_G(t)\right]$ 是边的数量 $R_G(t)$ 的期望；n 是全部采样观测值的数目；t 是疑似突变点。

（8）高炉过程故障检测：如果在步骤（7）中计算得到的 $Z_G(t)$，某一个元素的数值明显地大于其他元素的数值，那么可以判定突变点发生，即在采集的待检测高炉炼铁过程采样观测值中存在突变点。

按照上述 8 个步骤，可以实现高炉炼铁生产过程的故障检测，其流程图如图 4.2.1 所示。

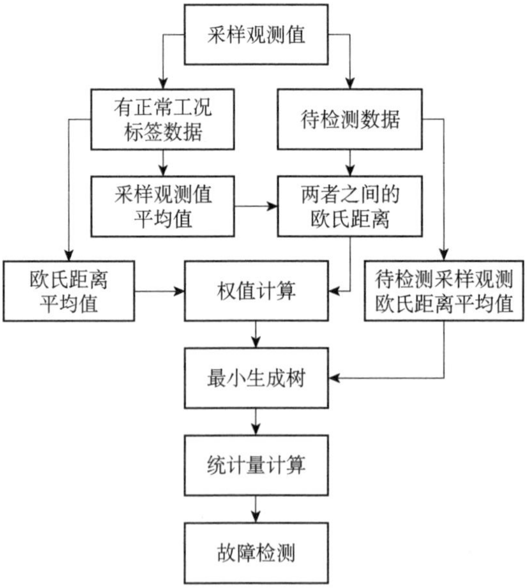

图 4.2.1　故障检测的加权图方法流程图

4.2.3　案例分析

本节分别利用数值仿真和实际的高炉炼铁过程数据验证所提出方法的有效性。

1. 数值仿真

数值仿真旨在验证半监督加权图方法的异常值剔除与突变点检测效果。为了简化处理，仅利用 40 个服从两种不同分布的采样观测值作为数值仿真。其中前 20 个观测值服从 $N\left(0,0.1\,I_2\right)$ 分布，后 20 个观测值服从 $N\left((2,2)',0.1\,I_2\right)$ 分布。在 40 个采样观测值中随机位置引入 10%的异常值，异常值服从 $N\left((5,5)',0.1\,I_2\right)$ 分布。为了操作方便，正常工况标签的采样观测值服从 $N\left(0,0.1\,I_2\right)$ 分布。$R_G(t)$ 表示连接来自不同部分的两组观测值的边数，可能的突变点 t 可以直接分割两部分观测值。由于边缘效应，靠近两侧的边的数量会很少，因此不考虑采样时间前 5%和后 5%的观测值，图 4.2.2 和图 4.2.3 中的虚线区分了前后 5%。

故障检测结果如图 4.2.2 和图 4.2.3 所示，横坐标是 40 个采样观测时刻，纵坐标为计算得到的故障检测统计量。根据问题描述可知，当设定第 40 个采样观测值作为突变点候选值时，连接来自两个不同组的采样观测值之间边的数目为 0，因此图 4.2.2 和图 4.2.3 中仅列出前 39 个采样观测点统计量的数值，后续章节与此相同，不再赘述。

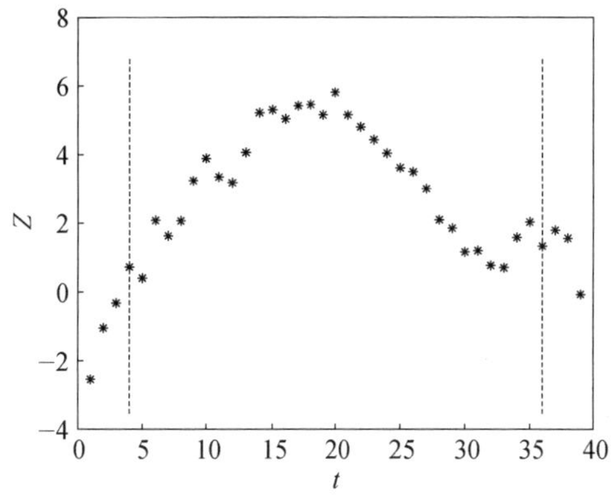

图 4.2.2 图方法的故障检测结果

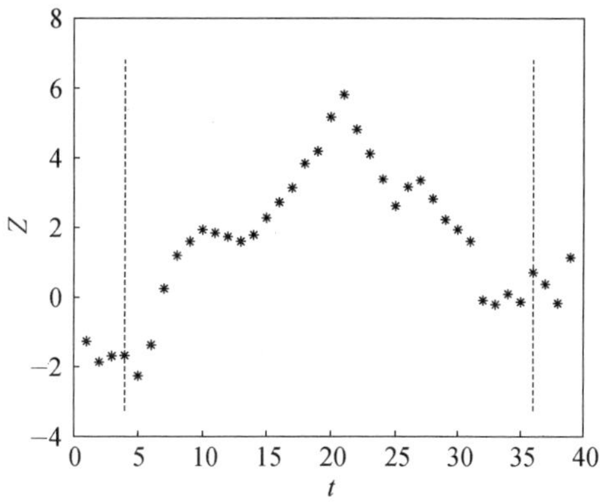

图 4.2.3 加权图方法的故障检测结果

两种方法在数值仿真中故障检测效果对比如表 4.2.1 所示。列出数值较大的三个采样观测点的统计量的方差是为了清楚地表示本章提出方法能够更加准确地检测出突变时刻。在突变点发生的采样时刻，计算得到的统计量数值较大；在其他采样时刻，计算得到的统计量数值较小。即通过加权的方法可以更加有效地检测出突变点发生的时刻，有效地降低误报率。

表 4.2.1 两种方法在数值仿真中故障检测效果对比

指标	图方法	加权图方法
突变点	21	21
方差	0.0388	0.2552

图 4.2.2 和图 4.2.3 中显示，图方法和加权图方法都可以准确地检测出突变点，但是加权图方法的故障检测效果更好，能够更加精确地确定突变点发生的采样时刻。从表 4.2.1 列出的数值中可以得出结论，加权图方法的前三个较大统计量数值差别和图方法相比更明显。即加权图方法得到的统计量结果，只有在突变点出现的时刻数值较大，在其他采样时刻数值较小，它可以更精确地判断突变点出现的采样时刻。

本章提出的故障检测加权图方法，在利用最小生成树方法绘制连接图时，引入了欧氏距离的加权值，改进了连接图中边的权值计算方式。目的在于减少异常值对突变点检测的影响，使得加权图方法的故障检测具有鲁棒性，在突变点检测过程中可以有效地减少波动的发生。从数值仿真结果可以看出，加权图方法的突变点检测能够有效地消除异常值对突变点检测过程的影响，准确地判断突变点发生的采样时刻，并验证了该故障检测方法的效果。

2. 高炉炼铁过程验证

利用实际的高炉炼铁生产数据验证本节提出方法的效果，数据来自国内某大型钢厂。待检测的数据包含 40 组采样观测值，每组采样观测值包含 18 个变量。高炉炼铁生产过程主要存在 6 种常见的故障，包括低料线、炉温向凉、炉温向热、管道行程、悬料和崩料，具体可以参考前面的章节。在这里只考虑低料线、炉温向凉和崩料这三种故障，以验证加权图方法故障检测的效果。

首先采集 10 组有正常工况标签的采样观测值并将其作为参考数据。待检测数据包含 40 组采样观测值，其中，前 20 组为正常工况采样观测值，后 20 组为 3 种故障情况相应的故障采样观测值数据，即在第 21 个采样时刻出现故障。

故障检测结果如图 4.2.4～图 4.2.9 所示，其中，横坐标是采样时刻，纵坐标为相应计算得到的故障检测统计量。两种方法的高炉故障检测效果对比如表 4.2.2 所示。

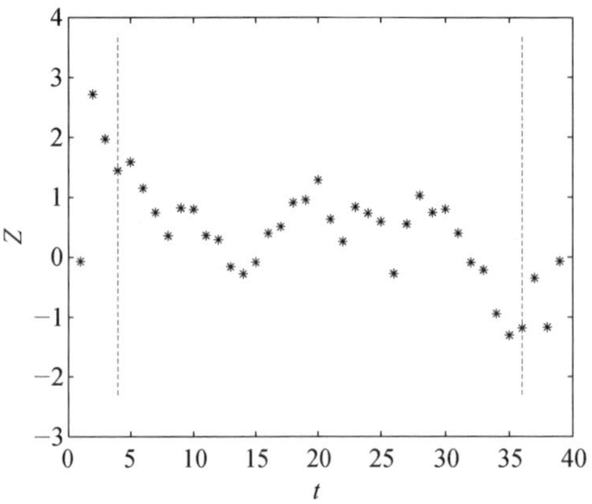

图 4.2.4　图方法对低料线故障检测结果

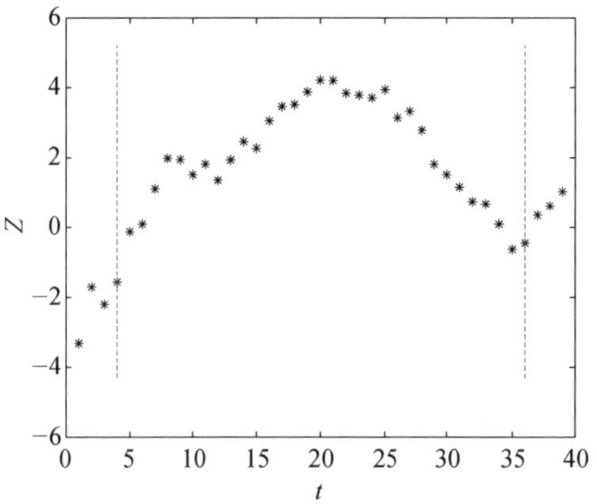

图 4.2.5　加权图方法对低料线故障检测结果

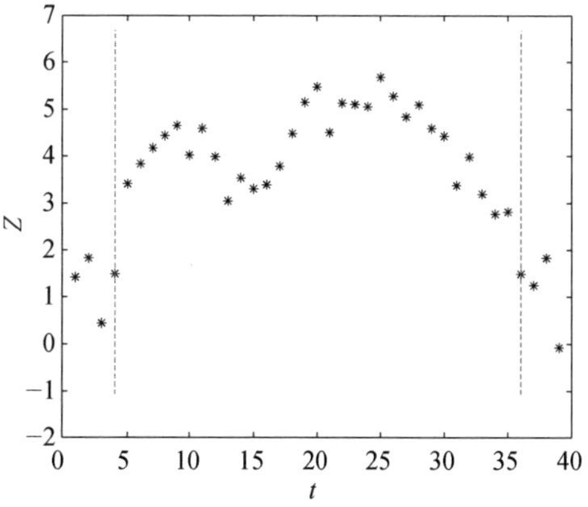

图4.2.6　图方法对炉温向凉故障检测结果

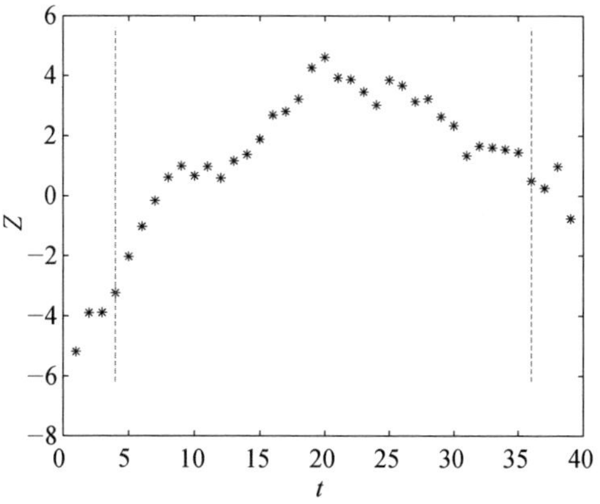

图4.2.7　加权图方法对炉温向凉故障检测结果

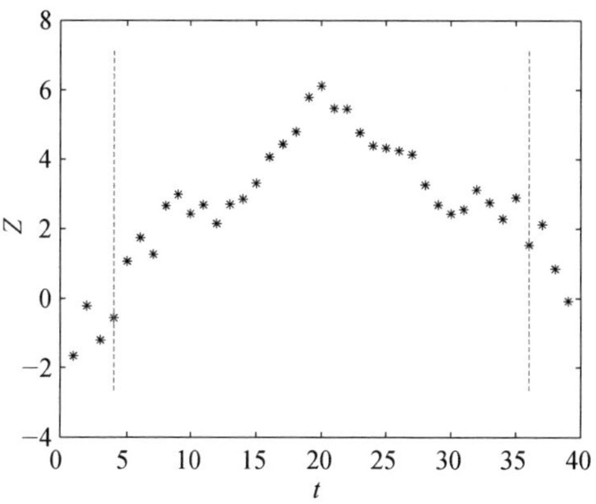

图4.2.8　图方法对崩料故障检测结果

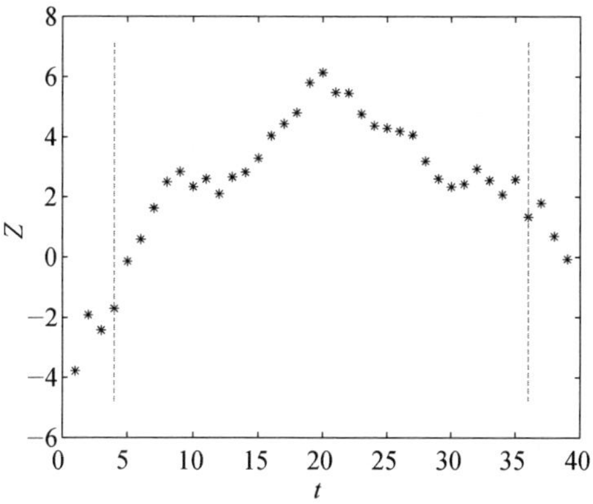

图4.2.9　加权图方法对崩料故障检测结果

表 4.2.2　两种方法的高炉故障检测效果对比

故障类型	图方法		加权图方法	
	突变点	方差	突变点	方差
低料线	N/A	N/A	21	0.0231
炉温向凉	26	0.0409	21	0.1139
崩料	21	0.1052	21	0.1067

从图 4.2.4～图 4.2.9 和表 4.2.2 可以看出，与加权图方法的故障检测相比，图方法不能准确检测出高炉炼铁过程低料线和炉温向凉故障。而加权图方法对于三种情况故障，都可以在第 21 个采样时刻准确地检测出。从表 4.2.2 可以得出，利用加权图方法计算得到的前三个数值最大统计量的方差较大，从而准确地区分发生突变的时刻与其他采样时刻，降低了误报的发生。

从上述实验结果中可以看出，本章提出的加权图方法的故障检测，对传统的欧氏距离计算后根据不同的采样观测值进行加权，剔除了过程中可能存在的异常值，有效地提高了利用最小生成树方法绘制连接图时的鲁棒性。对比原来图方法的故障检测效果，本节提出方法具有更好的故障检测能力。

4.3 故障检测的无监督加权图方法

本节给出一种用于故障检测的无监督加权图方法。首先，通过构建最小生成树，根据观测值之间的欧氏距离计算最小生成树中边的权重；再通过观测值之间的时间间隔进行调整；然后，连接两部分观测值边的数量用于统计以检测突变点。最后，对故障检测的无监督加权图方法进行数值仿真和高炉过程数据实验验证，表明了该方法的有效性。

4.3.1 问题描述

给定一个数据矩阵 $\boldsymbol{X}\in\mathbb{R}^{m\times n}$， $\boldsymbol{x}_i$ 是一个具有 m 个变量的观测值，其中 $i=1,2,\cdots,n$ 。问题定义为验证是否存在一个突变点 τ 。

首先定义两种假设：

$$H_0:\boldsymbol{x}_i\sim F_0, i=1,2,\cdots,n,\quad H_1:\boldsymbol{x}_i\sim\begin{cases}F_0, & i\leqslant\tau\\ F_1, & i>\tau\end{cases} \tag{4.3.1}$$

式中，H_0 为零假设；H_1 为备择假设；τ 为突变点，满足 $1\leqslant\tau<n$ ； F_0 和 F_1 为两类不同的数据分布。

假设 4.3.1 工业过程中采集的观测值是独立分布的。

假设 4.3.2 在整个过程中噪声为同一种噪声，且噪声均匀分布。

假设 4.3.3 在实际过程中通过一些手段是可以实现的，虽然工业过程是一个长时间的连续过程，观测值之间都会存在一定关系。但是通过增加采样时间，可以有效地增加观测值之间的独立性。即使实际的工业过程稍微违反假设 4.3.1 的定义，但不会影响基于图的方法的突变点检测的结果，在仿真环节将会详细地说明该方法的效果。本节旨在挖掘采样观测值时间层面上的重要信息，通过引入参数调整最小生成树中权值的计算方法来对图方法进行改进，提高高炉炼铁过程的故障检测效果。由于本节的主要研究对象均是高炉炼铁过程的故障检测，利用的基础方法为基于图的突变点检测方法。因此，每部分的问题描述基本相同，为方便读者阅读，在此进行特别介绍。

4.3.2　基于无监督加权图的故障检测方法

1. 无监督加权图方法

基于图方法的突变点检测是一种无监督方法，原理是统计连接两部分观测值边的数量。基于图的方法是一种非参数算法，因此不要求存在训练矩阵。这种算法需要计算观测值之间的欧氏距离，但并不会考虑观测值之间的时间关系。观测值之间的时间关系具有很多未曾利用到的信息，因此本节给出一种考虑时间间隔的无监督加权图方法。

在计算完各个观测值的欧氏距离之后，增加时间间隔并进行加权处理。因为高炉炼铁过程是一种连续生产过程，在没有突发故障的状态下观测值更倾向于连接最近的点。通过计算欧氏距离和时间间隔，采用加权计算可以减少异常值所带来的影响。传统的计算方法是计算观测值之间的欧氏距离，而该方法考虑到时间间隔的加权。两组观测值之间的欧氏距离记录为矩阵 $\boldsymbol{A}$ ，表示为 $a_{ij}=\left\|x_i-x_j\right\|_2$ 。经过时间间隔加权的矩阵 $\boldsymbol{B}$ 表示为

$$b_{ij}=\left\|\boldsymbol{x}_i-\boldsymbol{x}_j\right\|_2\left(\left\lceil\frac{|i-j|}{0.25n}\right\rceil\right)\Big/n \tag{4.3.2}$$

式中， $\boldsymbol{x}_i$ 与 $\boldsymbol{x}_j$ 是第 i 个和第 j 个观测值； n 是观测值的数量； $\lceil\ \rceil$ 是向上求整符号；时间间隔根据经验确定，此处取 $0.25n$ 。

2. 故障检测策略

假设时间序列为 $\boldsymbol{x}_i, i=1,2,\cdots,n$ ，其中，每个观测变量 $\boldsymbol{x}_i$ 都有 m 个变量， τ 表示为突变点。故障检测的无监督加权图方法，计算步骤如下所示。

（1）计算欧氏距离：计算观测值之间的欧氏距离，记录在矩阵 $\boldsymbol{A}$ 。同一个观测值自身的欧氏距离定义为无限大，从而避免连接自己本身：

$$a_{ij}=\left\|\boldsymbol{x}_i-\boldsymbol{x}_j\right\|_2 \tag{4.3.3}$$

式中， $\boldsymbol{x}_i$ 与 $\boldsymbol{x}_j$ 是第 i 个和第 j 个观测值。

（2）计算矩阵加权值：计算观测值基于时间间隔的加权值，构造加权欧氏距离矩阵 $\boldsymbol{B}$ ，如式（4.3.2）所示。

（3）构造图：根据矩阵 $\boldsymbol{B}$ ，利用最小生成树方法构建图。利用在步骤（2）中计算获得的具有最小加权的观测值，构建无环图。

（4）计算边的数量：计算连接两组观测值边的数量 $R_G(t)$ ，可能发生突变点的 t 把观测值分成了两部分：

$$R_G(t)=\sum_{(i,j)\in G} I_{g_i(t)\neq g_j(t)},\quad g_i(t)=I_{i>t} \tag{4.3.4}$$

（5）计算统计量：因为 $R_G(t)$ 和 t 相关，所以计算了 $R_G(t)$ 的标准化，降低了 $R_G(t)$ 与 t 的相关性。标准化公式如下所示，用负号取反可以方便地观察突变点的检测效果：

$$Z_G(t) = -\frac{R_G(t) - E\left[R_G(t)\right]}{\sqrt{\operatorname{Var}\left[R_G(t)\right]}} \tag{4.3.5}$$

式中，

$$\begin{cases} E\left[R_G(t)\right] = p_1(t)\,|G| \\ \operatorname{Var}\left[R_G(t)\right] = p_2(t)\,|G| + \left(\dfrac{1}{2}p_1(t) - p_2(t)\right)\sum\limits_i |G_i|^2 + \left(p_2(t) - p_1^2(t)\right)|G|^2 \\ p_1(t) = \dfrac{2t(n-t)}{n(n-1)} \\ p_2(t) = \dfrac{4t(t-1)(n-t)(n-t-1)}{n(n-1)(n-2)(n-3)} \end{cases} \tag{4.3.6}$$

（6）故障检测：如果 $Z_G(t)$ 中某值显著地增加，那么存在突变点，表明故障发生。

4.3.3 案例分析

1. 数值仿真

本节给出了故障检测的加权图方法。该方法是一种无监督方法，需要将一系列的观测值构成一个带有突变点的测试矩阵。因此，数值仿真是由 40 个观测值构成的，突变点设定在 $\tau = 20$。前 20 个观测值满足 $N\left(0, I_2\right)$ 分布，而后 20 个观测值满足 $N\left((2,2)', I_2\right)$ 分布。数值仿真也考虑了离群点，用来验证该方法可以降低干扰对结果的影响。在这里定义离群点的均值为 0、标准差为 0.5，满足均匀分布，而且离群点为数据总量的 3%。时间序列的采样间隔为 10，按照 $0.25n$ 标准进行选择，n 为测试观测值的数量，在这里为 40。

基于欧氏最小生成树的连接图如图 4.3.1 所示，基于加权欧氏最小生成树的连接图如图 4.3.2 所示。这两种方法观测结果的连接顺序如表 4.3.1 所示，两种方法的故障检测效果如图 4.3.3 和图 4.3.4 所示。

图中，“△”表示在突变点 τ 之前得到的观测值（包括突变点的观测值），“○”表示在突变点 τ 之后得到的观测值。$R_G(t)$ 表示连接来自不同部分的两组观测值的边数，两部分观测值被可能的突变点 t 分割。由于边缘效应，不考虑采样时间前 5%和后 5%的观测值，图中虚线表示了前后 5%。

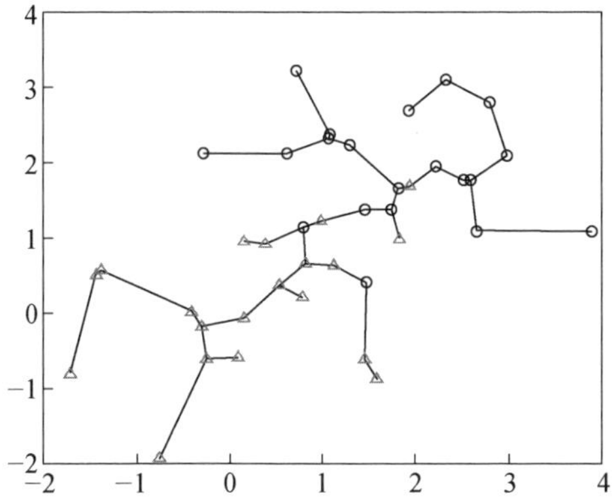

图 4.3.1　基于欧氏最小生成树的连接图

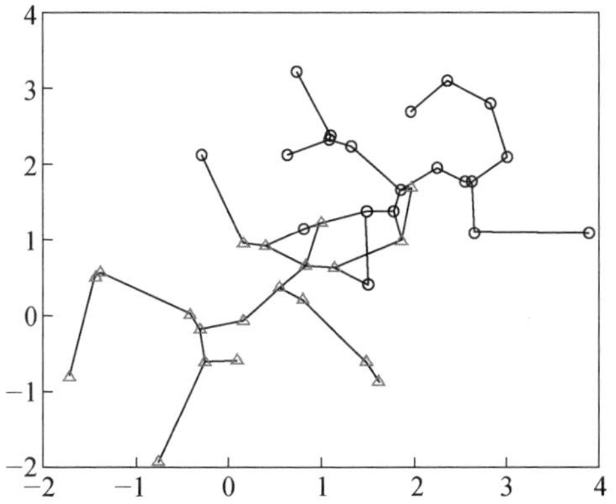

图 4.3.2　基于加权欧氏最小生成树的连接图

表 4.3.1　基于两种方法的观测结果的连接顺序表

序号	图方法	加权图方法	序号	图方法	加权图方法
1	1→4	1→4	21	33→14	40→35
2	4→5	4→5	22	21→35	21→26
3	4→12	4→12	23	21→26	35→29
4	12→16	12→16	24	35→29	29→24
5	1→2	1→2	25	29→24	24→27
6	2→3	2→3	26	24→27	34→38
7	2→9	2→9	27	34→38	38→30
8	9→6	9→6	28	38→30	30→22
9	6→31	9→7	29	30→22	30→39
10	9→25	7→18	30	30→39	22→23
11	25→13	9→13	31	39→28	37→31
12	25→7	13→25	32	22→23	3→10
13	7→18	6→14	33	31→10	10→8
14	13→37	14→17	34	10→8	5→11
15	37→33	17→34	35	5→11	11→20
16	33→34	34→33	36	11→20	26→32
17	34→17	33→37	37	26→32	18→28
18	17→36	34→36	38	20→15	20→15
19	36→40	36→40	39	12→19	12→19
20	40→21	40→21			

从图 4.3.1、图 4.3.2 和表 4.3.1 可以看出，与一般图方法相比，加权图方法的观测值更倾向于时间上与自己接近的观测值相连。例如，表 4.3.1 中第 9 个连接顺序，在一般图方法中第 6 个观测值试图连接到第 31 个观测值，而加权图方法中第 9 个观测值试图连接到第 7 个观测值。

从图 4.3.3 和图 4.3.4 可以看出，故障检测的图方法和加权图方法都可以检测到突变点，但加权图方法更加稳定。考虑到观测值之间的时间关系，加权图方法的故障检测波动较小。通过数值仿真说明了加权图方法具有很好的突变点检测能力，可用于工业过程的故障检测。

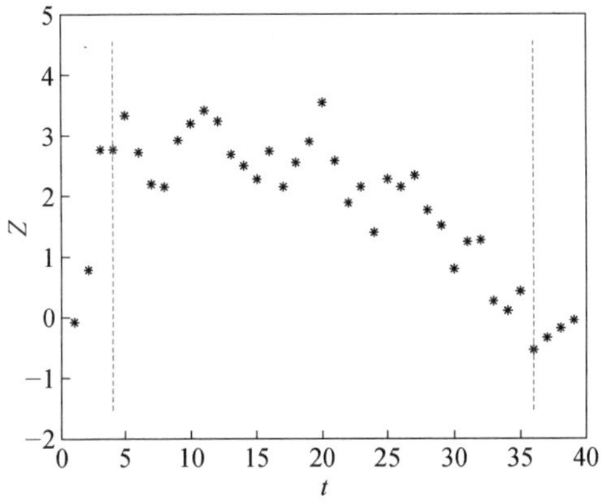

图 4.3.3　图方法的故障检测结果图

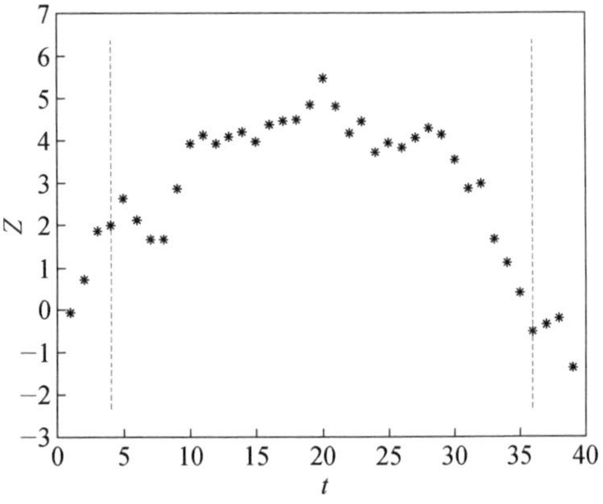

图 4.3.4　加权图方法的故障检测结果图

2. 高炉炼铁过程验证

在高炉炼铁过程中，铁矿石和焦炭等固态原燃料从炉顶逐层布料。低料线故障表明料线低于正常状态，崩料故障表明高炉内原料由于反应速度过快，料面突然出现下降的现象[10]。高炉的温度也是反映其生产条件的重要指标。因此，使用低料线、崩料和炉温向凉这三种常见的故障来验证加权图方法在高炉炼铁过程故障检测中的有效性。引入 PCA 方法进行对比分析。采集 18 个过程变量用于高炉故障检测。收集 20 个正常状态下的观测值用作 PCA 方法的训练矩阵。在正常条件下收集其他 20 个观测值用于调整 PCA 的控制限，其他 20 个观测值用于调整 PCA 的控制限，满足 5%的故障误报率。图方法、加权图方法、PCA 的测试矩阵包括 20 组正常状态下的观测值和 20 组故障观测值。PCA 模型满足 80%的累积贡献率，在主成分空间中保留 3 个主成分向量，其中，$\alpha=0.01$。T^2 统计量的控制限设定为 21.4，SPE 统计量的控制设定为 78.8。在第 21 个观测值处引入突变点。此部分的时间序列间隔为 10，以 0.25n 为基准，n 是测试观测值的数量，在这里取 40。

仿真结果如图 4.3.5～图 4.3.13 所示。表 4.3.2 列出了三种故障检测方法的效果比较。突变点出现在第 21 次采样时间。由于在第 21 组采样观测值之后 T^2 统计量和

SPE 统计量的值很大，所以预先设定 Y 轴的范围以便说明。

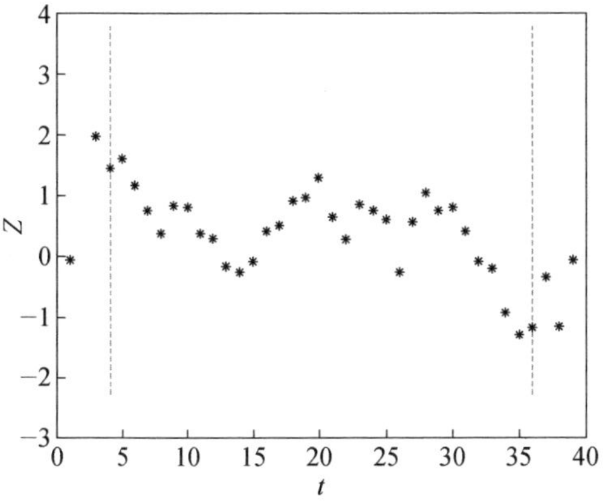

图 4.3.5　图方法的低料线故障检测结果图

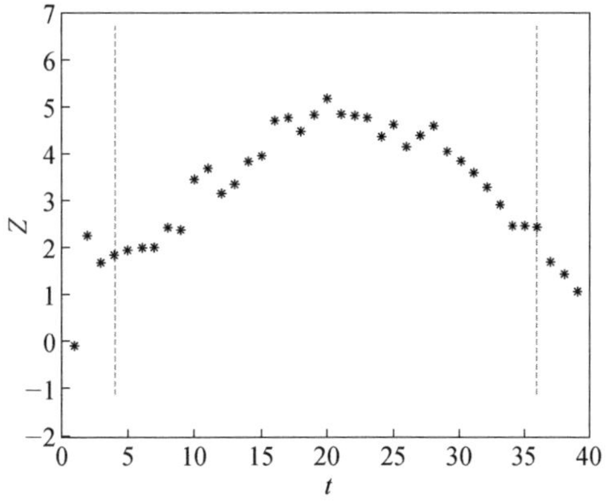

图 4.3.6　加权图方法的低料线故障检测结果图

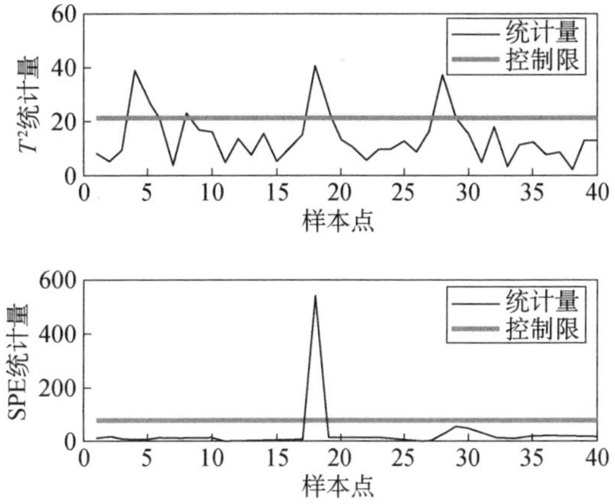

图 4.3.7　PCA 方法的低料线故障检测结果图

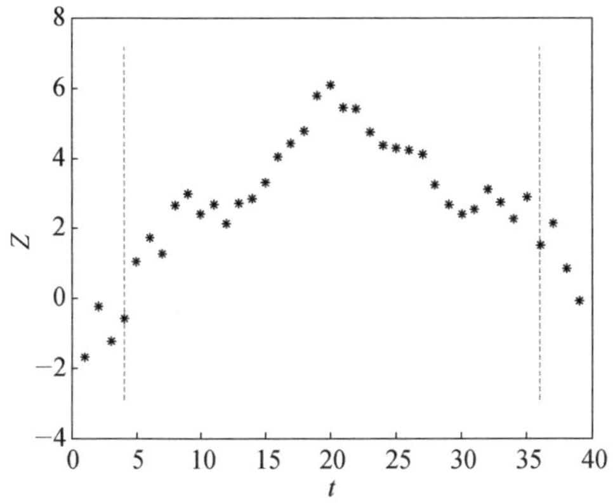

图 4.3.8　图方法的崩料故障检测结果图

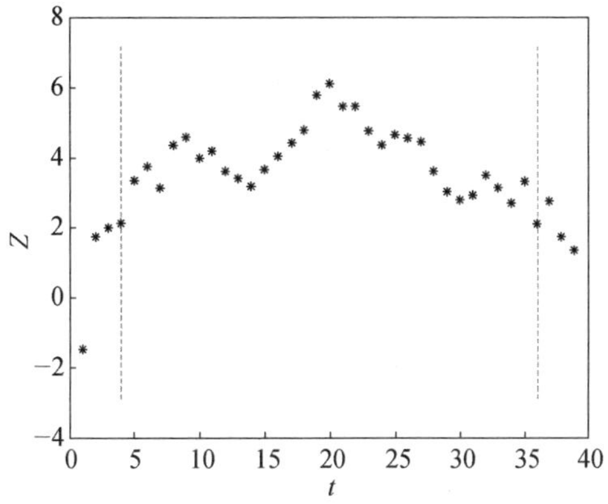

图 4.3.9　加权图方法的崩料故障检测结果图

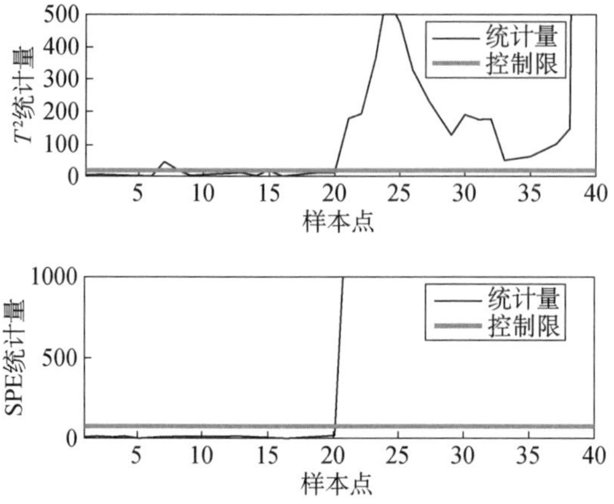

图 4.3.10 PCA 方法的崩料故障检测结果图

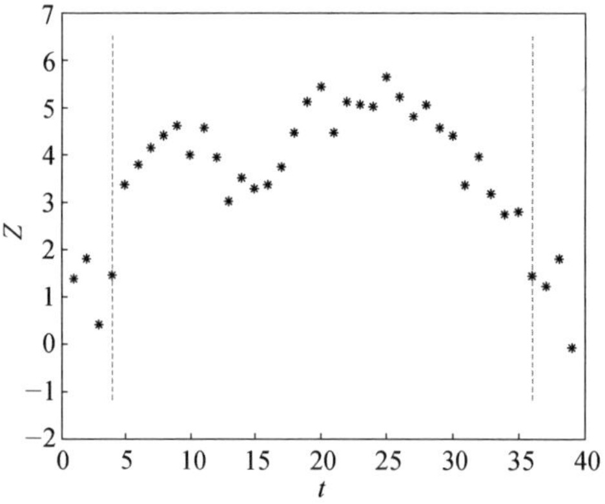

图 4.3.11 图方法的炉温向凉故障检测结果图

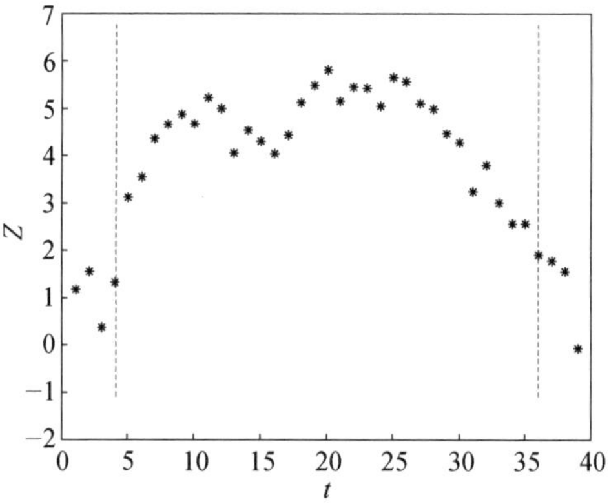

图 4.3.12 加权图方法的炉温向凉故障检测结果图

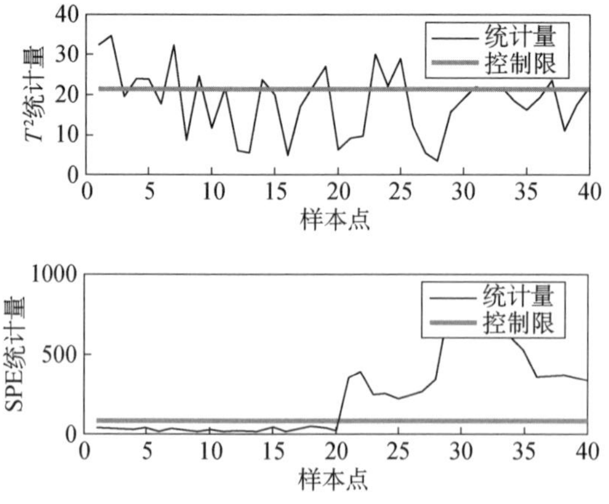

图 4.3.13 PCA 方法的炉温向凉故障检测结果图

表 4.3.2　高炉炼铁过程中三种故障检测方法效果比较

故障	图方法	加权图方法	PCA（T^2）	PCA（SPE）
低料线	N/A	21	N/A	N/A
崩料	21	21	21	21
炉温向凉	N/A	21	N/A	21

从图 4.3.5～图 4.3.13 和表 4.3.2 可以得出，加权图方法可以准确地检测到三种故障中的突变点，而图方法只能检测到崩料故障中的突变点。与加权图方法相比，PCA 方法无法检测低料线故障的突变点。这是由于高炉炼铁过程工艺复杂，传感器存在一定误差，环境干扰和操作变化综合导致了整个过程中存在大量的离群点。而加权图方法可以有效地减少异常值所带来的影响，更适用于高炉炼铁过程中的故障检测。另外，加权图方法考虑了采样观测值之间的时间关系，这部分关系涵盖了故障检测的重要时序信息。在第 21 次观测值中引入故障，加权图方法可以准确地检测出第 21 个采样点发生突变，这意味着加权图方法对高炉炼铁过程是有效的。可见，加权图方法的故障检测充分地利用采样观测值之间的时间关系来加强检测效果，减少漏报的发生。

4.4　故障检测的自适应无监督加权图方法

针对高炉炼铁过程数据标签难以获取及变量之间复杂关系难以量化表征的问题，本节给出一种故障检测的自适应加权图方法。利用参数调整最小生成树中权值的计算方法，从而降低变量之间复杂关系对故障检测效果的影响。在本节中，最小生成树中的权值由欧氏距离和马氏距离同时计算获得，距离的计算方法是由变量之间的相关关系决定的。最后，采用数值仿真和高炉炼铁过程实际数据验证本节提出方法的有效性。

4.4.1　问题描述

给定一系列采样观测值 x_i 包含 m 个变量，故障检测旨在确认在采集 t 个观测值后，过程是否发生故障。本节仅讨论存在一个突变点的情况，如果出现多个突变点，那么可以将过程分为多个部分实现每个部分的突变点检测。在正常生产工况下，过程是稳定运行的，采集到的观测值应该服从相同的分布[11]。因此，高炉炼铁过程故障检测可以用下述假设来描述。其中零假设是指在整个待检测的采样观测值中不存在故障，所有的数据服从相同的分布，如式（4.4.1）所示：

$$H_0 : \boldsymbol{x}_i \sim F_0,\ i = 1, 2, \cdots, n \tag{4.4.1}$$

式中，n 是全部采样观测值的数目；F_0 是采样观测值服从的分布。对比之下，备择假设如式（4.4.2）所示：

$$H_1 : \boldsymbol{x}_i \sim \begin{cases} F_0, & i \leqslant \tau \\ F_1, & i > \tau \end{cases} \tag{4.4.2}$$

式中，τ 是突变点。F_0 和 F_1 是采样观测值服从的两个不同的分布。

本节需要考虑下面两个假设。

假设 4.4.1 在高炉炼铁过程中采集到的观测值是独立的。

假设 4.4.2 本节为了简便计算，忽略噪声的影响。

在高炉炼铁过程中，采样观测值之间的独立性可以通过延长采样间隔实现。基于图的方法通过比较数据的不同分布来实现高炉炼铁过程的故障检测。噪声在整个高炉炼铁过程都是存在的，故障的出现不会影响噪声的分布。因此，假设 4.4.2 也是可以接受的。本节旨在利用高炉炼铁过程采集的变量之间的相关关系，通过引入参数调整最小生成树中权值的计算方法，对图方法进行改进，提高高炉炼铁过程的故障检测效果。由于本章的主要研究对象均是高炉炼铁过程的故障检测，利用的基础方法为基于图的突变点检测方法。因此，每部分的问题描述基本相同，为了方便读者阅读，在此进行特别介绍。

4.4.2 基于自适应无监督加权图的故障检测方法

1. 变量关系自适应的无监督加权图方法

高炉炼铁过程生产原理和运行环境极其复杂，采集到的观测值可能会被污染[12]。本节给出一种变量关系自适应的无监督加权图方法，并应用于高炉炼铁过程的故障检测。一般情况下，通过计算采样观测值之间的欧氏距离构建最小生成树。与欧氏距离相比较，马氏距离考虑了变量之间的相关关系，比较适合用于高炉炼铁过程的故障检测，但是马氏距离会放大变量的微小变化的影响[13]。

本节综合考虑欧氏距离和马氏距离的优点，计算最小生成树中的权重。首先计算变量之间的相关关系。如果某一个变量与其他所有变量之间的相关关系均小于 0.6，那么该变量可以看作与其他变量相关性较小，独立性较强，计算该变量对应的采样观测值之间的欧氏距离，相应的参数 λ 设置为 1；反之，对相应的变量计算马氏距离，相应的参数 β 设置为 1，上述描述总结如式（4.4.3）所示：

$$w_{ij} = \lambda_{ij} \left\| \boldsymbol{x}_i - \boldsymbol{x}_j \right\|_2 + \beta_{ij} \sqrt{\left(\boldsymbol{x}_i - \boldsymbol{x}_j\right) \boldsymbol{S}^{-1} \left(\boldsymbol{x}_i - \boldsymbol{x}_j\right)'} \tag{4.4.3}$$

式中，$\boldsymbol{x}_i$ 与 $\boldsymbol{x}_j$ 是第 i 个观测值和第 j 个观测值；$\lambda_{ij} \in \{0,1\}$、$\beta_{ij} \in \{0,1\}$ 可以看作相关关系因子，用来选择距离计算方法；w_{ij} 是两个采样观测值边的权重，用以构建最小生成树；$\boldsymbol{S}$ 是利用一些服从相同分布的采样观测值计算得到的协方差矩阵。

如果两个变量之间的相关关系小于 0.6，那么这两个变量可以看作相关关系较小，因此阈值选择为 0.6。如果某一个变量与其他变量的相关关系较小，那么可以不计算马氏距离，而选择计算欧氏距离。故障检测的统计量是统计连接来自两个不同组的采样观测值的边数，全部的采样观测值可由突变点候选值分为两个部分。如果这种类型的边的数目较小，那么说明故障发生。

2. **故障检测策略**

在高炉炼铁过程中采集一些包含 m 个变量的观测值 $\boldsymbol{x}_i, i=1,2,\cdots,n$。利用图方法获得一些分布相同的采样观测值 $\boldsymbol{y}_i, i=1,2,\cdots,10$，用于计算变量之间的相关关系。本节旨在判断第 $\boldsymbol{\tau}$ 个采样观测值后，是否出现突变点。自适应无监督加权图方法的故障检测步骤如下所示。

步骤 1：相关系数计算。观测值 $\boldsymbol{y}_i, i=1,2,\cdots,10$ 用来计算变量之间的相关关系，计算公式如式（4.4.4）所示[14]：

$$r_{ij} = \frac{\operatorname{cov}(m_i, m_j)}{\sqrt{\operatorname{var}(m_i)\operatorname{var}(m_j)}} \tag{4.4.4}$$

式中，m_i、m_j 是第 i 个与第 j 个变量；$\operatorname{cov}(m_i, m_j)$ 是变量 m_i、m_j 之间的协方差矩阵；$\operatorname{var}(m_i)$、$\operatorname{var}(m_j)$ 是变量 m_i、m_j 的方差。

步骤 2：变量选择。在本章中，变量之间的距离通过计算马氏距离和欧氏距离获得。如果某一个变量与其他所有变量的相关系数都小于 0.6，那么这个变量可以看作一个独立的变量。这些变量用来计算采样观测值之间的欧氏距离，将相应的参数 λ 设置为 1，利用公式可以表示为 $\lambda_{(i,:)} = \lambda_{(:,i)} = 1, \beta_{(i,:)} = \beta_{(:,i)} = 0$。反之，计算变量之间的马氏距离，将相应的参数 β 设置为 1，利用公式可以表示为 $\lambda_{(i,:)} = \lambda_{(:,i)} = 0$, $\beta_{(i,:)} = \beta_{(:,i)} = 1$。

步骤 3：欧氏距离计算。利用式（4.4.5）计算采样观测值之间的欧氏距离，存储于矩阵 $\boldsymbol{A}_1$[15]中：

$$a_{1ij} = \left\| \boldsymbol{x}_i - \boldsymbol{x}_j \right\|_2 \tag{4.4.5}$$

式中，$\boldsymbol{x}_i$、$\boldsymbol{x}_j$ 是第 i 个、第 j 个采样观测值[15]。

步骤 4：计算马氏距离。利用式（4.4.6）计算采样观测值之间的欧氏距离，存

储于矩阵 $\boldsymbol{A}_2$ 中：

$$a_{2ij}=\sqrt{\left(\boldsymbol{x}_i-\boldsymbol{x}_j\right)\boldsymbol{S}^{-1}\left(\boldsymbol{x}_i-\boldsymbol{x}_j\right)'} \tag{4.4.6}$$

式中，$\boldsymbol{x}_i$、$\boldsymbol{x}_j$ 是第 i 个、第 j 个采样观测值；$\boldsymbol{S}$ 是一些服从相同分布的采样观测值的协方差矩阵[16]。

步骤 5：权重计算。根据步骤 3 与步骤 4 计算得到的欧氏距离和马氏距离计算最小生成树的权重矩阵 $\boldsymbol{B}$，如式（4.4.7）所示：

$$\boldsymbol{B}=\lambda*\boldsymbol{A}_1+\beta*\boldsymbol{A}_2 \tag{4.4.7}$$

式中，λ、β 是在步骤 2 中计算得到的参数；$\boldsymbol{A}_1$、$\boldsymbol{A}_2$ 是相应的距离矩阵。

步骤 6：构造图。根据步骤 5 中计算得到的权重矩阵来绘制最小生成树[9]。

步骤 7：统计量计算。连接两个来自不同组的采样观测值边的数目，并将其作为故障检测统计量，全部的采样观测值被突变点候选值分为两个不同的组。统计量可以利用式（4.4.8）描述，并且 I_x 是一个指示函数：

$$R_G(t)=\sum_{(i,j)\in G} I_{g_i(t)\neq g_j(t)},\ g_i(t)=I_{i>t} \tag{4.4.8}$$

由于边的数量和突变点疑似值的位置是相关的，所以为了提高可解释性，将边的数目 $R_G(t)$ 利用其均值和方差进行标准化处理得到 $Z_G(t)$，如式（4.4.9）所示。由于一个较小的边的数目对应于突变点出现，为了方便起见，将 $Z_G(t)$ 进行反变换，若有一个较大的 $Z_G(t)$，则意味着故障出现：

$$Z_G(t)=-\frac{R_G(t)-E\left[R_G(t)\right]}{\sqrt{\mathrm{Var}\left[R_G(t)\right]}} \tag{4.4.9}$$

式中，

$$\begin{cases}E\left[R_G(t)\right]=p_1(t)|G| \\ \mathrm{Var}\left[R_G(t)\right]=p_2(t)|G|+\left(\dfrac{1}{2}p_1(t)-p_2(t)\right)\sum\limits_i\left|G_i\right|^2+\left(p_2(t)-p_1^2(t)\right)|G|^2 \\ p_1(t)=\dfrac{2t(n-t)}{n(n-1)} \\ p_2(t)=\dfrac{4t(t-1)(n-t)(n-t-1)}{n(n-1)(n-2)(n-3)}\end{cases} \tag{4.4.10}$$

式（4.4.10）中，$|G|$ 是指图 G 中边的数量；G_i 是一个子图包含所有连接采样观测值 x_i 的边；$|G_i|$ 是 G_i 中边的数量；$E\left[R_G(t)\right]$ 与 $\mathrm{Var}\left[R_G(t)\right]$ 分别是 $R_G(t)$ 的期望和方差。

步骤 8：故障检测。在正常情况下，采样观测值应服从相同的分布，最小生成树中边的分布应该是杂乱无序的。杂乱无序是指边的连接没有规律，没有出现某些点聚类的情况。如果采样观测值中存在一个突变点，意味着测试观测值服从不同的分布，那么步骤 7 中得到的统计量在某一个突变点疑似值处应该最大，表示高炉炼铁过程出现故障。

上述 8 个步骤给出了高炉炼铁过程故障检测流程。由于上述步骤较为复杂，因此利用一个简单的高斯例子来介绍解决上述变量之间相关关系的方法。测试数据矩阵由 40 个采样观测值组成，分别服从 $N\sim\left(0,I_6\right)$、$N\sim\left((5,5,5,5,5,5)',I_6\right)$ 的分布。在第 20 个采样观测值处存在一个突变点，6 个变量之间的相关系数如表 4.4.1 所示。

表 4.4.1　6 个变量之间的相关系数

变量	1	2	3	4	5	6
1	1	−0.1410	−0.1085	−0.1085	0.8222	−0.6057
2	−0.1410	1	−0.0107	−0.7807	0.1331	0.1937
3	−0.1085	−0.0107	1	−0.0063	−0.3500	0.0705
4	−0.1085	−0.7807	−0.0063	1	0.0111	−0.0973
5	0.8222	0.1331	−0.3500	0.0111	1	−0.4676
6	−0.6057	0.1937	0.0705	−0.0973	−0.4676	1

从表 4.4.1 中可以看出，变量 3 与其他 5 个变量的相关系数均小于 0.6。因此，对于变量 3，应该计算其采样观测值之间的欧氏距离并将其作为权重。其他 5 个变量则计算相应的马氏距离并将其作为权重。将二者的和作为最终的权值来构造最小生成树，最小生成树中测试采样观测值的连接顺序如表 4.4.2 所示。

表 4.4.2　最小生成树中测试采样观测值的连接顺序

序号	连接顺序	序号	连接顺序	序号	连接顺序	序号	连接顺序
1	1→12	11	6→13	21	26→22	31	24→36
2	12→7	12	1→14	22	22→31	32	36→32
3	12→16	13	7→11	23	31→21	33	36→35
4	16→3	14	11→2	24	21→29	34	32→30
5	3→4	15	2→17	25	29→40	35	36→37
6	16→5	16	13→10	26	40→33	36	37→39
7	5→20	17	10→9	27	40→25	37	30→28
8	20→6	18	9→8	28	25→34	38	28→23
9	6→18	19	17→19	29	25→38	39	28→27
10	18→15	20	19→26	30	38→24		

表 4.4.2 中，由于突变点疑似值位置的影响，前后 5%的采样观测，不考虑为真正的突变点，突变点检测示意图如图 4.4.1 所示。从图 4.4.1 中可以看出，在第 20 个采样观测值处，突变点检测统计量的值最大，实际上在第 20 个采样观测值处确实存在一个突变点，因此，本节提出的改进的基于图的突变点检测方法确实是有效果的。

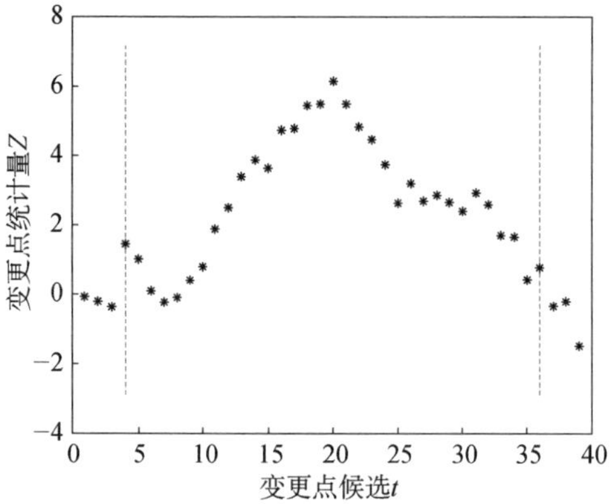

图 4.4.1　高斯数值仿真案例突变点检测示意图

4.4.3　案例分析

本章首先利用数值例子验证提出方法的效果，然后用一个实际的高炉炼铁过程验证故障检测效果。在数值仿真中，利用 MATLAB 软件获取 40 个采样观测值，在第 20 个采样观测值处存在一个突变点。前 20 个采样观测值与后 20 个采样观测值服从不同的分布。本章所提出的方法是用来检测不同的数据分布的。首先计算变量之间的相关系数。利用本章提出的方法检测突变点发生的采样时刻，并将这个数据与实际的突变点发生的时间相对比，来验证本章提出方法的效果。在高炉炼铁过程中，首先同样是根据一些服从相同分布的采样观测值来计算变量之间的相关系数。在高炉炼铁过程中采集的 120 个采样观测值包含 3 个故障：低料线、炉温向凉及悬料。每个测试矩阵包含 40 个采样观测值，故障发生在第 20 个采样时刻。记录故障检测的采样时刻，并与实际的故障发生时间进行对比，验证本章提出方法对高炉炼铁过程故障检测的效果。

在本章中，数据来自于国内某炼铁厂，低料线、炉温向凉及悬料故障用来验证本章提出方法的效果，高炉炼铁过程采集 18 个变量。测试矩阵包含 40 个采样观测值，故障发生在第 20 个采样时刻。故障检测结果如图 4.4.2～图 4.4.7 所示，检测的故障时间点比较如表 4.4.3 所示。

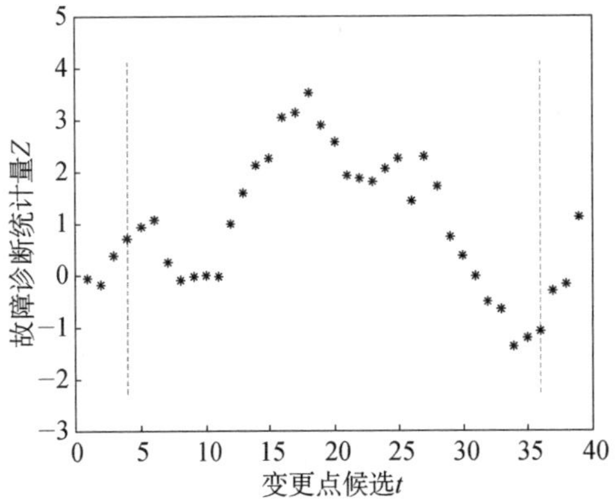

图 4.4.2　图方法的低料线故障检测结果

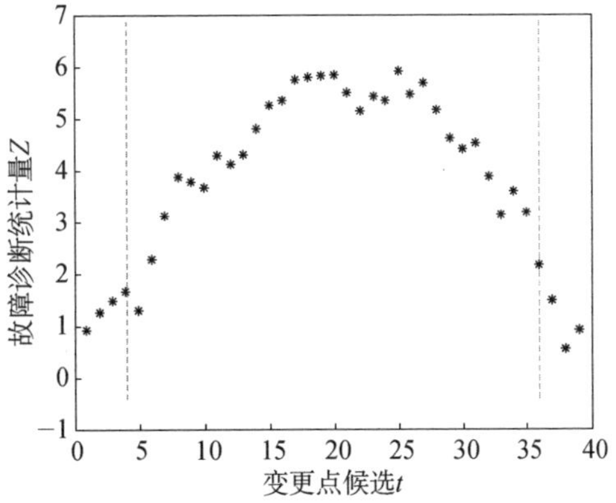

图 4.4.3　改进图方法的低料线故障检测结果

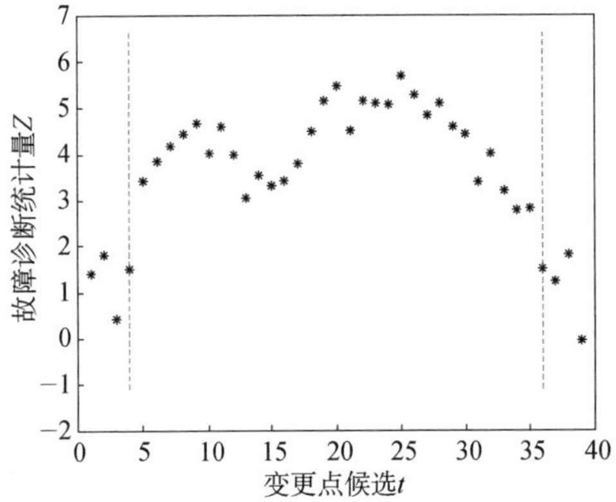

图 4.4.4　图方法的炉温向凉故障检测结果

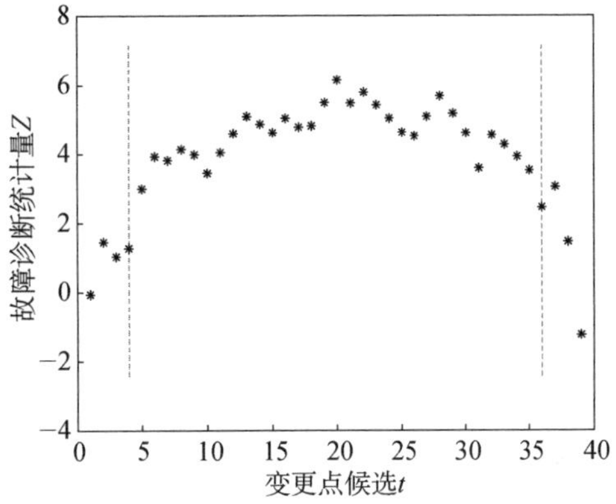

图 4.4.5　改进图方法的炉温向凉故障检测结果

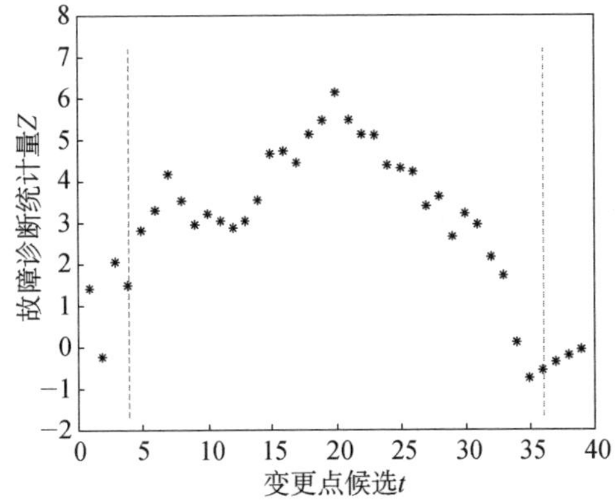

图 4.4.6　图方法的悬料故障检测结果

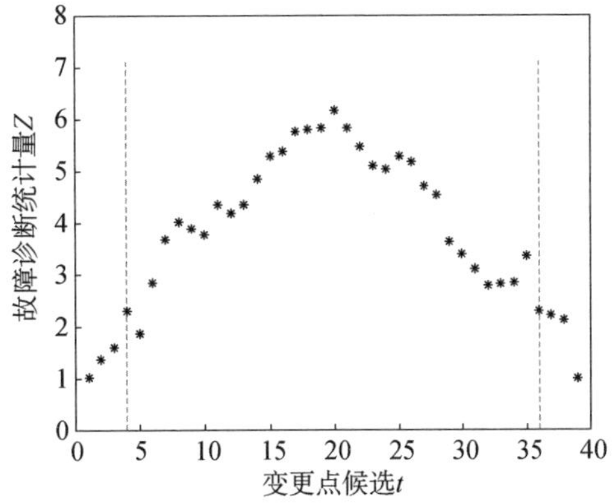

图 4.4.7　改进图方法的悬料故障检测结果

表 4.4.3 两种方法检测的故障时间点比较

故障	图方法（欧氏距离）	改进图方法（混合距离）
低料线	N/A	25
炉温向凉	25	20
悬料	20	20

图 4.4.2 与图 4.4.3 分别是利用图方法和改进图方法对高炉炼铁过程低料线故障的仿真结果。图方法统计量最大值出现在第 18 个采样时刻，这说明图方法检测出故障发生在第 18 个采样点。然而，在实际情况中，故障发生在第 25 个采样点，基于欧氏最小生成树图的方法不能有效地检测出低料线故障。对于低料线故障检测失效的原因可能是高炉炼铁过程中变量是存在相关关系的，而欧氏距离没有考虑这种变量之间的相关关系。在图 4.4.3 中可以看出，统计量最大值出现在第 25 个采样时刻，所给出的改进图方法可以在第 25 个采样点检测出故障。综上所述，对于低料线故障，本节提出的改进图方法取得了较好的故障检测结果。对于第 20 个采样点发生的炉温向凉故障，图方法的故障检测如图 4.4.4 所示，统计量最大值出现在第 25 个采样时刻，而本节提出的改进图方法如图 4.4.5 所示，最大量出现在第 20 个采样时刻。与图方法相比，本章给出的改进图方法可以更加准确地检测出高炉炼铁过程存在的故障。对于悬料这个故障，从图 4.4.6 和图 4.4.7 可以看出，两种方法都是在第 20 个采样时刻，统计量取得最大值，故障检测效果比较好。从表 4.4.3 中可以看出，改进图方法的故障检测效果较好，综合利用马氏距离和欧氏距离可以有效地考虑变量之间的关系，对高炉炼铁过程故障检测的提升效果显著。

参考文献

[1] Chen H, Zhang N. Graph-based change-point detection[J]. The Annals of Statistics, 2015, 43(1): 139-176.

[2] Chen H. Sequential change-point detection based on nearest neighbors[J]. The Annals of Statistics, 2019, 47(3): 1381-1407.

[3] Musulin E. Process disturbances detection via spectral graph analysis[J]. Computer Aided Chemical Engineering, 2014, 33: 1885-1890.

[4] Musulin E. Spectral graph analysis for process monitoring[J]. Industrial and Engineering Chemistry Research, 2014, 53(25): 10404-10416.

[5] An R, Yang C J, Pan Y. Unsupervised change point detection using a weight graph method for process monitoring[J]. Industrial and Engineering Chemistry Research, 2019, 58(4): 1624-1634.

[6] An R, Yang C J, Pan Y. Graph-based method for fault detection in the iron-making process[J]. IEEE Access, 2020, 8: 40171-40179.

[7] Friedman J H, Rafsky L C. Multivariate generalizations of the Wald-Wolfowitz and Smirnov two-sample tests [J]. The Annals of Statistics, 1979, 7(4): 697-717.

[8] Rosenbaum P R. An exact distribution-free test comparing two multivariate distributions based on adjacency[J]. Journal of the Royal Statistical Society: Series B (Statistical Methodology), 2005, 67(4): 515-530.

[9] Henze N. A multivariate two-sample test based on the number of nearest neighbor type coincidences[J]. The Annals of Statistics, 1988, 16(2): 772-783.

[10] Yin S, Ding S X, Haghani A, et al. A comparison study of basic data-driven fault diagnosis and process monitoring methods on the benchmark Tennessee Eastman process[J]. Journal of Process Control, 2012, 22(9): 1567-1581.

[11] Jämsä-Jounela S L. Current status and future trends in the automation of mineral and metal processing[J]. Control Engineering Practice, 2001, 9(9): 1021-1035.

[12] Zeng J, Gao C. Improvement of identification of blast furnace ironmaking process by outlier detection and missing value imputation[J]. Journal of Process Control, 2009, 19(9): 1519-1528.

[13] Ge Z, Song Z. Performance-driven ensemble learning ICA model for improved non-Gaussian process monitoring[J]. Chemometrics and Intelligent Laboratory Systems, 2013, 123(15): 1-8.

[14] Liao H, Xu Z, Zeng X J, et al. Qualitative decision making with correlation coefficients of hesitant fuzzy linguistic term sets[J]. Knowledge Based Systems, 2015, 76: 127-138.

[15] Zhou Z, Wen C, Yang C. Fault isolation based on k-nearest neighbor rule for industrial processes[J]. IEEE Transactions on Industrial Electronics, 2016, 63(4): 2578-2586.

[16] Shang J, Chen M, Zhang H. Fault detection based on augmented kernel Mahalanobis distance for nonlinear dynamic processes[J]. Computers and Chemical Engineering, 2018, 109: 311-321.

第5章 高炉炼铁过程故障诊断的隐马尔可夫模型

随着现代工业过程复杂性的不断增加，有效的故障检测和诊断手段对于保证工业设备安全运行、提升产品质量具有重要的作用。由于传感器的广泛使用，越来越多的工业数据得到采集，这促进了数据驱动的故障检测和诊断技术快速发展。然而工业过程操作条件的突然变化、复杂的动态性与不确定性都给现有的多元统计故障检测和诊断方法带来了很大的挑战。相比之下，隐马尔可夫模型（hidden Markov model，HMM）的强随机性和推理特性，使其对于具有动态性和不确定性的高炉炼铁过程故障检测与诊断具有极大的优势。

Zhou 等[1]在 2010 年将隐马尔可夫模型和信度规则库（belief rule base，BRB）相结合，提出了新的实时故障诊断模型，而且它可以不受外界环境因素变化的影响。针对电源系统状态趋势研究的问题，程延伟等[2]提出了加权 HMM 的状态预测方法。同年，Chen 等[3-5]提出基于隐半马尔可夫模型和多路主成分分析的方法，用于间歇过程的在线检测和故障诊断。Tobon-Mejia 等[6]提出了基于小波包分解技术和混合高斯模型的隐马尔可夫模型的故障预测方法，可以估计轴承的剩余使用寿命。Rashid 和 Yu[7]提出了基于隐马尔可夫模型的自适应独立成分分析法，用于复杂工业过程的故障检测。Ning 等[8]提出了基于 SPA-HMM 的方法来检测多工况过程。Wang 等[9,10]提出了基于 HMM 的概率比策略来识别多工况间的过渡过程。然而，对于高炉炼铁过程而言，更多的复杂情况使得现有技术无法实现准确的故障检测和诊断。

本章从变量选择、过程不确定性、多工况角度优化改进基于 HMM 的理论框架，给出两种面向高炉炼铁过程的故障检测和诊断方法：变量选择与滑窗 HMM（variable selection and moving window HMM，VS-MWHMM）和面向多模态的滑窗 HMM（moving window HMM，MWHMM）[11,12]。

5.1 隐马尔可夫模型概述

复杂工业过程使得过程数据特性异常多样，如过程测量中的非高斯性、动态相关性、非线性和不确定性等，这使特征提取尤为重要[13]。在传统的基于 HMM 的故障诊断方法中，只采用了一种特征提取方法，如 PCA[14]。但是过程数据在不同的操作条件下都有其自身的特点，使得单一的特征提取方法无法很好地把握各个阶段的特性。本节考虑过程变量间的线性和非线性关系，给出一种基于 PCA 和 KPCA 的切换特征提取方法。非线性度量用于分析过程变量之间的非线性关系，并根据度量结果选择合适的特征提取方法，具体方法将在下面进行介绍。

5.1.1 隐马尔可夫模型

HMM 是一个典型的动态贝叶斯网络模型，用于估计测量过程动态序列中状态转移的概率分布和测量输出的概率。HMM 假定随时间变化的观测值是由具有离散隐状态的底层过程产生的。而测量的过程变量可视为底层随机过程的实现。通常，隐马尔可夫模型包括以下关键要素。

（1）隐含状态的数目 N。隐马尔可夫模型中的隐含状态是无法通过直接观测而得到的。隐含状态可能有实际物理意义，也可能是没有意义的。一般来说，每个状态可以到达其他任何一个状态。用 $S=\{S_1,S_2,\cdots,S_N\}$ 表示所有隐含状态的集合，q_t 表示 t 时刻下的隐含状态。

（2）可观测状态的数目 M。用 $V=\{V_1,V_2,\cdots,V_M\}$ 表示所有可观测状态的集合，Q_t 表示 t 时刻下的观测状态。但隐含状态的数目可能和可观测状态的数目不一致，即 N 不一定等于 M。

（3）初始状态概率矩阵 $\boldsymbol{\pi}$。表示隐含状态在初始时刻的概率分布，见式（5.1.1）。例如，HMM 只有三个隐含状态，且在初始时刻 $P(S_1)=p_1$、$P(S_2)=p_2$、$P(S_3)=p_3$，则初始状态概率矩阵 $\boldsymbol{\pi}=[p_1\ p_2\ p_3]$。

$$\pi_i = P\,[q_1=S_i],\ 1\leqslant i\leqslant N,\quad \sum\nolimits_{i=1}^{N}\boldsymbol{\pi}_i=1 \tag{5.1.1}$$

（4）隐含状态转移概率矩阵 $\boldsymbol{A}$。它描述了 HMM 模型中各个隐状态间的转移概率，见式（5.1.2）和式（5.1.3）：

$$\boldsymbol{A}=\begin{bmatrix} a_{S_1,S_1} & a_{S_1,S_2} & \cdots & a_{S_1,S_N} \\ a_{S_2,S_1} & a_{S_2,S_2} & \cdots & a_{S_2,S_N} \\ \vdots & \vdots & \ddots & \vdots \\ a_{S_N,S_1} & a_{S_N,S_2} & \cdots & a_{S_N,S_N} \end{bmatrix} \tag{5.1.2}$$

$$\begin{aligned} & a_{S_i,S_j}=a_{i,j}=P[q_{t+1}=S_j\,|\,q_t=S_i],\quad 1\leqslant i,\quad j\leqslant N \\ & \sum\nolimits_{j=1}^{N}a_{i,j}=1,\quad 1\leqslant i\leqslant N \end{aligned} \tag{5.1.3}$$

式中，a_{S_i,S_j}（简记为 $a_{i,j}$）表示在 t 时刻，状态为 S_i 的条件下，在 $t+1$ 时刻状态是 S_j 的概率。

（5）观测状态转移概率矩阵 $\boldsymbol{B}$ 。它描述了观测状态在各个隐含状态下的概率分布，见式（5.1.4）和式（5.1.5）：

$$\boldsymbol{B}=\begin{bmatrix} b_{S_1,V_1} & b_{S_1,V_2} & \cdots & b_{S_1,V_M} \\ b_{S_2,V_1} & b_{S_2,V_2} & \cdots & b_{S_2,V_M} \\ \vdots & \vdots & \ddots & \vdots \\ b_{S_N,V_1} & b_{S_N,V_2} & \cdots & b_{S_N,V_M} \end{bmatrix} \tag{5.1.4}$$

$$\begin{aligned} & b_{S_j,V_k}=b_{j,k}=P[O_t=V_k \mid q_t=S_j],\quad 1\leqslant j\leqslant N,\quad 1\leqslant k\leqslant M \\ & \sum\nolimits_{k=1}^{M} b_{j,k}=1,\quad 1\leqslant j\leqslant N \end{aligned} \tag{5.1.5}$$

式中，b_{S_j,V_k}（简记为 $b_{j,k}$）表示在 t 时刻，隐含状态是 S_j 条件下，观测状态为 V_k 的概率。

5.1.2 自适应特征提取的故障诊断

非线性度量方法可有效地检测出给定数据集中各变量之间的线性或非线性关系，为是否对数据采用非线性特征提取方法提供了依据。该方法的主要思想是将原始数据集分成若干个区域，然后根据每个区域内相关系数矩阵的置信限估计其精确边界。通过比较各个区域内的残差及其相应的精确边界，确定给定数据集中变量间是线性关系还是非线性关系。在线性情况下，所有区域的残差均在精确边界以内；在非线性情况下，有一些残差落在精确边界以外。对于给定的实际数据，若至少有一个残差落在精确边界以外，意味着该数据集应该采用非线性的特征提取方法，具体方法如下所示。

（1）给定原始数据集 $\boldsymbol{X}\in\mathbb{R}^{n\times m}$（$n$ 为样本数目，m 为变量数目），将其分为 l 个区域，每个区域样本数为 $\tilde{n}=n/l$ 。

（2）计算相关矩阵每个元素的置信区间。原始数据集的相关矩阵如下：

$$\boldsymbol{S}_{zz}=\begin{bmatrix} s_{11} & s_{12} & \cdots & s_{1m} \\ s_{21} & s_{22} & \cdots & s_{2m} \\ \vdots & \vdots & \ddots & \vdots \\ s_{m1} & s_{m2} & \cdots & s_{mm} \end{bmatrix} \tag{5.1.6}$$

式中，矩阵是对称的且其中的元素可以表示为

$$S_{ij}=\frac{1}{\tilde{n}-1}\sum_{k=1}^{\tilde{n}}\frac{z_{ki}-\tilde{z}_i}{\sigma_i}\frac{z_{kj}-\tilde{z}_j}{\sigma_j} \tag{5.1.7}$$

式中，$\tilde{z}_i$ 和 $\tilde{z}_j$ 分别是第 i 、j 个变量均值的估计值；σ_i 和 σ_j 分别是第 i 个、第 j 个

变量标准差的估计值。由于 $\tilde{n}$ 是有限的，均值和标准差的估计值分别服从 t 和 χ^2 分布。对于 $\alpha=95\%$ 或 $\alpha=99\%$ 的置信水平，第 i 个平均值的置信限 ${}_z\mathrm{CONF}_\alpha^{(i)}$ 可以按照表 5.1.1 计算得到。表 5.1.2 总结了第 i 个变量方差的置信区域 ${}_s\mathrm{CONF}_\alpha^{(i)}$ 的计算过程。结合均值和方差的置信区间可以计算出相关矩阵中每个元素的上下限，具体可以表示成以下形式：

$$\boldsymbol{S}_{zz}=\begin{bmatrix} s_{11_L}\leqslant s_{11}\leqslant s_{11_U} & s_{12_L}\leqslant s_{12}\leqslant s_{12_U} & \cdots & s_{1m_L}\leqslant s_{1m}\leqslant s_{1m_U} \\ s_{21_L}\leqslant s_{21}\leqslant s_{21_U} & s_{22_L}\leqslant s_{22}\leqslant s_{22_U} & \cdots & s_{2m_L}\leqslant s_{2m}\leqslant s_{2m_U} \\ \vdots & \vdots & & \vdots \\ s_{m1_L}\leqslant s_{m1}\leqslant s_{m1_U} & s_{m2_L}\leqslant s_{m2}\leqslant s_{m2_U} & \cdots & s_{mm_L}\leqslant s_{mm}\leqslant s_{mm_U} \end{bmatrix} \tag{5.1.8}$$

式中，指数 U 与 L 分别代表上限和下限，其简化版本如下：

$$\boldsymbol{S}_{ZZ_L}\leqslant\boldsymbol{S}_{ZZ}\leqslant\boldsymbol{S}_{ZZ_U} \tag{5.1.9}$$

式中，矩阵 $\boldsymbol{S}_{ZZ_L}$ 与 $\boldsymbol{S}_{ZZ_U}$ 分别包含下限和上限的值。

表 5.1.1　均值置信限的计算

步骤	描述	公式
1	t 分布下确定 c_i	$c_i=f_1^{-1}\left(\dfrac{1+\alpha}{2}\right)$
2	计算均值 $\overline{z}_i$ 和方差 s_i	$\overline{z}_i=\dfrac{1}{\tilde{n}}\sum_{k=1}^{\tilde{n}}z_{ki}$，$s_i=\dfrac{1}{\tilde{n}-1}\sum_{k=1}^{\tilde{n}}(z_{ki}-\overline{z}_i)^2$
3	计算 μ_i	$\mu_i=\dfrac{s_ic_i}{\sqrt{\tilde{n}}}$
4	确定置信限	${}_z\mathrm{CONF}_\alpha^{(i)}\{\overline{z}_i-\mu_i\leqslant\overline{z}_i\leqslant\overline{z}_i+\mu_i\}$

表 5.1.2　方差置信限的计算

步骤	描述	公式
1	确定 χ^2 分布下的 c_{i1} 和 c_{i2}	$c_{2i}=f_2^{-1}\left(\dfrac{1-\alpha}{2}\right)$，$c_{2i}=f_2^{-1}\left(\dfrac{1+\alpha}{2}\right)$
2	计算 $(\tilde{n}-1)s_i$	—
3	计算 μ_{1i} 和 μ_{2i}	$\mu_{1i}=\dfrac{(\tilde{n}-1)s_i}{c_{1i}}$，$\mu_{2i}=\dfrac{(\tilde{n}-1)s_i}{c_{2i}}$
4	确定置信限	${}_s\mathrm{CONF}_\alpha^{(i)}\{\mu_{2i}\leqslant s_i\leqslant\mu_{1i}\}$

根据残差等于 PCA 模型丢弃特征值之和：

$$\sigma = \sum\nolimits_{j=1}^{m} \sigma_j = \sum\nolimits_{k=a+1}^{m} \lambda_k \tag{5.1.10}$$

式中，σ_j 表示第 j 个变量的残差；λ_k 是 $\boldsymbol{S}_{ZZ}$ 中第 k 大的特征值。由于特征值 $\lambda_{a+1},\cdots,\lambda_m$ 依赖于相关矩阵 $\boldsymbol{S}_{ZZ}$ 中的元素，故可以得到每个特征值尽可能大的一组特征值。相应地，也可以获得每个特征值尽可能小的一组特征值。

这就引出以下优化问题：

$$\begin{aligned}\lambda_{k_{\text{MAX}}} &= \underset{\Delta S_{ZZ_{\text{MAX}}}}{\operatorname{argmax}} \lambda_k (\boldsymbol{S}_{ZZ} + \Delta \boldsymbol{S}_{ZZ_{\text{MAX}}}) \\ \lambda_{k_{\text{MIN}}} &= \underset{\Delta S_{ZZ_{\text{MIN}}}}{\operatorname{argmax}} \lambda_k (\boldsymbol{S}_{ZZ} + \Delta \boldsymbol{S}_{ZZ_{\text{MIN}}})\end{aligned} \tag{5.1.11}$$

受以下约束：

$$\begin{aligned}\boldsymbol{S}_{ZZ_L} \leqslant \boldsymbol{S}_{ZZ} + \Delta \boldsymbol{S}_{ZZ_{\text{MAX}}} \leqslant \boldsymbol{S}_{ZZ_U} \\ \boldsymbol{S}_{ZZ_L} \leqslant \boldsymbol{S}_{ZZ} + \Delta \boldsymbol{S}_{ZZ_{\text{MIN}}} \leqslant \boldsymbol{S}_{ZZ_U}\end{aligned} \tag{5.1.12}$$

式中，$\Delta \boldsymbol{S}_{ZZ_{\text{MAX}}}$ 与 $\Delta \boldsymbol{S}_{ZZ_{\text{MIN}}}$ 分别是 $\boldsymbol{S}_{ZZ}$ 产生的最大特征值 $\lambda_{k_{\text{MAX}}}$ 和最小特征值 $\lambda_{k_{\text{MIN}}}$ 的扰动。根据式（2.26），对于未舍弃特征值的最大值可以得到一个最大阈值估计 σ_{MAX}，同理，也可以得到一个最小阈值估计 σ_{MIN}，具体可以表示为

$$\sigma_{\text{MAX}} = \sum_{k=a+1}^{m} \lambda_{k_{\text{MAX}}}, \quad \sigma_{\text{MIN}} = \sum_{k=a+1}^{m} \lambda_{k_{\text{MIN}}} \tag{5.1.13}$$

式中，最大和最小阈值进一步定义为精确边界。这与在同一操作区域内来自同一过程的任何数据不能产生较大或较小的 PCA 模型预测方差这一事实有关，通过比较各个区域内残差及精确边界，可以确定变量间关系。

在本节中，HMM 与切换的特征提取方法集成在一起用于工业过程的故障诊断。上述方法包含三个步骤：非线性度量、特征提取和故障分类。

首先，度量不同模式下过程变量之间的非线性。原始数据分成若干个区域并确定精确边界。如果所有残差都落在每个区域的精度边界内，那么 PCA 比 KPCA 更适合于特征提取，反之亦然。其次，每种模式下数据分别采用上述判断的特征提取方法进行处理。例如，如果选择 PCA，那么将提取的主成分用作 HMM 的观察序列。最后，通过 Baum-Welch 方法建立 HMM 的模型库，其中，包括一个用于正常工况的 HMM 和若干故障工况的 HMM。当需要识别一个未知故障时，计算 $P(O|\lambda_i)(i=1,\cdots,N)$，其中，$\lambda_1$ 表示正常工况下建立的 HMM，$\lambda_2,\cdots,\lambda_N$ 表示相应故障工况下建立的 HMM，O 表示观测序列，$P(O|\lambda_i)$ 表示给定模型参数 λ_i 下观测序列 O 出现的概率。$P(O|\lambda_i)$ 最大值对应的 $i(i=1,\cdots,N)$ 表示当前发生的故障。

5.2　故障诊断的隐马尔可夫模型

考虑到工业过程的内在不确定性和动态性，本节给出用于故障诊断的有效变量选择方法和移动窗口隐马尔可夫模型（VS-MVHMM）。首先，考虑到并非所有过程变量都有利于故障的识别，提出基于变异系数的变量选择方法来选择对故障更为敏感的变量。其次，不仅仅考虑单个样本的后验概率，而是引入移动窗口来利用样本间的依赖性提高在线故障识别的准确性。此外，还定义了基于 MVHMM 的阈值统计量来识别工业过程中的未知故障。该方法首先通过数值仿真验证其有效性。然后在某钢铁厂 2 号高炉产生的真实数据上进行验证。

5.2.1　有效变量选择与故障诊断

1. 有效变量选择

众所周知，变量选择对于工业故障检测至关重要[15]。但是这一点在现代工业故障诊断中很少考虑。即使考虑到这一点，也只是根据专家知识来处理[16-18]。然而，基于专家知识的变量选择方法不能应用更深层次的知识，这对早期故障识别是不利的。因此，本节提出一种基于变异系数的有效变量选择方法。它可以选择出对故障更为敏感的变量，这对故障检测是十分有利的。变异系数（coefficient of variation，CV）是反映单位平均值上分散程度的一个指标。它可以消除不同单位和平均值对变异程度的影响，它可以计算如下：

$$\mathrm{CV}=\frac{\sigma}{\mu} \tag{5.2.1}$$

式中，σ 代表变量的标准差；μ 代表变量的均值。

考虑两个数据集 X 和 X_f。应该注意的是，数据集 X 中的样本是在正常操作下采集的，而数据集 X_f 中的样本是在系统故障时采集的。其中，$X\in\mathbb{R}^{m*n}=\left\{X_{m,1},X_{m,2},\cdots,X_{m,n}\right\}$，$m$ 代表观测的样本数，n 代表变量数。$X_f\in\mathbb{R}^{m_f*n}=\{X_{m_f,1},X_{m_f,2},\cdots,X_{m_f,n}\}$，$m_f$ 代表观测的样本数，n 代表变量数。

$$\mathrm{CV}(X)=\{\mathrm{CV}(X_{m,1}),\ \mathrm{CV}(X_{m,2}),\cdots,\mathrm{CV}(X_{m,n})\} \tag{5.2.2}$$

$$\mathrm{CV}(X_f)=\{\mathrm{CV}(X_{m_f,1}),\ \mathrm{CV}(X_{m_f,2}),\cdots,\mathrm{CV}(X_{m_f,n})\} \tag{5.2.3}$$

$$\mathrm{DCV}=\{\mathrm{CV}(X)-\mathrm{CV}(X_f)\} \tag{5.2.4}$$

$$\mathrm{DCV}_i=\left|\mathrm{CV}(X_{m,i})-\mathrm{CV}(X_{m_f,i})\right|=\left|\frac{\sigma(X_{m,i})}{\mu(X_{m,i})}-\frac{\sigma(X_{m_f,i})}{\mu(X_{m_f,i})}\right| \tag{5.2.5}$$

式中，DCV 是变异系数差的绝对值。因此 DCV_i 表示故障发生前后第 i 个变量的变化程度。如果它的值相对较大，那么意味着它自发生故障以来产生了相对较大的变化。换句话说，变量对故障更敏感。基于上述分析，这种策略可以用来选择真正影响故障的变量。将 DCV 中前 a 个最大值所对应的变量作为模型的输入变量。

2. **故障诊断**

在本节中，故障诊断是指将正常或故障标签分配给样本。除了已知的故障，在工业过程中没有考虑到的未知故障也是可能出现的，需要更多的关注。在这里，基于 MVHMM 定义了一个阈值统计量用于识别未知故障。此外，基于 Viterbi 算法可以识别正常模式和各种已知故障模式[1]。将在该过程中可能发生的每一种操作模式都视为隐状态之一。

S_1：正常操作模态。

S_2：故障 1。

S_3：故障 2。

⋮

S_L：第 $L-1$ 个故障。

基于 Baum-Welch 方法，HMM 参数 $\lambda=\{\boldsymbol{A},\boldsymbol{B},\boldsymbol{\pi}\}$ 可以由给定的隐藏状态序列、相应的观测序列和初始状态概率分布决定[19]。需要注意的是，所有训练样本的模式都是事先已知的，这意味着未知故障只出现在测试集中。同时，可以得到观测概率密度分布矩阵 $b_i(\boldsymbol{Y}_t)=P(\boldsymbol{Y}_T \mid q_t=S_i)$。矩阵中的元素表示当前观察样本属于每种操作模式的概率。对于观察样本，它属于自己模式的概率远大于属于其他模式的概率。

$$\boldsymbol{Y}_{T*a}=\{\boldsymbol{Y}_1, \boldsymbol{Y}_2, \cdots, \boldsymbol{Y}_T\} \tag{5.2.6}$$

式中，T 表示训练集中观测样本的序号；a 表示训练集中变量的数目。

一旦完成模型训练，训练集中每个观测样本的后验概率的方差 $\boldsymbol{\sigma}_t^2$ 可以计算如下：

$$\sigma_t^2=\operatorname{var} P(\boldsymbol{Y}_t \mid q_t=S_i)=\frac{\sum_{i=1}^{L}(P(\boldsymbol{Y}_t \mid q_t=S_i))^2}{L} \tag{5.2.7}$$

$$\overline{P}_t=\frac{\sum_{i=1}^{L} P(\boldsymbol{Y}_t \mid q_t=S_i)}{L} \tag{5.2.8}$$

只要当前的观测样本属于已知模式之一，其后验概率的方差就是一个相对较大的值。相反，如果观测样本不属于任何已知模式，那么它属于每个已知模式的概率都将非常小。因此，它的方差是一个极小的值。基于上述分析，每个观测样本后验概率的方差可以作为识别未知故障的指标。由于训练集中的所有模式都是已知的，所以可以通过最小化所有训练样本后验概率的方差来获得预先设定的阈值 P_t^* 。如果后验概率的方差小于 P_t^* ，那么表明在该过程中未知模式出现。阈值为

$$P_t^* = \alpha * \min(\sigma_t^2) \tag{5.2.9}$$

式中，α 是 P_t 的容忍参数，实际上为了保证阈值 P_t^* 的有效性，它是一个极小的值。不仅仅考虑测试集中单个样本的后验概率，而是引入移动窗口来利用样本间的依赖性。在每个时刻，移动窗口中都包含每个变量的动态测量信息。通过准确地分析窗口内测量数据的动态特性，获得运行过程的动态信息。这可以避免单个样本中所包含信息不足的缺点，并且有助于在线样本的准确识别。

测试集中第 k 个移动窗内的观测序列可以表示为

$$\boldsymbol{Y}_{w*a}^k = \{\boldsymbol{Y}_{k-w+1}, \boldsymbol{Y}_{k-w+2}, \cdots, \boldsymbol{Y}_k\} \tag{5.2.10}$$

式中，w 代表移动窗的长度；k 代表移动窗索引。

需要说明的是，当移动窗用于截取过程数据的动态信息时，需要根据具体过程的动态特性选择合适的窗口长度。对于动态响应快速的过程，窗口的长度应选择短一些，这有利于模态的快速识别。而对于一些动态响应相对较慢的过程，应该选择一个更长的窗口，这样才可能包含更完整的过程动态信息，这对精确的模式识别是有益的。

在识别未知故障后，利用观测概率密度分布矩阵将当前观测值划分到合适的工况。第 k 个移动窗内观测样本对应的最佳状态序列 $\boldsymbol{Q}_w^* = \{q_{k-w+1}, q_{k-w+2}, \cdots, q_k\}$ 可以根据 Viterbi 算法通过最大化条件概率 $P(\boldsymbol{Q} \mid \boldsymbol{Y}, \lambda)$ 来获得，即

$$\boldsymbol{Q}_w^* = \underset{\boldsymbol{Q}_w}{\arg\max}\, P(q_{k-w+1}, q_{k-w+2}, \cdots, q_k \mid \boldsymbol{Y}_{k-w+1}, \boldsymbol{Y}_{k-w+2}, \cdots, \boldsymbol{Y}_k, \lambda) \tag{5.2.11}$$

式中，$\boldsymbol{Q}_w^*$ 代表相应观测序列 $\boldsymbol{Y}_{w*a}^k$ 的最佳隐状态序列。序列中的每个隐状态代表一个特定的操作工况。因此，任何故障诊断样品都可以划分为适当的操作工况。

5.2.2　基于隐马尔可夫模型的故障诊断模型

综上所述，本节给出 VS-MVHMM 故障诊断算法。所给出的算法可以分为两部分：离线学习和在线监测，如图 5.2.1 所示。

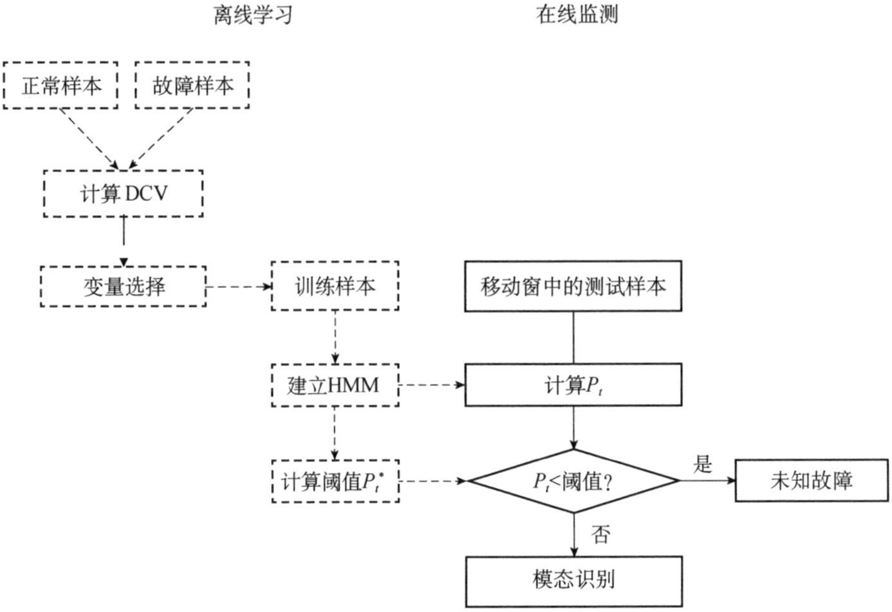

图 5.2.1 基于 VS-MVHMM 的算法流程图

具体过程如下所示。

步骤 1：根据正常数据和故障数据计算 DCV，并选择与 DCV 中前 a 个最大值所对应的变量作为模型的输入变量。

步骤 2：通过训练数据（只包括已知模式）构造隐马尔可夫模型，并用 Baum-Welch 算法求出参数 $\lambda=\{\boldsymbol{A},\boldsymbol{B},\boldsymbol{\pi}\}$。

步骤 3：利用训练好的 HMM 计算识别未知故障的阈值 P_t^*。

步骤 4：移动窗口每次向前移动一步，意味着移动窗口中最新的故障检测样本流入并同时移出最旧的样本。

步骤 5：对于每个新的故障检测样本，将其后验概率方差与阈值 P_t^* 进行比较，并确定它是来自已知模式还是未知故障。

步骤 6：如果最新的观测值来自已知模式，那么使用 Viterbi 算法来确定当前移动窗口的模式向量。

5.2.3 案例分析

本节对某钢铁厂 2 号高炉收集的实际数据进行了测试。在这个例子中，将使用某钢铁厂 2013 年 12 月 21 日至 2014 年 1 月 20 日的数据，共包含 31 天的检测信息，其中，采集到两个典型故障包括悬料和管道行程。表 5.2.1 列出了 2 号高炉炼铁过程中的测量变量，数据集的采样时间为 10s。

表 5.2.1　2 号高炉炼铁过程中的测量变量

变量序号	变量描述
1	富氧率（%）
2	透气性指数
3	标准风速（m/s）
4	富氧流量（m^3/s）
5	冷风流量（$10^4m^3/s$）
6	炉腹煤气量（m^3）
7	炉腹煤气指数
8	富氧压力（MPa）
9	冷风压力 1（kPa）
10	冷风压力 2（kPa）
11	全压差（kPa）
12	热风压力 1（kPa）
13	热风压力 2（kPa）
14	实际风速（m/s）
15	冷风温度（℃）
16	热风温度（℃）
17	顶温 1（℃）
18	顶温 2（℃）
19	顶温 3（℃）
20	顶温下降管（℃）
21	每小时实际喷煤（t/h）

应该指出的是，在这段时间内只会出现两种故障：悬料和管道行程。故为了验证本节提出方法对未知故障识别的有效性，这里将管道行程作为未知故障。为了选择对悬料更为敏感的变量，在数据集中使用了 55579 个连续正常样本和 3986 个与悬料相对应的样本。然后根据本节所提出方法计算 CV 和 DCV，相应的结果如图 5.2.2 和图 5.2.3 所示。选择 DCV 中前七个最大值所对应的变量作为模型的输入变量，并列于表 5.2.2 中。

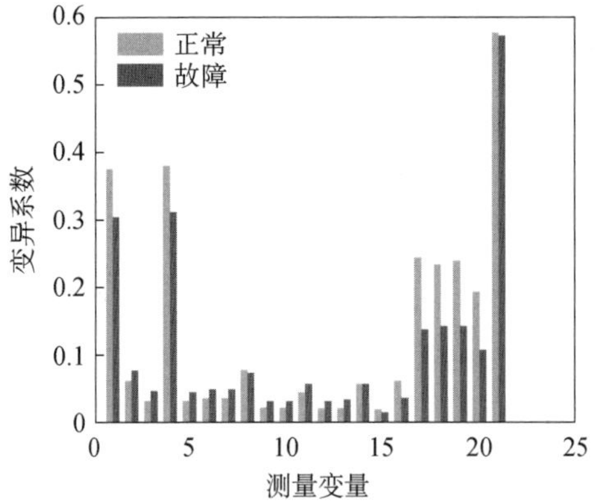

图5.2.2　变异系数对比图

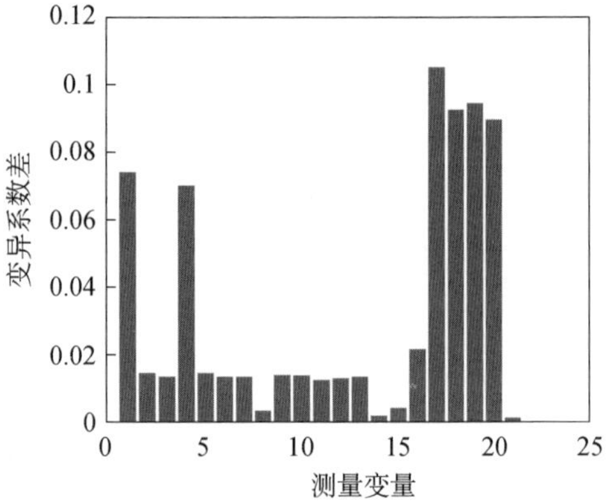

图5.2.3　变异系数差

表 5.2.2　高炉炼铁过程中选取的测量变量

变量序号	变量描述
1	富氧率（%）
2	富氧流量（m^3/s）
3	热风温度（℃）
4	顶温 1（℃）
5	顶温 2（℃）
6	顶温 3（℃）
7	顶温下降管（℃）

将 2013 年 12 月 21 日 00:20 至 2013 年 12 月 28 日 09:40 的数据作为训练集。根据钢厂的事故报告，2 号高炉在 2013 年 12 月 22 日 22:29（训练组的 59580 个采样点）出现了悬料。为了验证本节提出的故障检测方法的有效性，本节将以下三段数据用于测试。

案例 1：2013 年 12 月 28 日 17:52 至 2013 年 12 月 29 日 00:26，铁厂事故报告记录了悬料的发生。

案例 2：2013 年 12 月 30 日 23:44 至 2013 年 12 月 31 日 05:18，铁厂事故报告记录了管道行程的发生。

案例 3：2014 年 1 月 4 日 11:27 至 2014 年 1 月 20 日 20:50，铁厂事故报告记录了悬料的发生。

故障识别的结果如图 5.2.4～图 5.2.7 所示。可以看出，本节提出的故障识别算法能够比原来的 HMM 提前检测到故障。从图 5.2.4 得到，本节所提出的方法比原来的 HMM 提前了 1184 个时刻（大约 3.3h）。这表明本节提出的方法对于故障炉况的早期诊断是有效的。

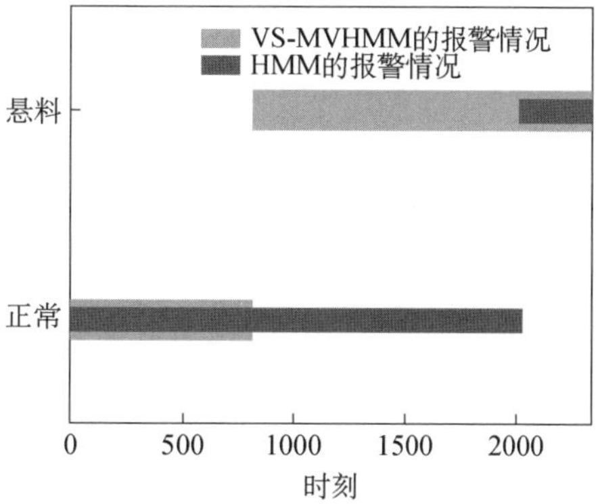

图 5.2.4　2013 年 12 月 29 日发生悬料

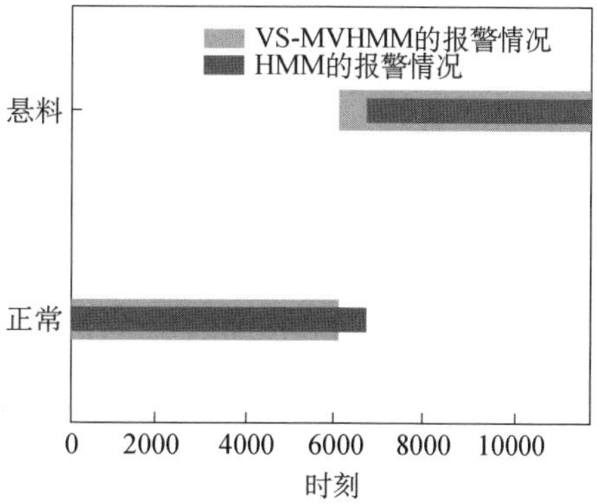

图 5.2.5　2014 年 1 月 5 日发生悬料

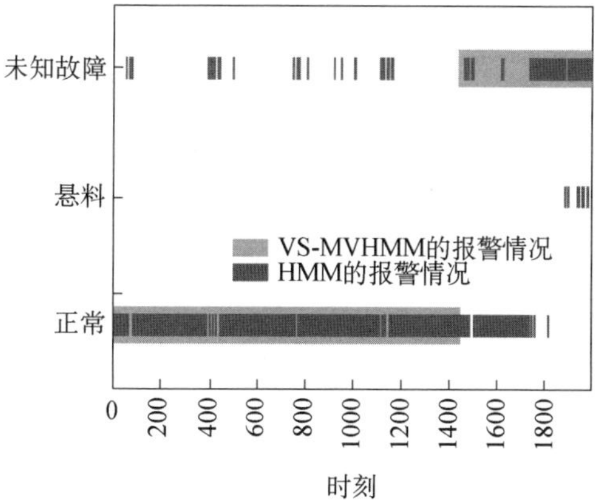

图 5.2.6　2013 年 12 月 31 日发生未知故障

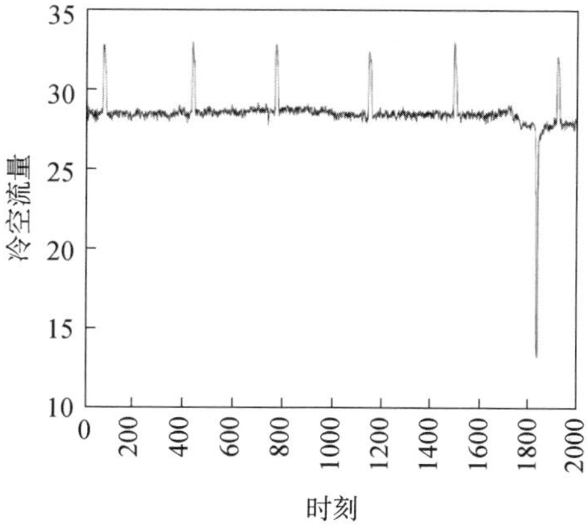

图 5.2.7　2013 年 12 月 31 日冷风流量

原始 HMM 将五个周期性短暂过程分类为未知故障。通过分析这种故障结果，发现这五个阶段对应于热风炉的换炉切换过程。热风炉的切换操作是将热风炉由燃烧改为送风，由送风改为燃烧。在换炉过程中，由于需要向高炉提供热风，高炉的风温、风量、风压等数据在短时间内会发生波动。由于热风炉的变化，这一时期的数据可以看作干扰。而在原算法中，这种周期性扰动被认为是故障。然而，在 VS-MVHMM 方法中，有效变量的选择使得与它相关的变量并没有包含进去，它相当于间接地去除了这部分的干扰。因此，它具有更好的识别效果。为了说明上述分析的正确性，图 5.2.7 给出了相同时期内冷风流量图。

5.3　多工况过程故障诊断的移动窗隐马尔可夫模型

由于多工况的存在，传统的故障诊断技术不适用于复杂的工业过程。虽然关于这个问题的文献研究越来越多，但其中只有少数是基于 HMM 的。然而，在此基础上的工业过程中没有涉及对未知工况的探索。本节提出一种基于MVHMM的实时多工况过程监控方法。首先，不仅仅考虑单个样本的后验概率，而引入移动窗口来利用样本间的依赖性来提高在线模式识别的准确性。另外，定义基于MVHMM的阈值统计量，用于识别未知工况。其中，已知工况中稳定工况和过渡工况是基于维特比算法识别的。其次，本节对已知工况的故障检测提出一种新的故障检测方案，其有效性通过数值仿真进行验证。

5.3.1 工况识别

在本节中，工况识别是指将工况标签分配给样本。除了已知的工况，在工业过程中没有考虑到的未知工况也是可能出现的，需要更多的关注。因此，这里的工况包含已知工况（稳定工况和过渡过程）及未知工况。准确识别在线数据工况是保证工业过程安全稳定运行的关键。本节基于MVHMM定义了一个阈值统计量用于未知工况的识别。此外，基于Viterbi算法可以识别稳定工况和工况间的过渡过程。在该过程中可能发生的每一种工况都视为隐状态之一。

S_i：第一种工况。

S_2：第二种工况。

S_3：第三种工况。

$\vdots$

S_L：第L种工况。

基于Baum-Welch算法，HMM参数$\lambda=\{\boldsymbol{A},\boldsymbol{B},\boldsymbol{\pi}\}$可以由给定的隐藏状态序列、相应的观察序列和初始状态概率分布决定。需要注意的是，所有训练样本的模式都是事先已知的，这意味着未知工况只出现在测试集中。

同时，可以得到观测概率密度分布矩阵$b_i(\boldsymbol{Y}_t)=P(\boldsymbol{Y}_T\mid q_t=S_i)$。矩阵中的元素表示当前观察样本属于每种工况的概率。对于观察样本，它属于它自己工况的概率远大于它属于其他工况的概率。

$$\boldsymbol{Y}_{T*a}=\{\boldsymbol{Y}_1,\boldsymbol{Y}_2,\ \cdots,\boldsymbol{Y}_T\} \tag{5.3.1}$$

式中，T表示训练集中观测样本的序号；a表示训练集中变量的数目。

一旦完成模型训练，训练集中每个观测样本的后验概率的方差σ_t^2为

$$\sigma_t^2=\operatorname{var}P(\boldsymbol{Y}_t\mid q_t=S_i)=\frac{\sum_{i=1}^{L}(P(\boldsymbol{Y}_t\mid q_t=S_i))^2}{L} \tag{5.3.2}$$

只要当前的观测样本属于已知工况之一，其后验概率的方差就是一个相对较大的值。相反，如果观测样本不属于任何已知工况，那么它属于每个已知工况的概率都将非常小。因此，它的方差是一个极小的值。基于上述分析，每个观测样本的后

验概率的方差可以作为识别未知工况的指标。由于训练集中的所有模式都是已知的，可以通过最小化所有训练样本的后验概率的方差来获得预先设定的阈值 P_t^*。如果后验概率的方差小于 P_t^*，那么表明在该过程中未知模式出现。阈值为

$$P_t^* = \alpha * \min(\sigma_t^2) \tag{5.3.3}$$

式中，α 是 P_t 的容忍参数，实际上为了保证阈值 P_t^* 的有效性，它是一个极小的值。

这里不仅仅考虑测试集中单个样本的后验概率，而是引入移动窗口来利用样本间的依赖性。在每个时刻，移动窗口中都包含每个变量的动态测量信息。通过准确地分析窗口内测量数据的动态特性，获得运行过程的动态信息。这可以避免单个样本中包含信息不足的缺点，并且有助于在线样本的准确识别。

测试集中第 k 个移动窗内的观测序列可以表示为

$$\boldsymbol{Y}_{w*a}^k = \{\boldsymbol{Y}_{k-w+1}, \boldsymbol{Y}_{k-w+2}, \cdots, \boldsymbol{Y}_k\} \tag{5.3.4}$$

式中，w 是移动窗的长度；k 是移动窗索引。

需要说明的是，当移动窗用于截取过程数据的动态信息时，需要根据具体过程的动态特性选择合适的窗口长度。对于动态响应快速的过程，窗口的长度应该短一些，这有利于模态的快速识别。而对于一些动态响应相对较慢的过程，应该选择一个更长的窗口，这样才可能包含更完整的过程动态信息，这对精确的模式识别是有益的。

在识别未知工况后，利用观测概率密度分布矩阵将当前观测值划分到合适的工况。第 k 个移动窗内观测样本所对应的最佳状态序列 $\boldsymbol{Q}_w^* = \{q_{k-w+1}, q_{k-w+2}, \cdots, q_k\}$ 可以根据 Viterbi 算法通过最大化条件概率 $P(\boldsymbol{Q} \mid \boldsymbol{Y}, \lambda)$ 来获得。

$$\boldsymbol{Q}_w^* = \underset{\boldsymbol{Q}_w}{\arg\max}\, P(q_{k-w+1}, q_{k-w+2}, \cdots, q_k \mid \boldsymbol{Y}_{k-w+1}, \boldsymbol{Y}_{k-w+2}, \cdots, \boldsymbol{Y}_k, \lambda) \tag{5.3.5}$$

式中，$\boldsymbol{Q}_w^*$ 代表相应观测序列 $\boldsymbol{Y}_{w*a}^k$ 的最佳隐状态序列。这里使用 HMM 来估计工况的顺序。序列中的每个隐状态代表一个特定的操作工况。因此，任何检测样本都可以划分为适当的操作工况。

5.3.2　故障检测指标构建

当生产过程中存在多种工况时，从一个稳定的工况切换到另一个稳定的工况不会发生突然的变化[20-23]。考虑到只研究稳定工况是不全面的，还需要考虑稳定工况之间的过渡过程。过渡过程的过程特征与稳态工况下的过程特征是不同的。过渡过程呈现出一个动态梯度趋势，这不仅反映在过程变量的变化中，而且反映在过程变量之间相关性的变化中。

鉴于过渡过程的过程特性和稳定工况完全不同，针对带有过渡过程的多工况工程，本节提出一种新的监控方案。在该方案中，分别建立两种故障检测指标。它们

可以根据样品的工况自动切换。新的故障检测指标结合了两种概率信息：多元高斯概率密度和似然概率。

如前面所述，混合高斯（mixture of Gaussians，MoG）用于拟合观测值的概率密度。它可以写成如下的数学形式：

$$P(\boldsymbol{Y}_t \mid q_t = S_i) = \sum_{m=1}^{M} \phi_{im} N(\boldsymbol{Y}_t \mid \boldsymbol{\mu}_{im}, \boldsymbol{\Sigma}_{im}) \tag{5.3.6}$$

式中，$\boldsymbol{Y}_t$ 表示 t 时刻的观测样本；ϕ_{im} 表示隐含状态 S_i 第 m 个混合成分的混合系数；$\boldsymbol{\mu}_{im}$ 是隐含状态 S_i 的第 m 个混合成分的均值向量；$\boldsymbol{\Sigma}_{im}$ 是隐含状态 S_i 的第 m 个混合成分的协方差矩阵。

为了简化计算，这里把 M 取作 1。多元高斯分布（multivariate Gaussian distribution，MGD）用于建立一个故障检测指标：

$$\text{MGD} = \frac{1}{(2\pi)^{L/2} \left|\boldsymbol{\Sigma}_i\right|^{1/2}} \exp\left(-\frac{1}{2}(\boldsymbol{Y}_t - \boldsymbol{\mu}_i)^{\mathrm{T}} \boldsymbol{\Sigma}_i^{-1} (\boldsymbol{Y}_t - \boldsymbol{\mu}_i)\right) \tag{5.3.7}$$

从故障检测上讲，MGD 实际上代表的是正常样本出现的概率。如果 MGD 的值非常小，说明样本是正常的概率几乎为零。简而言之，它是故障样本。因此 MGD 可以用于故障检测。

为了充分地利用 HMM 的信息以获得更好的多模态故障检测结果，对数似然概率计算如下：

$$\text{LLP} = \log P(\boldsymbol{Y}_t \mid q_t = S_i) \tag{5.3.8}$$

式中，LLP 表示观测值对由正常数据样本训练的 HMM 概率分布的拟合程度。若观测值是正常的，则 LLP 是一个比较大的值，因为它可以很好地服从分布。相反，和正常样本相比故障样本的 LLP 更可能是一个比较小的值。

在本节中，MGD 和 LLP 共同用于稳定工况的故障检测。本节提出的检测指标利用了过程中的两种概率信息，即

$$\text{MGDLLP=MGD*LLP} \tag{5.3.9}$$

而变量间的动态性是过渡过程的主要特征，因此只考虑用 MGD 故障检测过渡过程更加合理。

由于并不知道 MGD 及 LLP 准确的数学分布，因此它们的阈值由核密度估计计算得到。任何在阈值内的样本都可以归类为正常样本。

5.3.3 多工况过程监测与诊断算法

如前面所述，本节给出一种基于 MVHMM 的伴随未知工况的实时多工况过程监测与诊断算法。该算法可以分为两部分：离线学习和（虚线框）在线过程监控（实线

框），如图 5.3.1 所示。

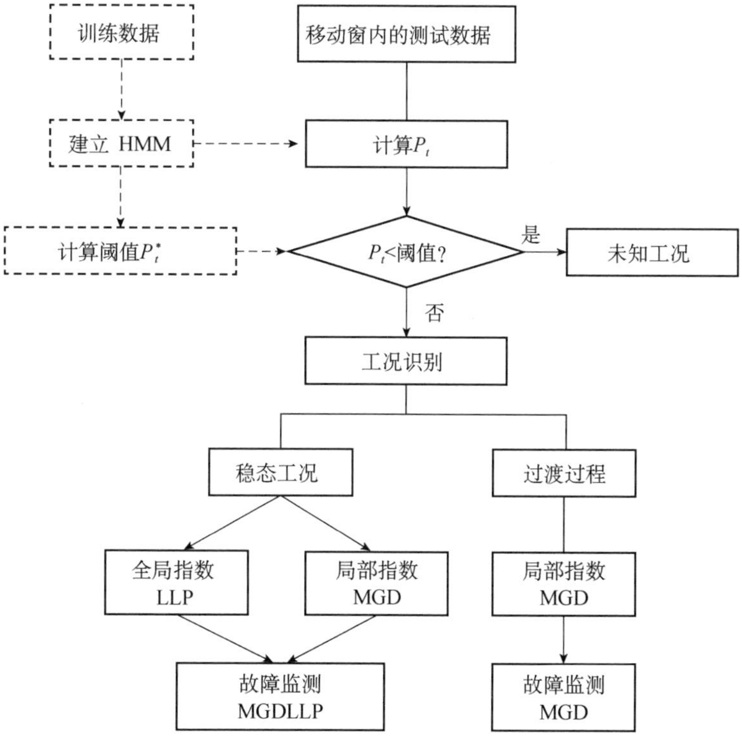

图 5.3.1　算法流程图

详细过程如下所示。

步骤 1：通过训练数据（只包括已知工况）构造隐马尔可夫模型，并用 Baum-Welch 算法求出参数。

步骤 2：利用训练好的 HMM 计算识别未知工况的阈值 P_t^*。

步骤 3：在给定的置信限下，利用核密度估计方法计算每个稳定工况和过渡过程中 MGDLLP 及 MGD 的阈值。

步骤 4：移动窗口每次向前移动一步，意味着移动窗口中最新的样本流入并同时移出最旧的样本。

步骤 5：对于每个新样本，将其后验概率方差与阈值 P_t^* 进行比较，并确定它是来自已知模式还是未知故障。

步骤 6：若最新的观测值来自已知工况，则使用 Viterbi 算法来确定当前移动窗口的模式向量。

步骤 7：如果样本来自过渡过程，计算指标 MGD，将其与相应控制极限进行比较，从而判断过程是否发生故障。

步骤 8：如果样本来自于稳定过程，通过式（5.3.9）计算其指标 MGDLLP，并将其与相应控制限进行比较，从而判断过程中是否有故障发生。

5.3.4 案例分析

Liu 等提出了一个多变量系统并用于验证算法的有效性[24]。系统如下：

$$\begin{bmatrix} x_1 \\ x_2 \\ x_3 \end{bmatrix} = \begin{bmatrix} 0.3723 & 0.6815 \\ 0.4890 & 0.2954 \\ 0.9842 & 0.1792 \end{bmatrix} * \begin{bmatrix} s_1 \\ s_2 \end{bmatrix} + \begin{bmatrix} e_1 \\ e_2 \\ e_3 \end{bmatrix} \tag{5.3.10}$$

式中，s_1 和 s_2 代表两个独立的高斯数据源；e_1、e_2 和 e_3 表示三个相互独立的白噪声，零均值且标准差为 0.01。系统一共有 4 种稳定的操作模式，相应的数据源如下所示。

模式 1：s_1: $N(10,0.8)$；s_2: $N(12,1.3)$。

模式 2：s_1: $N(5,0.6)$；s_2: $N(20,0.7)$。

模式 3：s_1: $N(16,1.5)$；s_2: $N(30,2.5)$。

模式 4：s_1: $N(24,2.3)$；s_2: $N(42,3.2)$。

需要指出的是，模式 4 视为未知工况。并且，过渡过程的数据是根据 Ge 等[25]提出方法生成的。为了验证本节提出方法的有效性，系统按以下顺序运行：稳态模式 1、稳态模式 2、从稳态模式 2 到稳态模式 3 的过渡过程、稳态模式 3 和稳态模式 4。其中，稳态模式 4 是未知模式，这意味着稳态模式 4 不参与模型的训练，只包含在测试数据中。对于稳态模式 1、稳态模式 2、从稳态模式 2 到稳态模式 3 的过渡过程及稳态模式 3，分别产生 100 个样本，因此，总共生成 400 个样本作为训练集，训练集中只包含正常样本，没有故障数据。训练集中 x_1、x_2 和 x_3 的分布如图 5.3.2 所示。训练集中数据的散点图如图 5.3.3 所示。为了说明未知模式 4 不属于训练集中任何已知模式也将其绘制在图 5.3.3 中。从图中可以看出，四组稳态数据可以很好地模拟四种不同的稳定模式，并且模式 2 和模式 3 之间的过渡也是非常合理的。

为了验证本节提出的过程监控方法的有效性，在以下五种情况下各生成了一组测试数据。

案例 1：系统首先在模式 1 下运行，然后在第 101 个样本到第 200 个样本间的变量 x_1 上引入 0.15 的偏差。

案例 2：系统首先在模式 2 下运行，然后在第 101 个样本到第 200 个样本间的 x_2 上引入缓慢漂移 0.004×（k−100），其中，k 表示测试样本的序列号。

案例 3：系统首先在过渡过程下运行，然后在第 51 个样本到第 100 个样本间的变量 x_3 中引入值为 1 的偏差。

案例 4：系统从第 1 个样本到第 200 个样本一直在模式 3 下正常运行。

案例 5：系统从第 1 个样本到第 100 个样本一直在模式 4 下正常运行。

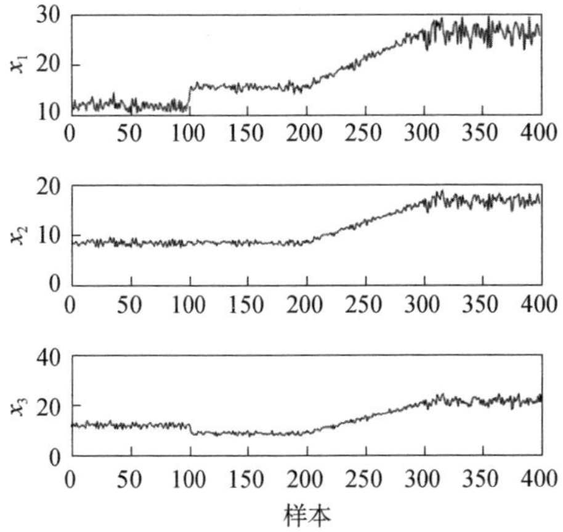

图 5.3.2　训练数据的四种模态

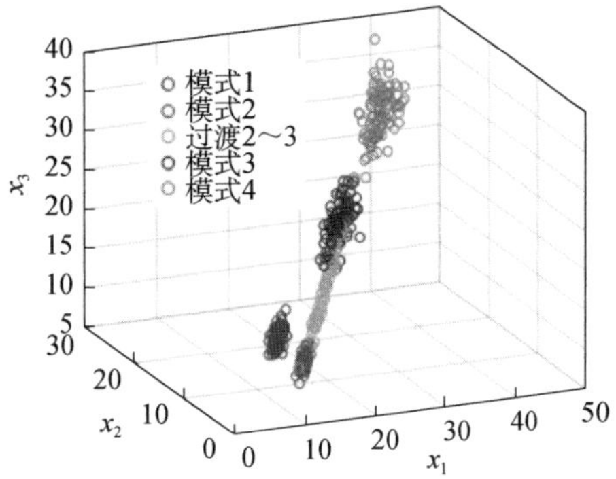

图 5.3.3　五种模式的散点图（见彩图）

为了获得由 Baum-Welch 算法训练的 HMM，在数值仿真中产生了四种模式下的 400 个正常样本。在仿真中，移动窗口的长度设置为 30，容忍系数 α 为 0.01。MGDLLP 和 MGD 的阈值通过核密度估计（kernel density estimate，KDE）得到，置信限为 0.95[26]。在应用 PCA 方法时选择相同的置信限和训练集，以保证验证条件的一致性。另外，整个测试集有 800 个样本。

数值仿真：多模式过程识别效果如图 5.3.4 所示。从图中可以看出，大多数样本可正确识别，只错误分类了处于过渡过程开始和结束阶段的样本。在过渡过程开始时，每个时间点的特征都接近于前一种模式的特征。但随着过程的发展，过程的特征缓慢过渡到后一种模式。因此，判断错误过渡过程的开始和结束阶段样本的模式是合理的。在本节提出的方法中，800 个样本仅错误分类了 14 个样本，错误率为 1.75%。

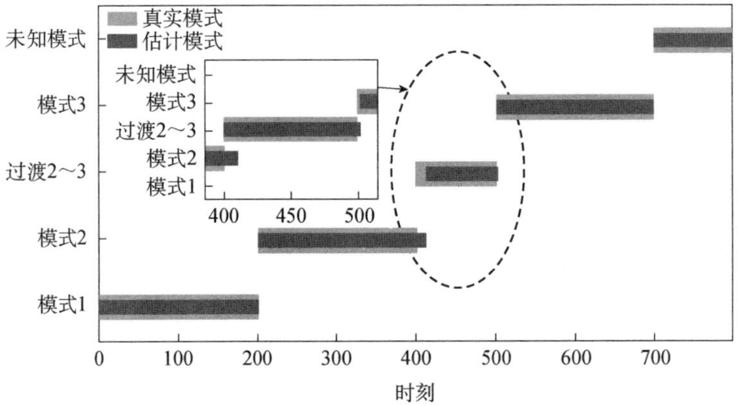

图 5.3.4　数值仿真：多模态过程识别效果

工况识别后，用新的方案进行故障检测。当识别出样本为稳态过程时，MGDLLP 用于故障检测。当识别出样本为过渡过程时，MGD 用于过程监控。

在案例 1 中，测量变量 x_1 的值受到从第 101 个样本到第 200 个样本小偏差的影响。图 5.3.5 显示了数值仿真案例 1 的 PCA 故障检测结果。显然，它完全无法监控过程中发生的故障。本节提出算法的结果如图 5.3.6 所示，显示了该算法的有效性。它可以检测从第 101 个样品到第 200 个样品的所有故障，而从第一个样品到第 100 个样品的故障报警率非常低。在案例 2 中，研究了两种不同方法检测极微小漂移故障的效果。在图 5.3.7 中，显示了数值仿真案例 2 的 PCA 故障检测结果。显然，它完全无法监控过程中故障的发生。然而，图 5.3.8 中显示了本节提出方法的检测能力，可以在第 106 个样本周围检测到故障。图 5.3.8 中也很好地描述了缓慢漂移的趋势。由于漂移量太小，在该过程的初始阶段没有检测到漂移故障是合理的。此外，从第 1 个样本到第 100 个样本几乎没有误报。在案例 3 中，它被用来模拟过渡过程，测量变量 x_3 从第 51 个样本到第 100 个样本受偏差故障的影响。应该指出的是，由于过渡过程强大的动态特性，MGD 适用于该方法的过程监控。从图 5.3.9 可以看出，PCA 对过渡过程没有监控效果，而本节提出方法可以有效地监控过渡过程，如图 5.3.10 所示。在案例 4 中，它模拟模式 3 的正常操作情况。这两种方法都能有效地监测模式 3 的运行状况，具体如图 5.3.11 和图 5.3.12 所示。

根据上述案例的结果，说明即使发生故障，本节提出方法也能够有效地识别具有未知工况多模态过程的操作模态。然后，将其故障检测性能与 PCA 进行比较，验证了本节提出方法在具有未知工况下多模过程的故障检测方面优于 PCA。

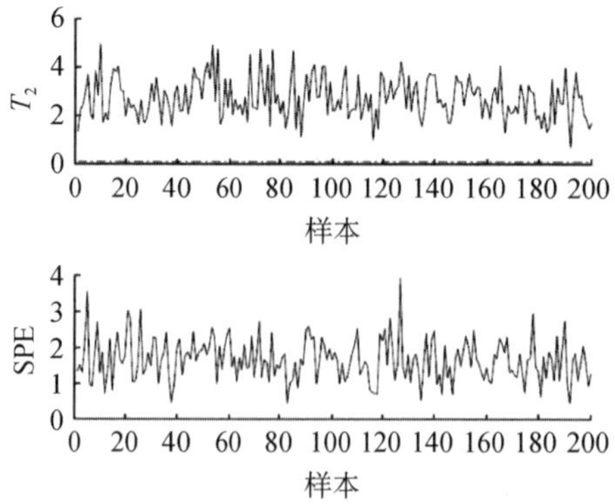

图 5.3.5　数值仿真案例 1：PCA 故障检测结果

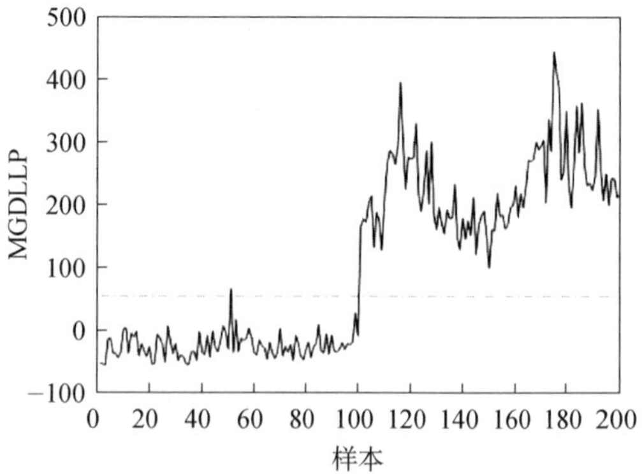

图 5.3.6　数值仿真案例 1：HMM 故障检测结果

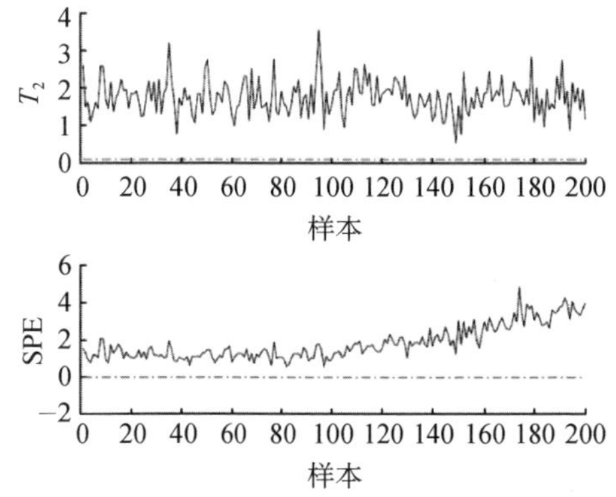

图 5.3.7　数值仿真案例 2：PCA 故障检测结果

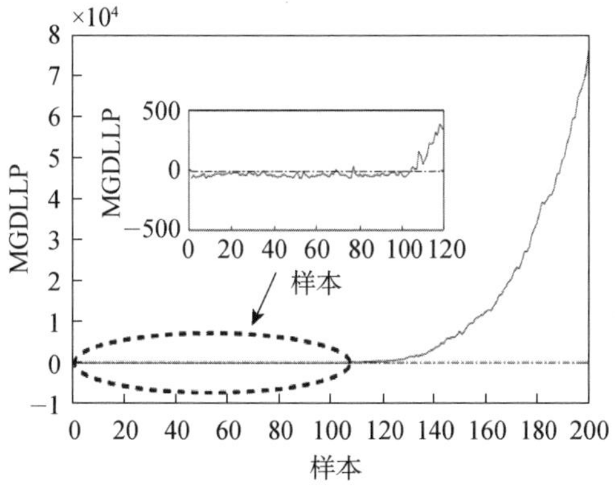

图 5.3.8　数值仿真案例 2：HMM 故障检测结果

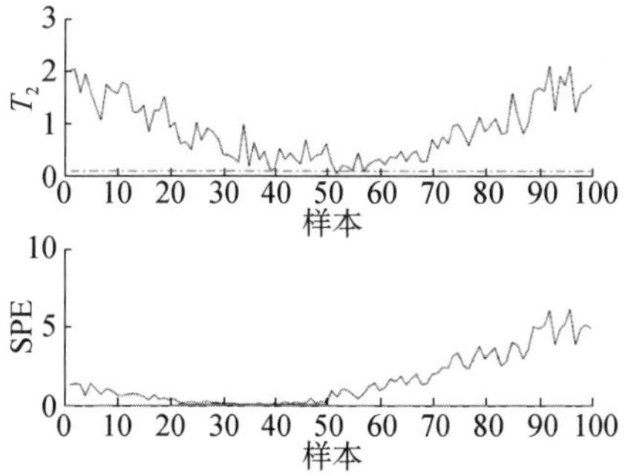

图 5.3.9　数值仿真案例 3：PCA 故障检测结果

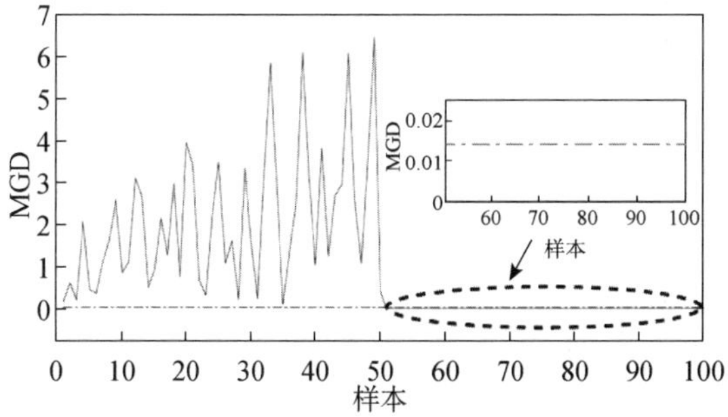

图 5.3.10　数值仿真案例 3：HMM 故障检测结果

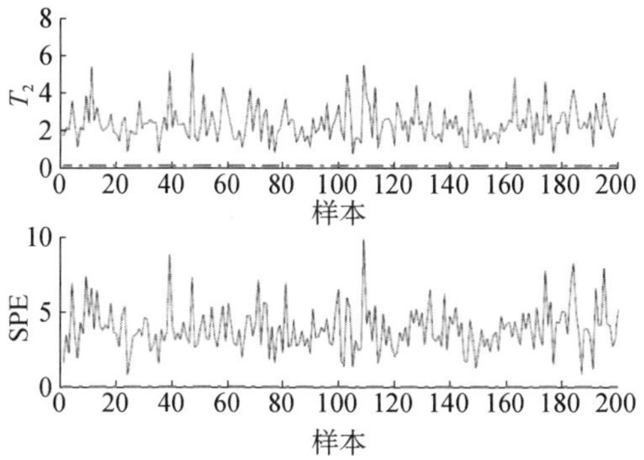

图 5.3.11　数值仿真案例 4：PCA 故障检测结果

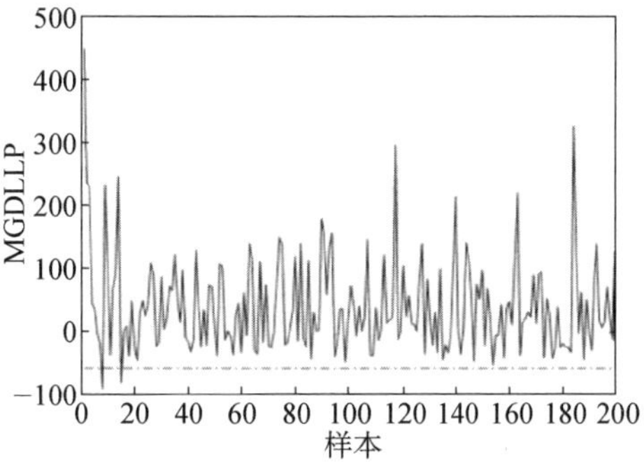

图 5.3.12　数值仿真案例 4：HMM 故障检测结果

参 考 文 献

[1] Zhou Z J, Zhou D, Hu C, et al. A model for real-time failure prognosis based on hidden Markov model and belief rule base[J]. European Journal of Operational Research, 2010, 207(1): 269-283.

[2] 程延伟, 谢永成, 李光升. 基于加权 HMM 的车辆电源系统状态预测[J]. 计算机应用, 2011, 31(6): 1696-1702.

[3] Chen J, Jiang Y. Development of hidden semi-Markov models for diagnosis of multiphase batch operation[J]. Chemical Engineering Science, 2011, 66(6): 1087-1099.

[4] Chen J, Jiang Y. Hidden semi-Markov probability models for monitoring two-dimensional batch operation[J]. Industrial and Engineering Chemistry Research, 2011, 50(6): 3345-3355.

[5] Chen J, Hsu T, Chen C, et al. Online predictive monitoring using dynamic imaging of furnaces with the combinational method of multiway principal component analysis and hidden Markov model[J]. Industrial and Engineering Chemistry Research, 2011, 50(5): 2946-2958.

[6] Tobon-Mejia D A, Medjaher K, Zerhouni N, et al. A data-driven failure prognostics method based on mixture of Gaussians hidden Markov models[J]. IEEE Transactions on Reliability, 2012, 61(2): 491-503.

[7] Rashid M M, Yu J. Hidden Markov model based adaptive independent component analysis approach for complex chemical process monitoring and fault detection[J]. Industrial and Engineering Chemistry Research, 2012, 51(15): 5506-5514.

[8] Ning C, Chen M, Zhou D. Hidden Markov model-based statistics pattern analysis for multimode process monitoring: An index-switching scheme[J]. Industrial and Engineering Chemistry Research, 2014, 53(27): 11804-11095.

[9] Wang F, Tan S, Shi H. Hidden Markov model-based approach for multimode process monitoring[J]. Chemometrics and Intelligent Laboratory Systems, 2015, 148: 51-59.

[10] Wang F, Tan S, Yang Y, et al. Hidden Markov model based fault detection approach for a multimode process[J]. Industrial and Engineering Chemistry Research, 2016, 55 (16): 4613-4621.

[11] Wang L, Yang C, Sun Y, et al. Effective variable selection and moving window HMM-based approach for iron-making process monitoring[J]. Journal of Process Control, 2018, 68: 86-95.

[12] Wang L, Yang C, Sun Y. Multimode process monitoring approach based on moving window hidden Markov model[J]. Industrial and Engineering Chemistry Research, 2018, 57: 292-301.

[13] Ge Z, Song Z, Gao F. Review of recent research on data-based process monitoring[J]. Industrial and Engineering Chemistry Research, 2013, 52(10): 3543-3562.

[14] 周东华, 李钢, 李元著. 数据驱动的工业过程故障诊断技术——基于主元分析与最小二乘的方法[M]. 北京：科学出版社, 2011: 22-76.

[15] Yu J. Hidden Markov models combining local and global information for nonlinear and multimodal process monitoring[J]. Journal of Process Control, 2010, 20 (3): 344-359.

[16] Chen X, Ge Z. Switching LDS-based approach for process fault detection and classification[J]. Chemometrics and Intelligent Laboratory Systems, 2015, 146: 169-178.

[17] Srinivasan R, Wang C, Ho W K, et al. Dynamic principal component analysis based methodology for clustering process states in agile chemical plants[J]. Industrial and Engineering Chemistry Research, 2004, 43 (9): 2123-2139.

[18] Qin S J. Statistical process monitoring: Basics and beyond[J]. Journal of Chemometrics, 2003, 17 (8/9): 480-500.

[19] He Q P, Wang J. Fault detection using the k-nearest neighbor rulefor semiconductor manufacturing processes[J]. IEEE Transactions on Semiconductor Manufacturing, 2007, 20 (4): 345-354.
[20] Liu J, Chen D. Fault detection and identification using modified Bayesian classification on PCA subspace[J]. Industrial and Engineering Chemistry Research, 2009, 48 (6): 3059-3077.
[21] Dayal B, MacGregor J F. Recursive exponentially weighted PLS and its applications to adaptive control and prediction[J]. Journal of Process Control, 1997, 7(3): 169-179.
[22] Rabiner L R. A tutorial on hidden Markov models and selected applications in speech recognition[J]. Readings in Speech Recognition, 1989, 77 (2): 257-286.
[23] Li W, Mu H H, Valle-Cervantes S, et al. Recursive PCA for adaptive process monitoring[J]. Journal of Process Control, 2000, 10(5): 471-486.
[24] Liu X, Kruger U, Littler T. Moving window kernel PCA for adaptive monitoring of nonlinear processes[J]. Chemometrics and Intelligent Laboratory Systems, 2009, 96(2): 132-143.
[25] Ge Z, Zhao L, Yao Y, et al. Utilizing transition information in online quality prediction of multiphase batch processes[J]. Journal of Process Control, 2012, 22 (3): 599-611.
[26] Ge Z, Song Z. Kernel generalization of PPCA for nonlinear probabilistic monitoring[J]. Industrial and Engineering Chemistry Research, 2010, 49(22): 11832-11836.

第6章　高炉炼铁过程故障诊断的核网络方法

保证高炉炼铁过程的安全、连续和稳定运行对于企业的节能减排和提高产品质量至关重要[1,2]。然而，由于高炉炼铁过程高度复杂的非平稳和非线性特性，过去很长时间内研究人员一直无法提出准确的故障诊断方法来确保高炉的长期安全平稳运行。随着传感器和通信技术的快速发展，如今研究人员在数据驱动方法上获得了新的研究思路[3-5]。

近年来，数据驱动的非线性故障诊断方法得到了深入研究。其中，核技术由于在非线性特征挖掘方面的出色能力而受到了广泛关注。基于这一理论，核支持向量机（kernel support vector machine，KSVM）[6]与核费舍尔判别分析（kernel Fisher discriminant analysis，KFDA）[7]在支持向量机（support vector machine，SVM）和FDA（fisher discriminant analysis）[8]的基础上发展起来。这些方法利用核函数将数据转换到高维空间，并且通过最大化分类准则以确定最优非线性分离方向，例如，基于极限学习的优化多核学习机（optimized multikernel based extreme learning machine，OMKELM）[9]，将高斯径向基函数和多项式核与极限学习机结合在一起。此外，还有一些深度多核学习方法，例如，深度多核学习（deep multiple kernel learning，DMKL）[10]，其采用多层核结构挖掘更深层的特征，并通过最小化结构风险函数实现更稳健的分类性能。广义多核学习支持向量机（generalized multiple kernel learning support vector machine，GMKL-SVM）[11]利用小波包变换和基于核的高效定制化集成策略，实现了优化模拟电路的初始故障诊断性能。此外，基于网络的方法通过建立节点之间错综复杂的映射关系以捕捉非线性过程特征。例如，混合分层卷积神经网络与支持向量机（hybrid hierarchical convolution neural network with support vector machine，HCNN-SVM）[12]将SVM训练与混合分层网络集成在一起，以发现不同类别的特定定性特征。判别稀疏自编码器（discriminative sparse auto-encoder，DSAE）[13]将数据标记与内在相关性探索结合起来，在复杂的振动信号中获得了出色的诊断结果。

在高炉炼铁过程中，数据不仅呈现强非线性，还具有明显的非平稳特征。这些非平稳样本往往会导致正常样本与故障样本相互重叠。对于SVM方法而言，为了正确划分这些非平稳样本，支持向量机模型会更接近故障样本，从而使得超平面的分离距离变小，降低了模型的泛化性能。此外，当大量非平稳样本混入其他类别时，将会训练出更复杂的分类模型，从而增加了模型的过拟合风险。基于支持向量机的方法在处理非平稳性方面几乎没有进行扩展[14]，尤其是在高炉炼铁过程中。

在本章中，基于支持向量机的理论框架，从非平稳与核理论的视角进行优化改进，给出两种面向高炉炼铁过程的故障诊断方法：深度平稳核学习支持向量机（deep stationary kernel learning SVM，DSKL-SVM）、正则化互核分析平稳子空间分析（regularized mutual kernel analytic stationary subspace analysis，RMK-ASSA）和深度宽度平稳核网络（deep broad stationary kernel network，DBSKNet）[15,16]。

6.1 支持向量机概述

6.1.1 支持向量机

SVM 是一种经典的有监督二分类方法，最早在 20 世纪 70 年代提出，并在机器学习领域得到广泛应用。由于 SVM 的决策边界是学习样本的最大间隔超平面，因此其实现了更好的新样本分类表现。在构建超平面时，SVM 特别关注靠近分类边界的样本点，这些样本点为支持向量，对超平面的构建起到关键作用。

SVM 在小样本训练集中往往表现得比大多数分类算法好，而且通过引入核技巧，可以处理非线性的分类问题。SVM 方法实现的关键在于超平面的构建，大多数分类问题属于线性不可分的范畴，通过加入松弛变量 ξ_i 和惩罚常数 C 的方式可以构建针对线性不可分样本的 SVM 二分类方法，其最优超平面的构建如下：

$$\min_{w,b,\xi}\left(\frac{1}{2}\|\boldsymbol{w}\|^2+C\sum_{i=1}^{n}\xi_i\right),\quad \text{s.t. } y_i(w\cdot\phi(\boldsymbol{x}_i)+b)\geqslant 1-\xi_i \tag{6.1.1}$$

式中，训练集为 $\{(\boldsymbol{x}_i,y_i)\},y_i\in\{-1,+1\}$，$\phi(\boldsymbol{x}_i)$ 为 $\boldsymbol{x}_i$ 的高维的非线性映射；$\boldsymbol{w}$ 和 b 为超平面的参数，其中，$\boldsymbol{w}$ 为超平面的法向量，b 为超平面的偏置，C 为惩罚系数，$\xi_i\geqslant 0$ 为松弛变量。最终的优化问题可以转化为

$$\max_{\alpha}\left(\sum\nolimits_{i=1}^{n}\alpha_i-\frac{1}{2}\sum\nolimits_{i=1}^{n}\sum\nolimits_{j=1}^{n}\alpha_i\alpha_j y_i y_j K(\boldsymbol{x}_i,\boldsymbol{x}_j)\right),\quad \text{s.t.}\sum_{i=1}^{n}\alpha_i y_i=0 \tag{6.1.2}$$

式中，$0\leqslant\alpha_i\leqslant C,i=1,2,\cdots,n$。$K(\boldsymbol{x}_i,\boldsymbol{x}_j)$ 是核函数，比较常用的有线性核函数、径向基核函数、多项式核函数、Sigmoid 核函数等。

通过求解式（6.1.2）可得最优解 $\alpha^*=(\alpha_i^*,\cdots,G_n^*)$，由此可以计算得到超平面偏置：

$$b^* = y_j - \sum_{i=1}^{n} \alpha_i^* y_i K(\boldsymbol{x}_i, \boldsymbol{x}_j) \tag{6.1.3}$$

最终的分类决策函数为

$$f(x) = \operatorname{sign}\left(\sum_{i=1}^{n} \alpha_i^* y_i K(\boldsymbol{x}, \boldsymbol{x}_i) + b^*\right) \tag{6.1.4}$$

6.1.2 核函数理论性能

核方法是一种常用的解决非线性建模问题的策略。它通过使用特定的核函数，将原始数据映射到适当的高维特征空间，然后在这个新的空间中使用线性学习器进行分析。不同的核函数往往具有不同的非线性表示能力，包括局部核和全局核。这里，以高斯 rbf 核 $K_g(\cdot)$ 与多项式核 $K_p(\cdot)$ 分别作为局部核和全局核的代表，即

$$\begin{cases} K^g\left(\boldsymbol{x}_k^n, \boldsymbol{x}_j^n\right) \triangleq K_{k,j}^g = \exp\left(-\dfrac{\left\|\boldsymbol{x}_k^n - \boldsymbol{x}_j^n\right\|^2}{a}\right) \\ K^p\left(\boldsymbol{x}_k^n, \boldsymbol{x}_j^n\right) \triangleq K_{k,j}^p = \left(\left\langle \boldsymbol{x}_k^n, \boldsymbol{x}_j^n \right\rangle + 1\right)^b \\ k, j = 1, 2, \cdots, l_n \end{cases} \tag{6.1.5}$$

式中，a 的值对应于高斯径向基函数 rbf 核参数，b 代表多项式核参数。

备注 6.1.1 不同的核函数通常具有其各自独特的优点和局限性。以高斯 rbf 核和多项式核函数为例，高斯 rbf 核的指数函数具有可直观推测的表现。当测试样本与训练样本相似时，高斯 rbf 核可以产生出色的插值结果。假设 $\boldsymbol{x}_k^n$ 表示训练样本，$\boldsymbol{x}_j^n = \boldsymbol{x}_k^n + \Delta \boldsymbol{x}$ 表示测试样本，$\Delta \boldsymbol{x}$ 表示它们之间的差异。如果 $\boldsymbol{x}_k^n$ 和 $\boldsymbol{x}_j^n$ 相似，那么 $K^g\left(\boldsymbol{x}_k^n, \boldsymbol{x}_j^n\right)$ 将趋向于 1。并且，核函数因指数函数的介入而大幅上升，$K^g\left(\boldsymbol{x}_k^n, \boldsymbol{x}_j^n\right)$ 将迅速趋于零，这一现象可以用以下数学方法表示：

$$\begin{aligned} \lim_{\|\Delta x\| \to 0} K^g\left(\boldsymbol{x}_k^n, \boldsymbol{x}_j^n\right) &= \lim_{\|\Delta x\| \to 0} \left\langle \phi\left(\boldsymbol{x}_k^n\right), \phi\left(\boldsymbol{x}_k^n + \Delta \boldsymbol{x}\right) \right\rangle = 1 \\ \lim_{\|\Delta x\| \to \infty} K^g\left(\boldsymbol{x}_k^n, \boldsymbol{x}_j^n\right) &= \lim_{\|\Delta x\| \to \infty} \left\langle \phi\left(\boldsymbol{x}_k^n\right) \phi\left(\boldsymbol{x}_k^n + \Delta \boldsymbol{x}\right) \right\rangle = 0 \end{aligned} \tag{6.1.6}$$

此外，多项式核函数 $K^p\left(\boldsymbol{x}_k^n, \boldsymbol{x}_k^n + \Delta \boldsymbol{x}\right) = \left(\left\langle \boldsymbol{x}_k^n, \boldsymbol{x}_k^n + \Delta \boldsymbol{x} \right\rangle + 1\right)^b$ 是另一个重要的核函数[17]，当面对足够大的 $\|\Delta \boldsymbol{x}\|$ 时，可以表示如下：

$$\lim_{\|\Delta \boldsymbol{x}\| \to \infty} K^p\left(\boldsymbol{x}_k^n, \boldsymbol{x}_j^n\right) = \pm\infty \forall k \tag{6.1.7}$$

多项式核函数 K^p 的值取决于 b 和 $\Delta \boldsymbol{x}$ 的方向，如核函数公式所示。

6.2 故障诊断的深度平稳核学习支持向量机

6.2.1 多层堆砌核网络的深度平稳非线性表示

与传统线性方法相比，基于核的建模方法[18]能够学习更复杂的非线性特征。然而，面对日益复杂的工业过程和非线性数据，单层核方法开始表现乏力。为了提高故障诊断性能，研究人员提出了许多更深层次的模型，这些模型已证明能提供更好的故障诊断性能[19]。这些深度特征学习网络，如深度玻尔兹曼机[20]、深度自动编码器[21]和深度信念网络[22]，通常由多个非线性特征提取层组成，逐渐将浅层特征转化为更深层特征。实践证明，通过多个堆叠的浅层非线性变换层可以发现数据中的复杂结构。基于这一观点，本节提出一种深度平稳非线性（deep stationary nonlinear，DSN）表示方法。

DSN 表示法的构造涉及在 l 层结构中集成平稳投影和核函数的加权。首先，这种深层结构需要从正常数据 $\boldsymbol{x}_i^n, i=1,\cdots,l_n$ 和 f 种故障数据 $\left\{\boldsymbol{x}_i^{f1};\boldsymbol{x}_i^{f2};\cdots;\boldsymbol{x}_i^{ff}\right\}$ 中提取底层的正常相关平稳投影 $\boldsymbol{s}_i^{sn}$ 和故障相关平稳投影 $\boldsymbol{s}_i^{sf}$，如下：

$$
\begin{aligned}
&\boldsymbol{s}_i^{sn} = \boldsymbol{B}_s \boldsymbol{x}_i^n \\
&\boldsymbol{s}_i^{sf} = \left\{\boldsymbol{s}_i^{sf1};\boldsymbol{s}_i^{sf2};\cdots;\boldsymbol{s}_i^{sff}\right\} \\
&\Rightarrow \begin{cases} \boldsymbol{s}_i^{sf1} = \boldsymbol{B}_s \boldsymbol{x}_i^{f1} \\ \boldsymbol{s}_i^{sf2} = \boldsymbol{B}_s \boldsymbol{x}_i^{f2} \\ \qquad\vdots \\ \boldsymbol{s}_i^{sff} = \boldsymbol{B}_s \boldsymbol{x}_i^{ff} \end{cases}
\end{aligned}
\tag{6.2.1}
$$

式中，故障数据 $\left\{\boldsymbol{x}_i^{f1};\boldsymbol{x}_i^{f2};\cdots;\boldsymbol{x}_i^{ff}\right\}$ 可投影到平稳子空间 $\left\{\boldsymbol{s}_i^{sf1};\boldsymbol{s}_i^{sf2};\cdots;\boldsymbol{s}_i^{sff}\right\}$ 中，以排除非平稳信息的干扰。随后，将所有平稳子空间整合为 $\boldsymbol{s}_i^{sf}=\left\{\boldsymbol{s}_i^{sf1};\boldsymbol{s}_i^{sf2};\cdots;\boldsymbol{s}_i^{sff}\right\}$。为了便于诊断，可以得到整个重构后的平稳数据集 $\boldsymbol{s}_i^t$：

$$
\boldsymbol{s}_i^t = \left\{\boldsymbol{s}_i^{sn};\boldsymbol{s}_i^{sf}\right\},\quad i=1,2,\cdots,l_n+l_f \tag{6.2.2}
$$

式中，l_f 是所有故障工况下样本的数量。

对于重建的平稳数据集 $\boldsymbol{s}_i^t$，平稳投影数量 l_s 和时段数量 l_b 对非平稳信息分离的准确性有决定性的影响，这一点也值得考虑。平稳投影太少会导致丢弃了一些有价值的过程信息，而平稳投影太多又会导致非平稳信息分离不彻底。因此，本节中的所有 ASSA 估计都将通过 ADF 检验[23]来确定平稳投影的平稳性。此外，为了避免虚假的平稳状态，还可以得出一个最佳的划分时期 $l_b > \left(m-l_s+1\right)/2+1$。

接下来，应用多层堆叠核探索更深层的非线性特征。首先，基于核的思想，通过内积运算可以将$\boldsymbol{s}_i^t$通过非线性映射$\phi(\cdot)$投射到核空间，以获得浅层非线性表示：

$$\mathcal{K}\left(\boldsymbol{s}_i^t,\boldsymbol{s}_j^t\right)=\left\langle\phi\left(\boldsymbol{s}_i^t\right),\phi\left(\boldsymbol{s}_j^t\right)\right\rangle,\quad i,j=1,2,\cdots,l_n+l_f \tag{6.2.3}$$

作为一种典型的核函数，高斯 rbf 已得到广泛应用，其计算公式为

$$\mathcal{K}\left(\boldsymbol{s}_i^t,\boldsymbol{s}_j^t\right)=\exp\left(-\frac{\left\|\left(\boldsymbol{s}_i^t-\boldsymbol{s}_j^t\right)\right\|^2}{a}\right) \tag{6.2.4}$$

式中，核参数为a。

为了解决高炉炼铁过程的复杂非线性问题，本节构建多层堆叠加权核，以提供卓越的性能。式（6.2.5）给出了第l层核表示的定义：

$$\mathcal{K}_L\left(\boldsymbol{s}_i^t,\boldsymbol{s}_j^t\,|\,\boldsymbol{w}^L\right)=\left\{\boldsymbol{w}^l\mathcal{K}_l\left(\boldsymbol{w}^{l-1}\mathcal{K}_{l-1}\left(\cdots\boldsymbol{w}^1\mathcal{K}_1\left(\boldsymbol{s}_i^t,\boldsymbol{s}_j^t\right)\cdots\right)\right)\right\} \tag{6.2.5}$$

式中，第1至第$l-1$层的核表示可以用于获取第l层。其中，$\boldsymbol{w}^i,i=1,\cdots,l$为加权参数向量，$\boldsymbol{w}^L=\left[\boldsymbol{w}^1,\cdots,\boldsymbol{w}^l\right]$。

备注 6.2.1 确定适合的网络层数是深度学习中一个未解决的难题。一般来说，更深的网络结构能提供更好的性能。然而，更深的网络层也会增加计算复杂度，从而降低实用性。此外，由于核矩阵计算的限制，DSN 表示方法的层数往往不能像某些深度学习方法那样无限加深。本节采用一种常用的方法，即基于网格搜索的交叉验证来确定合适的结构。

备注 6.2.2 本节提出的 DSN 表示法与简单堆叠多层核函数来挖掘深度信息的方法截然不同。在这里，不同层之间的非线性表示由权重向量连接，即加权核矩阵用于构建下一层的核矩阵。此外，权重向量是可调的，可以根据样本标签进行调整，从而使不同类别的特征之间的距离更大。因此，这进一步强调了不同高炉炼铁过程阶段的固有特性，并使 DSN 表示方法更具灵活性。

6.2.2 深度平稳核学习支持向量机分类器的构建

深度平稳核学习支持向量机（DSKL-SVM）分类器的主要目的是联合学习参数$\boldsymbol{w}^i$和模型系数α_i，以优化故障诊断（即分类）的性能。根据新的观测值$\boldsymbol{s}_o^t$和一组核权重向量$\boldsymbol{w}^1,\boldsymbol{w}^2,\cdots,\boldsymbol{w}^l$，基于 DSKL-SVM 的决策函数可以表示为

$$f\left(\boldsymbol{s}_o^t\right)=\sum_{i=1}^{l_n+l_f}\alpha_i y_i^t\mathcal{K}_L\left(\boldsymbol{s}_i^t,\boldsymbol{s}_o^t\,|\,\boldsymbol{w}^L\right)+\beta \tag{6.2.6}$$

式中，β是$f(\cdot)$的偏差；$y_i^t,i=0,1,2,\cdots,l_n+l_f$是相应的标签，其中，0 代表正常状

态，$1,2,\cdots,f$ 代表 f 种故障类型。

备注 6.2.3　引入上述特殊 SVM 分类器是为了进行有针对性的 DSN 特征提取，即聚焦于样本标签，而不是漫无目的地提取特征。具体来说，DSKL-SVM 中使用的多层堆叠核网络的权重向量可以通过上述构造的特殊 SVM 分类器进行微调。通过微调，加权 DSN 表示将更符合分类目标，从而获得更好的分类结果。

6.2.3　模型优化求解

为了得到 α_i，基于 DSKL-SVM 的优化问题如下：

$$\begin{gathered}\alpha_i=\operatorname{argmax}\sum_{i=1}^{l_n+l_f}\alpha_i-\frac{1}{2}\sum_{i,j=1}^{l_n+l_f}\alpha_i\alpha_j\mathcal{K}_L\left(\boldsymbol{s}_i^t,\boldsymbol{s}_j^t\mid \boldsymbol{w}^L\right)\\ \text{s.t.}\ \sum_{i=1}^{l_n+l_f}\alpha_i y_i^t=0,\quad \alpha_i\geqslant 0\end{gathered}\tag{6.2.7}$$

在现有文献[24]中可以找到式（6.2.7）的解。因此，DSKL-SVM 故障诊断模型的关键是确定核权重向量 $\boldsymbol{w}^L$。在此框架下，选择搜索使得分类器真实风险最小的权重 $\boldsymbol{w}^L$ 值。由于 $\boldsymbol{w}^L$ 不是固定的，因此本节提出了基于误差约束的求解策略。

受 Rakotomamonjy[25]的启发，可以通过最小化留一误差 $\mathcal{R}$ 构建优化目标以获得最优 $\boldsymbol{w}^L$：

$$\begin{aligned}\boldsymbol{w}^L&=\operatorname{argmin}\mathcal{R}\\&=\operatorname{argmin}\frac{1}{P}\sum_{i=1}^{P}\theta\left(\alpha_i\mathcal{S}_i^2-1\right)\\&\quad\text{s.t.}\ \left[\boldsymbol{w}^L\right]_{ij}\geqslant 0,\quad \left|\boldsymbol{w}^L\right|=1\end{aligned}\tag{6.2.8}$$

式中，P 是支持向量的数量；$\mathcal{S}_i$ 是第 i 个深度特征支持向量 $\phi\left(\boldsymbol{s}_{p,i}^t\right)$ 的距离；λ_j 为 $\Lambda_p=\sum_{j=1,j\neq i}^{P}\lambda_i\phi\left(\boldsymbol{s}_{p,j}^t\right)$ 中真值变量，且 $\sum_{j=1,j\neq i}^{l}\lambda_j=1$；$\theta(t)$ 为误差的平稳逼近函数，具体定义为

$$\theta(t)=\left(1+\exp(-bt+c)\right)^{-1}\tag{6.2.9}$$

式中，b 和 c 为非负的平滑常数。这里平滑近似函数的引入有助于消除式（6.2.8）中由步长误差引起的梯度消失问题。随后，采用基于梯度的方法求解上述优化问题。相对于 $\dfrac{\partial\mathcal{S}_i^2}{\partial\boldsymbol{w}^L}$，$\mathcal{R}$ 关于 $\boldsymbol{w}^L$ 的梯度可计算为

$$\frac{\partial\mathcal{R}}{\partial\boldsymbol{w}^L}=-\sum_{i=1}^{P}b\theta\left(\boldsymbol{s}_{p,i}^t\right)^2\exp\left(b\theta\left(\boldsymbol{s}_{p,i}^t\right)+c\right)\frac{\partial\mathcal{S}_i^2}{\partial\boldsymbol{w}^L}\tag{6.2.10}$$

而且，可以通过施加额外的调节项以计算 $\partial \mathcal{S}_i^2 / \partial \boldsymbol{w}^L$：

$$\frac{\partial \mathcal{S}_i^2}{\partial \boldsymbol{w}^L} = \frac{1}{\tilde{\mathcal{K}}_{p}^{\ddagger},-1}\left(\tilde{\mathcal{K}}_p^{\ddagger,-1}\left(\frac{\partial \tilde{\mathcal{K}}_p^{\ddagger}}{\partial \boldsymbol{w}^L} + \boldsymbol{QF}\right)\tilde{\mathcal{K}}_p^{\ddagger},-1\right) - \boldsymbol{QF} \tag{6.2.11}$$

式中，

$$\begin{aligned} \tilde{\mathcal{K}}_p &= \begin{bmatrix} \mathcal{K}_p & \boldsymbol{I} \\ \boldsymbol{I}^{\mathrm{T}} & 0 \end{bmatrix} \mathcal{K}_p^{\ddagger} = \tilde{\mathcal{K}}_p + \boldsymbol{Q} \\ \boldsymbol{Y}_d &= \mathrm{diag}(y_{p,1}, \cdots, y_{p,P}) \\ \boldsymbol{F} &= \mathrm{diag}(\boldsymbol{Y}_d \mathcal{K}_p^{-1} \mathcal{K}_p \boldsymbol{Y}_d \alpha_i) \end{aligned} \tag{6.2.12}$$

式中，$\mathcal{K}_p$ 是支持向量的核矩阵；$\boldsymbol{I}$ 是全一向量；$y_{p,i}, i=1,\cdots,P$ 是支持向量的标签；$\boldsymbol{Q}$ 表示自定义约束矩阵。因此，$\partial \tilde{\mathcal{K}}_p / \partial \boldsymbol{w}^L$ 将可计算获得。

备注 6.2.4 平滑常数 b、c 和约束矩阵 $\boldsymbol{Q}$ 的值旨在平衡低误判率和高优化速度。选择不合适的约束矩阵可能掩盖部分过程信息，从而降低分类结果。而选择了不合适的平滑常数会降低模型的优化速度。由于确定这些参数是具有挑战性的，需要基于经验确定合适的参数值，并在 6.2.5 节给出一些参考值。

DSKL-SVM 两层模型优化算法如表 6.2.1 所示。该算法通过交替求解 α_i 和 $\boldsymbol{w}^L$，以逼近最佳分类效果。同时，该算法会一直保持及持续运行直到满足停止标准，这里停止标准可定为最大迭代次数和求解过程中连续两步之间 $\boldsymbol{w}^L$ 的差值。

表 6.2.1 DSKL-SVM 两层模型优化算法

输入：训练数据 $\{\boldsymbol{s}_i^t, \boldsymbol{y}_i^t | \ i=1,2,\cdots,l_n+l_f\}$；初始化权重矩阵 $\boldsymbol{w}^L$，各元素为 $(1/l_n+l_f)$；l 为网络层数；r 为学习率。

输出：最终权重矩阵 $\boldsymbol{w}^L$ 和分类器系数 α_i。

步骤 1：解决优化问题，获得步骤 1：求解优化问题，以获得式（6.2.7）中的最优 α_i。

步骤 2：计算矩阵 $\mathcal{K}_p$、$\tilde{\mathcal{K}}_p$、$\boldsymbol{Y}_d$ 和 $\boldsymbol{F}$。

步骤 3：根据式（6.2.11）求出 $\partial \mathcal{S}_i^2 / \partial \boldsymbol{w}^L$ 的导数。

步骤 4：根据式（6.2.10）计算误差 $\partial \mathcal{R} / \partial \boldsymbol{w}^L$ 的导数。

步骤 5：更新 $\boldsymbol{w}^L = \boldsymbol{w}^L + r\partial \mathcal{R} / \boldsymbol{w}^L$。

返回步骤 2，直到 $\boldsymbol{w}^L$ 和 α_i 收敛。

步骤 6：根据式（6.2.7）求解优化问题，获得最优参数 $\boldsymbol{w}^L$ 和 α_i。

返回步骤 1，直到满足停止标准。

基于 DSKL-SVM 的高炉炼铁过程故障诊断流程图如图 6.2.1 所示。

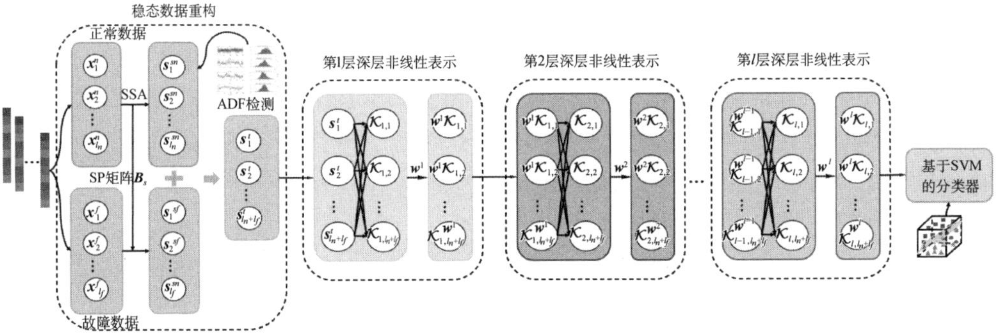

图 6.2.1　基于 DSKL-SVM 的高炉炼铁过程故障诊断流程图

6.2.4　故障诊断流程

基于 DSKL-SVM 的故障诊断流程包括离线建模阶段和在线应用阶段，具体如表 6.2.2 所示。

表 6.2.2　基于 DSKL-SVM 故障诊断流程

离线建模阶段如下所示。
步骤 1：通过式（6.2.2）提取正常数据和故障数据的底层平稳投影 s_i^t 。
步骤 2：根据式（6.2.5）建立基于多层堆叠核的 DSN 表示结构 $\mathcal{K}_L(s_i^t, s_j^t \| w^L)$ 。
步骤 3：根据两层模型参数优化表 6.2.1 计算 DSKL-SVM 分类器式(6.2.7)。
在线应用阶段如下所示。
步骤 1：获取新观测值，并根据正常训练数据的均值和方差对其进行归一化处理。
步骤 2：将新观测值投影到静止子空间 s_o^t 。
步骤 3：根据 DSKL-SVM 模型计算 s_o^t 的标签预测值。
步骤 4：确定当前样本的运行状况，并在发现故障时通知操作员进行准确处理。

备注 6.2.5　当面对一些更复杂的高炉炼铁过程数据时，直接求解上述优化目标可能会因优化规模过大而导致性能不佳。为此，本节提供了额外的分类器构建策略，可以将多分类问题转化为多个二元分类问题，如一元对其余法[26]、一元对一元法[27]和纠错输出码法[28]等，以缩小优化问题的规模。

6.2.5　案例分析

1. 数据采集与划分

本节选择某钢铁厂 2 号高炉对本节提出的方法进行验证。该高炉是广西壮族自治区最大的高炉，有 2650m^3 工作容积，炉膛直径为 11.2m，炉膛高 4.6m，拥有 3 个出铁口，30 个风口。其日产铁超过 6000t，日产渣约为 2800t。如若出现严重故障，将会带来严重的经济损失，甚至可能危及生命安全。因此，准确快速地诊断故障炉况对于及时调整高炉状态至关重要。在实际工业高炉炼铁过程中，悬料和管道行程是两种最常见的故障炉况。悬料常发生在高炉上部，其故障的主要原因包括炉顶温度急剧上升和煤气管道堵塞。此外，高炉内的煤气流分布失常也会出现管道行程现象，常见原因是原料分布有限、透气性弱和炉型失常。因此，本节考虑三种操作条件，包括正常、悬料和管道行程。

表 6.2.3 列出了 12 个主要过程变量，采样时间为 10s。这些变量按顺序连接形成输入样本，而输出值取决于输入样本所属的工况。表 6.2.4 显示了离线建模使用的包含 1000 个样本的真实数据集。值得注意的是，不同工况下采集的训练样本数量是近似的，这是为了避免数据分类不平衡问题。因为不平衡必然导致分类器过于关注多数类样本，从而降低分类器对少数类样本的分类性能。

表 6.2.3 待监测变量索引

编号	说明	单位	编号	说明	单位
VB1	富氧率	%	VB7	富氧流量	m^3/h
VB2	透气性指数	—	VB8	顶部温度 1	°C
VB3	CO 含量	%	VB9	顶部温度 2	°C
VB4	H_2 含量	%	VB10	顶部温度 3	°C
VB5	CO_2 含量	%	VB11	顶部温度 4	°C
VB6	风口风速	m/s	VB12	阻力指数	—

为了验证 DSKL-SVM 的有效性，本节采用了另外 300 个样本，每个工况下分别有 100 个。对于本节提出的 DSKL-SVM，核参数 a 设为 6000，平滑常数 $b=5$ 和 $c=0$，约束矩阵 $\boldsymbol{Q}$ 定义为 $\boldsymbol{Q}=\mathrm{diag}(0.1,\cdots,0.1)$，堆叠核层数为 3，学习率 r 为 e^{-4}。

表 6.2.4 正常、悬料和管道行程工况下的训练数据

工况	时间段	样本数
正常	2017 年 11 月 1 日 00:00:05～01:07:06	400
悬料	2017 年 11 月 6 日 05:17:07～05:35:05和23:27:01～23:59:10	300
管道行程	2017 年 11 月 13 日11:01:11～11:41:04	300

2. 固定特征提取能力比较

在对 ASSA 的平稳特征提取能力进行评估时，本节采用了 ICA 的扩展模型 FastICA 进行比较。根据 ADF 检验，ASSA 模型有三个与所有过程变量分离的平稳投影，并确定最佳划分时段为 20。为了公平起见，在 ICA 模型中选择了 3 个独立成分。此外，如图 6.2.2 所示，在线应用阶段考察了 FastICA 和 ASSA 的最终效果，即独立成分和平稳投影。

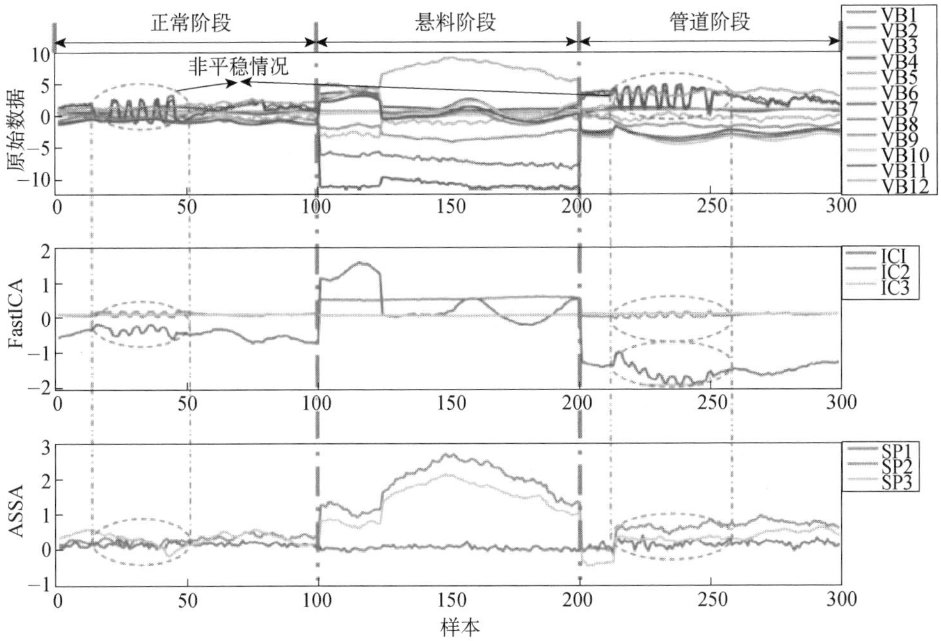

图 6.2.2　在线应用阶段，原始样本、FastICA 的 3 个独立成分和 ASSA 的 3 个平稳投影（见彩图）

在原始数据的正常阶段，从第 10 个样本到第 55 个样本，可以观察到典型的非平稳特性。经过 FastICA 处理后，独立成分明显仍具有非平稳特性，即第 1 和第 2 独立成分始终处于上下振荡的状态。而对于 ASSA，所有平稳投影始终保持一致的均值与方差。

此外，在故障发生阶段，在第 210 次采样和第 260 次采样之间，故障与非平稳的数据表现非常吻合。对于 FastICA，其始终无法消除非平稳信息。而对于 ASSA，可以发现 ASSA 能够更好地分离非平稳信息，保留更多的故障信息。这验证了 ASSA 方法在高炉炼铁过程数据集上精确定位平稳特征的优越性。

3. 投影分布比较

为了说明 DSN 的特征提取，此处对所有测试样本的原始数据、平稳投影、核投影、稀疏自编码器（sparse auto-encoder，SAE）投影和 DSN 投影分布进行了比较。采用了高斯 rbf 核参数为 6000。为了保持与本节提出方法相同的网络结构，SAE 具有三个隐藏层，每层隐藏单元数为 9，学习率为 e^{-4}。值得注意的是，在 SAE 中附加了一个 Softmax 分类器进行端到端训练，以提高其学习性能，并且所有方法的超参数都是最优的。

为了便于比较，图 6.2.3 中描述了通过主成分分析方法将投影维数减小到 2 的结果。在原始数据投影中，所有样本都混杂在一起，导致无法区分正常和故障样本。而在平稳投影中，消除了所有样本中的非平稳干扰，从而更为清晰地展示了正常样本与故障 1、故障 2 样本投影间较远的距离，这说明保留平稳信息能有效地提

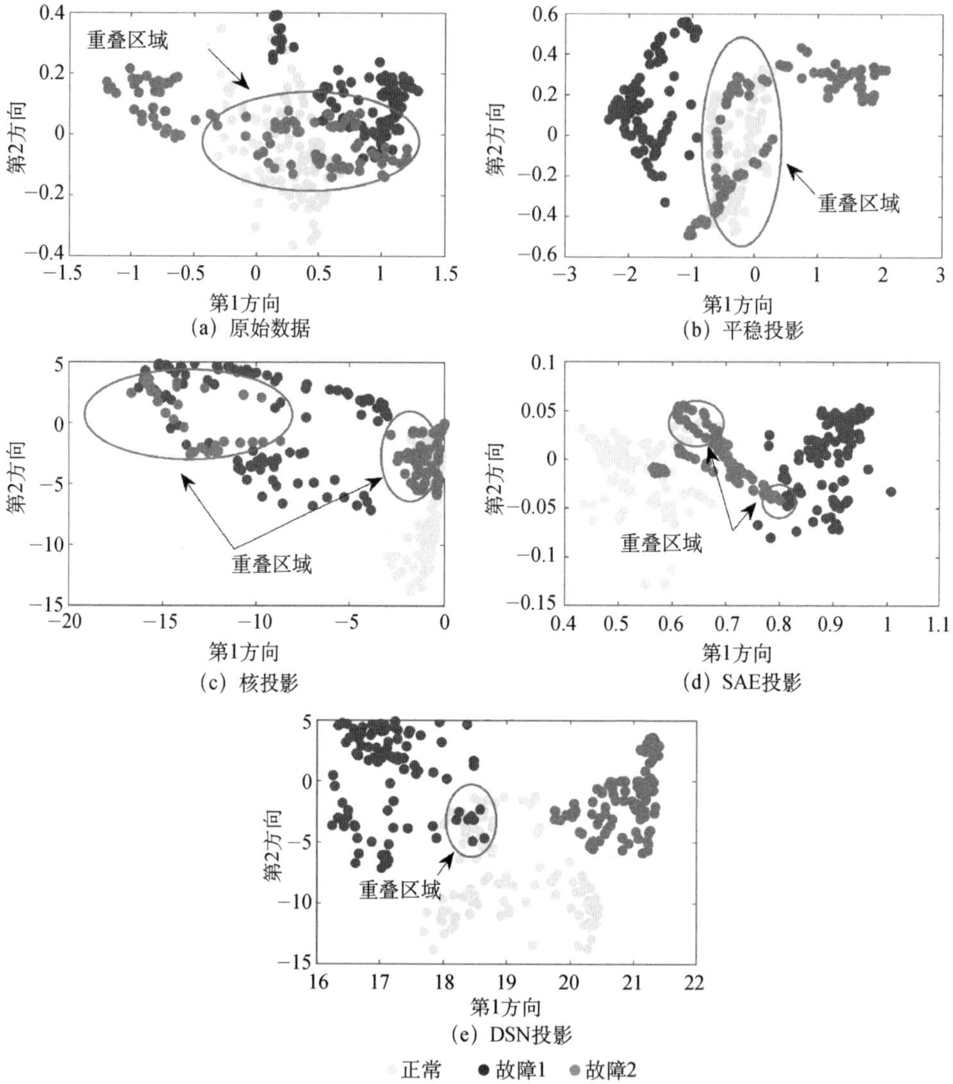

图6.2.3　在线应用阶段的原始数据和四种不同方法的投影结果

升各类数据间的差异表现。而当所有数据都在单层核空间中进行投影时，故障 2 的部分投影总是与正常样本、故障 1 样本的投影重叠在一起，无法分离。

至于 SAE 投影，由于其多层堆叠结构，其重叠区域比核方法小。DSN 投影显示最有效的特征提取。DSN 投影结果显示，所有数据类型的中心都相距较远，只有故障 1 和正常值之间的少数投影发生重叠。这是因为由于高炉炼铁过程的非平稳性，模型错误地将高炉炼铁过程非平稳特性带来的数据波动视为故障。另外，对于以最小化输入数据与重建之间的均方误差为目标的 SAE，其重建可视为对输入数据后验概率的估计，而在这种环境下后验概率的计算容易受到干扰。因此，SAE 模型缺乏足够的鲁棒性。

4. 高炉炼铁过程故障诊断性能比较

这里，为了验证故障诊断性能，本节提出方法与 SVM、核独立成分分析（kernel independent component analysis，KICA）和 SVM（KICA-SVM）、KFDA[29]、混沌粒子群优化-多核支持向量机（chaotic particle swarm optimization- multi-kernel support vector machine，CPSO-MKSVM）、堆叠监督自编码器（stacked supervised auto-encoder，SSAE）[30]和基于优化多核极限学习机（optimised multikernels based extreme learning machine，OMKELM）[9] 方法进行了比较。为了保证公平，KICA-SVM 和 KFDA 的核参数也设置为 7000。KFDA 保留了 3 个判别变量。CPSO-MKSVM 和 OMKELM 分别利用了 2 个基本核和 3 个基本核。基于 SSAE 的诊断模型的最优结构设计为 720-360-180-90-45-3，其中，输入神经元数为 720（12×60），由 12 个输入变量和动态扩展大小尺寸 60 确定，同时有 4 个隐藏层（后一层的隐藏神经元数为前一层的 1/2），并预设 3 个输出过程状态。关于诊断效果的评价，本节采用了统计指标 MDR。

根据图 6.2.4 和表 6.2.5 的结果，本节对各种方法在故障分类性能方面进行了比较。首先，SVM 方法在正常、故障 1 和故障 2 样本中都存在较多的误分类，

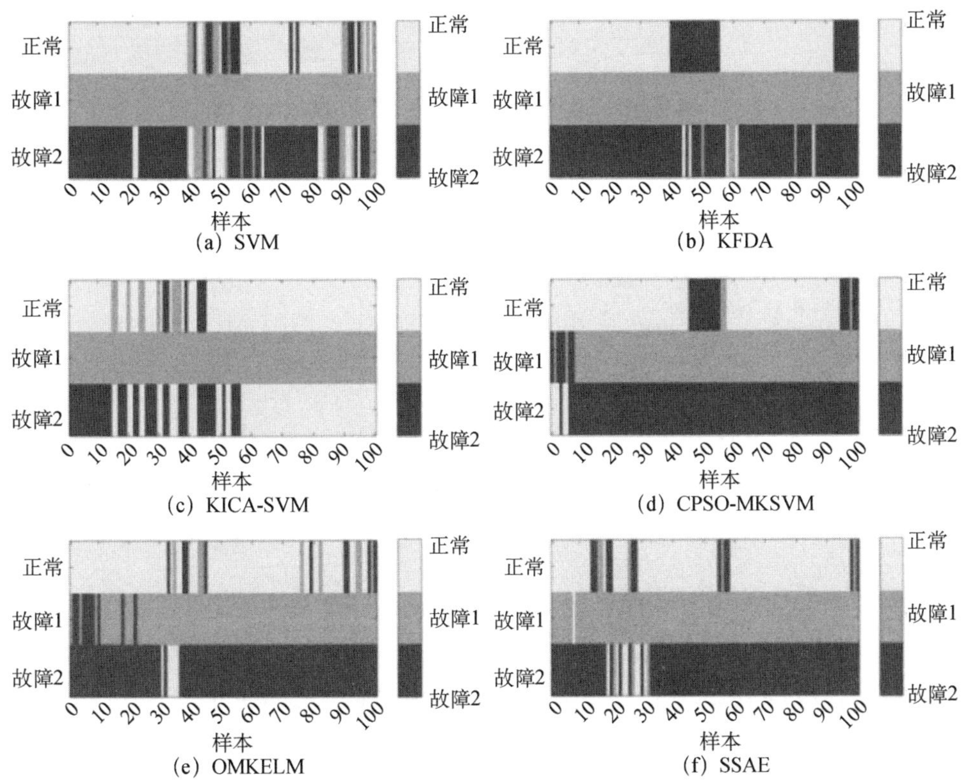

(a) SVM　(b) KFDA　(c) KICA-SVM　(d) CPSO-MKSVM　(e) OMKELM　(f) SSAE

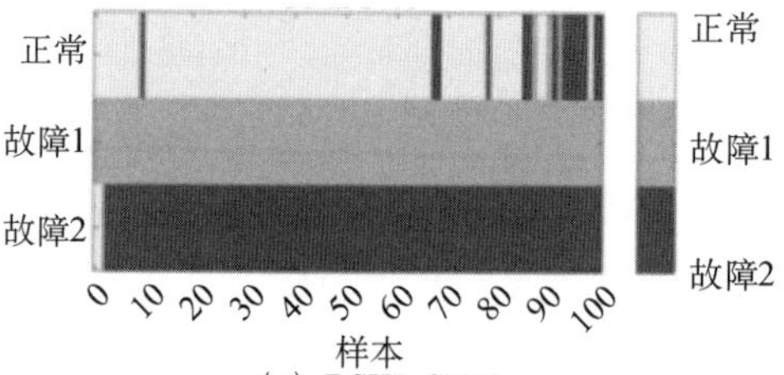

(g) DSKL-SVM

图 6.2.4 正常和故障工况下所有方法的分类性能

这可能是因为线性模型无法很好地处理非线性过程。与之相比，KFDA 作为一种非线性方法，在分类精度方面表现更好，尤其是在故障 2 中。KICA-SVM 方法通过分离非平稳信息，减少了对正常样本的误分类。然而，在故障 2 中，错误地丢弃了一些关键的过程信息，导致了大量样本的误分类。CPSO-MKSVM 和 OMKELM 方法利用多个核函数提供多个非线性观察角度，但也可能积累噪声，导致一些错误分类，如故障 1 和故障 2 所示。对于 SSAE，复杂网络结构模型带来的鲁棒性下降及缺乏对非平稳特性的考虑导致在故障 2 的非平稳部分（第 20～30 个样本）出现大量误分类。对于本节提出的 DSKL-SVM 方法，在故障 1 和故障 2 的分类中几乎没有错误分类，而正常阶段的分类结果与 OMKELM 方法接近。

表 6.2.5 在三种工况下，所提出的 DSKL-SVM 与其他六种方法的诊断表现对比（单位：%）

工况	时间段	SVM	KICA-SVM	KFDA	CPSO-MKSVM	OMKELM	SSAE	DSKL-SVM
正常	2017 年 11 月 3 日 07:04:44～07:21:20	24.0	15.0	18.0	17.0	17.0	16.0	17.0
故障 1（悬料）	2017 年 11 月 3 日 00:18:32～00:35:20	0.0	0.0	0.0	6.0	9.0	1.0	0.0
故障 2（管道行程）	2017 年 11 月 3 日 06:45:09～07:02:10	62.0	9.0	5.0	5.0	5.0	10.0	2.0
均值	—		25.7	11.0	8.0	10.3	8.6	6.3

同时，表 6.2.5 列出了所有方法的误分类率。对于正常样本，KICA-SVM 的误分类率为 15.0%，与其他方法相比相对较低。在故障 2 的情况下，SVM 的误分类率最高，达到 62.0%。从 OMKELM 和 DSKL-SVM 的角度来看，它们误分类 17.0%的正常样本。对于故障 1，CPSO-MKSVM、OMKELM 和 SSAE 分别误分类了 6.0%、9.0%和

1.0%的样本。而 DSKL-SVM 在故障 2 阶段仅误分类 2.0%的样本。在所有方法中，DSKL-SVM 的平均误分类率最低，仅为 6.3%，这是因为 DSKL-SVM 具有准确的平稳特征和多层堆叠核结构。因此，与其他方法相比，DSKL-SVM 在面对高炉炼铁过程时能获得更高效、更一致的故障诊断结果。

5. **训练样本大小对诊断性能的影响**

为了研究训练样本大小对性能的影响，进一步研究了两个特定的 DSKL-SVM 模型，分别为 DSKL-SVM(T1)和 DSKL-SVM(T2)。其中，T1 和 T2 分别代表模型由 100 个和 200 个训练样本构建。

根据图 6.2.5 展示的故障诊断结果，可以观察到随着训练样本数量的减少，所有阶段的错误分类样本数量都在增加。特别是在 DSKL-SVM(T1)模型中，出现了严重的误分类，其中在正常阶段的第 30～50 个样本和故障 2 阶段的第 15～30 个样本之间的误分类问题尤为突出。这可能会导致操作员执行错误的操作步骤。在进一步对误分类率进行调查时，根据表 6.2.6 的结果，可以看出 DSKL-SVM(T1)模型的误分类率最高，分别为 33.0%、8.0%和 18.0%。相比之下，DSKL-SVM 模型的误分类率最低。这是由于随着训练样本数量的减少，数据中所包含的非平稳性和特征信息不足，从而使得模型无法完全捕捉到过程的一致性特征，降低了分类性能。DSKL-SVM(T1)、DSKL-SVM(T2)和 DSKL-SVM 的平均误分类率分别为 19.7%、12.0%和 6.3%。因此，应选择尽可能多的训练样本以覆盖所有的过程信息。

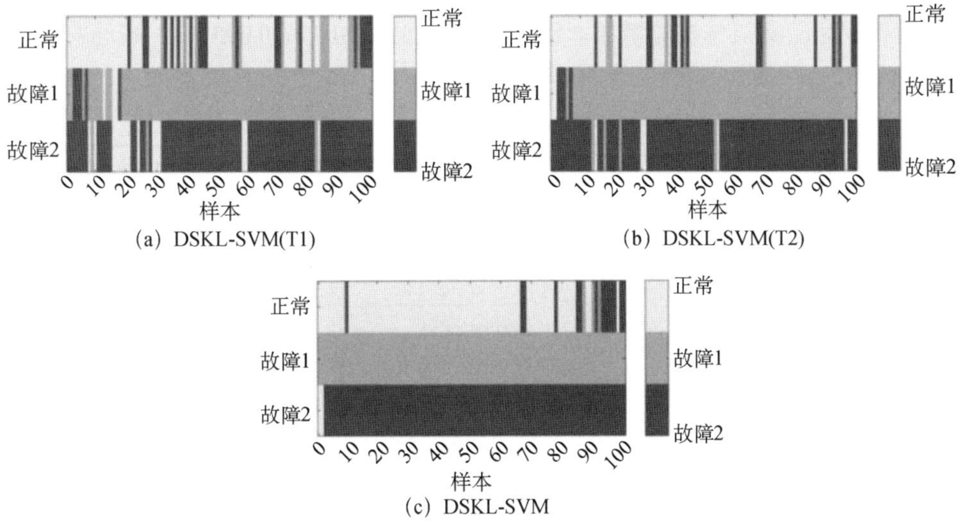

图 6.2.5　DSKL-SVM(T1)、DSKL-SVM(T2)和 DSKL-SVM 在正常和两个故障工况下的分类性能

表 6.2.6 在三种工况下，DSKL-SVM (T1)、DSKL-SVM (T2)和 DSKL-SVM 的误分类率

工况	时期	DSKL-SVM (T1)	DSKL-SVM (T2)	DSKL-SVM
正常	2017 年 11 月 3 日 07:04:44～07:21:20	33.0	21.0	17.0
故障 1 （悬料）	2017 年 11 月 3 日 00:18:32～00:35:20	8.0	6.0	0.0
故障 2 （管道行程）	2017 年 11 月 3 日 06:45:09～07:02:10	18.0	9.0	2.0
均值	—	19.7	12.0	6.3

6. 计算时间比较

根据现有文献，基于核的方法在实际场景中应用的主要障碍之一，是其对计算资源的高需求。为了验证本节提出方法的实时诊断效率，研究考虑了在英特尔酷睿 i9-10900(2.8GHz)和 32G 内存配置下进行累计在线计算时间的实验。此外，每种方法在测试样本上执行 50 次，以获得计算时间的平均值和标准差。

表 6.2.7 总结了所有测试样本的累计计算时间。其中，SVM 所需的计算时间最少，为（0.021±0.001）s。KICA-SVM 和 KFDA 方法在计算核矩阵上花费了较多的时间，计算时间分别增加到（0.144±0.003）s 和（0.116±0.003）s。另外，由于 CPSO-MKSVM 方法同时使用了局部和全局核，计算时间进一步增加到（0.349±0.005）s。在 OMKELM 和 DSKL-SVM 之间进行比较时，两种方法的计算时间非常接近，分别为（0.386±0.004）s 和（0.406±0.004）s。对于 SSAE 方法，由于动态数据增强导致样本维度及更多隐藏层结构的增加，计算时间增加到（0.456±0.005）s，高于本节提出 DSKL-SVM 方法的计算时间（0.406±0.004）s。

表 6.2.7 所有测试样本的累计计算时间 （单位：s）

方法	主要计算任务	计算时间
SVM	线性分类决策	0.021±0.001
KICA-SVM	非线性平稳特征投影 非线性分类决策	0.144±0.003
KFDA	核特征投影 非线性分类决策	0.116±0.003
CPSO-MKSVM	第一核特征投影 第二核特征投影 非线性分类决策	0.349±0.005
OMKELM	第一核特征投影 第二核特征投影	0.386±0.005

续表

方法	主要计算任务	计算时间
OMKELM	第三核特征投影 非线性分类决策	0.386 ± 0.005
SSAE	动态数据矩阵拓展 第一层非线性投影 第二层非线性投影 非线性分类决策	0.456 ± 0.005
DSKL-SVM	平稳特征投影 第一层核特征投影 第二层核特征投影 第三层核特征投影 非线性分类决策	0.406 ± 0.004

总之，与其他方法相比，DSKL-SVM 故障诊断能获得更高效、更一致的结果。它在平稳特征提取能力和 DSN 投影分布方面取得了优异的表现，因此在正常阶段对过程非平稳的鲁棒性更强，在故障阶段的诊断性能也更灵敏。此外，训练样本的大小和在线计算时间的研究也验证了其可行性。

6.3　非线性非平稳过程故障诊断的核网络方法

6.3.1　非线性一致特征构造

对于大多数实际高炉炼铁过程，非平稳性和非线性是其固有特性。这使得传统的线性非平稳建模方法无法提供对过程中一致信息的全面估计。此外，这种非平稳性还可能导致一些平稳投影被错误地估计为非平稳的。因此，充分地理解和建模非线性是十分必要的。对于 RMK-ASSA，核矩阵 $\boldsymbol{K}_g \equiv \left[K_{k,j}^g\right]$，并进行均值归一化：

$$\hat{\boldsymbol{K}}_g = \boldsymbol{K}_g - \boldsymbol{I}_{l_n}\boldsymbol{K}_g - \boldsymbol{K}_g\boldsymbol{I}_{l_n} + \boldsymbol{I}_{l_n}\boldsymbol{K}_g\boldsymbol{I}_{l_n} \in \mathbb{R}^{l_n \times l_n} \tag{6.3.1}$$

式中，$\boldsymbol{I}_{l_n} \equiv \left[1/l_n\right]$。然后，使用带正则化项的特征值分解方法对 $\hat{\boldsymbol{K}}_g$ 进行处理，以消除冗余噪声的干扰，计算公式为

$$\lambda\boldsymbol{\alpha} = \left(\frac{1}{l_n - 1}\hat{\boldsymbol{K}}_g + \gamma\boldsymbol{I}\right)\boldsymbol{\alpha} \tag{6.3.2}$$

式中，λ 是特征值；$\boldsymbol{\alpha}$ 是特征向量；γ 是正则化权重。

而根据前 g 个特征值对应的特征向量，定义包含主要信息的局部主成分矩阵 $\boldsymbol{T}^g \in \mathbb{R}^{l_n \times g}$ 为

$$\boldsymbol{T}^g = \hat{\boldsymbol{K}}_g \boldsymbol{P}^g \tag{6.3.3}$$

式中，载荷投影 $\boldsymbol{P}^g \in \mathbb{R}^{l_n \times g}$ 由特征向量组成。类似地，全局主成分矩阵 $\boldsymbol{T}^p \in \mathbb{R}^{l_n \times p}$ 可以通过归一化的全局核 $\hat{\boldsymbol{K}}_p \in \mathbb{R}^{l_n \times l_n}$ 估计，计算公式为

$$\boldsymbol{T}^p = \hat{\boldsymbol{K}}_p \boldsymbol{P}^p \tag{6.3.4}$$

式中，p 表示主成分的数量。

为了全面地考虑局部核和全局核，采用级联特征融合策略来构建互非线性特征矩阵 $\boldsymbol{T}^t \in \mathbb{R}^{l_n \times (g+p)}$，即

$$\boldsymbol{T}^t \equiv [\boldsymbol{t}_k^t] = [\boldsymbol{T}^g \quad \boldsymbol{T}^p] \tag{6.3.5}$$

备注 6.3.1 正则化项的引入在这里有多重作用。首先，它可以防止产生条件不良的核矩阵，确保非线性特征估计的准确性，并保持数值的稳定性。这是因为正则化项通过增加一个较小的正则化参数来调整矩阵的特征值，使其在数值上更稳定，并避免出现特征值过小或接近零的情况。其次，考虑到原始变量中存在较强的工业噪声，应用正则化 PCA 非常重要。噪声可能会对特征向量的估计产生干扰，导致不准确的结果。通过引入正则化项，可以抑制噪声的影响，提高特征向量的估计准确性，并减少噪声在特征矩阵中的累积。此外，在各自的核空间中，$\boldsymbol{T}^g$ 和 $\boldsymbol{T}^p$ 在统计上是独立的，因此也简化了建模过程。

为了进一步考虑高炉炼铁过程的非平稳特性，本节引入一种改进的非线性一致特征（nonlinear consistent feature，NCF）提取方法，即 RMK-ASSA，该方法基于估计的 $\boldsymbol{T}^t$ 建立了以下优化目标：

$$\begin{aligned} \boldsymbol{B}_s &= \operatorname{argmin} \frac{1}{\hat{l}_b} \sum_{i=1}^{\hat{l}_b} \left\{ \left\| \boldsymbol{B}_s \left(\boldsymbol{\mu}_i^t - \bar{\boldsymbol{\mu}}^t \right) \right\|^2 \right. \\ &\quad \left. + 2\mathrm{Tr}\left[\boldsymbol{B}_s \left(\boldsymbol{\Sigma}_i^t - \bar{\boldsymbol{\Sigma}}^t \right) \bar{\boldsymbol{\Sigma}}^{t,-1} \left(\boldsymbol{\Sigma}_i^t - \bar{\boldsymbol{\Sigma}}^t \right) \boldsymbol{B}_s^{\mathrm{T}} \right] \right\} \\ &= \operatorname{argmin} \ \mathrm{Tr}\left(\boldsymbol{B}_s \boldsymbol{\Xi}^t \boldsymbol{B}_s^{\mathrm{T}} \right) \\ &\quad \text{s.t. } \boldsymbol{B}_s \bar{\boldsymbol{\Sigma}}^t \boldsymbol{B}_s^{\mathrm{T}} = I \end{aligned} \tag{6.3.6}$$

式中，

$$\boldsymbol{\Xi}^t = \frac{1}{\hat{l}_b} \sum_{i=1}^{\hat{l}_b} \left\{ \boldsymbol{\mu}_i^t \boldsymbol{\mu}_i^{t,\mathrm{T}} + 2\boldsymbol{\Sigma}_i^t \bar{\boldsymbol{\Sigma}}^{t,-1} \boldsymbol{\Sigma}_i^t \right\} - \bar{\boldsymbol{\mu}}^t \bar{\boldsymbol{\mu}}^{t,\mathrm{T}} - 2\bar{\boldsymbol{\Sigma}}^t \tag{6.3.7}$$

其中，$\boldsymbol{B}_s \in \mathbb{R}^{b \times (g+p)}$ 是平稳投影矩阵；$\hat{l}_b$ 表示 $\boldsymbol{T}^t$ 所划分的时段；$\boldsymbol{T}^t$ 中的每个时段的均值与协方差分别用 $\boldsymbol{\mu}_i^t$ 和 $\boldsymbol{\Sigma}_i^t$ 表示；总体均值与协方差是根据所有 $\boldsymbol{\mu}_i^t$ 和 $\boldsymbol{\Sigma}_i^t$ 的平均值

计算得出的，分别用 $\bar{\boldsymbol{\mu}}^t$ 和 $\bar{\boldsymbol{\Sigma}}^t$ 表示；借助拉格朗日乘子法，可以对解进行估计，并构建平稳投影，也称为 NCF，以便用于描述和分析高炉炼铁过程的时不变信息：

$$\begin{cases} \boldsymbol{S}^n \equiv \left[\boldsymbol{s}_k^n\right] = \boldsymbol{T}_n^t \boldsymbol{B}_s^{\mathrm{T}} \in \mathbb{R}^{l_n \times b} \\ \boldsymbol{s}_k^n = \boldsymbol{B}_s \boldsymbol{t}_k^t \end{cases} \tag{6.3.8}$$

备注 6.3.2　RMK-ASSA 方法建立的 NCF 在均值和协方差方面表现出一致性，能够成功地区分数据中的非平稳波动，这表明它们有效地捕捉了过程变量之间的稳定关系。此外，这种时间不变的信息进一步促进了高炉炼铁过程可靠的故障诊断研究。

然而，外部因素的非平稳特性也经常会给区分故障样本带来干扰，而这些干扰与故障本身几乎无关。因此，估算与故障相关的 NCF 非常重要。假设 f 类故障集合为 $\left\{\boldsymbol{x}_f^{f_1}, \boldsymbol{x}_f^{f_2}, \cdots, \boldsymbol{x}_f^{f_f}\right\}$，则与故障相关的局部和全局核可以表示为

$$\begin{cases} \boldsymbol{K}_{f_i}^g\left(\boldsymbol{x}_k^n, \boldsymbol{x}_j^{f_i}\right) = \exp\left(-\dfrac{\|\boldsymbol{x}_k^n - \boldsymbol{x}_j^{f_i}\|^2}{a}\right), \quad f_i = 1, 2, \cdots, f \\ \boldsymbol{K}_{f_i}^p\left(\boldsymbol{x}_k^n, \boldsymbol{x}_j^{f_i}\right) = \left(\left\langle \boldsymbol{x}_k^n, \boldsymbol{x}_j^{f_i}\right\rangle + 1\right)^b \end{cases} \tag{6.3.9}$$

对于每个故障，与故障相关的局部和全局集中核矩阵由以下公式计算为

$$\begin{cases} \hat{\boldsymbol{K}}_{f_i}^g = \boldsymbol{K}_{f_i}^g - \boldsymbol{I}_{l_f} \hat{\boldsymbol{K}}_g - \boldsymbol{K}_{f_i}^g \boldsymbol{I}_{l_n} + \boldsymbol{I}_{l_f} \hat{\boldsymbol{K}}_g I_{l_n} \\ \hat{\boldsymbol{K}}_{f_i}^p = \boldsymbol{K}_{f_i}^p - \boldsymbol{I}_{l_f} \hat{\boldsymbol{K}}_p - \boldsymbol{K}_{f_i}^p \boldsymbol{I}_{l_n} + \boldsymbol{I}_{l_f} \hat{\boldsymbol{K}}_p I_{l_n} \end{cases} \tag{6.3.10}$$

式中，$\boldsymbol{K}_{f_i}^g \equiv \left[K_{f_i}^g\left(\boldsymbol{x}_f^n, \boldsymbol{x}_j^{f_i}\right)\right]$；$\boldsymbol{K}_{f_i}^p \equiv \left[K_{f_i}^p\left(\boldsymbol{x}_k^n, \boldsymbol{x}_j^{f_i}\right)\right]$；$\boldsymbol{I}_f \in \mathbb{R}^{l_f \times l_n}$ 的所有元素都等于 $1/l_n$，l_f 是第 f_i 个故障的样本数量。关于与故障相关的主成分和 NCF 提取，可以进行如下投影：

$$\begin{matrix} \boldsymbol{T}_{f_i}^g = \hat{\boldsymbol{K}}_{f_i}^g \boldsymbol{P}^g \\ \boldsymbol{T}_{f_i}^p = \hat{\boldsymbol{K}}_{f_i}^p \boldsymbol{P}^p \end{matrix} \Rightarrow \boldsymbol{T}_{f_i}^t = \left[\boldsymbol{T}_{f_i}^g \quad \boldsymbol{T}_{f_i}^p\right] \in \mathbb{R}^{l_f \times 7(g+p)} \tag{6.3.11}$$

并且，

$$\begin{cases} \boldsymbol{S}^{f_i} \equiv \left[\boldsymbol{s}_k^{f_i}\right] = \boldsymbol{T}_{f_i}^t \boldsymbol{B}_s^{\mathrm{T}} \in \mathbb{R}^{l_f \times b} \\ \boldsymbol{s}_k^{f_i} = \boldsymbol{B}_s t_k^t \end{cases} \tag{6.3.12}$$

最后，级联所有与正常相关和与故障相关的 NCF，作为后续故障分类任务的输入：

$$\begin{cases} \boldsymbol{S}^t \equiv \left[\boldsymbol{s}_k^t\right] = \left\{\boldsymbol{S}^n; \boldsymbol{S}^{f_i}\right\} \\ \boldsymbol{s}_k^t = \left\{\boldsymbol{s}_k^n; \boldsymbol{s}_k^{f_i}\right\} \end{cases}, \quad k = 1, 2, \cdots, l_n + l_f \tag{6.3.13}$$

6.3.2 融合深度宽度平稳核网络的故障分类器设计

以高炉炼铁过程为例，由于其内部存在大量反应和各种辅助系统的影响，它是一个高度非线性的过程。虽然 RMK-ASSA 采用了核技巧来创建数据的非线性表示，但可能还不够。此外，核构造并没有针对故障分类的目标进行优化。

为了获得更丰富、更有意义的表示，最直观的方法是堆叠多个核函数。标准核函数（包括高斯 rbf 核和多项式核）通常组合在一起，以便从多个角度探索非线性特征。此外，还可以考虑一系列其他核函数，如线性核、拉普拉斯核和 Sigmoid 核，从而增加表征的丰富性。另外，现有深度模型在数据深度特征提取方面的有效性，启发了我们采用多层堆叠深度核网络结构。

备注 6.3.3 在 DBSKNet 结构中，深度的数量决定了多层核网络的层数，而结构的宽度由选择的基本核函数的数量决定。

在深度为 1 的 DBSKNet 中，多个基本核函数的组合可以表示为

$$
\begin{gathered}
\boldsymbol{rK}^1 = \boldsymbol{w}^{1,1}\boldsymbol{K}^{1,1} + \boldsymbol{w}^{1,2}\boldsymbol{K}^{1,2} + \cdots + \boldsymbol{w}^{1,W}\boldsymbol{K}^{1,W} \\
\text{s.t.} \sum_{i=1}^{W} \boldsymbol{w}^{1,i} = 1
\end{gathered}
\tag{6.3.14}
$$

式中，$\boldsymbol{rK}^1 = \left[rK_1^1, rK_2^1, \cdots, rK_{l_n+l_f}^1\right]$ 为重组核矩阵，$\boldsymbol{w}^{1,i}, i = 1,2,\cdots,\boldsymbol{W}$ 为权重，$\boldsymbol{K}^{1,i} = \left[K_1^{1,i}, K_2^{1,i}, \cdots, K_{l_n+l_f}^{1,i}\right], i = 1,2,\cdots,W$ 表示考虑了 W 个基本核函数。然后，根据深度$-(d-1)$ 个重组核矩阵 $\boldsymbol{rK}^{d-1}$，深度 d 核 $\boldsymbol{rK}^d$ 可以得到：

$$
\begin{aligned}
\boldsymbol{rK}^d &= \boldsymbol{w}^{d,1}\boldsymbol{K}^1(\boldsymbol{rK}^{d-1}) + \boldsymbol{w}^{d,2}\boldsymbol{K}^2(\boldsymbol{rK}^{d-1}) + \cdots + \boldsymbol{w}^{d,w}\boldsymbol{K}^w(\boldsymbol{rK}^{d-1}) \\
&= \boldsymbol{w}^{d,1}\boldsymbol{K}^1(\boldsymbol{w}^{d-1,1}\boldsymbol{K}^1(\cdots(\boldsymbol{w}^{1,1}\boldsymbol{K}^1 + \cdots)\cdots) + \cdots + \boldsymbol{w}^{d,w}\boldsymbol{K}^w) \\
&\text{s.t.} \sum_{i=1}^{w} \boldsymbol{w}^{d,i} = 1
\end{aligned}
\tag{6.3.15}
$$

式中，$\boldsymbol{w}^{d,w}, d = 1,2,\cdots,D, w = 1,2,\cdots,W$ 是相应的核权重。

备注 6.3.4 与深度多核学习（deep multiple kernel learning，DMKL）[10]相比，DBSKNet 在重组核的使用上减少了所需权重的数量，从而简化了权重学习过程。相比于 DMKL 的固定网络结构，DBSKNet 具有更大的灵活性。DBSKNet 允许修改核函数的类型和数量，以及网络的深度，这为处理复杂的高炉炼铁过程数据提供了额外的优化空间。

根据相应的样本标签$\left\{y_0, y_1, y_2, \cdots, y_{l_n+l_f}\right\}$（其中，0 代表正常类别，$\{1,2,\cdots,f\}$代表 f 个故障类别），为此本节设计了以下基于 DBSKNet 的故障诊断分类器：

$$\mathcal{J}\left(\boldsymbol{s}_o^t\right)=\operatorname{sign}\left(\sum_{k=1}^{l_n+l_f}\alpha_k y_k \boldsymbol{rK}^d\left(\boldsymbol{s}_k^t,\boldsymbol{s}_o^t\right)+\beta\right) \tag{6.3.16}$$

式中，α_k 为对偶系数；β 为偏差；$\boldsymbol{s}_o^t$ 为待检验观测值；$\boldsymbol{rK}^d(\boldsymbol{s}_k^t,\boldsymbol{s}_o^t)$ 表示样本 $\boldsymbol{s}_k^t$ 和 $\boldsymbol{s}_o^t$ 通过深度重组的核矩阵 $\boldsymbol{rK}^d$。随后，重组核矩阵 $\boldsymbol{rK}^d$ 中的对偶系数 α_k 和权重 $\boldsymbol{w}^{d,w}$ 通过协同学习，以逐步逼近最佳分类效果。首先，初始化并固定核权重，这意味着联合参数问题可简化为求解 SVM 分类器的问题，即

$$\alpha_k=\operatorname{argmax}\sum_{k=1}^{l_n+l_f}\alpha_k-\sum_{k,j=1}^{l_n+l_f}\boldsymbol{rK}^d\left(\boldsymbol{s}_k^t,\boldsymbol{s}_j^t\right)/2,\quad \text{s.t.}\sum_{k=1}^{l_n+l_f}\alpha_k y_k=0,\ \alpha_k\geqslant 0 \tag{6.3.17}$$

现有文献已充分地探讨了其求解方法，限于篇幅，本书略去不表。接下来的内容将重点关注最优权重 $\boldsymbol{w}^{d,w}$ 的求解。受文献[31]的启发，采用半径-边际约束法来评估基于支持向量距离的分类器预测错误率。半径-边际边界 T_R 为

$$T_R=R_{\boldsymbol{rK}^d}^2/\gamma_{\boldsymbol{rK}^d}^2 \tag{6.3.18}$$

式中，$\gamma_{\boldsymbol{rK}^d}$ 是 DBSKNet 分类器相对于 $\boldsymbol{rK}^d$ 的余量；$R_{\boldsymbol{rK}^d}$ 代表将训练样本包围在 $\boldsymbol{rK}^d$ 中最小球的半径。最优的 μ_k 可以确定为

$$R_{\boldsymbol{rK}^d}^2=\max_{\mu_k}\sum_{k=1}^{l_n+l_f}\mu_k\boldsymbol{rK}^d\left(\boldsymbol{s}_k^t,\boldsymbol{s}_k^t\right)-\sum_{k,j=1}^{l_n+l_f}\mu_k\mu_j\boldsymbol{rK}^d\left(\boldsymbol{s}_k^t,\boldsymbol{s}_j^t\right),\quad \text{s.t.}\sum_{k=1}^{l_n+l_f}\mu_k=1,\ \mu_k\geqslant 0 \tag{6.3.19}$$

对于 $k=1,2,\cdots,l_n+l_f$，二次问题的解析解为 $\boldsymbol{\mu}=[\mu_k]$，可以很容易地求得。

结合得到的 α_k 和 μ_k，可以使用梯度下降法求得 T_R 的最小值。为了确定最佳学习方向，需要计算 T_R 的导数，如下：

$$\frac{\partial T_R}{\partial \boldsymbol{w}^{d,w}}=\left\|1/\gamma_{\boldsymbol{rK}^d}^2\right\|^2\frac{\partial R_{\boldsymbol{rK}^d}^2}{\partial \boldsymbol{w}^{d,w}}+R_{\boldsymbol{rK}^d}^2\frac{\partial\left\|1/\gamma_{\boldsymbol{rK}^d}^2\right\|^2}{\partial \boldsymbol{w}^{d,w}} \tag{6.3.20}$$

式中，$\dfrac{\partial R_{\boldsymbol{rK}^d}^2}{\partial \boldsymbol{w}^{d,w}}$ 和 $\dfrac{\partial\left\|1/\gamma_{\boldsymbol{rK}^d}^2\right\|^2}{\partial \boldsymbol{w}^{d,w}}$ 可以表示为

$$\frac{\partial\left\|1/\gamma_{\boldsymbol{rK}^d}^2\right\|^2}{\partial \boldsymbol{w}^{d,w}}=-\frac{1}{2}\sum_{k,j=1}^{l_n+l_f}\alpha_k\alpha_j y_k y_j\frac{\partial \boldsymbol{rK}^d\left(\boldsymbol{s}_k^t,\boldsymbol{s}_j^t\right)}{\partial \boldsymbol{w}^{d,w}} \tag{6.3.21}$$

和

$$\frac{\partial R_{\boldsymbol{rK}^d}^2}{\partial \boldsymbol{w}^{d,w}}=\sum_{k=1}^{l_n+l_f}\mu_k\frac{\partial \boldsymbol{rK}^d\left(\boldsymbol{s}_k^t,\boldsymbol{s}_j^t\right)}{\partial \boldsymbol{w}^{d,w}}-\sum_{k,j=1}^{l_n+l_f}\mu_k\mu_j y_k y_j\frac{\partial \boldsymbol{rK}^d\left(\boldsymbol{s}_k^t,\boldsymbol{s}_j^t\right)}{\partial \boldsymbol{w}^{d,w}} \tag{6.3.22}$$

根据链式法则，可以求得 $\dfrac{\partial \boldsymbol{rK}^d\left(\boldsymbol{s}_k^t,\boldsymbol{s}_j^t\right)}{\partial \boldsymbol{w}^{d,w}}=\boldsymbol{r\bar{K}}^d\left(\boldsymbol{s}_k^t,\boldsymbol{s}_j^t\right)$。此外，根据定义 $1/\gamma_{\boldsymbol{rK}^d}^2=\sum_k^{l_n+lf}\alpha_k$。因此，当 $\boldsymbol{\alpha}\equiv[\alpha_k]$，$\bar{\boldsymbol{\varDelta}}\equiv\left[\boldsymbol{r}^d\left(\boldsymbol{s}_k^t,\boldsymbol{s}_k^t\right)\right],\boldsymbol{\varDelta}\equiv\left[\boldsymbol{rK}^d\left(\boldsymbol{s}_1^t,\boldsymbol{s}_1^t\right)\right],k=1,2,\cdots,l_n+l_f$，可以得出 T_R 相对于 $\boldsymbol{w}^{d,w}$ 的梯度表达式：

$$\frac{\partial \boldsymbol{T}_R}{\partial \boldsymbol{w}^{d,w}} = \Gamma \boldsymbol{\alpha}\left(\boldsymbol{r}\bar{\boldsymbol{K}}^d\right)\boldsymbol{\alpha}/2 - \boldsymbol{\alpha}\left(\bar{\boldsymbol{\Delta}}^{\mathrm{T}}\boldsymbol{\mu} - \boldsymbol{\mu}^{\mathrm{T}}\left(\boldsymbol{r}\bar{\boldsymbol{K}}^d\right)\boldsymbol{\mu}\right) \tag{6.3.23}$$

式中，$\boldsymbol{\Gamma} = \boldsymbol{\Delta}^{\mathrm{T}}\boldsymbol{\mu} - \boldsymbol{\mu}^{\mathrm{T}}\left(\boldsymbol{r}\boldsymbol{K}^d\right)\boldsymbol{\mu}$。这样，$\boldsymbol{w}^{d,w}$ 就可以通过可行梯度方向和适当学习率的迭代程序近似得到。随后，为了进行故障诊断，通过循环固定 $\boldsymbol{w}^{d,w}$ 来优化 α_k，固定 α_k 来优化 $\boldsymbol{w}^{d,w}$。

该方法流程包括两个阶段：离线训练和在线诊断。在离线训练阶段，首先根据收集到的正常和故障数据建立 RMK-ASSA 模型。然后，提取与正常和故障相关的 NCF 并进行级联，以表示高炉炼铁过程数据中的时变信息。利用 DBSKNet 进一步分析更深层、更丰富的非线性信息。本节提出的双层环路参数优化算法基于 DBSKNet 和核权重对分类器进行优化，以确保诊断的有效性。在线诊断阶段，首先提取新观测值中的 NCF。然后，计算在线深度重组核向量，并使用最优分类器来判断当前状态。如果认为当前状态故障，就会向操作员发送故障报警信息，并显示当前故障类别和建议的恢复措施。

因此，通过整个程序的设计和执行，本节提出的方法能够有效地解决高炉炼铁过程数据中的非平稳性和非线性所带来的故障诊断难题。

6.3.3 案例分析

1. 数据收集与准备

本节使用了从某钢铁厂 2 号高炉采集的实际过程数据进行故障诊断评估。表 6.3.1 对实际数据进行了描述，并附有相应的标签、说明和单位。所有 12 个测量变量都依赖于高炉内部反应速率的机理模型和现场操作人员的专业知识。数据包括正常运行阶段和两个故障工况（悬料和管道行程故障）。为了训练模型，本节使用了 700 个正常样本和 700 个故障样本，采样间隔为 10s。另外，还收集 300 个样本用于测试，每个阶段包括 100 个样本。在悬料工况下，富氧率、富氧流量和阻力指数呈现明显的阶跃变化，与正常阶段样本形成鲜明的对比。相反，在管道行程故障中没有观察到明显的故障现象，因此即使在实际运行过程中也很难识别。表 6.3.2 列出了所有最佳模型参数。

表 6.3.1　高炉炼铁过程故障检测案例研究中采用的过程变量

序号	描述	单位	序号	描述	单位
V1	富氧率	%	V7	富氧流量	%
V2	透气性指数	—	V8	顶温 1	℃
V3	CO 含量	%	V9	顶温 2	℃
V4	H_2 含量	%	V10	顶温 3	℃
V5	CO_2 含量	%	V11	顶温 4	℃
V6	风口风速	m/s	V12	阻力指数	—

表 6.3.2　RMK-ASSA 和 DBSKNet 联合模型中的最佳模型参数

参数	描述	数值
(a,b)	核参数	(6000, 2)
γ	正则化系数	0.01
(g,p)	主成分数	(16, 9)
l_s	平稳投影数	4
l_s	划分的时段数	50
(D,W)	网络深度与宽度	(3, 3)
r	初始学习率	e^{-4}

备注 6.3.5　这里采用了三种核函数，即高斯 rbf 核、多项式核和线性核。对于学习率，这里的初始值设定为 e^{-4}，然后学习率将根据情况进行微调。

2. **特征提取能力分析**

为了直观地展示 RMK-ASSA 与 DBSKNet（RMK-ASSA+DBSKNet）联合策略对非平稳和非线性数据的特征提取能力，这里使用了 t-SNE（t-distributed stochastic neighbor embedding）[32]对最优深度重构核进行三维投影。原始数据与 ASSA 和核方法等流行建模方法的三维投影（t-SNE1、t-SNE2 和 t-SNE3）进行比较，以展示它们在相同测试数据上的效果。

测试阶段的原始数据和三种不同方法的投影结果如图 6.3.1 所示。在管道行程故障发生时，由于故障幅度较小且存在非平稳特征，大量原始正常样本和管道行程样本重叠。然而，悬料故障的显著故障幅度使其在投影中远离其他两类样本。使用核函数探索非线性可以增加悬料样本与正常样本之间的距离，但无法避免核投影中正常样本与管道行程样本的重叠。虽然正常样本和管道行程样本的投影在平稳投影中是分开的，但由于丢失了某些有用信息，两种故障的投影无法区分。本节提出的 RMK-ASSA+DBSKNet 方法既综合了平稳投影和核投影的优点，又避免了它们的缺点。该方法的投影能够清晰地区分三种类型的数据。特征分布可视化验证了本节提出的方法能够更有效地增加不同数据类型之间特征分布的差距。

3. **与其他故障诊断方法的比较**

此处将正常阶段和两个故障阶段的故障诊断效果与线性 SVM、KSVM、KFDA、OMKELM、GMKL-SVM、DSKL-SVM 和 DSAE 进行了比较。对于 KSVM、KFDA、OMKELM、GMKL-SVM 和 DSKL-SVM，为了公平起见，将高斯 rbf 的宽度设置为6000。KFDA判别向量的数量为4，并采用与OMKELM和GMKL-SVM相同的3层结构。DSKL-SVM采用3层深度非线性表示。并且最佳DSAE模型的结构为12-12-(12+3)。输入神经元数为12，由输入变量数决定，隐神经元的数量与前一层相同，并考虑3个过程状态。使用MCR和TPR来量化各个方法的故障诊断性能。

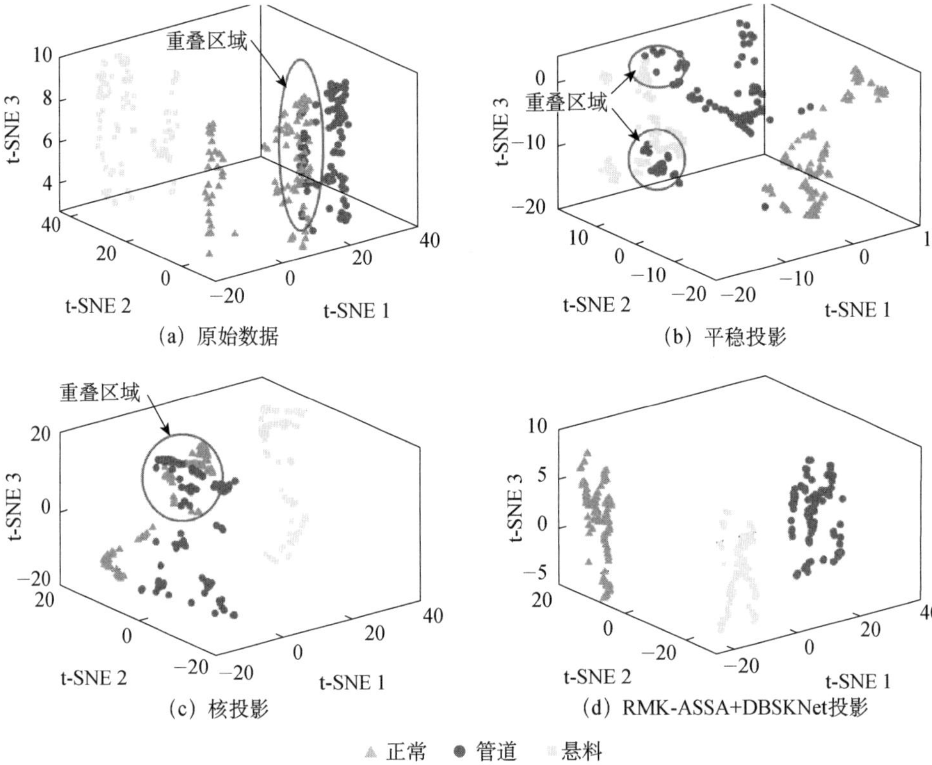

图6.3.1 测试阶段的原始数据和三种不同方法的投影结果

在正常、悬料和管道行程条件下的分类性能和混淆矩阵见图6.3.2，表6.3.3列出了所有方法的完整MCR和TPR，并计算了所有基于网络的方法的性能标准差，以量化模型的鲁棒性。作为线性模型，由于其不具备捕捉非线性特性的能力，常常导致样本的误分类。相比之下，非线性模型表现出更高的分类准确性。并且更深的核网络层和更宽的网络宽度显著地提高了分类性能。

具体而言，线性SVM的性能最差，正常和管道行程故障样本的MCR均为29.0%，正常样本的TPR仅为67.6%。这是由于线性SVM无法考虑不同故障类型的非线性特征和特定信息。KSVM和KFDA采用单一核函数来提高性能。虽然KSVM在处理正常样本时的MCR只有17.0%，但在处理管道行程故障样本时却优于其他方法，这可能是由于单核无法表征不同数据的非线性差异。通过考虑不同数据类型的非线性类内分布和总体分布差异，KFDA有效地提高了故障诊断性能。然而，对于非线性特征

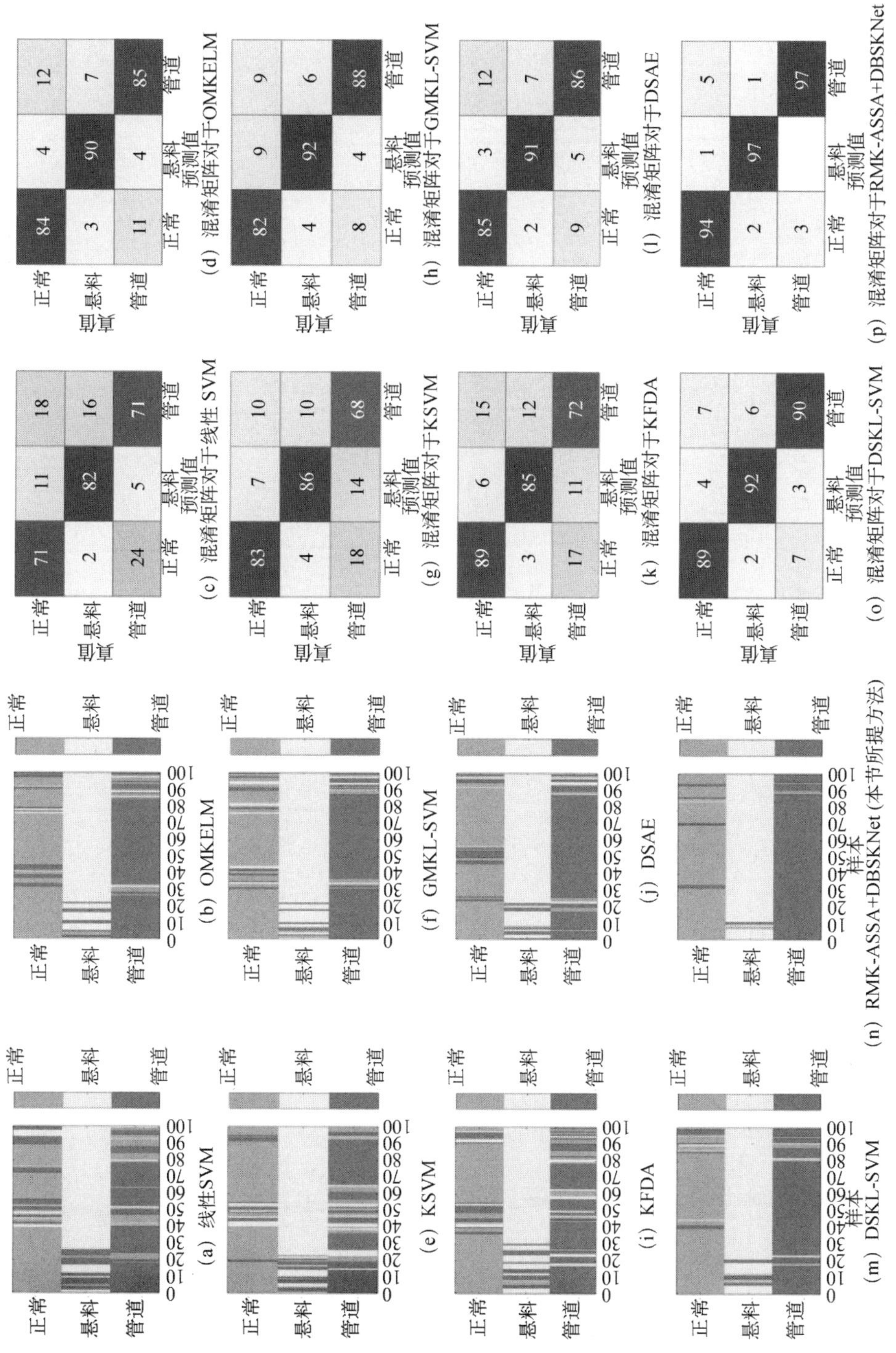

图 6.3.2　在正常、悬料和管道行程条件下的分类性能和混淆矩阵

左轴表示正常和故障阶段，图例表示线性SVM、KSVM、KFDA、OMKELM、GMKL-SVM、DSAE、DSKL-SVM 和本节提出方法确定的类别

表 6.3.3 线性 SVM、KSVM、KFDA、OMKELM、GMKL-SVM、DSAE、DSKL-SVM 和本节提出的方法对正常和两个故障工况的 MCR（%）和 TPR（%）

工况	线性 SVM/%	KSVM/%	KFDA/%	OMKELM/%	GMKL-SVM/%	DSAE/%	DSKL-SVM/%	本节提出的方法/%
正常	29.0†	17.0	21.0	16.0 ± 0.71	18.0 ± 0.52	15.0 ± 0.70	11.0 ± 0.53	6.0 ± 0.32
	67.6‡	77.3	72.7	81.7 ± 0.64	89.1 ± 0.65	85.4 ± 0.64	93.9 ± 0.51	94.2 ± 0.33
悬料	18.0	14.0	15.0	10.0 ± 0.55	8.0 ± 0.55	9.0 ± 0.68	8.0 ± 0.51	3.0 ± 0.22
	83.7	80.4	83.3	91.8 ± 53	87.6 ± 0.58	91.9 ± 0.64	97.9 ± 0.51	99.0 ± 0.17
管道行程	29.0	32.0	28.0	15.0 ± 0.63	12.0 ± 0.58	14.0 ± 0.56	10.0 ± 0.55	3.0 ± 0.32
	73.2	79.0	79.8	85.7 ± 0.64	85.4 ± 0.60	81.9 ± 0.64	92.3 ± 0.48	94.9 ± 0.28
均值	25.3	21.0	21.3	13.7	12.7	12.7	9.7	4.0
	74.8	78.9	78.6	86.4	87.4	86.4	94.7	96.0

†：每种故障类型的第一行显示所有方法的 MCR；‡：第二行显示所有方法的 TPR；最佳性能以粗体显示。

极其复杂的实际过程，可能需要更复杂的核结构来应对挑战。与其他方法相比，OMKELM 和 GMKL-SVM 通过使用多核技术提取了更丰富的非线性信息。DSAE 采用了一种常用的深度学习结构，但其性能受到非平稳特性的限制，导致严重的分类错误。DSKL-SVM 使用 ASSA 作为预处理方法来消除非平稳干扰，然而，其有限的平稳信息挖掘性能限制了后续深度核网络的有效性。RMK-ASSA 和 DBSKNet 联合策略使本节提出的方法能够提取精确一致的特征，并部署简洁的深度广核网络，从而减少误分类。具体来说，正常样本的误分类率为 6.0%，而两个故障工况的误分类率仅为 3.0%。此外，就 TPR 指标而言，本节提出的方法始终优于其他方法。

表 6.3.3 列出了 OMKELM、GMKL-SVM、DSAE、DSKL-SVM 和本节提出方法的故障诊断结果的均值与标准差。所有 OMKELM、GMKL-SVM 和 DSAE 都表现出较强烈的波动，这可能是由过程的非平稳特性导致建模结果无法稳定。使用非平稳处理方法可以降低 DSKL-SVM 结果的波动性，这揭示了平稳特征提取的重要性。因此，与其他方法相比，本节提出的方法改善了至少一半的性能波动，在迭代实验中，只有部分样本的诊断结果产生了波动。这表现出 NCF 提取有助于揭示恒定的故障信息，而结合 DBSKNet 结构可以增强模型的鲁棒性。

参 考 文 献

[1] Lou S, Wu P, Yang C, et al. Structured fault information-aided canonical variate analysis model for dynamic process monitoring[J]. Journal of Process Control, 2023, 124: 54-69.

[2] Zhou P, Zhang R, Liang M, et al. Fault identification for quality monitoring of molten iron in blast furnace ironmaking based on KPLS with improved contribution rate[J]. Control Engineering Practice, 2020, 97: 104354.

[3] Lou S, Yang C, Zhang X, et al. Novel data-driven deep learning assisted CVA for ironmaking system prediction and control[J]. IEEE Transactions on Circuits and Systems Ⅱ: Express Briefs, 2023, 70(12): 4544-4548.

[4] Fan X, Jiao K, Zhang J, et al. Comprehensive research about critical interaction region named cohesive zone in series of dissected blast furnaces[J]. ISIJ International, 2021, 61(6): 1758-1767.

[5] Zhang H, Jia C, Chen M. Remaining useful life prediction for degradation processes with dependent and nonstationary increments[J]. IEEE Transactions on Instrumentation and Measurement, 2021, 70: 1-12.

[6] Onel M, Kieslich C A, Guzman Y A, et al. Big data approach to batch process monitoring: Simultaneous fault detection and diagnosis using nonlinear support vector machine-based feature selection[J]. Computers and Chemical Engineering, 2018, 115: 46-63.

[7] Cho H W. Nonlinear feature extraction and classification of multivariate data in kernel feature space[J]. Expert Systems with Applications, 2007, 32(2): 534-542.

[8] Chiang L H, Kotanchek M E, Kordon A K. Fault diagnosis based on fisher discriminant analysis and support vector machines[J]. Computers and Chemical Engineering, 2004, 28(8): 1389-1401.

[9] Ahuja B, Vishwakarma V P. Optimised multikernels based extreme learning machine for face recognition[J]. International Journal of Applied Pattern Recognition, 2018, 5(4): 330-340.

[10] Strobl E V, Visweswaran S. Deep multiple kernel learning[C]. 12th International Conference on Machine Learning and Applications, Miami, 2013: 414-417.

[11] Gao T, Yang J, Jiang S. A novel incipient fault diagnosis method for analog circuits based on GMKL-SVM and wavelet fusion features[J]. IEEE Transactions on Instrumentation and Measurement, 2021, 70: 1-15.

[12] Husari F, Seshadrinath J. Incipient interturn fault detection and severity evaluation in electric drive system using hybrid hcnn-SVM based model[J]. IEEE Transactions on Industrial Informatics, 2021, 18(3): 1823-1832.

[13] Zhang Z, Yang Q, Zi Y, et al. Discriminative sparse autoencoder for gearbox fault diagnosis toward complex vibration signals[J]. IEEE Transactions on Instrumentation and Measurement, 2022, 71: 3522611.

[14] Fedala S, Rémond D, Zegadi R, et al. Gear fault diagnosis based on angular measurements and support vector machines in normal and nonstationary conditions[C]. Condition Monitoring of Machinery in Non-Stationary Operation, Berlin, 2014: 291-308.

[15] Lou S, Yang C, Wu P, et al. Fault diagnosis of blast furnace iron-making process with a novel deep stationary kernel learning support vector machine approach[J]. IEEE Transactions on Instrumentation and Measurement, 2022, 71: 1-13.

[16] Lou S, Yang C, Wu P, et al. Data-driven joint fault diagnosis based on RMK-ASSA and DBSKNet for blast furnace iron-making process[J]. IEEE Transactions on Automation Science and Engineering, 2024, 10.1109/TASE.2023.3287578.

[17] Pilario K E S, Cao Y, Shafiee M. A kernel design approach to improve kernel subspace identification[J]. IEEE Transactions on Industrial Electronics, 2020, 68(7): 6171-6180.

[18] Baktashmotlagh M, Harandi M, Lovell B C, et al. Discriminative non-linear stationary subspace analysis for video classification[J]. IEEE Transactions on Pattern Analysis and Machine Intelligence, 2014, 36(12): 2353-2366.

[19] Wu P, Lou S, Zhang X, et al. Data-driven fault diagnosis using deep canonical variate analysis and fisher discriminant analysis[J]. IEEE Transactions on Industrial Informatics, 2020, 17(5): 3324-3334.

[20] Salakhutdinov R, Larochelle H. Efficient learning of deep Boltzmann machines[C]. 13th International Conference on Artificial Intelligence and Statistics, Sardinia, 2010: 693-700.

[21] Hinton G E, Salakhutdinov R R. Reducing the dimensionality of data with neural networks[J]. Science, 2006, 313(5786): 504-507.

[22] Hinton G E, Osindero S, Teh Y W. A fast learning algorithm for deep belief nets[J]. Neural Computation, 2006, 18(7): 1527-1554.

[23] Cheung Y W, Lai K S. Lag order and critical values of the augmented Dickey-Fuller test[J]. Journal of Business and Economic Statistics, 1995, 13(3): 277-280.

[24] Liu Y, Liao S, Hou Y. Learning kernels with upper bounds of leave-one-out error[C]. 20th ACM International Conference on Information and Knowledge Management, Glasgow, 2011: 2205-2208.

[25] Rakotomamonjy A. Variable selection using SVM-based criteria[J]. Journal of Machine Learning Research, 2003, 3: 1357-1370.

[26] Zhen W, Jin C, Ming Q. Non-parallel planes support vector machine for multi-class classification[C]. International Conference on Logistics Systems and Intelligent Management, Harbin, 2010：581-585.

[27] Mozer M C, Jordan M I, Petsche T. Support vector regression machines[J]. Proceedings of the 9th International Conference on Neural Information Processing Systems, Cambridge, 1997: 155-161.

[28] Dietterich T G, Bakiri G. Solving multiclass learning problems via error-correcting output codes[J]. Journal of Artificial Intelligence Research, 1994, 2(1): 263-286.

[29] Mika S, Ratsch G, Weston J, et al. Fisher discriminant analysis with kernels[C]. Neural Networks for Signal Processing Ⅸ: Proceedings of the IEEE Signal Processing Society Workshop (Cat. No.98TH8468), Madison, 1999: 41-48.

[30] Wang Y, Yang H, Yuan X, et al. Deep learning for fault-relevant feature extraction and fault classification with stacked supervised auto-encoder[J]. Journal of Process Control, 2020, 92: 79-89.

[31] Chapelle O, Vapnik V, Bousquet O, et al. Choosing multiple parameters for support vector machines[J]. Machine Learning, 2002, 46(1): 131-159.

[32] van der Maaten L, Hinton G. Visualizing data using t-SNE[J]. Journal of Machine Learning Research, 2008, 9(86): 2579-2605.

第 7 章　高炉炼铁过程故障诊断的生成对抗网络方法

作为一个复杂的大型系统，准确的高炉炼铁过程机理模型难以建立。而数据驱动的高炉故障诊断方法由于不需要准确的过程机理模型，因而受到广泛关注。有监督的高炉故障诊断方法受到标签训练数据的限制，在有标签故障样本较少的情况下往往无法达到满意的准确度。

生成对抗网络（generative adversarial network，GAN）在少样本、样本生成等任务上取得了良好效果，引起了广泛的关注。与传统神经网络模型相比，GAN 给出了一种全新的框架，这一框架由生成器网络和判别器网络组成。生成器通过随机变量生成虚假样本，旨在以假乱真；判别器网络则负责区分真实和虚假样本，并尽可能准确地输出样本类别。近年来，业内提出了一系列基于 GAN 的算法，将基础 GAN 算法拓展到各个领域。条件生成对抗网络（conditional GAN，CGAN）是在原始的 GAN 基础上提出的改进方法，通过添加约束项来解决原始 GAN 生成样本随机性的问题。CGAN 为生成器和判别器添加额外的条件信息，如类标签或其他辅助信息，以实现条件约束。尽管引入条件信息使生成数据更具针对性，但并未改善原始 GAN 训练中的模式崩溃和梯度消失问题。WGAN（Wasserstein GAN）是为解决模式崩溃和梯度消失问题而提出的改进方法。WGAN 使用 Wasserstein 距离代替原始 GAN 中的 JS 距离，可以更好地衡量两个分布的距离，从而提供有意义的梯度信息，从理论上解决了梯度消失问题。然而，实际应用中 WGAN 使用的参数限制方法可能导致梯度爆炸和梯度消失问题。DCGAN（deep convolutional GAN）针对原始 GAN 生成质量较差的问题进行了改进。DCGAN 使用卷积神经网络替代多层感知机作为判别器和生成器，使用卷积和反卷积代替池化层，并应用批量归一化和 ReLU 激活函数，使训练过程更加稳定。

在本章中，以某钢铁厂 2 号高炉为研究对象，基于 GAN 的理论框架，从有监督算法出发，针对样本生成、半监督学习等问题，本章给出两种面向高炉炼铁过程的故障诊断方法：主动半监督 GAN 方法和故障描述 CGAN 方法[1]。

7.1 主动学习与生成对抗网络概述

7.1.1 主动学习方法

在工业领域，大部分故障分类方法属于有监督学习的方法，模型的性能极度依赖于数据的规模和质量，然而小样本问题和样本间不平衡问题时刻伴随着工业故障分类方法的研究。如果利用较少的历史数据进行训练，那么训练后的分类器容易过拟合，导致其泛化性能差，无法较好地对故障进行分类。

然而，对大量无标签的数据打标签，不仅费时而且费力。例如，高炉数据在 10s 采集一次的情况下，一年将会产生 3153600 条数据，这些未标注数据包含了大量的信息，但是对这些数据全部进行标注是不现实的，而主动学习的思想就是从大量的未打标签的样本池中选取最具价值的样本进行专家打标，最高效地提升分类器的性能。因此，主动学习对解决工业故障小样本问题有着重要的意义。

主动学习的概念在 1974 年被提出[2]，主动学习方法是一个迭代式的交互训练过程，主要由五个核心部分组成，包括未标注样本池、通过一定标准从样本池中选取样本的选择器、领域专家扮演的标注者、标注数据集、基于标注数据的分类器。具体的流程如图 7.1.1 所示。首先分类器由最开始的标注样本集进行训练，然后选择器通过一定的采样准则从海量的未标注样本集中选取最有标注价值的样本交予标注者标注，标注完成的样本添加到标记样本集中，如此循环到一定的分类精度或者其他停止条件为止。

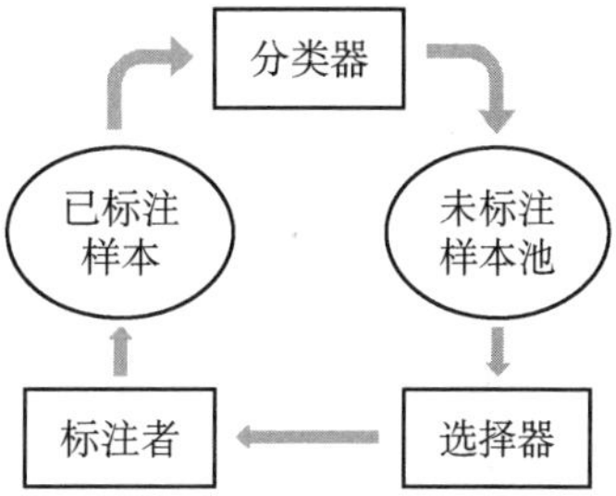

图 7.1.1　主动学习方法

主动学习算法严格意义上依然属于有监督学习的方法，这种方法通过添加选择器和标注者的环节有效地降低了标注成本，避免了大量低效的标注，节省了时间和精力。主动学习根据采样策略可分为以下六种。①基于不确定性度量：基于不确定性采样的查询方法就是将当前分类器难以区分的样本数据从未标注样本池中提取出来[3]，提供给标注者标注，如最靠近分类边界的样本。②基于投票委员会（query by committee，QBC）：除了考虑单个分类器的不确定性采样，基于 QBC 的主动学习采用了一种类似于集成学习的思想[4]，通过一组基于原训练集的多个分类器构成投票委员会，通过投票选出委员会最有“分歧”的样本，达到最小化版本空间的作用。③基于期望模型变化：主要的思想为选择那些使当前分类器模型变化最大的样本数据，主要采用梯度最优化策略，即添加那些使训练集具有较大梯度的数据。④基于期望误差减少：主要的思想是最小化未来的泛化误差，优点是最直接，可以得到最优分类器，缺点是需要计算每个样本加入后的结果，带来了很大的计算开销。⑤基于方差减少：

主要的思想是通过降低方差，从而减少模型的误差，和基于期望误差减少的方法类似，其都有计算复杂度的问题。⑥基于密度权重：主要的思想是考虑了数据的分布问题，挑选更加能代表所在数据分布的样本加入训练样本集，在一定程度上避免了离群样本进入标注步骤。

其中应用最广泛的是基于不确定性度量的主动学习方法，具有最简单直接的策略，模型通过学习不确定性强的样本能够迅速地提升自己的性能，如在二分类问题中，选择后验概率接近 0.5 的样本数据，换言之就是最接近分类边界的样本数据。基于不确定性度量的主动学习包含了一些基础的衡量指标。①最不确定性指标（least confidence，LC）：选择那些最大概率最小的样本，公式如式（7.1.1）所示，其中 $\hat{y}=\mathrm{argmax}P_{\theta}\left(y|x\right)$，$\theta$ 表示分类器当前的参数集合；②熵值最大化（maximize entropy，ME）：用熵来衡量样本的不确定性，熵越大表明样本的不确定性越大，公式如式（7.1.2）所示。

$$x_{\mathrm{LC}}^{*}=\arg\max_{x_i\in U}(1-P_{\theta}(\hat{y}|x_i)) \tag{7.1.1}$$

$$x_{\mathrm{ME}}^{*}=\arg\max_{x_i\in U}-\sum_{j}P_{\theta}(\hat{y}_j|x_i)\cdot LnP_{\theta}(\hat{y}_j|x_i) \tag{7.1.2}$$

主动学习通过样本处理机制又可以分为基于流的主动学习算法和基于池的主动学习算法。基于流的主动学习算法是一种在线更新的学习方式，首先学习一个基模型，在线对每一个更新的样本进行判断，判断是否将样本丢弃，对于未丢弃的样本交予标注者标记。基于池的主动学习算法假设未标记的样本已全部收集到位，形成了一个未标记样本“池”，与基于流的主动学习算法对单独的无标签数据进行判断相比，基于池的主动学习算法因为有对样本池整体的判断，所以更能够挑选最有价值的样本，因此，基于池的主动学习算法得到了更广泛的应用。

由于主动学习独特的价值，目前主动学习和其他算法的结合在各领域中取得了不错的效果。例如，半监督方法能够在少量标注样本的情况下训练样本，但是有产生噪声样本的缺点，而主动学习可以将最不确定的样本进行专家标注，因此半监督学习在一定程度上可以和主动学习相结合，文献[5]通过分别在不同视角训练分类器合作筛选样本给标注者标注，并将其与联合期望最大化算法结合。文献[6]将基于置信度的主动学习和自我训练有效地结合起来，人工标记的实例减少了 52.2%。除了半监督学习，生成对抗网络对提升主动学习方法的样本筛选效率也有重要的帮助，文献[7]第一次将生成对抗网络和主动学习结合并应用到多分类图像领域，将原本的样本和生成的样本作为最终的备选池，提升了筛选样本的效率。

7.1.2 生成对抗网络

生成对抗网络首先是由文献[8]于 2014 年提出的，由于其新颖的想法和出色的表现，GAN 一经提出就在一众生成式模型中脱颖而出，广泛地应用于各种领域，特别在计算机视觉领域，在图像生成、图像超分辨率、风格迁移上，基于 GAN 的方法达到了较好的效果。相比较于传统的神经网络模型，GAN 提出了一套全新的框架，如图 7.1.2 所示，由两套独立的网络构成，一种是生成器网络 G，通过随机变量 z 生成虚拟样本，其任务是欺骗判别器网络，达到以假乱真的效果。另一种是判别器网络，它的任务是区分真实样本和虚假样本，如果是生成器生成的样本，那么尽可能输出 0，对于真实的样本尽可能输出 1。两种网络进行零和博弈，通过优化损失函数，最终当生成器和判别器达到纳什均衡的状态时，生成器可以生成以假乱真的样本，如式（7.1.3）所示。

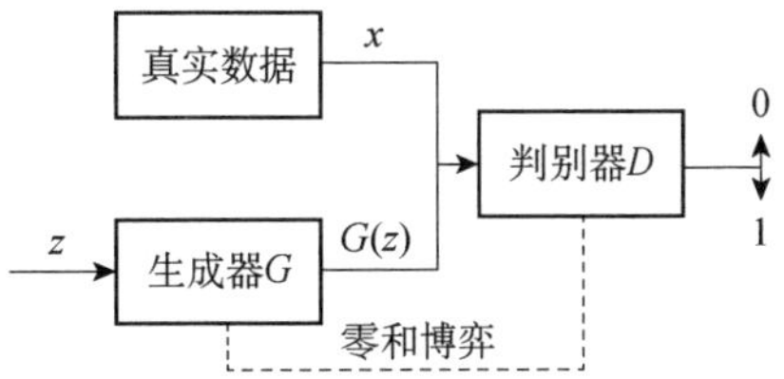

图7.1.2　GAN模型结构

$$\min_G \max_D V(D,G)=E_{x\sim P_{\text{data}}(x)}\left[\log D(\boldsymbol{x})\right]+E_{z\sim P_z(z)}\left[\log\left(1-D\left(G(\boldsymbol{z})\right)\right)\right] \tag{7.1.3}$$

表 7.1.1 为 GAN 训练方法伪代码。

表 7.1.1　GAN 训练方法伪代码

输入：迭代次数 T ，判别器训练次数 k ，学习率 η_1 ，学习率 η_2
输出： G,D
for $i=1$ to T do
for $j=1$ to k do
从样本分布 $P_{\text{data}}(\boldsymbol{x})$ 中采样 $\{x^1,x^2,\cdots,x^m\}$;
从噪声分布 $P_{\text{prior}}(\boldsymbol{z})$ 中采样 $\{z^1,z^2,\cdots,z^m\}$;
生成样本 $\{\tilde{x}^1,\tilde{x}^2,\cdots,\tilde{x}^m\},\tilde{x}^i=G(z^i)$;
$\tilde{V}=\frac{1}{m}\sum_{i=1}^{m}\log D(x^i)+\frac{1}{m}\sum_{i=1}^{m}\log\left(1-D(\tilde{x}^i)\right)$;
$\theta_d\leftarrow\theta_d+\eta_1\nabla\tilde{V}(\theta_d)$;
$j=j+1$
从噪声分布 $P_{\text{prior}}(\boldsymbol{z})$ 中另外采样 $\{z^1,z^2,\cdots,z^m\}$;
$\tilde{V}=\frac{1}{m}\sum_{i=1}^{m}\log(1-D(G(z^i)))$;
$\theta_g\leftarrow\theta_g+\eta_2\nabla\tilde{V}(\theta_g)$;
Return G，D

GAN 的思想具有新颖性并已经在理论层面上得到了验证，但是原始的 GAN 的实现并不容易，训练的过程中极易出现梯度消失和模式崩溃的问题。其中梯度消失问题容易出现在判别器训练的能力超过生成器时。生成器无法学习到足够的梯度信

息，产生梯度消失的问题。而且，判别器训练得越好，生成器训练时梯度消失的问题越严重。GAN 模式崩溃是指 GAN 的生成网络只能生成某种特定类的样本，缺乏多样性。主要原因在于生成器倾向于生成重复但是安全的样本，不愿意生成多样性强的样本，这对于数据生成任务来说是致命的。针对原始 GAN 训练困难及生成样本质量低的缺点，研究者探究了一系列的方法对其进行了改进，具体如下所示。

（1）CGAN：原始的 GAN 没有对生成的样本进行约束，导致生成的样本具有随机性。随后，CGAN[9]解决这个问题，在原始的 GAN 中添加了约束项，给原始 GAN 的生成器 G 和判别器 D 添加了额外的条件信息，来实现条件的约束，这个额外的条件信息可以是类标签或者是其他辅助信息，CGAN 模型结构如图 7.1.3 所示，损失函数如式（7.1.4）所示。虽然通过引入条件信息使得生成数据更具有针对性，但是额外加入的约束没有改善原始 GAN 训练过程中的难题，模式崩溃及梯度消失的问题没有获得改善。

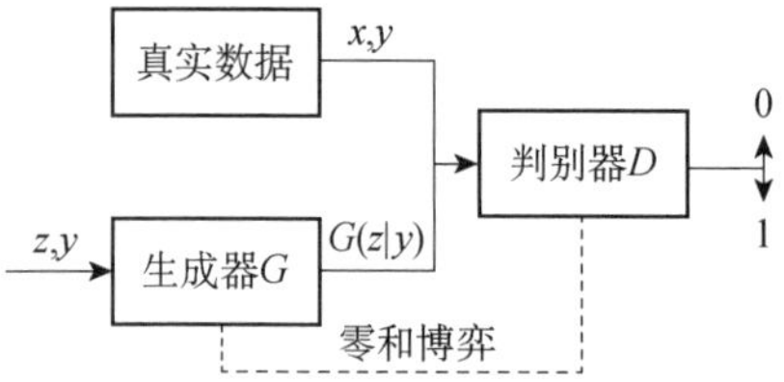

图 7.1.3　CGAN 模型结构

$$\min_{G}\max_{D} V(D,G)=E_{\boldsymbol{x}\sim P_{\text{data}}(x)}[\log D(\boldsymbol{x}\mid \boldsymbol{y})] + E_{\boldsymbol{z}\sim P_{z}(z)}[\log(1-D(G(\boldsymbol{z}\mid \boldsymbol{y})))] \tag{7.1.4}$$

（2）WGAN：WGAN 用于解决原始 GAN 的模式崩溃及梯度消失问题，文献[10]从根本上分析了 GAN 模式崩溃和梯度消失现象出现的原因，它指出由于 GAN 使用 JS 距离来衡量两个分布，当两个分布没有重叠或者重叠部分可忽略时，JS 距离无法衡量两个分布的距离。针对这个问题，本节提出用 Wasserstein 距离来取代 JS 距离，Wasserstein 距离相比 JS 散度的优越性在于，两个分布没有重叠或者重叠部分可忽略时，Wasserstein 距离依旧能够反映它们的远近，因此，也能够提供有意义的梯度信息，这在理论上解决了梯度消失问题。但是在实际应用中，由于 WGAN 使用的是简单的权重裁剪的方法将判别器的参数限制在$[-c,c]$之间，在训练过程中，参数容易聚集到上下限上，反而会引起梯度消失问题，因此参数 c 的选取需要反复实验验证。之后为解决 WGAN 的不足，本节提出 WGAN-GP [11]，它舍弃了 WGAN 中使用的权重裁剪方法，使用了一种梯度惩罚的方法来满足 Lipschitz 条件。相较于原始 WGAN，WGAN-GP 不需要对参数 c 进行设计，训练更加稳定，但是也带来了训练次数增加的问题。

（3）DCGAN：针对原始 GAN 生成图片质量不佳的问题，文献[12]提出 DCGAN。为了更符合图像数据的特点，DCGAN 的判别器和生成器都使用了卷积神经网络（convolution neural network，CNN）来替代多层感知机，并且使用卷积和反卷积来代替池化层，在训练中使用了批量归一化和 ReLU 激活函数，使得训练过程更加稳定，最后作者在文献[12]中指出，生成图片的质量相较于原始 GAN 有了较大的提升。但是在实际应用中，DCGAN 并没有彻底地解决 GAN 训练不稳定的缺点，需要较高的调参技巧。

（4）LSGAN（least squares GAN）：LSGAN 最小二乘 GAN 将目标函数由交叉熵损失换成了最小二乘损失，文献[13]指出，如果以交叉熵作为损失函数，那么生成器便不会优化那些判别器识别输出接近 1 的生成样本，因为生成器已经完成了交给它的任务：混淆判别器。但是这些生成样本距离判别器的决策边界仍然很远，也就是距真实数据比较远，这意味着基于交叉熵损失函数的生成器生成的图片质量不高。LSGAN 通过将交叉熵换成最小二乘损失，这一改变能够使生成的数据更接近分类边界，同时解决了生成数据质量不高和训练过程不稳定的问题。

GAN 及其变种算法近些年在各个领域都得到了大量的应用。特别是在图像领域里大放异彩，最重要的用途有生成图像、图像超分辨率[14]、风格转换[15]等。在工业领域中，数据不平衡问题及故障数据的小样本问题非常普遍，需要一种方法生成小样本数据来扩充小样本数据集，由于 GAN 优秀的数据生成能力，所以在这一任务上得到了关注和应用，并取得了可观的效果。例如，文献[16]提出了一种不平衡故障数据增强分类器，通过添加数据过滤和数据选择的步骤，生成的故障数据有效地提升了不平衡分类器的性能。文献[17]提出了一种两阶段的风电发电机组的故障样本生成框架，通过 GAN 生成的风力发电机组故障数据经过验证可以有效地提升故障分类器的准确率。文献[18]提出一种基于 GAN 并辅以高斯判别分析的数据增强方法，在仿真数据集中验证了生成数据的可靠性。

7.2　少标签故障诊断的半监督生成对抗网络方法

基于数据驱动的故障分类方法需要大量有标签的故障数据进行训练，才能在应用中得到一定的精度，但是在高炉炼铁运行过程中，带标签的故障数据较少，忽略了大量未标注的样本池中的信息，没有得到应用。本章通过结合主动学习、半监督学习和 GAN 方法对未标注数据池的样本进行进一步的挖掘，在某钢铁厂 2 号高炉的实际生产数据中得到验证，并在结果中对方法中各个模块的性能进行了对比分析。

7.2.1　主动半监督学习和生成对抗网络方法

基于不确定性的主动学习方法只选取并标注那些最具信息量的样本，而基于自我学习的半监督学习恰恰相反，为了不引入噪声样本，往往选取最有把握的样本加入伪标记，这两种算法天然的具有互补性，能够对大量无标签样本进行信息的挖掘，而半监督学习和主动学习都只是对已有样本的挖掘，由于无法对样本进行扩充，无法保证不同类型数据间的平衡性，而 GAN 作为新颖的过采样方法，采用对抗学习的思想学习样本的分布，从而合理地生成虚假样本。将三种方法结合起来，可以起到事半功倍的效果，在故障分类算法上有更好的表现。

基于主动半监督学习和 GAN 的高炉故障分类算法主要分为三个学习流，流程如图 7.2.1 所示。三个流分别为半监督学习流、主动学习流、数据扩充流，它们有机地结合起来共同训练分类器 C，其中，半监督学习流将未标注样本池 U 中近似标记样本的数据进行伪标注，主动学习流将未标注样本池 U 中当前分类器无法辨识的样本交予标注者标注后加入标注样本 L，GAN 流通过标注样本 L 的学习生成虚拟样本 G，作为标注样本 L 的辅助信息共同训练分类器 C，不断迭代这个过程，达到不断进步的效果，直到达到一定的迭代次数或者达到一定的分类精度。

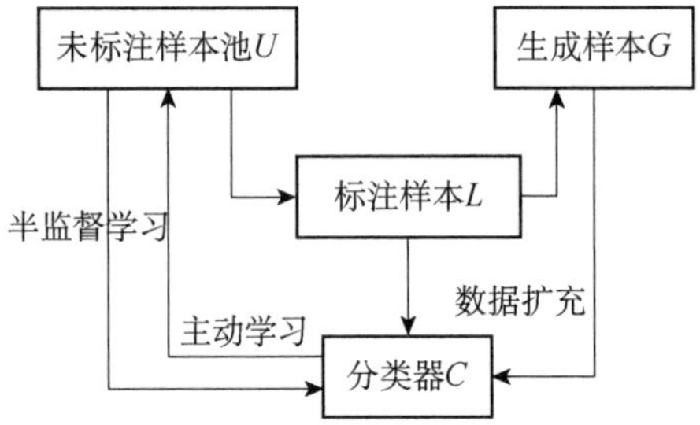

图 7.2.1　基于主动半监督 GAN 算法结构

1. 主动学习流

主动学习流的作用是从未标注样本池中选取对于当前分类器信息量最大的样本，经过标注者标注后加入标注样本集，从而提升分类器的性能。本节所提算法中的主动学习流由于有标注者的参与，是三个学习流中提供信息最大和最稳定的模块，通过考虑选取样本的信息量和冗余度，进一步降低标注成本。

在基于不确定策略的主动学习中，相比于其他采样策略，ME 策略是使用最广泛的，信息熵越大，说明样本的不确定度越大，但是在多分类问题中，基于信息熵的度量方法容易受到不重要类别的影响，对于当前的分类器，两个样本各个类别的预测概率不同，可以看出样本 1 的预测结果中类别 1 和类别 2 概率相等，样本 2 则表现出类别 1 的概率最大这表明样本 1 更难以被识别其类别，但是按照信息熵的计算方式，样本 2 的信息熵更大，所以基于 ME 策略的主动学习方法倾向于选择样本 2 作为标注的对象，这是不合理的。因此，文献[19]提出了一种样本最优次优类别（best versus second best，BvSB）的不确定性衡量方法，公式如式（7.2.1）所示，其中，$\hat{y}_1$ 与 $\hat{y}_2$ 分别表示模型预测为最大可能类和第二大可能类。

$$x^*_{\mathrm{BvSB}} = \arg\max_{x_i \in U}(P_\theta(\hat{y}_1|x_i) - P_\theta(\hat{y}_2|x_i)) \tag{7.2.1}$$

BvSB 策略能够缓解 ME 策略在多分类问题上效果不佳的情况，它只考虑了样本预测值最大的两个类别，忽略了其他预测类别的影响，从而在多分类问题上的效果更佳。

基于流的主动学习方法如果串行地选择样本，即每次迭代过程选择一个样本进行标注，会导致计算时间的大幅度增加且无法满足实际需求，所以实际应用中基本采用批量式主动学习的方式。但是在筛选一批样本时，如果只考虑样本的信息量，会导致挑选的样本中存在大量的冗余信息，从而造成了额外的标注成本，与主动学习的初衷相悖。因此批量式的主动学习除了考虑挑选样本的信息量，还需要考虑选择样本之间的信息冗余问题。

余弦距离广泛地用于计算两个样本之间的相似性，余弦距离接近 1，夹角趋于 0，表明两个样本数据越相似，余弦距离接近于 0，夹角趋于 90°，表明两个样本数据越不相似。计算公式如下：

$$d_{\cos}\left(x_a, x_b\right)=\frac{\left|x_a \cdot x_b\right|}{\left\|x_a\right\| \cdot\left\|x_b\right\|} \tag{7.2.2}$$

首先通过基于 BvSB 策略的不确定性采样方法从未标注数据集中采样出一定数量的未标注样本，两两计算样本之间的余弦距离，可以得到距离矩阵为

$$\boldsymbol{D}=\begin{bmatrix} d_{11} & \cdots & d_{1n} \\ \vdots & \ddots & \vdots \\ d_{n1} & \cdots & d_{nn} \end{bmatrix} \tag{7.2.3}$$

然后通过无放回的方式，从未标注样本集中筛选出互不相似的样本，这些样本是根据样本间的余弦距离进行选择的。筛选出的样本将进入最终的待标记样本集，经过领域专家的标注后，再加入标注样本集中。这样，与半监督学习和数据增强流结合，可以有效提升分类器的性能。

主动学习流的样本采样方法的伪代码如表 7.2.1 所示。

表 7.2.1　主动学习流的样本采样方法的伪代码

输入：未标注样本集 U，当前分类器，样本数 n_1，样本数 n_2
输出：待标注的样本集 L_2^*
1. 通过当前分类器基于 BvSB 策略挑选出 n_1 个待标注样本构成样本集 L_1^*；
2. 根据距离矩阵 $\boldsymbol{D}$ 计算每个样本的平均距离：$d_i=\frac{\sum_{j=0}^{n} d_{ij}}{n}$；
3. 挑选 L_1^* 中与其他样本最相似（平均距离最小）的样本进入样本集 L_2^*；
4. for $i=1$ to n_2-1 do
5. 根据 $\boldsymbol{D}$ 计算 L_1^* 中样本相对于 L_2^* 的平均距离：$d_j=\frac{\sum_{k=0}^{n_2} d_{jk}}{n^*}$，$n^*$ 为 L_2^* 的大小；
6. 挑选 L_1^* 中与 L_2^* 中样本最不相似（平均距离最大）的样本进入样本集 L_2^*；
7. $i=i+1$
8. return L_2^*

2. 半监督学习流

半监督学习流的作用是从未标注样本池中选取近似有标注样本的样本加入标注

样本集，从而提升分类器的性能，该算法中的半监督学习流采取一种自我训练的方法，设定了较高的置信度阈值，防止引入噪声样本。

首先使用有标注的样本 L 训练构建最初的分类器，从未标注数据集 U 中选取分类器可信程度最高的样本添加到标注数据集中，随后和其他两个学习流的数据集重新训练分类器，不断地重复迭代此过程，直到达到一定的迭代次数或者分类器到达一定的分类精度。

在每次迭代中，当前分类器对未标记样本池中的样本进行预测，对于每一个未标注的样本，定义它的半监督得分为

$$\mathrm{SSL}t_j = \max_{1 \leqslant i \leqslant c} C(x^j) = \max_{1 \leqslant i \leqslant c} P(y_i = 1 | x^j) \tag{7.2.4}$$

式中，x^j 为未标注样本；c 为类别数；每个样本 x^j 的得分 $\mathrm{SSL}t_j$ 为当前分类器对于这个样本预测结果的置信度。

通过设置置信度阈值 λ，对于超过阈值 λ 的样本根据得分倒序排列。挑选前 η 个样本进行伪标记，将当前分类器对此样本的预测结果作为伪标记，将这些伪标记后的样本与其他两个学习流的样本共同训练分类器。

3. 数据扩充流

通过主动学习流的真实标签数据和半监督学习流的伪标签数据，可以充分地挖掘未标注样本集的信息，但是高炉数据之间天然存在数据不平衡问题，包括正常数据和故障数据之间的不平衡，以及故障数据间存在的类间不平衡问题，其次，在主动学习和半监督学习的过程中，各个类型故障数据量大小的变化不可预见。

如果样本不平衡问题不加处理，会导致算法对多数类样本产生偏倚[20]，而主动学习和半监督学习不能解决这种问题，引入新样本，反而可能会加剧数据不平衡问题，解决方法可以分为对算法的改进和对少样本数据进行过采样，而 GAN 能有效地对样本分布进行学习，产生真实的生成样本数据，数据扩充流通过 GAN 用作对真实训练数据的指导性增强，从而增强分类器的性能。

首先针对多个故障数据，分别训练多个并行的 GAN，如图 7.2.2 所示。

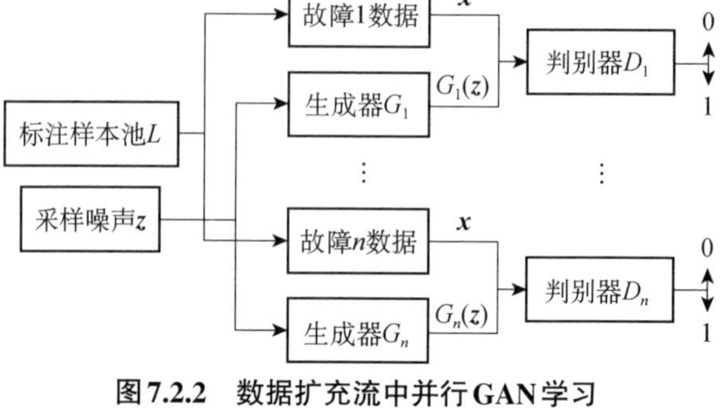

图7.2.2 数据扩充流中并行GAN学习

图中多个生成器 G 如同经典的 GAN，它的作用是尽可能地学习各个类型故障数据的分布，生成混淆判别器的样本，达到扩充小样本故障数据的效果，而且由于生成器 G 生成样本的随机性，为了不引入噪声样本，从而起到反效果使得分类器性能降低，在迭代训练的过程中，生成器还需要考虑生成样本的可辨识性。因此，生成器的损失函数为

$$L_{G_i} = E_z \log(1 - D_i G_i(\boldsymbol{z})) - \alpha E_z(\boldsymbol{y}_g^{\mathrm{T}} \cdot \log(C(G_i(\boldsymbol{z})))) \tag{7.2.5}$$

式中，损失函数由两部分组成，第一部分如同经典的 GAN，尽可能地混淆判别器 D_i，第二部分则是衡量分类器 c 和当前生成器 G_i 生成样本的一致性，参数 α 用于衡量两者的比例。

和生成器相对应的判别器 D_i 的任务是尽可能地区别真实样本和生成器生成样本，其损失函数为

$$L_{D_i} = -E_z \log(1 - D_i(G_i(\boldsymbol{z}))) - E_{\boldsymbol{x}\in L^i}(\log(D_i(\boldsymbol{x}))) \tag{7.2.6}$$

为了提高 GAN 训练的稳定性和防止出现模式崩溃问题，文献[21]针对工业故障样本采用 WGAN-GP 方法，有效地证明生成的故障数据，本章所有 GAN 模块均使用 WGAN-GP 方法和批量归一化方法（batch normalization，BN），生成器和判别器是由多层感知器构成的。

4. 多分类器学习

半监督学习流、主动学习流和数据扩充流均用于提高多分类器的性能，三种数据流产生的数据对于分类器起着不同的影响，如图 7.2.3 所示，其中，主动学习流，它通过不确定性准则和降冗余的方法从未标注样本集中筛选最值得标注的样本进行人工标注，引入了额外的信息，在标注者标签绝对正确的前提下，主动学习流产生的样本应该与原标注数据处于同一地位；半监督学习流通过自学习的方式从未标注样本集中筛选样本进行伪标记，虽然通过置信度阈值等方式对样本尽可能的伪标签进行保证，但是可信度比原标注数据低；数据扩充流对于标注样本集起着数据扩充的作用，通过 GAN 学习已标注样本集的分布来生成新的样本，不仅能减轻不平衡数据对分类器的影响，还可以引入辅助信息帮助提升分类器性能。由于生成数据为虚假数据，其可信度依赖于 GAN 和标注数据集的数据质量，处于三个学习流的最低端。

因此，多分类器的损失函数被定义为

$$\begin{aligned} L_c = & -\boldsymbol{E}_{\boldsymbol{x}\in L}(\boldsymbol{y}^{\mathrm{T}} \cdot \log(C(\boldsymbol{x}))) - \boldsymbol{E}_{\boldsymbol{x}\in R}(\boldsymbol{y}_r^{\mathrm{T}} \log(C(\boldsymbol{x}))) \\ & -\frac{1}{n}\sum_{1\leqslant i\leqslant n} \boldsymbol{E}_z(\boldsymbol{y}_r^{\mathrm{T}} \log(C(G_i(\boldsymbol{z})))) \end{aligned} \tag{7.2.7}$$

式中，分类器的损失函数由三部分组成，第一部分为基于标注样本集 L 构建的损

失，样本为基于历史原始标注样本和来自每次迭代的主动学习流的标注样本构建的损失，第二部分用于最小化伪标记样本集 R 的损失，其中，样本来自迭代中的半监督学习流，第三部分为基于扩充样本 G 构建的损失，样本来自生成器 G_i 生成的各类故障样本。

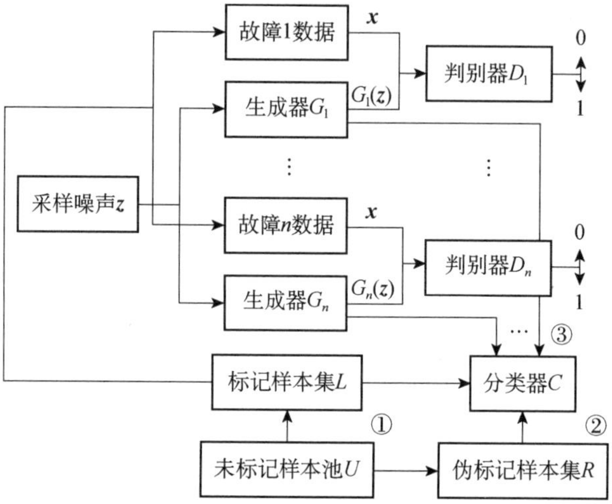

图 7.2.3 三个样本集同时训练分类器

由于分类器参与了生成器的参数更新，需要分类器提供梯度信息给生成器 G_i，所以本节选取多层感知机，输出层使用 Softmax 层的方式来实现多分类器，生成器 G_i 采用全连接的方式实现，其中，激活层选用 ReLU 函数。判别器 D_i 的输出层选用 Sigmoid 函数。

基于三种学习流数据结合的多故障分类器训练方法的伪代码如表 7.2.2 所示。

表 7.2.2 基于三种学习流数据结合的多故障分类器训练方法的伪代码

输入：标记样本集 L^0，未标记样本集 U^0，分类器学习迭代次数 T，每次迭代中 GAN 迭代次数 T^G，样本数 n_{al1}，n_{al2}，n_{ssl}，半监督置信度阈值 λ；
输出：多分类器 C^*
1. 初始化：主动学习集 $A^0=\varnothing$，伪标记样本集 $R^0=\varnothing$，生成样本集 $G^0=\varnothing$；
2. 根据 L^0 与噪声 z 通过式（7.2.5）和式（7.2.6）分别学习 G 和 D；
3. for $i=1$ to T do
4. 随机采样噪声 z 通过各个 G 分别样本更新 G^i，使得各数据集样本量平衡；
5. 通过式（7.2.7）训练多分类器 C^i；
6. 通过主动学习流采样方法（表 7.2.1）和设定好的 n_{al1}，n_{al2} 更新 A^i；
7. 通过和 C^i 设定好的 λ 和 n_{ssl} 更新 R^i；
8. if $A^i=\varnothing$ and $R^i=\varnothing$ do

续表

9. break;
10. 标注者对 A^i 进行类别标注
11. $L^i = L^{i-1} \cup A^i$
12. $U^i = U^{i-1} \setminus (A^i \cup R^i)$
13. for $j = 1$ to T^G do
14. 根据 L^i 通过式（7.2.5）与式（7.2.6）分别学习 G 和 D;
15. $j = j + 1$
16. $i = i + 1$
17. return C^i

7.2.2　案例分析

1. 数据集介绍

以华南某炼铁厂的制度为例，大型高炉工人以三班倒的制度（夜班为 00 : 00～08 : 00；早班为 08 : 00～16 : 00；中班为 16 : 00～24 : 00）维持高炉的生产，各个班次高炉运行状态由工长记录在记录表中，简单记录所在班次的炉况信息，如表 7.2.3 所示。

表 7.2.3　某钢厂工作记录表

2017 年 11 月 1 日	早班	炉况顺，班中炉温稳定，热量充沛，出铁顺利，原料维持，详观表
2017 年 11 月 1 日	中班	前期顺，热量较好，班中水温差波动，加焦补热，调煤，原燃料各指标正常
2017 年 11 月 1 日	夜班	炉况顺，班中加负荷稳温，原燃料质量正常
2017 年 11 月 2 日	早班	炉况顺，热量好，各参数稳定，原燃料质量维持正常
2017 年 11 月 2 日	中班	炉况顺，班中炉温稳定，热量充沛，出铁顺利，矿批重、调煤稳定炉温，原料维持，详观表

大型炼铁系统各个生产环节及高炉上的许多传感器上记录了多种特征变量，更详细的高炉运行信息由存储的数据体现，大型高炉的生产数据记录在数据库中。各个高炉上的传感器设置各有不同，以某钢铁厂 2 号高炉为例，描述高炉生产状态的变量如表 7.2.4 所示。以 10s 一次的频率进行采样，并以表格的形式存储在 SQL Server 数据库中，大量运行数据包含着高炉每个时刻的具体炉况信息，但是缺少标签，无法直接使用训练有监督的分类算法，而对照交班记录进行数据筛选和标注费时费力，而且需要专业的技能。

表 7.2.4 高炉变量列表

编号	变量名	单位	编号	变量名	单位
1	富氧率	%	18 和 19	冷风压力（1，2）	MPa
2	透气性指数	%	20	全压差	kPa
3	CO 体积	%	21～22	热风压力（1，2）	MPa
4	H_2 体积	%	23	实际风速	m/s
5	CO_2 体积	%	24	冷风温度	℃
6	标准风速	%	25	热风温度	℃
7	富氧流量	m/s	26	顶温东北	℃
8	冷风流量	m^3/h	27	顶温西南	℃
9	鼓风动能	$10^3m^3/h$	28	顶温西北	℃
10	炉腹煤气量	kJ	29	顶温东南	℃
11	炉腹煤气指数	m^3	30	顶温下降管	℃
12	理论燃烧温度	℃	31	阻力指数	—
13～16	炉顶压力（1，2，3，4）	kPa	32	鼓风湿度	g/m^3
17	富氧压力	MPa			

从某钢铁厂 2 号高炉数据的运行数据中截取 2017 年 10～12 月的数据。挑选已标注的历史故障数据，将四种比较常见的故障数据（难行、炉温向凉、管道行程、崩料）和正常运行数据作为实验数据集，根据高炉操作工的经验，使用变量 1～3，变量 5～23，变量 25～31，共 29 个，并将其作为数据集的特征。

为了验证算法对不平衡样本的分类效果，本节分别使用两个数据集进行验证。数据集 1 探讨了正常数据和故障数据的不平衡，数据设置为正常数据 300 个，难行、管道行程、炉温向凉三类故障数据各 50 条，将正常和三类故障各 50 条数据作为测试集。另外设置数据集 2，进一步探讨工业故障数据间的不平衡。分别选用 300 条正常数据、100 条难行数据、60 条管道行程数据、40 条炉温向凉数据和 20 条崩料数据作为训练数据，采用各 50 条数据作为测试集。另外，将未标注样本池数据设置为 50000 条。

为了验证算法的有效性和合理性，通过实验比较多种算法的性能，然后对改进的主动学习方法的效果进行验证，对于 GAN 数据扩充流的数据质量进行验证分析，最后对比基于 SVM 多分类的分类效果。

2. 实验结果

这里进一步探究了分类器在故障数据平衡和故障数据不平衡的两种情况下的表现情况。数据集 1 中各种故障数量平衡，设置主动 GAN 半监督学习（active learning semi-supervised learning with generative adversarial networks-supervised learning，ALSSLGAN-SL）算法的参数为$T=10$，$n_{\mathrm{al1}}=10$，$n_{\mathrm{al2}}=5$，$n_{\mathrm{ssl}}=10$，$\lambda=0.9$，$T^G=10000$，其中，GAN 的生成器和判别器均采用 MLP 实现。

为了验证三个数据流各自对分类器性能的影响，通过实现删减一部分学习流数据的方法进行对比，最终选择对比的方法有监督分类算法（supervised learning，SL）、主动学习方法（active learning-supervised learning，AL-SL）、半监督学习方法（semi-supervised learning-supervised learning，SSL-SL）、主动学习结合 GAN 数据扩充方法（active learning with generative adversarial networks-supervised learning，ALGAN-SL）、主动半监督学习（active semi-supervised learning-supervised learning，ALSSL-SL），实验结果如表 7.2.5 所示。

为了评价多分类器的性能，一般使用 F1 指数（F1-Score）作为评价标准来衡量多分类器的综合性能。F1-Score 的计算公式如下：

$$\text{F1-Score}=2\times\frac{\text{precision}\times\text{recall}}{\text{precision}+\text{recall}} \tag{7.2.8}$$

式中，precision 为精准率，表示在分类器输出的类别样本中真实的样本比例；recall 为召回率，表示在某个类别的样本中，分类器输出正确的比例。

从表 7.2.5 可以看出，对于数据集 1，故障样本数据之间没有不平衡的问题，因此在训练数据中 GAN 模块产生的数据量较少，起到的效果不明显，ALSSL-SL 和 ALSSLGAN-SL 取得了相同的分类精度，在三个学习流中，主动学习流产生的标签数据是提升分类器性能最主要的部分。

表 7.2.5　六种方法在数据集 1 上结果

方法	准确率	F1 指数			
		正常	难行	管道行程	炉温向凉
SL	0.92	0.86	0.97	0.92	0.93
SSL-SL	0.93	0.88	1.00	0.92	0.93
AL-SL	0.96	0.93	1.00	0.95	0.96
ALSSL-SL	0.97	0.94	1.00	0.95	0.98
ALGAN-SL	0.96	0.93	1.00	0.95	0.96
ALSSLGAN-SL	0.97	0.94	1.00	0.96	0.98

从表 7.2.6 可以明确地看出，初始的 SL 分类器对于小样本故障的分类精度明显偏低，炉温向凉和崩料的 F1 指数均低于数据量较大的难行与管道行程故障。从结果中可以看出，在三个学习流中，主动学习流和数据扩充流都起到了提升分类器性能的作用。对比 AL-SL 和 ALGAN-SL 方法可以看出，经过 GAN 方法使得数据平衡后，崩料故障的识别率上升，而代价是多数类样本的识别率则有所下降。对于两个数据集，半监督模块都起到了一定效果，但为了防止不确定的伪标签干扰分类器训练，设置了较高的置信度阈值，结果导致半监督学习提升的效果不是很明显。

表 7.2.6　六种方法在数据集 2 上结果

方法	准确率	F1 指数				
		正常	难行	管道行程	炉温向凉	崩料
SL	0.72	0.82	1.00	1.00	0.45	0.08
SSL-SL	0.74	0.84	1.00	1.00	0.49	0.18
AL-SL	0.83	0.89	1.00	1.00	0.63	0.53
ALSSL-SL	0.83	0.90	1.00	1.00	0.63	0.53
ALGAN-SL	0.88	0.93	0.90	0.92	0.89	0.87
ALSSLGAN-SL	0.89	1.00	1.00	1.00	0.78	0.61

综合实验结果可以看出，本节提出的方法结合了主动学习、半监督学习和数据过采样的优点，有效地提升了分类器的分类准确率并改善了数据不平衡问题造成的影响。其中，主动学习由于得到了真实的标签样本，能够有效地改善分类器性能，但是主动学习需要人工的打标工作，打标的工作量也是主动学习方法需要关注的部分，接下来对主动学习流的效果进行进一步的验证。

为了直观地验证改进的主动学习方法的有效性，通过计算算法在节省人工标注上起到的作用进行说明，如表 7.2.7 所示，给出了在数据集 1 和数据集 2 中各种主动学习方法到达相同准确率所需的样本量。对比的方法有随机采样、信息熵采样、未降冗余的 BvSB 方法。其中，所有方法每次迭代选取的样本数一致，每次均选取 5 个样本进行人工标注。由表 7.2.7 可以看出，本章提出的改进 BvSB 方法相较于其他方法显著地降低了人工标注的成本，相较于未改进的 BvSB 方法，由于改进的方法降低了选取样本的冗余度，可以较明显地降低标注成本。

表 7.2.7　基于四种策略的主动学习方法需要的标注量

数据集	准确率	所需人工标注数据量			
		随机采样	信息熵	BvSB	改进 BvSB
数据集 1	0.90	70	30	20	15
数据集 2	0.80	110	50	40	25

从表 7.2.7 可以发现，基于 GAN 的数据扩充流可以有效地改善不平衡样本的分类问题，接下来对基于 GAN 数据扩充流的效果进行进一步的验证。通过对比合成少数类过采样技术（synthetic minority over-sampling technique, SMOTE）方法及未加入分类器辅助信息的 GAN，来验证 GAN 数据扩充的优势。为了对两种 GAN 方法进行区分，将改进后的 GAN 写作 iGAN。

由表 7.2.8 可知，三种数据扩充方法在小样本故障数据扩充后对分类器性能的影响。三种方法对于小样本故障的识别率都有提高的效果，基于 iGAN 的数据扩充方法取得了最高的准确率。

表 7.2.8　各数据扩充方法在数据集 2 上结果

方法	准确率	F1 指数				
		正常	难行	管道行程	炉温向凉	崩料
ALSSL-SL	0.83	0.90	1.00	1.00	0.63	0.53
ALSSLSMOTE-SL	0.86	0.93	1.00	1.00	0.70	0.61
ALSSLGAN-SL	0.86	0.88	1.00	1.00	0.48	0.82
ALSSLiGAN-SL	0.89	1.00	1.00	1.00	0.78	0.61

为了更直观地观察各种数据扩充方法生成的样本，将最后一次迭代后各种方法生成的故障样本进行 PCA 降维后进行展示，红色为管道行程数据，黄色数据为炉温向凉数据，绿色数据为崩料数据。其中，第一幅图是有标签故障数据经 PCA 降维后的示意图。可以从图 7.2.4 看出，SMOTE 方法通过已有样本的插值，没有增加信息量，但是生成的样本可以改善数据间的不平衡问题，所以对小样本的故障分类的准确性有利。基于 GAN 生成的故障数据由于没有引入分类器的辅助信息，各 GAN 训练过程中没有关联，因此对于各自生成的不同故障数据之间有一定的重叠现象，在此实验中图 7.2.4 中炉温向凉和崩料数据之间表现得较为明显，一定程度上干扰了分类器的训练。相反，基于 iGAN 的生成故障数据由于引入了分类器的辅助信息，大大减少了分类边界的数据的生成。

为了进一步验证本节提出方法在高炉故障分类方法中的性能，对比了在高炉故障分类中广泛应用的 SVM 方法，SVM 主要解决二分类问题，构造一个最优分类面来解决分类问题，由于其分类边缘最大化的思想，在小样本分类问题上得到了广泛的应用。SVM 方法的多分类实现主要有以下几种。

（1）一对多：针对所有类别，本节构造相同数量的 SVM 分类器，对于每一个 SVM 分类器，将某个类别的样本归为一类，其他剩余的样本归为另一类，最后分类时将未知样本分类为具有最大分类函数值的那类。

（2）一对一：对于 k 种类别，将所有的类别实现两两分类，所以总共使用 $\frac{1}{2}k(k-1)$ 个 SVM 分类器，当对一个样本进行分类时，得票最多的类别即为该未知样本的类别。

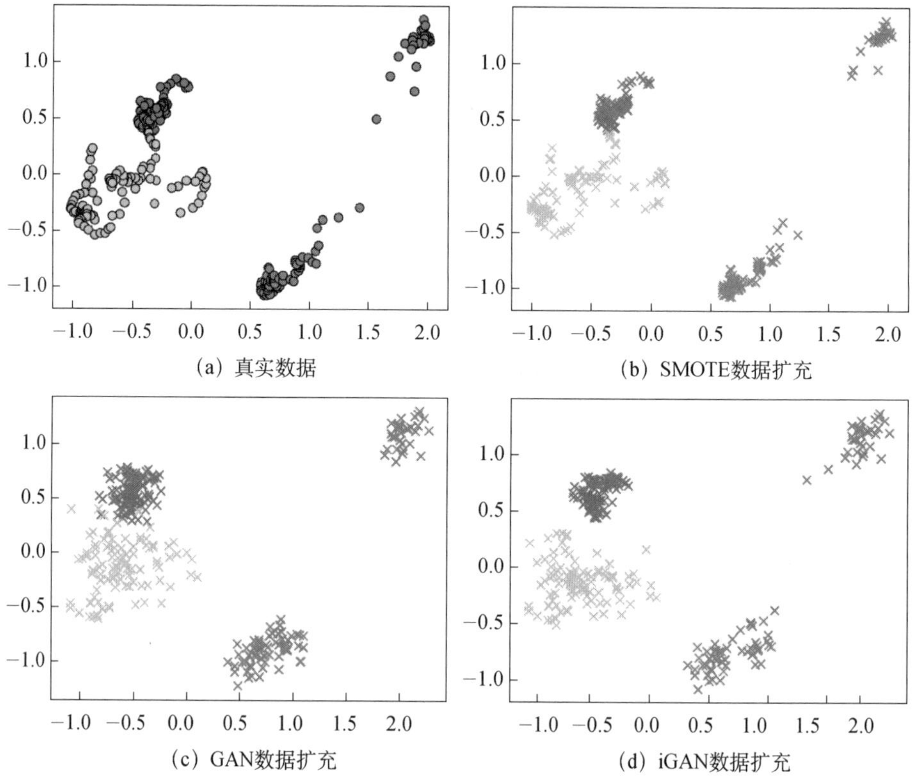

图 7.2.4　经 PCA 降维后的真实故障数据和生成的故障数据（见彩图）

（3）分类树：采用二叉树的思想，层层实现一对多的 SVM 分类器。

作为对比算法，通过文献[22]建立基于分类树的 SVM 多分类模型。为了排除有标签训练数据对分类方法的影响，在本章方法迭代过程中加入的标签数据同时也加入到多分类的 SVM 方法的训练数据中，并重新训练多分类的 SVM 方法，SVM 方法具体采用的是 Scikit-learn[23] 来实现。

以数据集 2 为训练数据，未标注数据池大小为 50000 条，本节提出的方法参数不变，迭代次数为 10 次，两种方法每次迭代对于测试集的正确率如图 7.2.5 所示，从图 7.2.5 可以看出，在样本量较小时，由于样本量不足，多分类的 SVM 方法的准确率高于基于 MLP 的多分类器，当不断地进行样本扩充和训练后，本节算法慢慢赶超 SVM 算法，并达到了相对较高的水平。

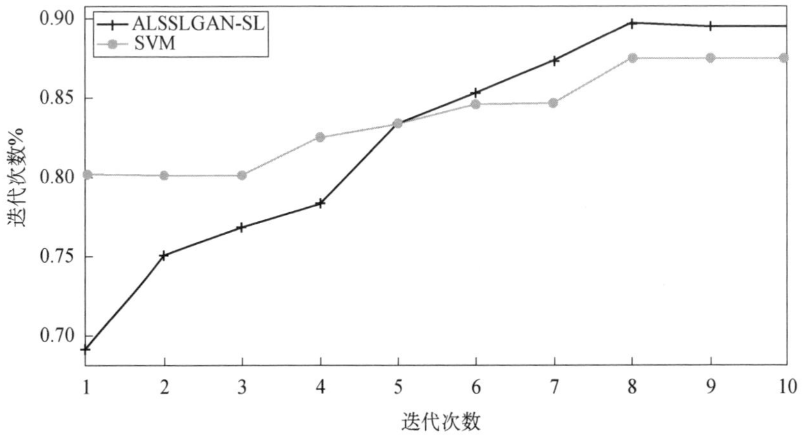

图 7.2.5　对比多分类 SVM 实验结果

7.3　零样本故障诊断的条件生成对抗网络方法

基于数据驱动的故障分类方法需要有标签的故障数据进行训练，7.2 节提出了一种由三种学习流结合的故障分类模型，可以通过从未标注样本集中提取故障信息来提高分类器性能，但是在高炉炼铁过程运行过程中，各类故障发生的频率不同，部分特定故障发生频率较低，导致无法从历史数据库中得到可用信息。本章结合专家经验的故障描述和 CGAN 方法，经过两阶段生成虚假故障数据，以提升分类器在极少样本情况下的性能，结果证明，在实际生产数据构建的零样本学习和少样本学习任务中，分类器性能得到了提升。

7.3.1　条件生成对抗网络方法的模型训练、样本生成与故障识别算法

这种基于故障数据生成的高炉故障诊断方法的目的是将故障的先验知识与深度神经网络相结合，通过两个阶段的步骤将粗略的故障描述信息转化成真实可靠的故障数据。图 7.3.1 显示了该方法的具体过程，主要步骤可分为三个阶段，分别为模型训练、故障数据生成和故障识别阶段。

1）模型训练

这个阶段用于训练 CGAN，将指导特征作为条件信息，并利用真实的运行数据作为真实样本形成训练样本对。通过共同训练 CGAN，使其能够更好地指导特征，将噪声数据生成与高炉实际运行数据相似的样本。此阶段分为两个步骤。在第一步中，结合各过程变量的相关性和专家经验，选择高炉指导特征。第二步是训练 CGAN。通过构造指导特征和真实特征的训练样本对，CGAN 可以学习特定工况的工况信息，使 CGAN 在指导特征的指导下更好地还原高炉实际运行的全过程。在

训练过程中，将正常工况和各种已有的故障工况的样本都作为训练集进行训练。

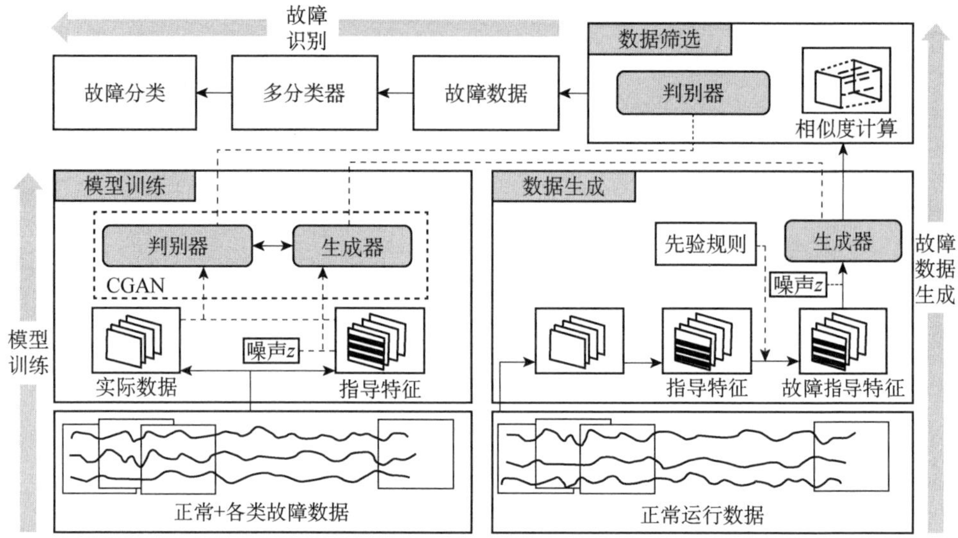

图 7.3.1　基于故障样本生成的高炉故障识别方法的示意图

2）故障数据生成

故障数据生成分为三个步骤。第一步，根据专家经验设计指导特征的变化规律，并以此变化规律改变正常工况下的指导特征，作为初步的故障指导特征。第二步，在训练阶段，通过 CGAN 将故障指导特征结合噪声数据生成粗糙的故障数据。最后，在样本筛选阶段，结合 CGAN 的判别器和与转化前正常样本的相似度来设计阈值，消除不合理的生成故障样本。

3）故障识别

在这个阶段，通过前面步骤生成的故障数据和历史正常数据，可以有效地改进各种监督数据驱动的多分类器。此外，由于故障指导特征可以由不同工况的正常样本转化而成，因此包含不同工况的故障数据可以提高分类器的稳定性。

具体技术细节如下所示。

1. 模型训练

首先，通过对高炉特征的相关系数分析及专家的经验，选择指导特征。其次，利用指导特征样本和真实运行数据样本对 CGAN 进行训练，使 CGAN 能够在指导特征的指导下更好地恢复高炉运行的全过程。

1）指导特征的筛选

对于高炉的特性，一些特性是高度相关的，如顶温东北和顶温西南。由于该方法需要根据先验规则针对故障进行指导特征的调整，如果将两个相关性高的特征分开进行数值调整，不符合高炉实际运转的情况。因此，利用皮尔逊相关系数（Pearson correlation coefficient，PCC）与专家经验筛选指导特征和辅助特征，以确保各指导特征的高代表性和指导特征之间的低相关性。PCC 用于找出高炉特性之间的相关性，其定义如下：

$$\mathrm{PCC}_{x,y}=\frac{n\sum \boldsymbol{x}\cdot\boldsymbol{y}-\sum\boldsymbol{x}\sum\boldsymbol{y}}{\sqrt{n\sum\boldsymbol{x}^2-\left(\sum\boldsymbol{x}\right)^2}\cdot\sqrt{n\sum\boldsymbol{y}^2-\left(\sum\boldsymbol{y}\right)^2}} \tag{7.3.1}$$

对于高炉的所有特征，成对计算 PCC 值。如果 PCC 值大于一定的阈值，那么认为两个特征具有较高的相关性，将划分两个特征为相同的特征组。

对于上一步确定的所有特征组，根据专家经验从每个特征组中选择一个特征作为指导特征。选择规则：选择最能反映高炉运行正常与否的特征，即故障发生后发生显著变化的特征。这些特征通常出现在高炉专家系统故障诊断规则库中。

2）基于 CGAN 的训练数据对生成

为了使指导特征发挥更好的导向作用，有必要减少指导特征的波动，使指导特征显示出特定的趋势信息。因此，本节采用高斯核平滑方法对各指导特征进行平滑化。最后，将各种工况下的真实样本和指导样本作为训练数据对来训练 CGAN。

CGAN 为了减少原始 GAN 的随机性，CGAN 在生成器 G 和判别器 D 的损失函数中都加入条件数据，因此可以更改条件以满足其生成数据的需要。CGAN 的判别器 D 损失为

$$L_{\mathrm{CGAN}}(D)=\frac{1}{N}\sum_{t=1}^{N}\log\left(D\left(\boldsymbol{d}_r\mid\boldsymbol{d}_{gd}\right)\right)+\frac{1}{N}\sum_{t=1}^{N}\log\left(1-D\left(\boldsymbol{d}_g\mid\boldsymbol{d}_{gd}\right)\right) \tag{7.3.2}$$

式中，$\boldsymbol{d}_{gd}$ 为指导特征；$\boldsymbol{d}_r$ 为真实数据；$\boldsymbol{d}_g=G(\boldsymbol{z}\mid\boldsymbol{d}_{gd})$ 为生成器通过条件 $\boldsymbol{d}_{gd}$ 和均匀采样的噪声 $\boldsymbol{z}$ 生成的样本。

生成器 G 的损失除了生成器的原始损失函数，$L1$ 距离还用于总的损失函数中来保证低频的正确性，以确保指导特征的趋势信息。因此，生成器不仅要考虑生成样本的真实性，还要充分地整合指导特征的趋势信息。生成器 G 总损失如下：

$$L_{\mathrm{CGAN}}(G)=\frac{1}{N}\sum_{t=1}^{N}\log\left(1-D\left(\boldsymbol{d}_g\mid\boldsymbol{d}_{gd}\right)\right)+\lambda\left|\boldsymbol{d}_g-\boldsymbol{d}_{gd}\right|_1 \tag{7.3.3}$$

2. 故障样本生成

在这一阶段，通过调整、生成和筛选生成故障数据。首先，利用专家先验知识将正常工况的指导特征调整为初步的故障指导特征。其次，由经过训练后的 CGAN 生成器生成粗糙的故障数据。最后，通过筛选故障数据，消除不可靠的故障样本。

1）基于先验知识的调整

对于高炉的专家系统和高炉的实际操作人员，在大多数故障发生后，几个高炉的特征将具有特定的趋势或变化信息。然而，不同的高炉和工况下，故障发展的趋势信息和变化信息是不同的，这给专家系统的设计带来了困难。

在该阶段，将正常工况的指导特征调整为初步的故障指导特征，以指导后续真实故障数据的生成。应注意的是，该阶段使用的专家经验与用于高炉故障诊断的专家系统不同。用于高炉故障诊断的专家系统需要一系列精确的规则，该阶段专家经验的调整只是故障发生后对故障根源变量进行推断，不需要精确的变化。

基于先验知识的高炉故障调整规则如式（7.3.4）所示：

$$\mathrm{Rule}=\begin{cases}\mathrm{Fault}_1\rightarrow\left(R_1^1,R_1^2,\cdots,R_1^i\right)\\\mathrm{Fault}_2\rightarrow\left(R_2^1,R_2^2,\cdots,R_2^i\right)\\\mathrm{Fault}_n\rightarrow\left(R_n^1,R_n^2,\cdots,R_n^i\right)\end{cases}\tag{7.3.4}$$

式中，Rule 是由先验知识确定的故障指导特征的调整规则；Fault_n 是具体的某种高炉故障（如管道行程等）；R_n^i 是对第 n 个故障第 i 个指导特征的具体调整规则。

根据先验知识，高炉故障指导特征数值偏离的调整规则可分为两类：幅值偏离；基本不变。根据两种类型的调整规则，可将指导特征调整为初步故障指导特征。

$$f_{aj}(t)=f(t)+\delta\cdot\frac{1}{N}\sum_{t=1}^{N}f(t)\tag{7.3.5}$$

式中，$f_{aj}(t)$ 为调整后的指导特征；$f(t)$ 为调整前的指导特征；N 为采样时间段内的采样点数量；δ 是调整系数。

基于先验知识，可以对高炉故障后指导特征的变化进行合理的推理，并通过上述规则将正常样本的指导特征转化为可能的故障指导特征。此外，通过改变调整比率 δ，可以生成不同严重程度的故障指导数据。值得注意的是，该步骤无法评估调整后的故障指导特征是否合理，具体筛选的方法是在数据过滤步骤中评估并消除不合理的生成故障数据。

2）故障数据生成

在该步骤中，将生成真实的故障数据。在前一步中获得的故障指导特征通过生成器转换为实际故障数据。经过训练的生成器可以根据指导数据合理地生成故障数据，生成的故障数据包含高炉的真实工况信息和先验知识的指导信息。与前面的步骤类似，此步骤不涉及生成数据的筛选和评估。

3）故障数据筛选

由于生成器的随机性和先验知识的调整，无法保证生成的故障数据的有效性。如果不对生成的故障数据进行过滤，那么无法保证生成故障样本的质量，因此无法改进故障识别算法。

在此阶段，生成的故障数据通过以下两个指标进行评估和过滤。

判别器筛选：前一步训练的 CGAN 判别器可以有效地区分真假数据，对于不符合真实分布的数据输出低值。因此，判别器用于评估生成的故障数据的置信度。

基于相似度的筛选：计算更改前辅助特征（指导特征除外的特征）和生成器生成的辅助特征之间的相似性。欧氏距离广泛地应用于相似性计算，如 k-近邻（k-near neighbor，KNN）方法中使用的距离。本节提出一种基于特征分组的加权欧氏距离指数来衡量生成的辅助特征与原始辅助特征之间的相似性，计算公式如下：

$$\mathrm{WED}=\sum_{i=1}^{N}\frac{1}{\delta_i}\sum_{k=1}^{n}\mathrm{ED}\left(\boldsymbol{f}_r,\boldsymbol{f}_t\right) \tag{7.3.6}$$

式中，N 为特征组的个数；δ_i 为第 i 个特征组中指导特征的偏离系数；n 为第 i 个特征组中辅助特征的个数；$\boldsymbol{f}_r$ 为原正常样本的辅助特征；$\boldsymbol{f}_t$ 为生成器根据指导特征生成的辅助特征。

先验知识变化后生成的辅助特征应该具有与原始正常情况不同的相应故障特征。因此，如果 WED 过小，那么认为该故障指导特征没有起到应有的指导作用，或者可以认为该指导信息不合理。在两个筛选环节中，判别器的样本筛选确保了生成的故障样本数据的真实性。WED 筛选在一定程度上保证了故障数据的有效性。

3. **故障识别**

对于大多数数据驱动的故障分类算法，需要大量的样本来描述数据的分布信息。然而，在实际应用过程中，高炉故障数据样本量太小，且高炉工况信息多变，故障数据只能反映少量工况下故障的特征。本章提出的故障样本生成方法无须真实的故障数据，生成的故障数据可以用作小样本学习的故障分类任务，算法的实际应用步骤如图 7.3.2 所示。

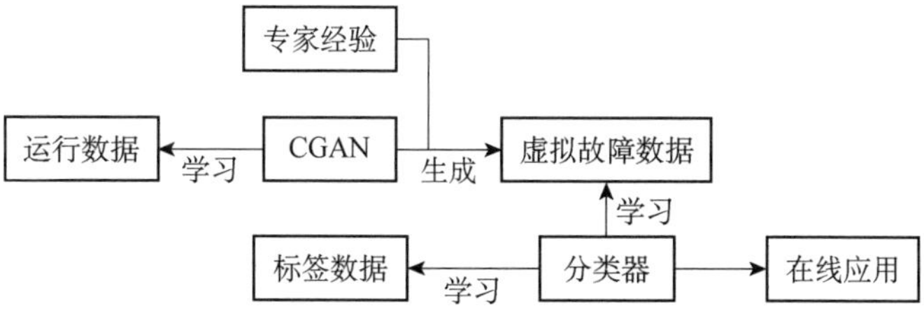

图 7.3.2　算法的实际应用步骤

7.3.2　案例分析

在这一部分中，通过实验验证本节提出的方法生成的故障数据的有效性及生成数据对分类器性能的提升。本实验的数据均来自某钢铁厂 2 号高炉数据的运行数据。

1. 特征分组

首先，利用 PCC 算法寻找高炉特征之间的相关性。表 7.3.1 列出了高炉的变量，计算变量之间的 PCC，结果如图 7.3.3 所示。

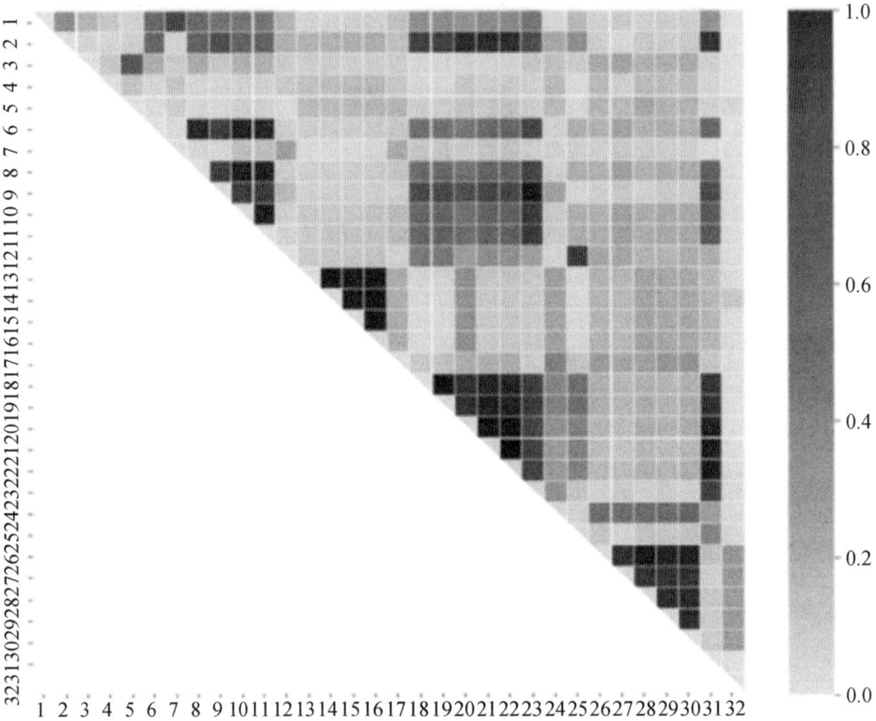

图 7.3.3 高炉特征间 PCC 示意图

结果表明，高炉特征之间存在很强的相关性。根据高炉故障的原理和理论认识，本章选取变量 1～3，5～23，25～31 来描述整个高炉运行的状态。根据变量之间的相关性，将相关性大的变量分到同一特征组并从每个特征组中选择指导特征。高炉变量分组及指导特征选取如表 7.3.1 所示。

表 7.3.1 高炉变量分组及指导特征选取

特征组别	高炉变量	选取的指导特征
1	变量 3，5	变量 5：CO_2 体积
2	变量 1，7，17	变量 7：富氧流量
3	变量 12，25	变量 25：热风温度
4	变量 13，14，15，16	变量 13：炉顶压力 1
5	变量 26，27，28，29，30	变量 26：顶温东北
6	变量 6，8，9，10，11，31	变量 8：冷风流量
7	变量 1，18，19，20，21，22，23	变量 21：热风压力 1

2. CGAN 训练细节

由于高炉故障有着缓变和持续时间长的特点，以及基于先验知识对于指导特征的调整需要一个时间段来体现，因此通过滑动窗口的方式将 5min 内（30 个采样点）的运行数据作为训练样本，而且为了准确把握数据特征间与时间上的局部性质和特点，CGAN 中的生成器和判别器均采用了 CNN 的结构，其中判别器由三层卷积层和全连接层构成，生成器由全连接层和三层反卷积层构成。生成器和判别器都使用了 ReLU 的激活函数，判别器的最后一层采取了 Sigmoid 层，并且生成器和判别器都采取了批量归一化方法，将迭代次数设为 1000 次，迭代过程中生成器和判别器损失曲线如图 7.3.4 所示，随着迭代次数的增加，判别器和生成器逐渐达到纳什均衡。

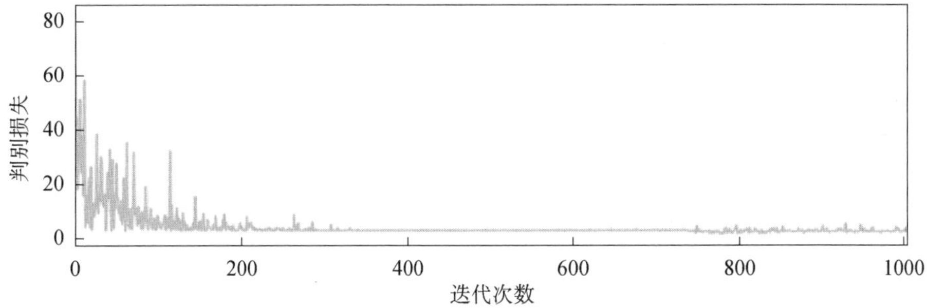

(a) 判别器损失曲线

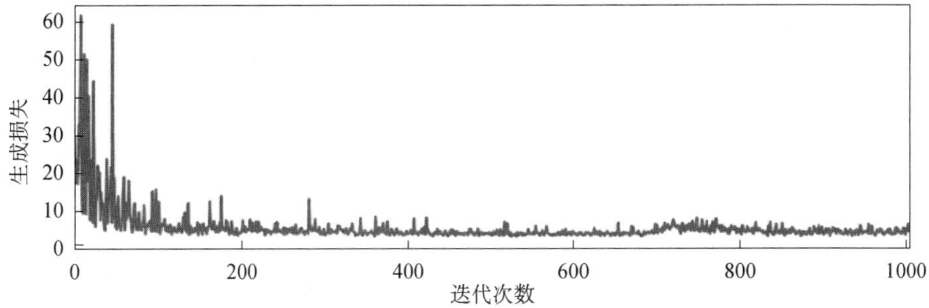

(b) 生成器损失曲线

图7.3.4　迭代过程中生成器和判别器损失曲线

3. 故障数据评估

在指导特征调整阶段，根据高炉理论知识和操作经验，总结各个故障对于指导特征调整规则。如表 7.3.2 所示，调整幅度范围由先验知识确定。因此，通过调整范围内的调整系数 δ_i，可以获得可能的故障指导特征数据，然后将故障指导特征作为模型先验条件，随后训练 CGAN 将噪声生成可能的故障数据。

在生成的数据过滤阶段，每个可能的故障数据由两个过滤器过滤。首先，利用训练好的判别网络判断生成的故障样本是否符合训练样本中的工况信息。由于判别器的最后一层是 Sigmoid 网络，舍弃判别器输出小于 0.5 的故障样本。其次，计算了用于测量变化程度的 WED。经过实验验证，将阈值设置为 200。如果 WED 未达到阈值，那么可以生成故障数据。

表 7.3.2 故障指导特征的变化规则

故障	变量						
	5	7	8	13	21	25	26
管道行程	下降		上升	上升	下降		上升
炉温向凉			上升		下降		下降
悬料			下降	下降	上升		上升

通过以上步骤，可以生成经过专家经验调整和 CGAN 生成的数据。以管道行程数据为例，调整系数设定为 $\delta_5=-0.02,\delta_8=0.01,\delta_{13}=0.01,\delta_{21}=-0.005,\delta_{26}=0.05$ 。以图片的形式直观地展示生成的管道行程故障数据，如图 7.3.5 所示。为了更清楚地显示变量间相关性分析结果，将相同特征组的变量调整到一起。水平方向表示时间序列，垂直方向表示不同的特征。亮度越高，代表归一化后数值越高。图 7.3.5（a）是随机采样的正常工况的数据，图 7.3.5（b）是未经过调整的指导特征，图 7.3.5（c）是经过故障调整的管道行程指导特征，图 7.3.5（d）是经过 CGAN 生成的管道行程故障数据，图 7.3.5（e）是一次真正的管道行程故障数据，可以看出经过本节方法生成的管道行程数据和真正的管道行程数据有较强的相似性。

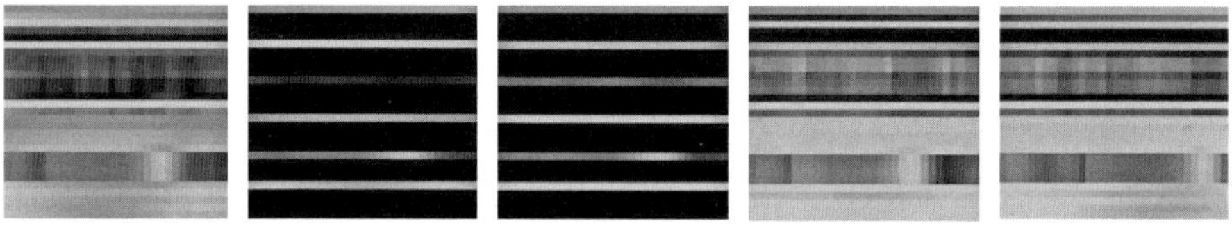

(a) (b) (c) (d) (e)

图 7.3.5 管道行程故障数据的生成结果

4. 实验结果

为了进一步验证生成的故障样本的有效性，将生成的虚假故障样本作为训练集训练分类器，分别从零样本学习和数据扩充的实验中分析分类器的性能变化。在 CGAN 训练阶段，选择涵盖各种工况的高炉数据作为训练集来训练 CGAN，CGAN 的训练集包括了无标签的运行数据 1000 个，有标签的难行数据 200 个，管道行程故障 150 个，崩料数据 100 个，悬料数据 50 个。为了测试该方法对于零样本学习中分类器的提升能力效果，CGAN 训练集中不添加有标签的炉凉故障数据。

1）零样本学习

对于高炉的历史数据库存在样本标签少的问题，本节模拟了一种极端的零样本学习场景：假设历史的标签样本池中无炉温向凉故障的数据，那么数据驱动的高炉故障识别方法将无法进行训练并对炉温向凉故障进行识别，而在 CGAN 的训练集中没有明确有标签的炉温向凉故障数据，因此在整个方法的实现过程中没有涉及炉温向凉数据，符合零样本学习的定义。将经过专家经验调整与 CGAN 生成的虚假炉温向凉数据、有标签的正常样本数据和管道行程数据（各 100 条共 300 条）作为训练数据并训练 SVM、随机森林（random forest，RF）和 MLP 三种分类器，然后对测试集中正常数据、炉温向凉数据和管道行程数据（各 50 条）进行分类，结果如表 7.3.3 所示。显然，在零样本学习没有训练样本的情况下，三种分类器对炉温向凉故障的分类精度都达到较高的水平，证明了生成的虚假炉温向凉故障数据可以提高分类器对炉温向凉故障的分类精度。

表 7.3.3　零样本学习炉温向凉故障分类结果

方法	准确率	F1 指数		
		正常	管道行程	炉温向凉
SVM	0.89	0.91	0.94	0.81
RF	0.86	0.83	0.95	0.82
MLP	0.83	0.79	1.00	0.64

2）少样本学习

在实际高炉炼铁过程中，少样本问题导致的故障样本数量的不平衡性限制了分类器的性能。各种故障数据之间的不平衡使得多分类器难以实现准确识别各种故障。过采样方法是一种有效的方法，但是一般的过采样方法只是通过学习已有的少数类样本分布信息来进行样本扩充，一般不引入额外的信息。将本章方法生成的故障样本加入故障数据集，可以起到过采样的作用。在实验的训练集中设置正常样本、管道行程故障样本、悬料故障样本分别为 400 个、150 个和 50 个，其中，管道行程数据和悬料数据也用在 CGAN 的训练中，测试数据各类别分别为 50 个。采用 SMOTE、GAN 和本节提出的方法——特征条件生成对抗网络（feature CGAN，FCGAN）扩展两类少数类故障的数据，实现数量相对平衡，并使用 MLP 作为多分类器。实验结果如表 7.3.4 所示。在未进行数据扩充之前，管道故障的召回率为-1.00，表明分类器能够有效识别管道行程故障数据。然而，由于样本间的不平衡，分类器在识别悬料故障方面表现不佳。从精准率和召回率来看，可以得出以下结论：分类器倾向于多数类样本的类别。在通过三种方法扩展数据样本之后，训练样本的数量是平衡的。从表 7.3.4 可以看出，SMOTE 方法对管道数据具有反效果，GAN 可以在一定程度上提高少数类样本类别的 F1 成绩。但是在三个方法中，本节提出的方法因为引入了额外的信息而取得了最好的效果。

表 7.3.4 四种方法的多分类结果

方法	类别	分类结果		
		精准率	召回率	F1 指数
MLP	正常	0.54	1.00	0.70
	管道行程	1.00	0.95	0.97
	悬料	1.00	0.20	0.33
SMOTE-MLP	正常	0.53	1.00	0.70
	管道行程	1.00	0.75	0.86
	悬料	1.00	0.38	0.55
GAN-MLP	正常	0.63	1.00	0.77
	管道行程	1.00	0.95	0.97
	悬料	1.00	0.45	0.62
FCGAN-MLP	正常	0.77	1.00	0.87
	管道行程	1.00	1.00	1.00
	悬料	1.00	0.70	0.82

参 考 文 献

[1] Xie S J, Yang C J, Gao D L. Fault detection method for blast furnace based on small-sample fault data generation[C]. China Automation Congress, Kunming, 2021: 4595-4600.

[2] Lea G, Simon H A. Problem solving and rule induction: A unified view[J]. Knowledge and Cognition, 1974: 105-127.

[3] Lewis D D. A sequential algorithm for training text classifiers[J]. ACM SIGIR Forum, 1995, 29(2): 3-12.

[4] Dagan I, Engelson S P. Committee-based sampling for training probabilistic classifiers[J]. Machine Learning Proceedings, 1995:150-157.

[5] Muslea I, Minton S, Knoblock C A. Active+semi-supervised learning=robust multi-view learning[C]. International Conference on Machine Learning, Sydney, 2002: 435-442.

[6] Han W, Coutinho E, Ruan H, et al. Semi-supervised active learning for sound classification in hybrid learning environments[J]. Plos One, 2016, 11(9): e0162075.

[7] Mayer C, Timofte R. Adversarial sampling for active learning[C]. IEEE Winter Conference on Applications of Computer Vision, Snowmass Village, 2020: 3060-3068.

[8] Arjovsky M, Bottou L. Towards principled methods for training generative adversarial networks[J]. Stat, 2017: 1050.

[9] Mirza M, Osindero S. Conditional generative adversarial nets[J]. arXiv:1411.1784, 2014.

[10] Arjovsky M, Chintala S, Bottou L. Wasserstein GAN[J]. arXiv:1701.07875, 2017.

[11] Gulrajani I, Ahmed F, Arjovsky M, et al. Improved training of Wasserstein GANs[C]. Neural Information Processing Systems, Long Beach, 2017: 5767-5777.

[12] Radford A, Metz L, Chintala S. Unsupervised representation learning with deep convolutional generative adversarial networks[J]. International Conference on Learning Representations, San Diego, 2015.

[13] Mao X D, Li Q, Xie H R, et al. Least squares generative adversarial networks[C]. IEEE International Conference on Computer Vision, Venice, 2017: 2813-2821.

[14] Ledig C, Theis L, Huszar F, et al. Photo-realistic single image super-resolution using a generative adversarial network[C]. IEEE Conference on Computer Vision and Pattern Recognition, Honolulu, 2016.

[15] Kim T, Cha M, Kim H, et al. Learning to discover crossdomain relations with generative adversarial networks[C]. 34th International Conference on Machine Learning, Sydney, 2017: 1730-1741.

[16] Jiang X, Ge Z. Data Augmentation classifier for imbalanced fault classification[J]. IEEE Transactions on Automation Science and Engineering, 2020, 8(3):1206-1217.

[17] Liu J, Qu F, Hong X , et al. A small-sample wind turbine fault detection method with synthetic fault data using generative adversarial nets[J]. IEEE Transactions on Industrial Informatics, 2018, 15(7): 3877-3888.

[18] Zhuo Y, Ge Z. Gaussian discriminative analysis aided GAN for imbalanced big data augmentation and fault classification[J]. Journal of Process Control, 2020, 92: 271-287.

[19] Joshi A J, Porikli F. Multi-class active learning for image classification[C]. IEEE Conference on Computer Vision and Pattern Recognition, Miami, 2009.

[20] 朱东阳. 基于主动学习和半监督学习的工业故障分类研究及应用[D]. 杭州：浙江大学, 2017.

[21] Gao X, Deng F, Yue X. Data augmentation in fault diagnosis based on the Wasserstein generative adversarial network with gradient penalty[J]. Neurocomputing, 2020, 396: 487-494.

[22] Wang A, Zhang L, Gao N, et al. Fault diagnosis of blast furnace based on SVMs[C]. 6th World Congress on Intelligent Control and Automation, Dalian, 2006: 9062541.

[23] Ashish S, Ritesh J. Scikit-learn: Machine learning in Python[J]. Journal of Machine Learning Research, 2012, 12(10): 2825-2830.

第8章　高炉炼铁过程故障诊断的迁移学习方法

传统数据驱动故障诊断方法的成功应用通常依赖于以下两个假设：一是需要大量的有标签样本用于模型训练；二是训练数据和测试数据服从同一数据分布。但实际的高炉炼铁过程难以满足这些假设，其原因具体如下。① 故障数据少且缺乏标签。具体来说，有两个主要原因导致缺乏有标签的故障样本。首先，在实际的高炉炼铁过程中，当高炉出现故障趋势时，操作人员会及时地做出调整，以避免发生严重事故，在这种情况下，很难产生故障数据。其次，高炉工作模式多样。由于一般没有工作模式切换的记录，很难将故障数据与波动数据区分开来。这意味着要获得有标签的高炉故障样本需要耗费巨大的人力物力。② 由于高炉系统的进料种类多变、原料品质波动及生产计划的调整，高炉生产数据具有时变和多工况的复杂特性。在运行一段时间后，高炉数据的概率分布会发生明显的变化，导致训练数据和测试数据之间的数据分布差异较大。某段时期内的有标签样本训练的故障诊断模型应用在另一时期时有较大的失效概率。

近年来，迁移学习（transfer learning，TL）作为机器学习中的一个新兴的重要研究方向，为上述研究挑战提出了新的解决思路。从数据的角度而言，迁移学习与传统基于数据的方法的最大不同在于迁移学习可以从不同但具有一定相关性的源域数据进行知识迁移，以改进模型在目标域中的泛化性能[1]。迁移学习大体有三种分类方法。①基于模型的迁移学习是指通过模型在源域与目标域所共享的参数信息来实现知识迁移的方法。Zhao 等[2]利用决策树的强鲁棒性构建分类器以共享参数信息，并对无标签样本采用 *K*-Means 聚类方法以确定其最优匹配参数。此外，Deng 等[3]对极限学习机也做了相关改进工作。②基于关系的迁移学习（relation-based transfer learning，RBTL）是指通过源域和目标域的样本之间的关系实现知识迁移的方法，具体实现的难度较大，相关的研究成果也非常少，仅有几篇理论上的连贯讨论。Davis 和 Domingos[4]、Mihalkova 等[5,6]利用马尔可夫逻辑网络（Markov logic network，MLN）强大的关系表征能力对不同领域关系的相似性进行挖掘。③基于样本的迁移学习（instance-based transfer learning，IBTL）是指通过对源域进行样本选择与分配权重实现知识迁移的方法。戴文渊等[7]提出的迁移自适应增强（transfer adaptive boosting，TrAdaBoost）方法是该方法的典型代表，该方法可根据分类结果迭代更新样本权重，将与目标域数据分布差异较小且有利于目标域数据分类的源域数据筛选出来并参与模型训练，同时，文中对模型的泛化误差上界也进行了理论推导。Huang 等[8]提出了核均值匹配（kernel mean matching，KMM）方法，结合核方法使加权后的源域和目标域的概率分布差异减小。

本章基于迁移学习的理论框架，从先验分布差异、多源数据、时变与多工况进行改进，给出三种面向高炉炼铁过程的故障诊断方法：深度加权联合分布适应网络方法、极小极大熵协同训练网络方法及非完整多源迁移学习方法[9,10]。

8.1　迁移学习概述

本章对迁移学习中的预备知识与后续章节所涉及的各类迁移学习方法进行简要的介绍，如深度域混淆（deep domain confusion，DDC）、深度适应网络（deep adaptation network，DAN）、域对抗神经网络（domain adversarial neural network，DANN）、动态对抗适应网络（dynamic adversarial adaptation network，DAAN）等。在后续章节中，将本章提出的方法与各类方法进行比较，并结合故障诊断实验进行分析讨论。

8.1.1　最大均值差异

在迁移学习中，准确度量不同领域之间的分布差异是实现域适应的基础，也是影响知识迁移效果的重要因素，本节简要地介绍迁移学习中广泛使用的度量准则：最大均值差异（maximum mean discrepancy，MMD）。MMD 的主要思想是采用函数映射的方式将变量映射至高维空间中，在高维空间中服从不同分布变量的期望值之差称为均值差异。若在任意映射下，两个变量的期望值都相同，则说明两个变量的分布一致，否则，将映射后的期望差异最大值作为度量不同分布之间距离的标准，即最大均值差异，其基本定义式如下：

$$\mathrm{MMD}[\mathcal{F},p,q]=\sup_{f\in\mathcal{F}}\left(E_p[f(\boldsymbol{x})]-E_q[f(\boldsymbol{y})]\right) \tag{8.1.1}$$

在实际应用中，MMD 通常会与核函数相结合，且为了确保得到有效解，函数域 $\mathcal{F}$ 一般定义为再生希尔伯特空间中单位球内的任意向量，即 $\|\boldsymbol{f}\|_{\mathcal{H}}\leqslant 1$，$\boldsymbol{x}$ 与 $\boldsymbol{y}$ 为分别服从分布 p 与 q 的变量，$f(\boldsymbol{x})$ 表示再生希尔伯特空间中单位球内的向量 $\boldsymbol{f}$ 与经核函数映射后的变量 $\phi(\boldsymbol{x})$ 的点积，即

$$f(\boldsymbol{x})=\langle\boldsymbol{f},\phi(\boldsymbol{x})\rangle_{\mathcal{H}} \tag{8.1.2}$$

利用点积的性质 $\langle\boldsymbol{a},\boldsymbol{b}\rangle=\|\boldsymbol{a}\|\|\boldsymbol{b}\|\cos\theta\leqslant\|\boldsymbol{a}\|\|\boldsymbol{b}\|$ 可以对 MMD 基本式进行如下推导：

$$\begin{aligned}\mathrm{MMD}[\mathcal{F},p,q]&=\sup_{f\in\mathcal{F}}\left(E_p[f(\boldsymbol{x})]-E_q[f(\boldsymbol{y})]\right)\\&=\sup_{\|\boldsymbol{f}\|_{\mathcal{H}}\leqslant 1}\left(E_p\left[\langle\boldsymbol{f},\phi(\boldsymbol{x})\rangle_{\mathcal{H}}\right]-E_q\left[\langle\boldsymbol{f},\phi(\boldsymbol{y})\rangle_{\mathcal{H}}\right]\right)\\&=\left\|\boldsymbol{\mu}_p-\boldsymbol{\mu}_q\right\|_{\mathcal{H}}\end{aligned} \tag{8.1.3}$$

设源域样本数为n，目标域样本数为m，则在样本数较大时，期望值可由均值代替计算，则有

$$\mathrm{MMD}[\mathcal{F},p,q]=\left\|\frac{1}{n}\sum_{i=1}^{n}\phi(x_i)-\frac{1}{m}\sum_{j=1}^{m}\phi(y_j)\right\|_{\mathcal{H}} \tag{8.1.4}$$

由于映射函数的定义与选择往往十分困难，为了避免对映射函数$\phi(\cdot)$的选择与显式表示，通常会利用核函数对MMD的平方项进行化简，具体过程如下：

$$\begin{aligned}&\left\|\frac{1}{n}\sum_{i=1}^{n}\phi(x_i)-\frac{1}{m}\sum_{j=1}^{m}\phi(y_j)\right\|_{\mathcal{H}}^2\\&=\left\|\begin{array}{l}\dfrac{1}{n^2}\displaystyle\sum_{i=1}^{n}\sum_{i'=1}^{n}k(x_i,x_i)-\dfrac{1}{nm}\sum_{i=1}^{n}\sum_{j=1}^{p}\left(k(x_i,y_j)+k(y_j,x_i)\right)\\+\dfrac{1}{m^2}\displaystyle\sum_{j=1}^{m}\sum_{j'=1}^{m}k(y_j,y'_j)\end{array}\right\|_{\mathcal{H}}\\&=\mathrm{tr}(\mathrm{KL})\end{aligned} \tag{8.1.5}$$

将源域记作$\mathcal{D}_s$，目标域记作$\mathcal{D}_t$，样本在再生希尔伯特空间中的内积可以通过原始空间中的核函数$k(\cdot,\cdot)$计算求得，出于方便，一般将其以矩阵表示：

$$\boldsymbol{K}=\begin{bmatrix}K_{s,s}&K_{s,t}\\K_{t,s}&K_{t,t}\end{bmatrix},\ L=\begin{cases}\dfrac{1}{n^2}, & x_i\in\mathcal{D}_s\\\dfrac{1}{m^2}, & y_j\in\mathcal{D}_t\\-\dfrac{1}{nm}, & \text{其他}\end{cases} \tag{8.1.6}$$

式中，$\boldsymbol{K}$表示核矩阵，其下标表示进行核计算的数据具体来自哪个领域。鉴于MMD的计算比较方便，对不同但相关的领域而言，MMD很适合用于度量领域分布之间的差异，迁移学习中也常通过最小化MMD的方式使得源域与目标域数据在映射后的特征空间内实现数据分布的近似统一。

8.1.2 深度域混淆

在深度学习的背景下，研究者提出使用神经网络结构完成特征映射与分布适

配。2014 年，Tzeng 等[11]提出了 DDC 以解决深度网络的自适应问题。DDC 网络结构如图 8.1.1 所示，DDC 采用由两个分支组成的网络结构，也称为双流结构，其输入包含来自源域与目标域的一个批次的样本。其中，来自源域的样本都带有真实的标签值，而来自目标域的样本为无标签样本。在经过前 7 层的浅层特征提取后，导入需要进行知识迁移的全连接特征层。具体地，模型采用 fine-tune 思想将 AlexNet 的前 7 层参数固定，并在全连接层 fc7 后设置了自适应层，通过广泛使用的 MMD 准则对来自源域与目标域样本的距离进行度量，即

$$\mathrm{MMD}\left(\mathcal{D}_s,\mathcal{D}_t\right)=\left\|\frac{1}{n}\sum_{i=1}^{n}\phi\left(x_i\right)-\frac{1}{m}\sum_{j=1}^{m}\phi\left(x_j\right)\right\|_{\mathcal{H}} \tag{8.1.7}$$

式中，$\phi\left(\boldsymbol{x}_i\right)$ 与 $\phi\left(\boldsymbol{x}_j\right)$ 分别表示来自有标签的源域样本与无标签的目标域样本在全连接层中经核映射后得到的特征；n 和 m 分别为其源域与目标域的样本数。原文中为了确定添加适应层的合适位置，作者对各个全连接层中源域样本与目标域样本的 MMD 距离进行了逐层计算，并选取其中距离最小的一层作为适应层的添加位置，在经过域适应操作之后在 fc8 中得到最终的提取特征，这与 Yosinski 等[12]对 AlexNet 网络结构的研究结果相符合。DDC 的整体损失函数可以表示为

$$l=l_c\left(\mathcal{D}_s,\boldsymbol{y}_s\right)+\lambda\mathrm{MMD}^2\left(\mathcal{D}_s,\mathcal{D}_t\right) \tag{8.1.8}$$

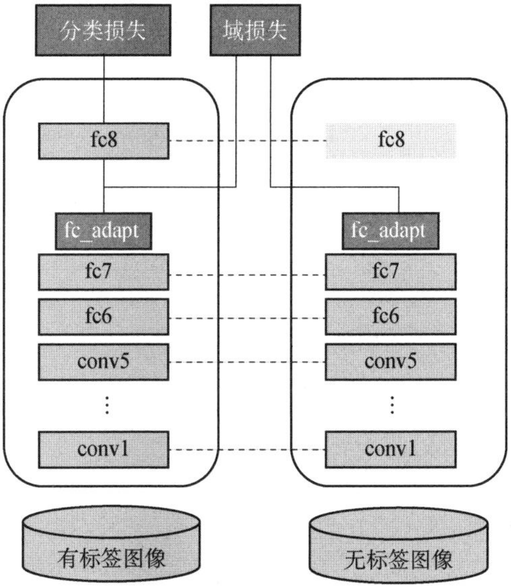

图 8.1.1　DDC 网络结构

与传统的神经网络相比，$\mathrm{MMD}^2\left(\mathcal{D}_s,\mathcal{D}_t\right)$ 表征的域适应损失是迁移学习所独有的。$l_c\left(\mathcal{D}_s,\boldsymbol{y}_s\right)$ 为模型在有标签源域样本上的分类损失，λ 为调节两个损失比重的超

参数。在模型训练中，网络的参数完全共享，在前 7 层固定的基础上只对最后一层全连接层 fc8 及自适应层的连接参数进行训练调节。一般来说，自适应层会设置为神经元个数少于接收输入的瓶颈层，因此自适应层往往可以获得更为紧致的特征表示，会在一定程度上提高模型的训练速度。

针对浅层网络的特征提取能力较弱，导致其无法有效地完成域适应实现知识迁移的问题，DDC 是用于解决深度网络自适应问题的首个方法，对后续的深度迁移学习方法研究有着重要的指导意义。

8.1.3 深度适应网络

2015 年，Long 等[13]在 DDC 的基础上进行了多方面扩展，并提出了 DAN，其结构如图 8.1.2 所示。首先，相较于 DDC 的单适应层，DAN 增设了多个自适应层；其次，在源域与目标域的域间差异度量方面，DAN 采用了表征能力更好的多核 MMD（multi-kernel MMD，MK-MMD）以代替原先的单一核 MMD；最后，模型将多核 MMD 的参数学习与网络训练相结合，不造成额外的训练代价。在多个实验任务中，DAN 都实现了比 DDC 更好的分类性能。

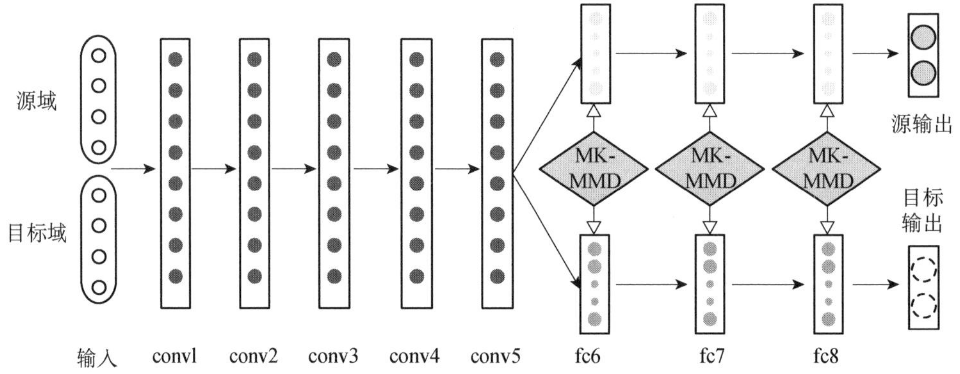

图 8.1.2 DAN 网络结构

依照 Yosinski 等[12]对 AlexNet 网络结构的研究，一般认为最后的三个全连接层更偏重于提取任务相关的特定特征，需要注意的是这一结果只针对 AlexNet，至于其他网络结构是否有相同特性仍需要进行实验验证。基于这一理论，Long 等[13]通过多核 MMD 对这三层进行了着重适配，MK-MMD 的多核表示形式为

$$k = \sum_{u=1}^{m} \beta_u k_u \tag{8.1.9}$$

式中，k_u 与 β_u 分别表示核函数与相应的权重参数。DAN 的整体优化目标可以表示为

$$l = l_c\left(\mathcal{D}_s, y_s\right) + \lambda \sum d_k^2\left(\mathcal{D}_s, \mathcal{D}_t\right) \tag{8.1.10}$$

式中，l_c 与 d_k 分别表示分类器在源域样本上的分类损失和各层全连接层中源域样本与目标域样本之间的 MK-MMD 距离。

确保经核函数映射后样本之间 MMD 距离的方差最小，即

$$\max_{k \in \mathcal{K}} d_k^2\left(\mathcal{D}_s, \mathcal{D}_t\right)\sigma_k^{-2} \tag{8.1.11}$$

式中，σ_k^{-2} 为估计方差值，在具体的求解过程中，可约束为一个二次规划问题。此外，通过核技巧，MK-MMD 一般会展开为内积的形式，两两求内积的计算复杂度为 $O(n^2)$，这在深度学习中的开销相对较大，因此作者采用了 Gretton 等[14]提出的对 MK-MMD 的无偏估计，将计算复杂度下降到了 $O(n)$。

8.2　时变小样本故障诊断的深度加权联合分布适应网络

在高炉炼铁过程中，有标签的故障样本少，生产数据的概率分布漂移明显。针对这些特性，本节将迁移学习扩展到高炉故障诊断领域中。现有迁移学习方法一般并不考虑不同领域间先验分布的差异，只通过减小边缘分布和条件分布差异实现域适应。本节给出先验分布差异影响诊断效果的相关理论推导，并提出基于深度加权联合分布适应网络的高炉故障诊断方法。模型对源域数据进行加权重构，抵消先验分布之间的差异，并通过减小联合分布差异提取域不变特征以实现知识迁移。本节提出的方法在实际高炉生产数据集上取得了良好的效果，与其他方法相比，实现了一定的性能提升。

8.2.1　联合分布适应基础概述

联合分布适应（joint distribution adaptation，JDA）通过减少源域与目标域数据的联合分布距离以实现知识迁移，具体地，JDA 以边缘分布 $P\left(x_s\right)$ 与 $P\left(x_t\right)$ 之间的距离及条件分布 $P\left(y_s | x_s\right)$ 与 $P\left(y_t | x_t\right)$ 之间的距离近似代替领域差异。因此，JDA 的主要目标就是寻求合适的变换矩阵 $\boldsymbol{A}$，以使 $P\left(\boldsymbol{A}^{\mathrm{T}}x_s\right)$ 与 $P\left(\boldsymbol{A}^{\mathrm{T}}x_t\right)$ 及 $P\left(y_s | \boldsymbol{A}^{\mathrm{T}}x_s\right)$ 与 $P\left(y_t | \boldsymbol{A}^{\mathrm{T}}x_t\right)$ 之间的距离尽可能小。在适应边缘分布时，JDA 所采用的方法与迁移成分分析（transfer component analysis，TCA）基本相同，都采用了 MMD 距离来表征不同分布之间的距离，$\boldsymbol{X}$ 代表源域数据 $\boldsymbol{X}_s$ 与目标域数据 $\boldsymbol{X}_t$ 拼接形成的新矩阵，n_s 与 n_t 分别为源域与目标域的样本数，根据矩阵性质 $\|\boldsymbol{A}\|^2 = \mathrm{tr}\left(\boldsymbol{A}\boldsymbol{A}^{\mathrm{T}}\right)$，JDA 进行了如下化简：

$$
\begin{aligned}
\boldsymbol{D}_M &= \left\| \frac{1}{n_s}\sum_{i=1}^{n_s} \boldsymbol{A}^{\mathrm{T}} x_i - \frac{1}{n_t}\sum_{j=1}^{n_t} \boldsymbol{A}^{\mathrm{T}} x_j \right\|_{\mathcal{H}}^2 \\
&= \operatorname{tr}\left(\boldsymbol{A}^{\mathrm{T}} \begin{bmatrix} \boldsymbol{X}_s & \boldsymbol{X}_t \end{bmatrix} \begin{bmatrix} \frac{1}{n_s^2} 11^{\mathrm{T}} & \frac{-1}{n_s n_t} 11^{\mathrm{T}} \\ \frac{-1}{n_s n_t} 11^{\mathrm{T}} & \frac{1}{n_t^2} 11^{\mathrm{T}} \end{bmatrix} \begin{bmatrix} \boldsymbol{X}_s \\ \boldsymbol{X}_t \end{bmatrix} \boldsymbol{A} \right) = \operatorname{tr}\left(\boldsymbol{A}^{\mathrm{T}} \boldsymbol{X} \boldsymbol{M}_0 \boldsymbol{X}^{\mathrm{T}} \boldsymbol{A} \right)
\end{aligned}
\tag{8.2.1}
$$

式中，

$$
M_0 = \begin{cases} \dfrac{1}{n_s^2}, & x_i, x_j \in \mathcal{D}_s \\ \dfrac{1}{n_t^2}, & x_i, x_j \in \mathcal{D} \\ -\dfrac{1}{n_s n_t}, & \text{其他} \end{cases}
\tag{8.2.2}
$$

在适应条件分布时，由于缺乏目标域数据的标签值，无法直接计算 $P(y_t \mid x_t)$。JDA 根据统计学中的充分统计量概念，通过 $P(x_t \mid y_t)$ 来近似代替条件分布概率。JDA 采用自训练的方法，使用有标签的源域数据 x_s, y_s 训练一个初始的分类器，将分类器判别 x_t 的结果作为伪标签 $\hat{y}_t$ 用于计算 $P(x_t \mid y_t)$，并通过迭代更新提高伪标签的正确率。将类别数记为 C，n_s^c 与 n_t^c 分别为源域数据与目标域数据中属于第 c 类的样本数，则条件分布之间的距离可以表示为

$$
D_C = \sum_{c=1}^{C} \left\| \frac{1}{n_s^c} \sum_{x_i \in \mathcal{D}_s^{(c)}} \boldsymbol{A}^{\mathrm{T}} x_i - \frac{1}{n_t^c} \sum_{x_j \in \mathcal{D}_t^{(c)}} \boldsymbol{A}^{\mathrm{T}} x_j \right\|_{\mathcal{H}}^2
\tag{8.2.3}
$$

类似地，D_C 也可以化简为

$$
D_C = \sum_{c=1}^{C} \operatorname{tr}\left(\boldsymbol{A}^{\mathrm{T}} \boldsymbol{X} \boldsymbol{M}_c \boldsymbol{X}^{\mathrm{T}} \boldsymbol{A} \right)
\tag{8.2.4}
$$

式中，

$$
M_c = \begin{cases} \dfrac{1}{\left(n_s^c\right)^2}, & x_i, x_j \in \mathcal{D}_s^c \\ \dfrac{1}{\left(n_t^c\right)^2}, & x_i, x_j \in \mathcal{D}_t^c \\ -\dfrac{1}{n_s^c n^c}, & \begin{cases} x_i \in \mathcal{D}_s^c, x_j \in \mathcal{D}_t^c \\ x_j \in \mathcal{D}_s^c, x_i \in \mathcal{D}_t^c \end{cases} \\ 0, & \text{其他} \end{cases}
\tag{8.2.5}
$$

将 D_M 与 D_C 联合后结合正则项 $\|A\|^2$ 得到总体的优化目标，同时，为了使变换前后数据的方差保持不变，加入约束项 $\boldsymbol{A}^{\mathrm{T}}\boldsymbol{XHX}^{\mathrm{T}}\boldsymbol{A}=\boldsymbol{I}$，其中，$\boldsymbol{H}$ 为中心矩阵，$\boldsymbol{I}$ 为单位矩阵，则 JDA 可以表示为

$$\begin{aligned}&\arg\min_{A}\sum_{c=0}^{C}\mathrm{tr}\left(\boldsymbol{A}^{\mathrm{T}}\boldsymbol{XM}_c\boldsymbol{X}^{\mathrm{T}}\boldsymbol{A}\right)+\lambda\|\boldsymbol{A}\|_{\mathcal{H}}^2\\&\text{s.t. }\boldsymbol{A}^{\mathrm{T}}\boldsymbol{XHX}^{\mathrm{T}}\boldsymbol{A}=\boldsymbol{I}\end{aligned}\tag{8.2.6}$$

这里采用拉格朗日法即可求得变换矩阵 $\boldsymbol{A}$。JDA 是十分经典的域适应方法，本章所提出的深度加权联合适应网络在 JDA 的基础上加入了先验分布及边缘分布与条件分布的动态调整，使迁移学习的效果得到了一定的提升。

8.2.2 深度加权联合分布适应网络框架

1. 加权联合分布适应

本文将 n_s 个有标签高炉样本作为源域 $\mathcal{D}_s$ 数据，将 n_t 个无标签高炉样本作为目标域 $\mathcal{D}_t$ 数据。需要注意的是源域和目标域数据分别从不同时期进行取样，考虑到高炉数据时变与多工况的特性，将源域与目标域数据视为服从不同的数据分布。将源域与目标域数据的概率分布分别记作 $p(x_s)$ 与 $p(x_t)$，C 为故障类别数。将 $p(x_s)$ 和 $p(x_t)$ 依据全概率公式展开，则有

$$\begin{aligned}p\left(x_u\right)&=\sum\nolimits_{c=1}^{C}p\left(y_u=c\right)p\left(\boldsymbol{x}_u\mid y_u=c\right)\\&=\sum\nolimits_{c=1}^{C}w_u^c p\left(\boldsymbol{x}_u\mid y_u=c\right),u\in s,t\end{aligned}\tag{8.2.7}$$

式中，$w_s^c=p(\boldsymbol{y}_s=c)=\dfrac{n_s^c}{n_s}$，$w_t^c=p(y_t=c)=\dfrac{n_t^c}{n_t}$ 分别表示源域与目标域数据的先验分布；n_s^c 与 n_t^c 分别代表源域与目标域数据中属于第 c 类的样本数；n_s、n_t 分别表示源域和目标域的样本数。由于目标域数据标签值的缺失，通常不能直接得到目标域数据中属于第 c 类炉况的样本数 n_t^c，因此在求解过程中，也使用了自训练的方法，通过使用有标签的源域数据 $\boldsymbol{x}_s$，y_s 训练一个初始的 SVM 分类器，将分类器判别 $\boldsymbol{x}_t$ 的结果作为伪标签 $\hat{y}_t$ 并用于计算 n_t^c，通过迭代更新逐渐提高伪标签的正确率。

由式（8.2.7）可以看出，仅当 $w_s^c=w_t^c$ 时，领域之间的分布差异可以由 $p(x_s\mid y_s=c)$ 与 $p(x_t\mid y_t=c)$ 之间的距离代替。然而，由于样本选择标准与故障诊断的实际应用场景的变化，往往难以满足 $w_s^c=w_t^c$ 的假设。

如图 8.2.1 所示，为了减小先验分布差异对域适应的影响，提升模型在目标域中的泛化能力，本节提出加权联合分布适应方法，以构建一个新的源域数据分布 $p_w(x_s)$，使其具有与目标域数据相同的先验分布。

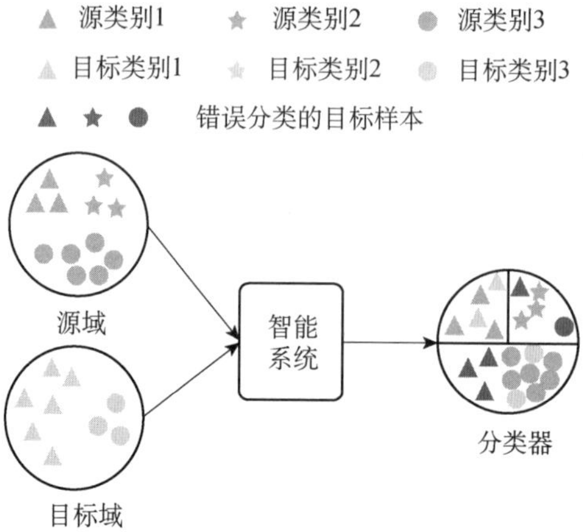

(a) 传统智能故障诊断方法

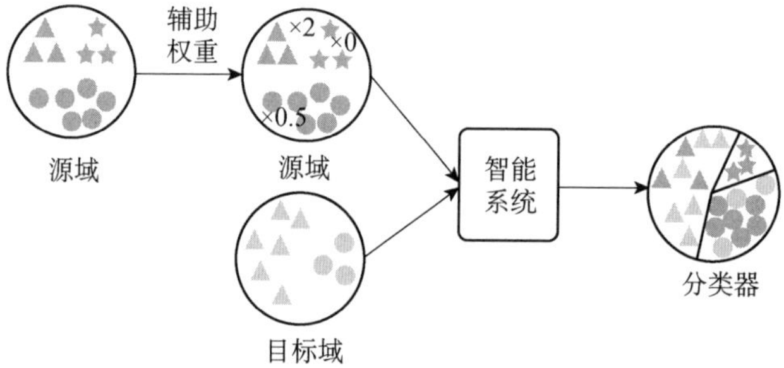

(b) 结合先验分布的迁移学习方法

图 8.2.1　先验分布适应

设 $w_c = \frac{w_t^c}{w_s^c}, \boldsymbol{W} = [w_1, w_2, \cdots, w_{\boldsymbol{c}}]^{\mathrm{T}}$，则有

$$
\begin{aligned}
p_w(\boldsymbol{x}_s) &= \sum\nolimits_{c=1}^{C} w_c w_s^c p(x_s \mid y_s = c) \\
&= \sum\nolimits_{c=1}^{C} w_t^c p(x_t \mid y_t = c)
\end{aligned}
\tag{8.2.8}
$$

通过引入辅助权重 $\boldsymbol{W}$，模型将源域数据进行了加权重构，使源域数据的类先验分布更加趋近于目标域，从而减小了不同领域先验分布之间的差异。此外，在各类故障的发生概率不平衡的高炉炼铁过程中，通过加权重构的方式，加权联合分布适应方法可以对少数故障类别实现更准确的识别。

在完成先验分布对齐之后，下一步便是寻找一个合适的变换矩阵 $\boldsymbol{A}$ 使源域与目标域数据在特征空间中实现分布的近似统一，本节采用 MMD 来度量领域之间的分布差异：

$$
D = \left\| \frac{1}{n_s} \sum\nolimits_{i=1}^{n_s} \boldsymbol{A}^{\mathrm{T}} \boldsymbol{w}_c x_i - \frac{1}{n_t} \sum\nolimits_{j=1}^{n_t} \boldsymbol{A}^{\mathrm{T}} x_j \right\|_{\mathcal{H}}^2
$$

$$
\begin{aligned}
&= \operatorname{tr}\left(\boldsymbol{A}^{\mathrm{T}} \left[\boldsymbol{X}_s \quad \boldsymbol{X}_t \right] \begin{bmatrix} \dfrac{1}{n_s^2} \boldsymbol{W}\boldsymbol{W}^{\mathrm{T}} & \dfrac{-1}{n_s n_t} \boldsymbol{W}^{\mathrm{T}} 1 \\ \dfrac{-1}{n_s n_t} \boldsymbol{1}^{\mathrm{T}} \boldsymbol{W} & \dfrac{1}{n_t^2} 1 \boldsymbol{1}^{\mathrm{T}} \end{bmatrix} \begin{bmatrix} \boldsymbol{X}_s^{\mathrm{T}} \\ \boldsymbol{X}_t^{\mathrm{T}} \end{bmatrix} \boldsymbol{A} \right) \\
&= \operatorname{tr}\left(\boldsymbol{A}^{\mathrm{T}} \boldsymbol{X} M_c \boldsymbol{X}^{\mathrm{T}} \boldsymbol{A} \right)
\end{aligned} \tag{8.2.9}
$$

与核函数相结合后，则有

$$
\begin{aligned}
D &= \left\| \frac{1}{n_s} \sum\nolimits_{i=1}^{n_s} \boldsymbol{A}^{\mathrm{T}} w_c \phi(x_i) - \frac{1}{n_t} \sum_{j=1}^{n_t} \boldsymbol{A}^{\mathrm{T}} \phi(x_j) \right\|_{\mathcal{H}}^2 \\
&= \left(\boldsymbol{A}^{\mathrm{T}} \left[\phi(\boldsymbol{X}_s) \quad \phi(\boldsymbol{X}_t) \right] \begin{bmatrix} \dfrac{1}{n_s^2} \boldsymbol{W}\boldsymbol{W}^{\mathrm{T}} & \dfrac{-1}{n_s n_t} \boldsymbol{W}^{\mathrm{T}} 1 \\ \dfrac{-1}{n_s n_t} 1^{\mathrm{T}} \boldsymbol{W} & \dfrac{1}{n_t^2} 11^{\mathrm{T}} \end{bmatrix} \begin{bmatrix} \phi(\boldsymbol{X}_s)^{\mathrm{T}} \\ \phi(\boldsymbol{X}_t)^{\mathrm{T}} \end{bmatrix} \boldsymbol{A} \right) \\
&= \operatorname{tr}(\boldsymbol{A}^{\mathrm{T}} \begin{bmatrix} K_{s,s} & K_{s,t} \\ K_{t,s} & K_{t,t} \end{bmatrix} \boldsymbol{M}_c \boldsymbol{A}) \\
&= \operatorname{tr}\left(\boldsymbol{A}^{\mathrm{T}} \boldsymbol{K} M_c \boldsymbol{A} \right)
\end{aligned} \tag{8.2.10}
$$

式中，当 $c=C$ 时，$\operatorname{tr}\left(\boldsymbol{A}^{\mathrm{T}}\boldsymbol{K}M_c\boldsymbol{A}\right)$ 表示领域间的边缘分布距离，M_c 的取值为

$$
M_c = \begin{cases} \dfrac{w_c w_c}{n_s^2}, & x_i \in \mathcal{D}_s^c, x_j \in \mathcal{D}_s^{c'} \\ \dfrac{1}{n_t^2}, & x_i, x_j \in \mathcal{D}_t \\ -\dfrac{w_c}{n_s n_t}, & \text{其他} \end{cases} \tag{8.2.11}
$$

当 $c \in (1, C)$ 时，$\operatorname{tr}\left(\boldsymbol{A}^{\mathrm{T}}\boldsymbol{K}M_c\boldsymbol{A}\right)$ 表示在不同炉况下，领域间的条件分布距离，M_c 的取值为

$$
M_c = \begin{cases} \dfrac{w_c^2}{\left(n_s^c\right)^2}, & x_i, x_j \in \mathcal{D}_s^c \\ \dfrac{1}{\left(n_t^c\right)^2}, & x_i, x_j \in \mathcal{D}^c \\ -\dfrac{w_c}{n_s^c n_t^c}, & \begin{cases} x_i \in \mathcal{D}_s^c, x_j \in \mathcal{D}_t^c \\ x_j \in \mathcal{D}_s^c, x_i \in \mathcal{D}_t^c \end{cases} \\ 0, & \text{其他} \end{cases} \tag{8.2.12}
$$

综上，加权联合分布适应模型可以表示为

$$\arg\min_{A} \sum_{c=0}^{c} \mathrm{tr}\left(\boldsymbol{A}^{\mathrm{T}} \boldsymbol{K} M_c \boldsymbol{A}\right) + \lambda \|\boldsymbol{A}\|_{\mathcal{H}}^2 \tag{8.2.13}$$

针对高炉炼铁过程中的非线性、时变、多工况、故障数据少、缺乏标签等复杂特性，本节将迁移学习扩展到高炉故障诊断领域中。在分析了域间的先验分布差异对域适应的影响后，提出加权联合分布适应方法，该方法通过重构源域数据的方法抵消不同领域之间的先验分布差异，同时最小化条件分布与先验分布差异，以处理高炉生产中普遍存在的概率分布漂移问题。

2. 深度加权联合分布适应网络

由于深度学习的兴起，越来越多的学者将迁移学习方法推广到深度学习的框架中。相较于传统迁移学习方法，深度神经网络可以构建端到端的训练模型，为模型的实际部署与应用带来了方便。此外，深度学习强大的特征提取能力极大地提高了特征质量，使得模型在各类学习任务中的性能获得了明显的提升。同样地，为了提升故障诊断的精度，本节将加权联合分布适应模型推广到深度学习的框架中，提出深度加权联合分布适应网络（deep weighted joint distribution adaptation network，DWJDAN）。DWJDAN 算法流程图如表 8.2.1 所示，当训练过程完成后，域间的数据分布差异显著减少。基于学习到的领域不变的特征，分类器可以对目标领域的无标签样本进行正确的分类。

表 8.2.1 DWJDAN 算法流程图

输入：源域数据 x_s ,目标域数据 x_t ,源域数据标签 y_s 。
输出：自适应分类器。
步骤 1：使用带标签源域数据 (x_s, y_s) 训练炉况识别模块直至收敛。
步骤 2：通过炉况识别模块对目标域数据 x_t 分类并赋予初始伪标签 $\hat{y}_t$ 。
步骤 3：while 未达到最大训练次数或伪标签 $\hat{y}_t$ 未收敛 do。
步骤 4：训练一个 epoch 后计算各个类别的辅助权重 w_c 。
步骤 5：根据损失函数，使用随机梯度下降法更新 CNN 的特征提取器参数 $\boldsymbol{\theta}_f$ 和分类器参数 $\boldsymbol{\theta}_s$ 。
步骤 6：对目标域数据 x_t 分类并更新伪标签 $\hat{y}_t$ 。
步骤 7：判断是否到达最大训练次数或者伪标签是否稳定，若稳定，则执行以下步骤；反之；则返回步骤4。
步骤 8：输出自适应分类器。

DWJDAN 的整体结构如图 8.2.2 所示，DWJDAN 由三个模块组成：炉况识别模块、先验分布适应模块和联合分布适应模块。炉况识别模块由 CNN 构建，提取特征并生成高炉的炉况标签。先验分布适应模块生成特定类别的辅助权重，对源域和目标

域的先验分布进行适应。联合分布模块适应有助于CNN通过最小化加权数据的 MMD 学习域不变特征。

考虑到高炉数据的时序性与抗噪声能力，本节对输入数据进行扩展，一个高炉样本由 35 个时刻的观测变量组成的矩阵构成，样本在相应的数据集中随机选择。

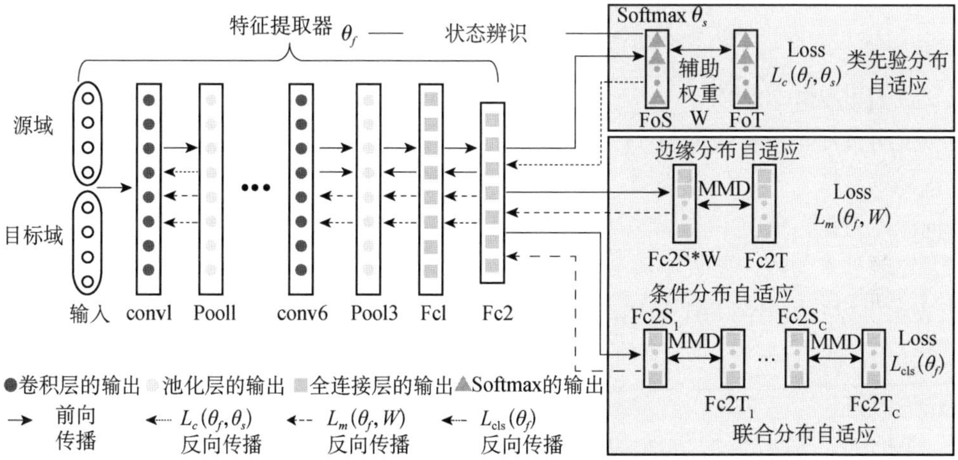

图 8.2.2　DWJDAN 的整体结构

在卷积层中，卷积核与输入数据进行卷积进行特征提取：

$$h^l = \mathrm{ReLU}\left(\alpha^l h^{l-1} + b^l\right) \tag{8.2.14}$$

式中，h^l 为神经网络中第 l 层隐藏层的输出值；α^l 与 b^l 为连接神经网络第 $l-1$ 层与第 l 层隐藏层的权重与偏置项；ReLU(·) 为激活函数。为了实现特征降维，防止过拟合并使特征具有平移不变性，模型构建了池化层：

$$p_m = \max\left(0, h_{i,j}\right),\ \ i,j \in \left(m*k,(m+1)*k\right) \tag{8.2.15}$$

式中，k 为池化尺寸；p_m 为池化层的第 m 个输出值。

如图 8.2.2 所示，经过卷积与池化操作后，数据映射为 Pool3 上的特征值，将其展开后得到全连接层 Fc1，其余全连接层依照式（8.2.16）进行计算：

$$f = \sigma\left(\boldsymbol{\alpha}_f^{\mathrm{T}} I_f + b_f\right) \tag{8.2.16}$$

式中，f 表示全连接层输出值；I_f 为输入值；$\boldsymbol{\alpha}_f$ 与 b_f 表示连接全连接层的权重参数与偏置项。将样本在最后一个全连接层 Fc2 的输出 $\boldsymbol{f}_2$ 作为高炉样本的特征向量。分类层 Fo 通过 Softmax 分类器得到炉况标签：

$$y = \arg\max_c \frac{\mathrm{e}^{\boldsymbol{\alpha}_c^{\mathrm{T}} \boldsymbol{f}_2 + b}}{\sum_{c=1}^{C} \mathrm{e}^{\boldsymbol{\alpha}_c^{\mathrm{T}} \boldsymbol{f}_2}} \tag{8.2.17}$$

式中，C为炉况类别数；将全连接层 $\boldsymbol{f}_2$ 到分类层的第 c 个神经元记作 $\boldsymbol{\alpha}_c$；b 为相应的偏置项。炉况识别模块的目的是识别高炉工况，因此，DWJDAN 的首个优化目标就是减小在源域数据与带伪标签目标域数据上的分类损失，对于多分类任务，炉况识别模块的损失函数可以定义为 Softmax 回归损失，记 $n = n_s + n_t$，则有

$$L_c = -\frac{1}{n}\sum_{i=1}^{n}\sum_{c=1}^{C} I\left[y_i = c\right]\log\frac{e^{\boldsymbol{\alpha}_c^{\mathrm{T}}\boldsymbol{f}_2 + b}}{\sum_{c=1}^{C} e^{\boldsymbol{\alpha}_c^{\mathrm{T}}\boldsymbol{f}_2 + b}} \tag{8.2.18}$$

式中，$I[\cdot]$ 为指示函数。

使用带标签源域数据 (x_s, y_s) 训练炉况识别模块至收敛后得到初步的分类器，并赋予目标域数据 x_t 初始伪标签后，先验分布适应模块用于生成各个类别的辅助权重 w_c 以重构源域数据，使其具有与源域数据相同的先验分布，其原理与前面加权联合分布适应表述的基本一致，此处不再赘述。用 n_s^c 表示源域数据中属于第 c 类的高炉样本数，n_t^c 表示目标域数据在 FoT 层输出中其伪标签属于第 c 类的样本数，则有

$$w_c = \frac{n_t^c / n_t}{n_s^c / n_s} \tag{8.2.19}$$

联合分布适应模块包括边缘分布适应和条件分布适应。如图 8.2.2 所示，Fc2S 和 Fc2T 分别表示源域数据与目标域数据在全连接层 Fc2 的输出 $\boldsymbol{f}_2$。与先验分布适应模块中得到的权重 $\boldsymbol{W}$ 结合后，设 $p\left(f_{2s}\right)$ 和 $p\left(f_{2t}\right)$ 为 Fc2S$*\boldsymbol{W}$ 和 Fc2T 的边缘分布，则二者之间的距离为

$$L_m = D_M = \left\|\frac{1}{n_s}\sum_{i=1}^{n_s} w_c\phi\left(f_{2i}\right) - \frac{1}{n_t}\sum_{j=1}^{n_t}\phi\left(f_{2j}\right)\right\|_{\mathcal{H}}^2 \tag{8.2.20}$$

式中，$\phi(\cdot)$ 代表高斯径向基核函数，即 $k(\boldsymbol{x},\boldsymbol{y}) = \exp\left(\|\boldsymbol{x}-\boldsymbol{y}\|^2 / 2\sigma^2\right)$，原始特征通过核函数可映射到高维空间，有效地解决非线性问题，因此核函数也广泛地应用于 MMD 距离的计算。本节选择了径向基函数（radial basis function，RBF）来估计域间的 MMD 距离。

减少边缘分布的距离并不能保证不同领域之间的数据分布足够接近。事实上，最小化源域和目标域数据之间的条件分布距离对于鲁棒的分布自适应至关重要。在条件分布适应中，Fc2S$_c$ 与 Fc2T$_c$ 分别表示来自源域和目标域中属于第 c 类的数据在 Fc2 层的输出 $\boldsymbol{f}_2$。由于目标域样本的标签缺失，很难得到后验概率 $p\left(y_s | x_s\right)$ 和 $p\left(y_t | x_t\right)$。依据统计学理论，用类条件分布 $p\left(x_s | y_s\right)$ 和 $p\left(\hat{y}_t | x_t\right)$ 的充分统计来代替后验分布，二者之间的距离为

$$L_{\mathrm{cls}} = D_c = \sum_{c=1}^{C}\left\|\frac{1}{n_s^c}\sum_{i=1}^{n_s^c} w_c\phi\left(f_{2i}^c\right) - \frac{1}{n_t^c}\sum_{j=1}^{n_t^c}\phi\left(f_{2j}^c\right)\right\|_{\mathcal{H}}^2 \tag{8.2.21}$$

综上所述，模型的最终优化目标可以写成：

$$L = L_c + \mu L_m + (1-\mu) L_{\mathrm{lcs}} \tag{8.2.22}$$

式中，惩罚因子 μ 用于动态调节边缘分布差异和条件分布差异在目标损失函数中的影响[15]，计算方式为 $\mu = 2 - 2/\left[1+\exp(-10*p)，p\in[0,1]\right]$ 表示训练过程的进度。

在确定了优化目标之后，通过 SGD 算法来训练模型。设 $\boldsymbol{\theta}_f$、θ_s 和 $\boldsymbol{W}$ 分别为特征提取器、炉况识别器和辅助权重的参数。可将式（8.2.22）重写为

$$L\left(\theta_f^*, \theta_s^*\right) = \underset{\theta_f, \theta_s}{\operatorname{argmin}} L_c\left(\theta_f, \theta_s\right) + \mu L_m\left(\theta_f, \boldsymbol{W}\right) + (1-\mu) L_{\mathrm{cls}}\left(\theta_f\right) \tag{8.2.23}$$

采用 SGD 算法对参数 $\boldsymbol{\theta}_f$ 与 θ_s 进行更新：

$$\begin{gathered}\theta_f \leftarrow \theta_f - \varepsilon\left[\frac{\partial L_c}{\partial \theta_f} + \mu \frac{\partial L_m}{\partial \theta_f} + (1-\mu)\frac{\partial L_{\mathrm{cls}}}{\partial \theta_f}\right] \\ \theta_s \leftarrow \theta_s - \varepsilon \frac{\partial L_m}{\partial \theta_s}\end{gathered} \tag{8.2.24}$$

式中，ε 为学习率，值得注意的是在每训练一个 epoch 后，辅助权重 $\boldsymbol{W}$ 需要进行更新：

$$\boldsymbol{W}^i \leftarrow \boldsymbol{W}^{i+1} \tag{8.2.25}$$

8.2.3　案例分析

1. 数据集介绍

本节使用某炼铁厂 2017 年 10～11 月份的高炉实际生产数据进行实验验证。实验数据包含两种常见的故障炉况，即管道行程和悬料。高炉数据共计 35 个主要观测变量，现列于表 8.2.2。现场主要观测变量的观测频率为每 10s 一次，一个样本由 35 个连续时刻高炉数据组成的矩阵构成。此外，为了增强方法的鲁棒性，本节对故障样本进行了数据增强，即在每一类炉况的数据中，随机选取一个初始时刻点，向后取 35 个时刻的观测变量构成一个高炉样本，重复 N 次后得到 N 个样本。将 10 月和 11 月的生产数据分别表示为数据集 Oct 和数据集 Nov，数据集 Oct 共有 2435 个样本，包括 632 个管道行程样本、412 个悬料样本和 1391 个正常样本。数据集 Nov 共有 2329 个样本，包括 923 个管道行程样本、118 个悬料样本和 1288 个正常样本。

表 8.2.2　高炉观测变量

序号	变量（单位）	序号	变量（单位）
1	富氧率（%）	4	H_2 含量（%）
2	透气性指数	5	CO_2 含量（%）
3	CO 含量（%）	6	风口风速（m/s）

续表

序号	变量（单位）	序号	变量（单位）
7	富氧流量（m^3/h）	22	热风温度 2（°C）
8	冷风流量（m^3/h）	23	顶温 1（°C）
9	鼓风动能（kJ）	24	顶温 2（°C）
10	高炉煤气量（m^3）	25	顶温 3（°C）
11	高炉煤气指数	26	顶温 4（°C）
12	理论燃烧温度（°C）	27	喷煤量设定值（t/h）
13	高炉顶压 1（°C）	28	实际喷煤量（t/h）
14	高炉顶压 2（°C）	29	上小时实际喷煤量（t）
15	高炉顶压 3（°C）	30	富氧压力（MPa）
16	高炉顶压 4（°C）	31	全压差（kPa）
17	冷风压力 1（MPa）	32	下降系数
18	冷风压力 2（MPa）	33	冷风温度 1（°C）
19	热风压力（MPa）	34	冷风温度 2（°C）
20	实际风速（m/s）	35	鼓风湿度（g/m）
21	热风温度 1（°C）		

2. 实验与结果分析

通过高炉故障诊断实验评估本节提出的 DWJDAN 性能。在每个实验中，箭头之前的部分代表源域，箭头之后的部分代表目标域。例如，在故障诊断实验中，Oct→Nov 的数据集 Oct 是源域，数据集 Nov 是目标域。实验遵循无监督迁移学习任务的评价标准。在每个实验中，训练数据集包括来自源域的所有有标签样本和来自目标域的一半无标签样本。目标域的另一半样本则用于测试。由于在不同时段内，高炉系统所用原矿石的种类和比例不同且生产计划也多有改变，10 月和 11 月的高炉生产数据分布也不同。如图 8.2.3 所示，为了可视化源域和目标域的数据分布

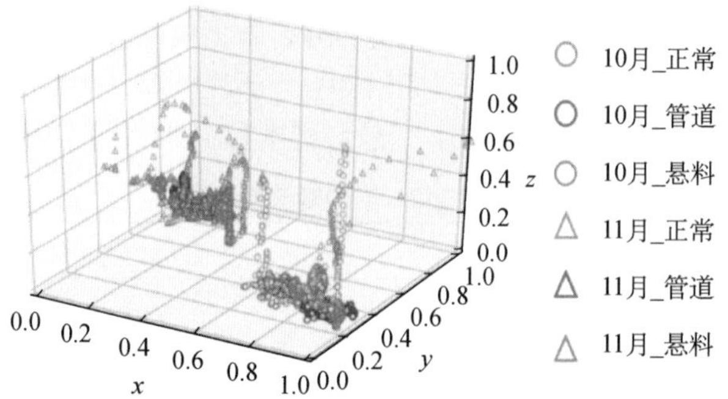

图 8.2.3　数据集 Oct 和数据集 Nov 的 t-SNE 可视化（见彩图）

差异，实验通过 t 分布随机邻域嵌入（t-distributed stochastic neighbor embedding，t-SNE）技术，将原始的高炉数据映射到三维空间，从而直观地进行展示说明。

为了进一步证明本节提出的 DWJDAN 在高炉故障诊断中的有效性，将其与七种方法进行了比较。这七种比较方法是只用源域样本训练的 CNN、TrAdaBoost、DDC、DANN、DAN、平衡分布适应方法（balanced distribution adaptation，BDA）和 DAAN。

实验的详细参数设置如下所示，在炉况识别模块中，卷积核和池核的参数列于表 8.2.3。在先验分布适应和联合分布适应模块中，使用带宽为 σ 的 RBF 核函数与 MMD 相结合以计算源域和目标域特征之间的距离。在域适应中，边缘分布差异和条件分布差异一般会随训练进度分别表现为降低和提高。因此，如图 8.2.4 所示，在模型训练中逐渐改变惩罚为 $0.02/(71+10\times p)^{0.75}$ 。一个 batch 的大小设置为 64。将训练迭代次数设定为 3000 次，共计 50 个 epochs。

表 8.2.3　网络参数设置

层数	标记	作用	核 尺寸/步幅/填充/通道
1	Input	输入样本	35×35
2	Conv1	卷积	11×11 / 2 / 2 / 64
3	Pool1	池化	3×3 / 2
4	Conv2	卷积	5×5 / 1 / 2 / 192
5	Pool2	池化	3×3 / 2
6	Conv3	卷积	3×3 / 1 / 1 / 384
7	Conv4	卷积	3×3 / 1 / 1 / 256
8	Conv5	卷积	3×3 / 1 / 1 / 256
9	Pool3	池化	2×2 / 1
10	Fc1	全连接	—
11	Fc2	全连接	Softmax
12	Fo	分类器	—

以实验 Oct→Nov 为例，如图 8.2.4 所示，在 DWJDAN 更新目标域样本的标签后，辅助权重发生变化，这使得训练损失陡增，具体表现为损失曲线的一些尖峰毛刺，DWJDAN 的训练损失在大约 1000 次迭代后收敛。在这些参数设置下，每个故障诊断实验重复了 10 次。各类方法的故障诊断结果如表 8.2.4 所示，在所有的故障

诊断实验中，DWJDAN 的准确率都超过 89%，这意味着本节提出的 DWJDAN 能够有效地识别高炉炉况。

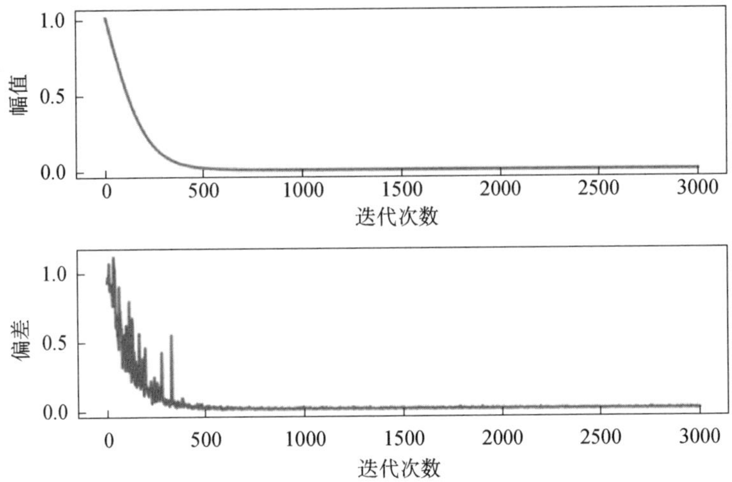

图 8.2.4　惩罚因子 μ 与训练损失

表 8.2.4　各类方法的故障诊断结果

方法	测试准确率±标准差		平均准确率
	Oct → Nov	Nov → Oct	
CNN	0.422±0.037	0.472±0.024	0.447
TrAdaBoost	0.531±0.079	0.401±0.079	0.466
DDC	0.517±0.064	0.583±0.088	0.550
DAN	0.674±0.069	0.642±0.051	0.658
DANN	0.732±0.032	0.745±0.014	0.739
BDA	0.806±0.013	0.728±0.025	0.767
DAAN	0.874±0.035	0.883±0.028	0.879
DWJDAN	**0.926±0.059**	**0.891±0.033**	**0.909**

本节在图 8.2.5 中以混淆热力图的形式将 DAAN 与 DWJDAN 在数据集 Nov 上的诊断结果进行了展示，其中，在管道行程故障的识别中，DWJDAN 表现出了明显的进步，其原因可能是数据集 Oct 与 Nov 中的管道行程故障所占类别比例有较大的区别，与 DAAN 相比较，本节提出的方法考虑到类别先验分布的不同，因而可以在类别非平衡的应用场景中表现出更好的故障诊断性能。

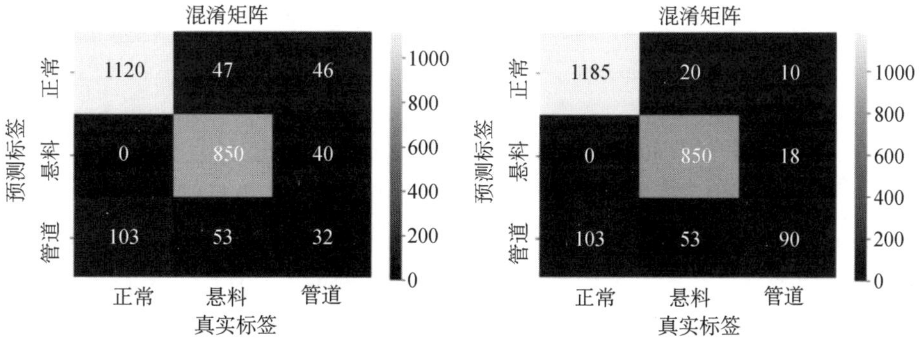

(a) DAAN　　(b) DWJDAN

图 8.2.5　DAAN 与 DWJDAN 诊断结果对比

通过实验结果的比较表明，本节提出的 DWJDAN 在高炉故障诊断方面取得了明显的进展。更具体地说，通过比较结果，可以得到以下三点结论。

（1）对于目标域中无标签数据的故障诊断任务，基于迁移学习的方法明显地优于无迁移学习的经典方法。DWJDAN 与仅由源数据训练的 CNN 的区别在于，在 DWJDAN 中加入了先验分布适应和联合分布适应，结果表明 DWJDAN 获得的分类精度高于 CNN。这说明迁移学习对促进智能故障诊断具有重要的意义，可以成功地应用于无标签数据的小样本问题。

（2）基于特征的迁移学习方法优于基于样本的迁移学习方法。从结果可以看出，六种基于特征的迁移学习方法优于基于样本的方法。可能的原因是基于样本的迁移学习方法一般要求源域和目标域之间有较高的相似度，由于高炉数据具有时变和多工况等复杂特征，在高炉运行一段时间后，高炉数据的概率分布会发生明显变化。这也意味着基于特征的迁移学习方法可能更适合于减少高炉数据分布的差异。

（3）与目前广泛使用的五种基于特征的迁移学习方法相比，DWJDAN 增加了先验分布适应模块。在迁移故障诊断实验中，本节提出的 DWJDAN 取得了较高的识别精度。这验证了 DWJDAN 比五种迁移学习方法更有效地减少了域间分布差异的特点，其可能是由于先验分布通常是由样本选择标准和应用场景的变化引起的，考虑先验分布的变化有利于域适应。此外，较高的识别精度也证实了 DWJDAN 的实用性。

DWJDAN 在每完成一个 epoch 训练，需要对目标域数据的各类伪标签进行求和计数并完成对辅助权重 $\boldsymbol{W}=\left[w_1,w_2,\cdots,w_C\right]^{\mathrm{T}}$ 的更新。由此而引入的额外计算成本为 $\text{epochs}\times C\times N$，由于 epoch 次数与类别数 C 都是人为设定的常数，因此造成的额外时间复杂度为 $O(N)$。与性能改进的效果相比，这种额外的计算成本是可以接受的。

为了直观地了解 DWJDAN 对源域和目标域特征的影响，本节使用了 t-SNE 技术，将高维特征映射到三维空间。以 Oct→Nov 的迁移故障诊断实验为例，结果如图 8.2.6 所示。图 8.2.6（a）为没有与迁移学习结合的 CNN 学习到的特征，图 8.2.6

（b）～图 8.2.6（f）为经过迁移学习后的各类方法学习到的特征，通过观察可以看出，不同领域的特征在经过迁移学习之后更为接近，这说明了迁移学习可以有效地减少数据的分布差异。此外，与图 8.2.6（b）～图 8.2.6（d）相比，图 8.2.6（e）和图 8.2.6（f）的分类效果得到了明显的改善，这证明了对边缘分布与条件分布适应的动态调整有利于提高域适应性能。将图 8.2.6（f）与图 8.2.6（a）～图 8.2.6（e）进行比较，可以看出 DWJDAN 学习的特征显示出更紧凑的聚类效果，这反映出对先验分布的考虑有利于减少域间差异，提高故障诊断的准确性。

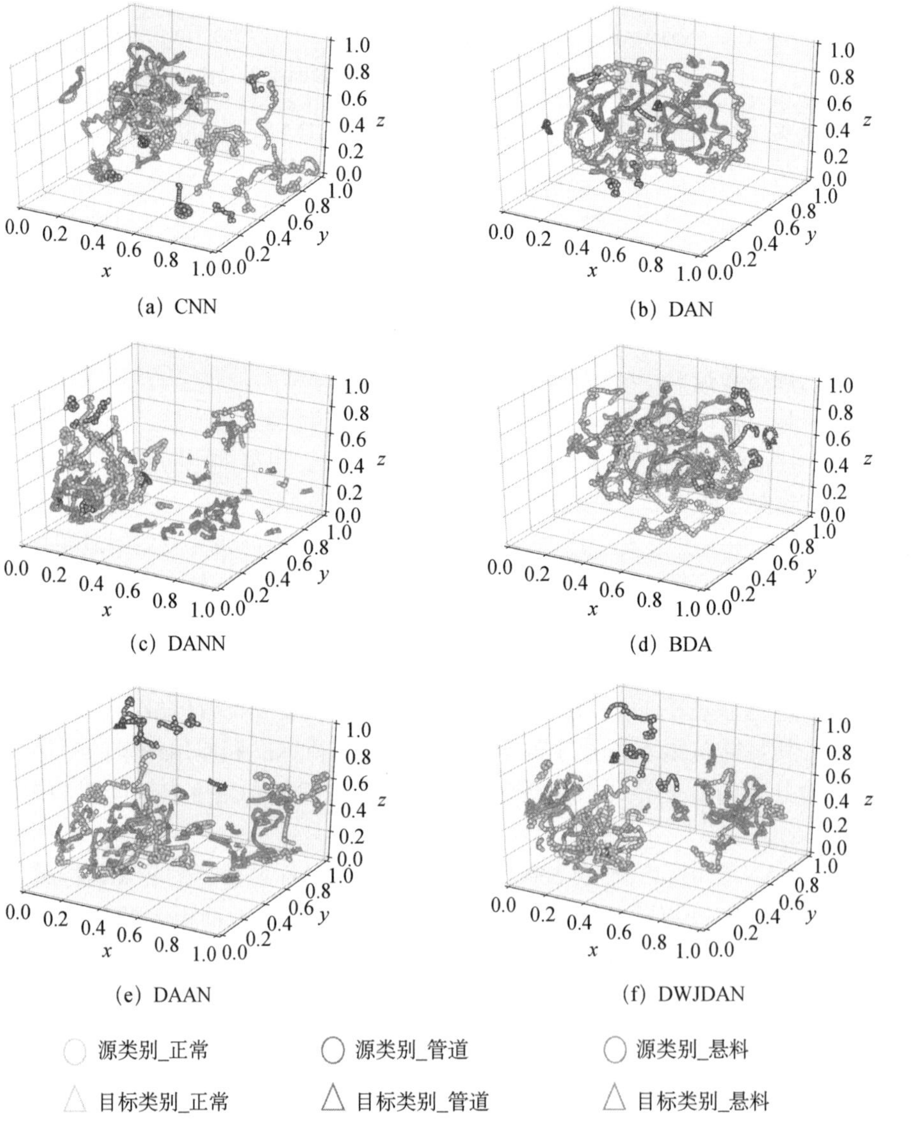

图 8.2.6　各类方法提取特征的 t-SNE 可视化 1（见彩图）

8.3 时变鲁棒故障诊断的极小极大熵协同训练方法

针对高炉炼铁过程中故障样本少、数据波动大的问题，本节将迁移学习引入高炉故障诊断领域。大多数的迁移学习方法通过减少数据分布之间的距离，并结合自训练的方式生成伪标签来执行分布自适应。然而，由于训练数据受有标签的源域数据主导，自训练所用的分类器在目标域中往往是弱分类器。此外，经域适应之后生成的特征有可能位于决策边界，从而导致分类性能的损失。针对上述问题，本节对模型进行优化，提出一种基于极小极大熵协同训练（minimax entropy collaborative training，MMEC）的高炉故障诊断方法。MMEC 的结构包括一个双视图特征提取器，其输出分别送入分类器以计算特征与每种炉况代表向量的余弦相似度，并分别最大化与最小化待测高炉样本在分类器和特征提取器中的条件熵以实现知识迁移。

8.3.1 迁移学习的泛化误差分析

经典统计学习理论[16]和概率近似正确学习理论（probably approximately correct，PAC）可学习理论[17]给出了独立同分布条件下机器学习模型的泛化误差上界保证，具备理论保证是统计机器学习得以成功的关键因素之一。然而，在非平稳环境中，不同数据领域不再服从独立同分布假设，使得经典学习理论不再成立，这给数据的分析与挖掘带来了理论上的风险。例如，迁移学习中存在极具挑战性的负迁移问题，即难以判定迁移学习模型在什么条件下会导致性能下降而非提升。从广义上看，迁移学习可以看作经典机器学习在非平稳环境下的推广，凡经典机器学习模型不能取得很好的学习效果时，均可能是因为训练数据和测试数据之间存在概率分布漂移。因此，迁移学习的泛化误差上界是对经典机器学习的一个重要理论补充。

迁移学习的主要目标是学习源域 $\mathcal{D}_s$ 中的知识，以提高模型在目标域 $\mathcal{D}_t$ 中的泛化性能。Blitzer 等[18,19]对迁移学习的泛化误差上界进行了推导，将模型在目标域中的泛化误差上限归纳为三项：① 在 $\mathcal{D}_s$ 上训练时的分类错误；② $\mathcal{D}_s$ 和 $\mathcal{D}_t$ 之间的域间差异；③ 理想的假设或分类器在源域和目标域中的联合误差。设 H 为假设空间，模型在目标域中的泛化误差定义为

$$\forall h \in H, R_t(h) \leqslant R_s(h) + \frac{1}{2} d_{H\Delta H}(s,t) + \varepsilon \tag{8.3.1}$$

式中，R 表示每个假设的预期误差，源域和目标域的域间差异定义为

$$d_{H\Delta H}(s,t) = 2 \sup_{(h,h')\in H^2} \left| \underset{x\sim s}{E}\left[h(x) \neq h'(x)\right] - \underset{x\sim t}{E}\left[h(x) \neq h'(x)\right] \right| \tag{8.3.2}$$

理想的假设或分类器可定义为 $h^* = \min_{h\in H}\left(R_s(h) + R_t(h)\right)$，则相应的联合误差为

$$\varepsilon = R_s\left(h^*\right) + R_t\left(h^*\right) \tag{8.3.3}$$

由此可以看出，在特征固定的情况下，成功应用迁移学习的潜隐假设便是存在这样一种分类器，它可以同时在源域数据与目标域数据取得较好的分类结果。因此ε通常认为非常小，并且在目标域标签缺失的情况下，往往无法直接对ε进行估计。大多数方法只试图最小化$R_s(h)$和$d_{H\Delta H}(s,t)$，即通过对齐数据分布来提高模型在目标域内无标签数据上的泛化性能。

在深度学习兴起之后，许多传统迁移学习方法都逐渐扩展到了深度学习框架中，源域或目标域数据的特征通常由神经网络中的全连接层表征，因而特征受网络中的权重参数影响较大。此时，如果不能学习到在目标域中具有可分类信息的鉴别性特征，那么即使实现了对$R_s(h)$和$d_{H\Delta H}(s,t)$的最小化，也会由于ε较大而不能达到预想的知识迁移效果。

本节不同于传统的自训练方式，模型将协同训练与极小极大熵相结合，有效地提高了原先目标域上弱分类器的性能，为特征迁移的初始方向提供了高置信度的保证，并通过最小熵原则实现了低密度决策边界，同时进行了对数据分布差异与理想联合误差的最小化，进一步降低了模型在目标域数据中的泛化误差。

8.3.2 极小极大熵协同训练算法

1. 模型结构

为了提高传统迁移学习中自训练导致的目标域弱分类器的性能，并实现低密度决策边界，本节通过对抗的方式对模型进行优化，提出基于 MMEC 的高炉故障诊断方法。

分类器的权重向量的方向通常表示相关类的归一化特征，权重向量可视为类的代表向量或中心[20]。此外，无标签目标样本上的熵显示了估计的中心和目标特征之间的差异。为了估计域不变中心，模型通过增加无标签目标样本的熵来将中心移向目标特征，并降低其在特征提取器中的熵，以便提取特征更好地围绕中心进行聚类，以学习低密度决策边界。

至于伪标签准确率低的问题，弱分类器的性能可以通过协同训练的方式进行一定程度的提升。在协同训练中，两个分类器以不同的视图进行独立训练。只有当两个分类器的输出结果相同且至少有一个分类器具有高置信度时，目标域样本才能赋予伪标签并移入训练数据集中。通过这种方式，弱分类器的分类性能可以得到有效的改善。在网络结构设计中，模型将特征分成两个相互排斥的视图以便有效地进行协同训练。此外，协同训练还在一定程度上有助于知识迁移，这一点会在后续的理论分析中加以说明。

MMEC 的算法流程如表 8.3.1 所示。

表 8.3.1　MMEC 的算法流程

输入：源域数据集 $\boldsymbol{X}_s=(x_s,y_s)$，无标签目标域数据集 $\boldsymbol{X}_{tu}=x_t$，带伪标签的目标域数据集 $\boldsymbol{X}_{tl}=\varnothing$，有标签数据集 $\boldsymbol{X}_l=\boldsymbol{X}_s\cup\boldsymbol{X}_{tl}$。
输出：自适应分类器。
步骤 1：依据分类损失，使用 $\boldsymbol{X}_s$ 训练特征提取器 F 及两个分类器 C_1和C_2 至收敛。
步骤 2：while 未无标签目标域数据 $\boldsymbol{X}_{tu}\neq\varnothing$ do。
步骤 3：计算 $\boldsymbol{X}_l$ 上的分类损失 L。
步骤 4：计算 $\boldsymbol{X}_{tu}$ 在分类器中的熵值 H。
步骤 5：根据极小极大熵原则，使用随机梯度下降法更新特征提取器参数 $\boldsymbol{\theta}_F$ 和分类器参数 $\boldsymbol{\theta}_C$。
步骤 6：当分类器 C_1和C_2 的结果一致，且至少一个分类器持高置信度时，将伪标签 $\hat{y}_t$ 分配给无标签目标域样本 x_t。
步骤 7：从 $\boldsymbol{X}_{tu}$ 中删除 x_t，并将 $(x_t,\hat{y}_t)$ 添加到 $\boldsymbol{X}_{tl}$。
步骤 8：判断是否到达步骤 2 中的判断要求，若达到，则执行以下步骤；反之，则返回步骤3。
步骤 9：输出自适应分类器。

如图 8.3.1 所示，特征提取器由一个 10 层的 CNN 组成，其具体的参数设置见表 8.3.2。考虑到单个样本对噪声比较敏感，而且可能具有包含的有效信息不足的缺点，可以利用连续时刻下，观测变量间的时序依赖来提高故障诊断的准确性。此外，模型将样本在全连接层 Fc1 的输出特征通过不同的权重矩阵分为两个互斥的视图 Fc2 和 Fc3 以满足协同训练的条件：

$$\sum_{i=1}^{d} w_{1i}^2 w_{2i}^2 = 0 \tag{8.3.4}$$

式中，d 是权重向量的维度。为了便于参数优化，本节通过最小化 L1 范数 $\left|\boldsymbol{W}_1^{\mathrm{T}}\boldsymbol{W}_2\right|$ 来近似代替这个约束。

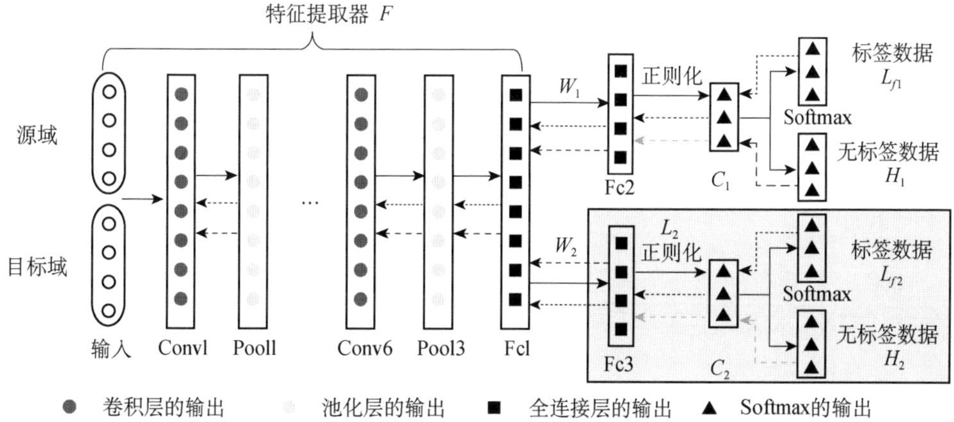

图 8.3.1　MMEC 网络结构

表 8.3.2 特征提取器参数设置

层数	标记	作用	核
			尺寸/步幅/填充/通道
1	Input	输入样本	35×35
2	Conv1	卷积	11×11 / 2 / 2 / 64
3	Pool1	池化	3×3 / 2
4	Conv2	卷积	5×5 / 1 / 2 / 192
5	Pool2	池化	3×3 / 2
6	Conv3	卷积	3×3 / 1 / 1 / 384
7	Conv4	卷积	3×3 / 1 / 1 / 256
8	Conv5	卷积	3×3 / 1 / 1 / 64
9	Pool3	池化	2×2 / 1
10	Fc1	全连接	/

由于分类器的权重向量的方向往往可以代表相关类别的归一化特征，还需要对全连接层 Fc2 和 Fc3 的输出进行归一化处理。以分类器 C_1 为例，它的权重向量为 $\boldsymbol{W}=[w_1,w_2,\cdots,w_k]^{\mathrm{T}}$，$k$ 代表高炉炉况数。s_1 将归一化的特征向量作为输入，输出为 $\dfrac{\boldsymbol{W}^{\alpha}f_2}{\|f_2\|}$，其中，$f_2$ 是全连接层 Fc2 的输出。C_1 的输出值送入 Softmax 进行概率归一化，得到各类高炉炉况的概率分布，将其表示为

$$p(x)=\sigma\left(\frac{\boldsymbol{W}^{\mathrm{T}}f_2}{\|f_2\|}\right) \tag{8.3.5}$$

式中，σ 表示 Softmax 函数，分类器 C_2 的工作过程与 C_1 基本相同，这里不再重复。最后，当 C_1 和 C_2 的预测结果一致且当至少有一个分类器对预测结果持高置信度时，模型给无标签目标样本分配伪标签 $\hat{y}_t$，本书将置信度阈值设定为 0.8。

2. 优化目标

MMEC 需要在两个分类器的输入特征不同的情况下对有标签的高炉样本进行正确分类。因此，MMEC 必须使有标签样本的分类损失及 L1 范数 $\left|\boldsymbol{W}_1^{\mathrm{T}}\boldsymbol{W}_2\right|$ 之和最小。第一个优化项为

$$L=E_{(x,y)\in\mathcal{D}_l}\left[L_{ce}\left(p(\boldsymbol{x}),y\right)\right]+\left|\boldsymbol{W}_1^{\mathrm{T}}\boldsymbol{W}_2\right| \tag{8.3.6}$$

式中，L_{ce} 为标准的交叉熵损失函数；$\mathcal{D}_l$ 为有标签数据集。

由于初始有标签数据集以源域数据为主，分类器的权重向量接近源分布。为了学习整个目标域的判别性特征，本节在模型中引入了最小熵。为了获得类的域不变中心，通过熵的最大化来增加分类器的权重向量 $\boldsymbol{W}$ 和无标签目标特征之间的相似性，从而使 k-way 线性分类器的权重向量 $\boldsymbol{W}$ 趋近于目标域数据分布。为了获得具有鉴别性的特征，需要将无标签目标域数据的特征聚集在类别中心周围，模型通过降低无标签目标域样本在特征提取器 F 上的熵学习低密度分类边界，熵的计算方法如下：

$$H=-E_{(x,y)\in\mathcal{D}_u}\left[\sum_{i=1}^{k}p\left(y=i|\boldsymbol{x}\right)\log\left(p\left(y=i|\boldsymbol{x}\right)\right)\right] \tag{8.3.7}$$

值得注意的是，其中，y 代表的是分类器的输出值，熵的计算并不需要获取样本的真实标签。

结合上述优化目标，本节提出的方法可表述为分类器 C 和特征提取器 F 之间的对抗性学习。对 C 进行极大熵训练，而对特征提取器 F 进行极小熵训练。为了实现对抗性学习，梯度反转层翻转了无标签目标样本上的熵损失函数符号。C 和 F 都需要减小分类损失，则最终的对抗性优化目标可以写成

$$\begin{aligned}\hat{\boldsymbol{\theta}}_F&=\underset{\theta_F}{\operatorname{argmin}}\left(L+\mu H\right)\\\hat{\boldsymbol{\theta}}_C&=\underset{\theta_C}{\operatorname{argmin}}\left(L-\mu H\right)\end{aligned} \tag{8.3.8}$$

式中，$\boldsymbol{\theta}_F$ 与 $\boldsymbol{\theta}_C$ 分别表示特征提取器 F 的参数和分类器的权重向量；$\mu\in[0,1]$ 是超参数，用来调节熵值和分类误差在模型训练过程中的影响。

3. 理论分析

在 DAAN 中，域间差异可以通过领域判别器进行度量，则为

$$d_{H\Delta H}(s,t)=2\sup_{h\in H}\left|\underset{x\sim s}{E}\left[h\left(\boldsymbol{f}_s\right)=1\right]-\underset{x\sim t}{E}\left[h\left(\boldsymbol{f}_t\right)=1\right]\right| \tag{8.3.9}$$

式中，$\boldsymbol{f}_s$ 与 $\boldsymbol{f}_t$ 分别为源域数据与目标域数据在网络模型中最后一个全连接层的展开值。

Saito 等[20]证明了极小极大熵模型在半监督迁移学习中的泛化误差上界，而本节将极小极大熵扩展到无监督迁移学习，并通过与协同训练相结合以保证伪标签的高置信度，确保其有效性。与半监督迁移学习不同，故障诊断中待诊断的高炉生产数据即目标域数据没有标签，属于典型的无监督迁移学习。这意味着缺少有标签样本作为初始的特征迁移方向，这给极小极大熵在高炉故障诊断中的应用带来困难。然而，协同训练可以有效地提高目标域中的弱分类器性能，这使得过程中所产生的伪标签更接近真实标签。因此，与传统迁移学习中的自训练方法不同，模型将协同训

练方法与极小极大熵相结合，保证特征向量在目标域中以高置信度向正确的类别中心聚类，实现诊断性能的提高。

在 MMEC 中，以分类器 C_1 为例，模型将全连接层 Fc_2 的输出作为提取的特征值。虽然在本节提出方法中没有显性地使用领域分类器来获得域不变的特征，但可以将 MMEC 看作通过降低无标签目标样本上的熵值来最小化域间差异，并可以根据熵值来区分提取的特征来自源域或目标域：

$$h(\boldsymbol{f})=\begin{cases}1, & H\left(C_1(\boldsymbol{f})\right)\geqslant\gamma\\0, & 其他\end{cases} \tag{8.3.10}$$

式中，γ 是用于确定域标签的熵值阈值。在 MMEC 中，分类器 C_1 输出样本分别属于各类炉况的概率，$d_{H\Delta H}(s,t)$ 为

$$\begin{aligned}d_{H\Delta H}(s,t)&=2\sup_{h\in H}\left|\underset{x\sim s}{E}\left[h(\boldsymbol{f}_s)=1\right]-\underset{x\sim t}{E}\left[h(\boldsymbol{f}_t)=1\right]\right|\\&=2\sup_{C_1\in C}\left|\underset{x\sim s}{E}\left[H\left(C_1(\boldsymbol{f}_s)\right)\geqslant\gamma\right]-\underset{x\sim t}{E}\left[H\left(C_1(\boldsymbol{f}_c)\right)\geqslant\gamma\right]\right|\\&\leqslant 2\sup_{C_1\in C}\left|\underset{x\sim t}{E}\left[H\left(C_1(\boldsymbol{f}_t)\right)\geqslant\gamma\right]\right|\end{aligned} \tag{8.3.11}$$

由于有大量有标签源域数据，且预先以源域样本对整个神经网络进行了训练，源域样本的熵值会很小。因此，可以合理地假设 $E_{x\sim s}\left[H\left(C_1(\boldsymbol{f}_s)\right)\geqslant\gamma\right]\leqslant E_{x\sim t}\left[H\left(C_1(\boldsymbol{f}_t)\right)\geqslant\gamma\right]$。这个不等式指出，域间差异上限可以由目标样本中熵大于 γ 的比例来确定，即可以通过最大化无标签样本在分类器 C_1 上的熵值确定域间差异的上限。此外，模型的目标是学习具有可分类信息的特征以实现低密度分离，则目标函数可以改写为

$$\min_{f_t}\max_{C_1\in C}\underset{x\sim t}{E}\left[H\left(C_1(\boldsymbol{f}_t)\right)\geqslant\gamma\right] \tag{8.3.12}$$

C_2 的工作过程与 C_1 的工作过程基本相同，这里不再进行重复分析。综上所述，最大熵过程可以看作对域间距离的上界进行度量，而熵的最小化过程可以看作最小化域间距离的上限来实现知识迁移。

此外，在特征固定的情况下，式（8.3.3）中理想的假设或分类器在源域和目标域中的联合误差 ε 通常非常小，传统迁移学习方法一般会忽略此项。但在端到端的神经网络模型中，特征的提取与分类通常是一起完成的。如在 MMEC 中，分类器的输入特征向量 $\boldsymbol{f}_s$ 与 $\boldsymbol{f}_t$ 即为全连接层的输出向量，会随神经网络权重参数的变化而发生明显的改变。此时，如果忽略 ε，完全有可能造成提取出的特征不具有可分类信息，那么即使对齐数据分布，分类器在目标域上也很有可能无法表现出预想的性能，因此有必要将 ε 加入到考虑范围。

由于目标域中缺乏标签，ε 不能直接计算，所以一般使用伪标签来近似评估它。给定有伪标签的目标数据集 X_{tl}，识别错误的伪标签带来的误差为 ρ，则有

$$\begin{aligned}\forall h\in H, R_t(h) &\leqslant R_s(h)+\frac{1}{2}d_{H\Delta H}(s,t)+\varepsilon \\ &\leqslant R_s(h)+\frac{1}{2}d_{H\Delta H}(s,t)+\varepsilon'+\rho\end{aligned} \tag{8.3.13}$$

式中，ε' 表示理想假设 h^* 在目标域数据集和源域数据集上的误差之和。与传统的自训练方法不同，MMEC 通过协同训练提高弱分类器性能的方式减少 ρ，从而进一步提高模型的泛化性能。

另外，如果将两个假设或分类器 h 和 h' 分别视为 C_1 和 C_2，那么可以将 $E_{x\sim s}\left[h(\boldsymbol{x})\neq h'(\boldsymbol{x})\right]$ 假设为较小值，因为源域样本训练是基于相同的有标签样本。同样地，模型在目标数据集进行有监督训练后，$E_{x\sim t}\left[h(\boldsymbol{x})\neq h'(\boldsymbol{x})\right]$ 也会取得较小值，尽管模型使用了伪标签对真实值进行了近似代替。因此，与传统迁移学习方法相比较，本节提出的方法同时考虑了式（8.3.1）迁移学习泛化误差中的域间差异与理想联合误差，即 $d_{H\Delta H}(s,t)$ 与 ε，进一步降低模型在目标域内无标签样本上的泛化误差。

8.3.3　案例分析

实验使用某炼铁厂 2017 年 10 月～11 月的高炉实际生产数据进行验证。实验数据包含两种常见的故障炉况，即管道行程和悬料。高炉数据共计 35 个主要观测变量。现场主要观测变量的观测频率为每 10s 一次，一个样本由 35 个连续时刻的高炉数据组成的矩阵构成。10 月与 11 月的生产数据分别表示为数据集 Oct 和数据集 Nov，数据来自三种炉况：正常、悬料及管道行程。10 月的样本总数为 2435 个，属于上述三种炉况的相应样本分别为 1391 个、412 个和 632 个。11 月的总样本数为 2329 个，属于上述三种炉况的对应样本数分别为 1288 个、923 个、118 个。

在高炉迁移故障诊断实验中评估本节提出的方法 MMEC。在每个实验中，箭头之前的部分代表源域，箭头之后的部分代表目标域。例如，在迁移故障诊断实验 Oct→Nov 中，数据集 Oct 为源域，数据集 Nov 为目标域。实验遵循无监督迁移学习任务的评价标准。在每个实验中，训练数据集包括来自源域的所有有标签样本和来自目标域的一半无标签的数据样本。来自目标域的另一半样本则用于测试。

实验的详细参数设置如下所示。在特征提取器中，卷积核和池核的参数如表 8.3.2 所示。所有的实验都在 PyTorch 中实现。利用深度学习的优势，模型移除了深度神经网络的最后一个线性层，建立特征提取器 F，并添加了两个线性分类层 C_1 和 C_2，并对其权重矩阵随机初始化。在每个迭代中，分别准备两个批（batch）的数

据，一个由有标签样本组成，另一个由无标签目标样本组成。根据式（8.3.8），更新参数 θ_F 和 θ_C 以进行对抗性学习。在反向传播过程中，使用梯度反转层翻转分类层关于熵值损失的梯度，梯度的符号在分类器和特征提取器之间反转。训练过程中使用 SGD 更新参数，其动量参数设置为 0.9。SGD 的学习率根据公式 $0.02/(1+10\times p)^{0.75}$ 进行调整。在所有的实验中，超参数 μ 采用网格搜索法在实验中验证后将其设置为 0.6，其实验结果如图 8.3.2 所示，可以看出，该模型的性能对超参数 μ 敏感。

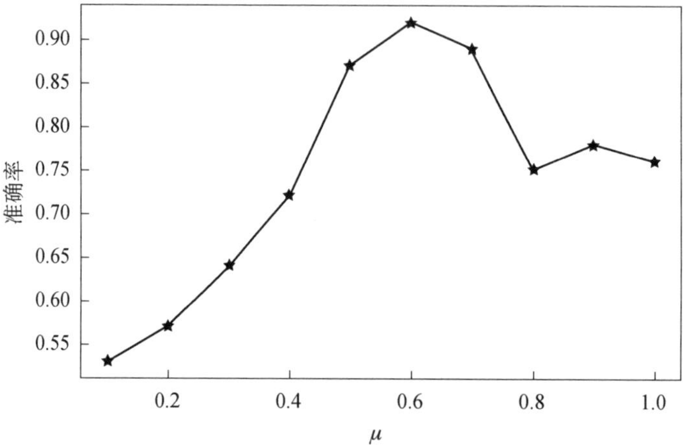

图 8.3.2　不同 μ 值下的实验结果

为了进一步说明本节提出的 MMEC 在高炉故障诊断中的有效性，在迁移故障诊断实验中，MMEC 与九种方法进行了比较。用于比较的九种方法分别是只用源域样本训练的 CNN、TrAdaBoost、DDC、DANN、DAN、BDA 和 DAAN，以及基于 Coral 损失的域适应网络（DeepCoral）和 DWJDAN。

迁移高炉故障诊断实验结果对比见表 8.3.3。实验的比较结果表明，本节提出的 MMEC 在高炉故障诊断方面取得了明显的进步。更具体地说，通过比较结果，可以得到以下结论：对于目标域中无标签数据的故障诊断任务，基于迁移学习的方法明显地优于 CNN 等经典方法。这表明，迁移学习在处理服从不同分布的样本上具有明显的优势。与 DDC、DeepCoral、BDA 及 DWJDAN 相比，MMEC 的不同之处在于它通过对抗训练的方法进行域适应，而不是使用 MMD 等距离公式来衡量领域差异。

表 8.3.3　迁移高炉故障诊断实验结果对比

方法	测试准确率±标准差		平均准确率
	Oct → Nov	Nov → Oct	
CNN	0.422±0.037	0.472±0.024	0.447
TrAdaBoost	0.531±0.079	0.401±0.079	0.466

续表

方法	测试准确率±标准差		平均准确率
	Oct → Nov	Nov → Oct	
DDC	0.517±0.064	0.583±0.088	0.550
DeepCoral	0.603±0.036	0.619±0.044	0.611
DAN	0.674±0.069	0.642±0.051	0.658
DANN	0.732±0.032	0.745±0.014	0.739
BDA	0.806±0.013	0.728±0.025	0.767
DAAN	0.874±0.035	0.883±0.028	0.879
DWJDAN	0.926±0.059	0.891±0.033	0.909
CNN+co-training	0.529±0.016	0.635±0.023	0.582
MME+Softmax	0.788±0.047	0.842±0.068	0.815
MMEC	**0.931±0.079**	**0.926±0.027**	**0.926**

与 DANN 和 DAAN 等方法相比，DANN 使用领域判别器来适应边际分布，而 DAAN 对属于每一类炉况的高样本都设有额外的领域判别器，同时对源域与条件分布进行动态适应。MMEC 的不同之处在于，模型基于极小极大熵来进行对抗性学习，而不是领域分类器，尽管其也隐性地完成了领域识别的任务。

此外，在消融实验中，对以下方法进行了比较：① 保留协同训练（co-training），将其与 CNN 相结合以取代基于极小极大熵的训练方法；② 保留基于 MME 的训练方法，用单个 Softmax 分类器代替 co-training。从实验结果可以看出，与传统的 CNN 相比，co-training 可以实现知识转移，表现出一定的改进效果，但与 MMEC 模型相比仍有较大的差距，说明 MME 可以有效地实现知识转移。而用 Softmax 代替 MMEC 中的 co-training 后，模型的故障诊断精度有所下降，这有力地证明了协同训练可以有效地提高目标域中弱分类器的性能，从而保证特征向量在目标域中以高置信度向正确的类别中心聚类。在所有的实验结果中，MMEC 都取得了较好的结果，这表明 MMEC 的对抗训练可以有效地提高高炉故障诊断模型的性能。

为了进一步说明 MMEC 可以提取在目标域中具有炉况识别信息的鉴别性特征。本节对全连接层 Fc1 中目标域样本的特征协方差矩阵进行了特征分解，其中，特征向量和特征值分别代表了特征主元及它们所包含的相应信息量，即贡献值。一般来说，特征所具有的分类信息越多，特征主元就越少。因此，在这种情况下，包含大量信息的前几个特征值应该很大，而包含较少信息的特征值会呈现快速衰减的趋势。如图 8.3.3 所示，在各类方法中，MMEC 用较少的特征主元就完成了对目标域样本的表征。

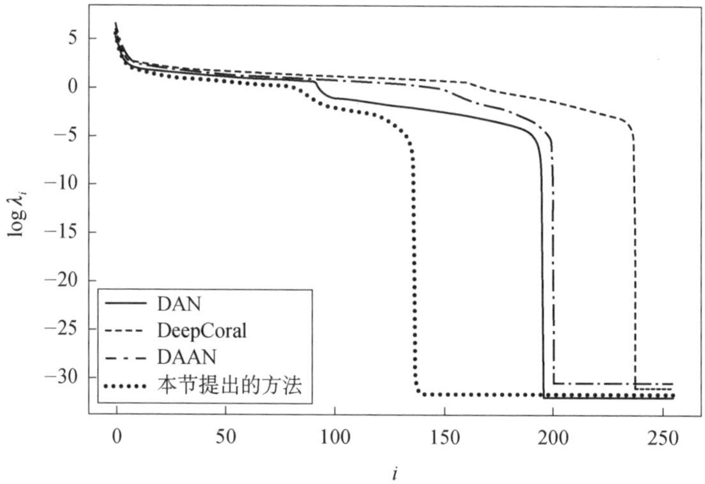

图 8.3.3　目标域样本特征的协方差特征值

此外，图 8.3.4 中显示了无标签目标样本上的熵。虽然 DeepCoral 比 MMEC 更快地减少了熵值，但它在诊断中的表现很差。这表明 DeepCoral 方法错误地提高了预测的置信度，而 MMEC 在熵值下降较快的同时取得了更高的准确性。

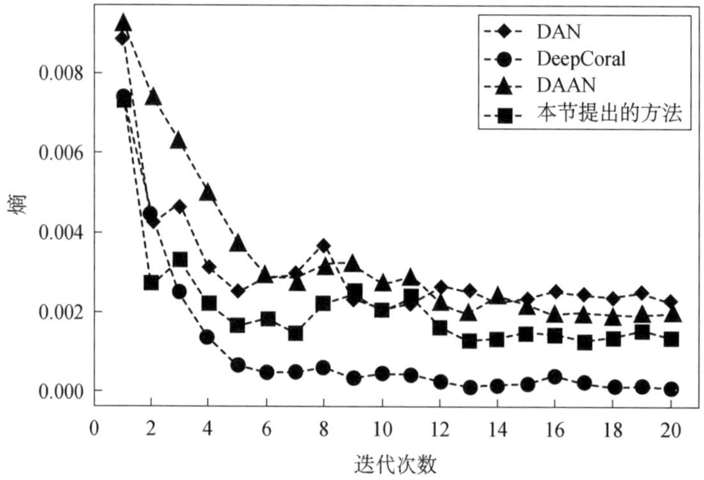

图 8.3.4　各算法分类结果熵

在实验 Oct→Nov 中，图 8.3.5 通过 t-SNE 绘制了各种方法提取的特征。图 8.3.5（a）～图 8.3.5（f）显示了目标域和源域的特征，其中，颜色代表炉况，形状代表不同领域。可以看出，在 MMEC 中，来自不同领域但属于同一炉况的数据可以很好地对齐，聚类效果取得了一定改善，在域适应之后，处于分类边界的样本点数量显著地减少。综上所述，实验结果证明了本节提出的方法在最小化域间差异和获得具有分类信息的鉴别性特征方面的优越性，能够实现低密度决策边界。

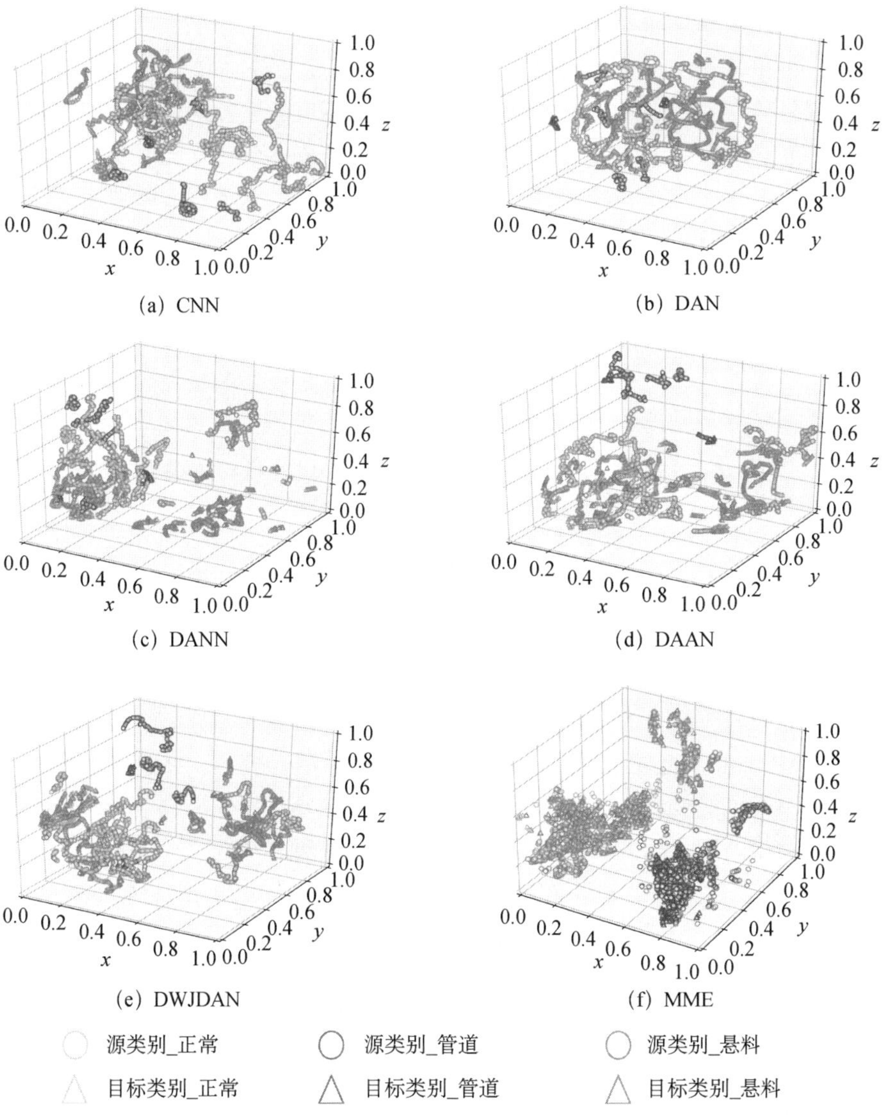

图 8.3.5　各类方法提取特征的 t-SNE 可视化 2（见彩图）

8.4　故障诊断的非完整多源迁移学习方法

当前已有的各类多源迁移学习方法通常都要求应用场景中源域与目标域的类别空间完全相同，然而，在高炉运行过程中，如果要求一段时期内的生产数据涵盖所有待测数据的故障类别显然不合理。与待测数据相比，历史数据中的故障类别往往是非完整的。针对该问题，本节将基于极小极大熵的协同训练方法扩展至非完整多源迁移学习领域，提出一种基于非完整多源迁移学习的高炉故障诊断方法（minimax entropy incomplete multi-source，MME-IM），分别为各源域构建分类器，通过最大化无标签样本在各源分类器中的熵值实现知识迁移，且依据熵值衡量各源域与目标域的相似程度，为源分类器提供可信度权重，同时，最小化训练数据在特征提取器中的熵值以获得低密度决策边界。此外，来自不同源域的数据可作为集成学习的基础，以提高模型在目标域中弱分类器的故障识别性能。

8.4.1 多源学习概述

将数据空间记为$\mathcal{X}$，$D(x)$为相应的数据分布，$f:\mathcal{X}\to\mathbb{R}$表示要学习的目标映射函数，则训练模型$h$与目标映射函数之间的距离或损失函数可以记为

$$\mathcal{L}(D,h,f)=E_{x\sim D}\left[L(h(\boldsymbol{x}),f(\boldsymbol{x}))\right]=\sum_{x\in\mathcal{X}}L(h(\boldsymbol{x}),f(\boldsymbol{x}))D(\boldsymbol{x}) \tag{8.4.1}$$

给定k个源域与1个目标域，记k个源域分布为$D_1,D_2,\cdots,D_k$，其相应的各源分类器为$h_1,h_2,\cdots,h_k$，将所有源分类器的误差上限设为$\varepsilon\geqslant 0$，则有$\forall i\in[1,k],\mathcal{L}(D_i,h_i,f)\leqslant\varepsilon$。假设目标域分布$D_T$由$k$个源域组合而成，表示为$D_T(\boldsymbol{x})=\sum_{i=1}^{k}\lambda_i D_i(\boldsymbol{x})$，其中，$\lambda_i\geqslant 0$且$\sum_{i=1}^{k}\lambda_i=1$。

如何将多个源分类器的预测结果进行组合，并输出最终的分类结果是实现多源迁移的关键。Mansour等[21]提出了一种基于分布加权的组合规则，并给出了相关定理：对任意一个由多个源域混合而成的目标域而言，通过分布加权组合形成的分类假设，其误差上限不超过单个源分类器的误差上限。其中，基于分布加权的组合规则为

$$h_\lambda(\boldsymbol{x})=\sum_{i=1}^{k}\frac{\lambda_i D_i(\boldsymbol{x})}{\sum_{j=1}^{k}\lambda_j D_j(\boldsymbol{x})}h_i(\boldsymbol{x})=\sum_{i=1}^{k}\frac{\lambda_i D_i(\boldsymbol{x})}{D_T(\boldsymbol{x})}h_i(\boldsymbol{x}) \tag{8.4.2}$$

组合分类器的误差上限如下：

$$\begin{aligned}\mathcal{L}(D_T,h_\lambda,f)&=\sum_{x\in\mathcal{X}}L(h_\lambda(\boldsymbol{x}),f(\boldsymbol{x}))D_T(\boldsymbol{x})\\&\leqslant\sum_{x\in\mathcal{X}}\sum_{i=1}^{k}\lambda_i D_i(\boldsymbol{x})L(h_i(\boldsymbol{x}),f(\boldsymbol{x}))\\&=\sum_{i=1}^{k}\lambda_i\varepsilon_i\leqslant\varepsilon\end{aligned} \tag{8.4.3}$$

在本章提出的多源迁移方法中，依据基于分布加权的组合规则，结合多个源分类器的结果，并将其扩展至类别空间非完整的多源迁移学习中，对待测的高炉数据实现了含非共享类在内的故障识别。

8.4.2 极小极大熵的非完整多源迁移学习算法

在高炉运行过程中，某一时期内的生产数据通常难以完全覆盖所有的故障类

型，对待诊断的高炉数据而言，这些数据都属于类别空间非完整的源域数据。基于非完整多源迁移学习的故障诊断模型不仅需要对不同领域的数据进行域适应，同时也要考虑到非完整源域数据的类别迁移，这无疑是更具挑战性的迁移学习问题。

针对这一问题，本节提出 MME-IM 方法，其结构如图 8.4.1 所示。该方法对各源域分别建立两阶段特征提取以得到具有各自领域知识的特征表示，同时，为各个源域分别设立分类器，通过最大化无标签目标样本在分类器中的熵值实现知识迁移，依据熵值衡量各源域与目标域的相似程度并结合基于分布加权的组合规则对最终的分类结果进行约束，最小化训练数据在特征提取器中的熵值以获得低密度决策边界。此外，来自不同源域的数据可作为集成学习的基础，以提高模型在目标域中弱分类器的故障识别性能。

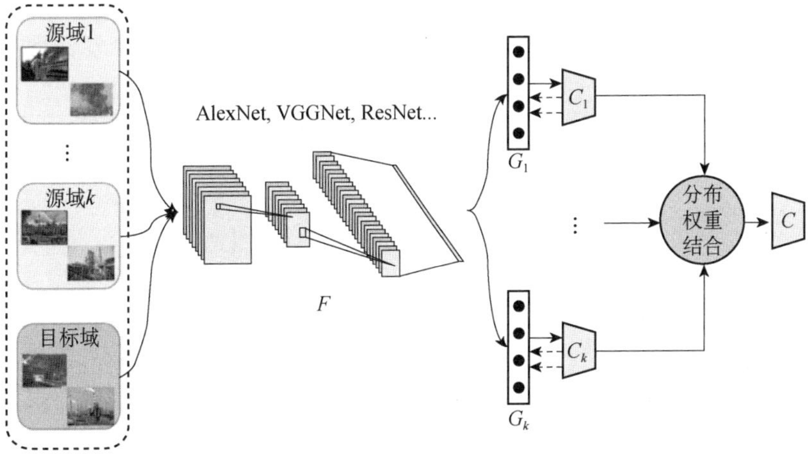

图 8.4.1　MME-IM 结构

1. 多路对抗域适应

为了提取各个领域的基础共享特征，模型通过 CNN 构建了特征提取器 F，将各源域的数据初步映射到公共空间中。实验采用了 AlexNet 的网络结构，也可以轻松扩展为其他 CNN。考虑到各个源域之间的分布差异，本节设置了两阶段特征提取器 G 以进一步提取含有各个领域知识的特征表示。为了获得最优映射，模型通过对抗训练的方式更新 F 与 G 的相关参数。

具体地，由于分类器的权重向量的方向通常可以表示相关类的归一化特征，因此权重向量可视为类的代表向量或中心。此外，无标签目标样本上的熵显示了估计的类别中心和目标特征之间的差异。为了估计域不变中心，模型通过增加无标签目标样本在分类器的熵值以实现知识迁移。同时降低训练样本在特征提取器的熵值，以便它们更好地围绕类别中心聚类以学习低密度决策边界。熵值的计算方法如下：

$$H(\boldsymbol{x})=-E_{x\sim\mathcal{X}}\left[\sum_{i=1}^{k}p\left(y=i|\boldsymbol{x}\right)\log\left(p\left(y=i|\boldsymbol{x}\right)\right)\right] \tag{8.4.4}$$

值得注意的是，其中，y 代表的是分类器的输出值，熵的计算并不需要获取样本的真实标签，则 MME-IM 的优化目标可以写为

$$\hat{\theta}_F,\hat{\theta}_G=\underset{\theta_F,\theta_G}{\operatorname{argmin}}\left(L_{ce}+\mu H\right),\quad \hat{\theta}_C=\underset{\theta_C}{\operatorname{argmin}}\left(L_{ce}-\mu H\right) \tag{8.4.5}$$

式中，θ_F、θ_G 和 θ_C 分别表示两阶段特征提取器 F 与 G 的参数及分类器的权重向量；L_{ce} 为分类器在训练样本上的分类损失；$\mu\in[0,1]$ 是超参数，以调节熵值和分类误差在模型训练过程中的影响。此外，极小极大熵方法有效性的相关证明在第 7 章中的理论分析部分有详细的解释，此处不再赘述。

MME-IM 对每个源域都分别设置了相应的分类器 C，来自第 j 个源域的数据 x_{sj} 只会经过 F 与 G_j 两阶段特征提取后进入分类器 C_j，而不会触发其他分类器工作，而来自目标域的数据 x_t 会触发所有分类器工作。各个分类器中的熵值除了依据极小极大熵原则更新特征提取器与分类器的参数，还会用于生成各个源域的可信度权重：

$$R_{sj}=-\log H_{sj}\left(G_j\left(F\left(\boldsymbol{x}_t\right)\right)\right)-\log\left(1-H_{sj}\left(G_j\left(F\left(\boldsymbol{x}_{sj}\right)\right)\right)\right)-L_{ce}^{j} \tag{8.4.6}$$

式中，L_{ce}^{j} 是分类器 C_j 在有标签训练样本上的分类损失。

特征提取器 F 所接收到的反向传播来自多个源域，为了避免彼此矛盾从而引发振荡，导致 F 无法得到有效的更新，实验依据 Liebing 最小因子定律，每完成一个 epoch 的训练，都选取可信度权重最低的源域，即 $j^*=\operatorname{argmin}_j R_{sj}$，随后对源域 j^* 依据最小熵更新特征提取器 F 的参数。

2. 目标域分类器构建

在 Mansour 等[21]提出的分布加权的组合规则中，将目标域的数据分布视为多个源域数据分布的加权组合，即 $D_T(x)=\sum_{i=1}^{k}\lambda_i D_i(x)$，其中，$\lambda_i$ 是未知的正数。在 MME-IM 中，模型依据各源域的类别空间分别设置相应的 Softmax 分类器，并依据分布加权规则，对各源分类器的输出值进行加权以得到最终的分类结果，即

$$C_\lambda\left(y|\boldsymbol{x}\right)=\sum_{i=1}^{k}\frac{\lambda_i D_i(\boldsymbol{x})}{D_T(\boldsymbol{x})}C_i\left(y|\boldsymbol{x}\right) \tag{8.4.7}$$

在极小极大熵的训练过程中，考虑到源域样本都带有标签值，属于有监督学习过程，经过预训练后，在分类器中的熵值与分类损失非常小，而目标域样本的熵和分类损失则相对较大。因此，模型可以利用熵值隐性实现域判别器的功能，当无标签的目标域样本 x_i 输入至 C_j 时，熵值 $H_{sj}\left(G_j\left(F\left(x_t\right)\right)\right)$ 越小，该源域与目标域的相似

程度越高，有 $\lambda_i D_i(\boldsymbol{x}) \to 1$ ，则其相应的源分类器可信度权重也应越大，即 $\lambda_i D_i(\boldsymbol{x}) \propto R_{sj}$ 。为了消除类别迁移的影响，仅类别空间中含有第 y 类故障数据的源域参加设置权重的过程，即

$$C_\lambda\left(y|\boldsymbol{x}\right) = \sum_{y\in\mathcal{Y}_{sj}} \frac{R_{sj}}{\sum_{j=1}^{N} R_{sj}} C_{sj}\left(y|\boldsymbol{x}\right) \tag{8.4.8}$$

为了提高目标域样本伪标签的正确率，实验设置了置信度阈值 γ，仅当 $C_\lambda\left(y|\boldsymbol{x}\right) \geqslant \gamma$ 时，将伪标签分配于目标域样本，并将其加入训练集，实验中将 γ 设置为 0.8。

MME-IM 算法流程如表 8.4.1 所示。

表 8.4.1　MME-IM 算法流程

输入：源域数据集 $\boldsymbol{X}_s = \left\{X_{sj}, Y_{sj}\right\}_j^N$ ，无标签目标域数据集 $\boldsymbol{X}_{tu} = x_t$ ，带伪标签的目标域数据集 $\boldsymbol{X}_{tl} = \varnothing$ ，有标签数据集 $\boldsymbol{X}_l = \boldsymbol{X}_s \cup \boldsymbol{X}_{tl}$ 。
输出：自适应分类器。
步骤 1：预训练：使用带标签源域数据 (x_s, y_s) 训练两阶段特征提取器 F 和 G 及各源分类器 C 直至收敛。
步骤 2：while 未无标签目标域数据 $\boldsymbol{X}_{tu} \neq \varnothing$ do。
步骤 3：输入一个 batch 的各源域数据与目标域数据。
步骤 4：计算 $\boldsymbol{X}_l$ 上的分类损失 L 及 $\boldsymbol{X}_{tu}$ 在分类器中的熵值 H 。
步骤 5：使用随机梯度下降法，依据极大熵更新分类器 s 的参数，依据极小熵更新第二阶段特征提取器 G 的参数。
步骤 6：计算各源域的可信度权重 R_{sj} ，并选择可信度权重最低的源域 j^*，$j^* = \operatorname{argmin}_j R_{sj}$ 。
步骤 7：对源域 j^* 依据最小熵更新特征提取器 F 的参数。
步骤 8：依据分布加权规则，结合各源分类器结果，当输出值 $C_\lambda\left(y|\boldsymbol{x}\right) = \sum_{y\in\mathcal{Y}_{sj}} \frac{R_{sj}}{\sum_{j=1}^{N} R_{sj}} C_{sj}\left(y|\boldsymbol{x}\right)$ 高于设定阈值 γ 时，将伪标签 $\hat{y}_t$ 分配给无标签目标域样本 $\boldsymbol{x}_t$ 。
步骤 9：从 $\boldsymbol{X}_{tu}$ 中删除 $\boldsymbol{x}_t$ ，并将 $(\boldsymbol{x}_t, \hat{y}_t)$ 添加到 $\boldsymbol{X}_{tl}$ 。
步骤 10：判断是否到达步骤 2 中的判断要求，若达到，则执行以下步骤；反之；则返回步骤 3。
步骤 11：输出自适应分类器。

8.4.3　案例分析

1. 高炉生产数据集

实验使用某炼铁厂的高炉生产数据进行验证，高炉生产数据主要包括 35 个主要观测变量。现场主要观测变量的观测频率为每 10s 一次，一个样本由 35 个连续时

刻的高炉数据组成的矩阵构成。实验数据包括 2017 年 10 月和 11 月及 2021 年 1 月、4 月与 12 月的生产数据，为了表述方便，将其分别标记为数据集 A、B、C、D 及 E。数据集 A 共有 2435 个样本，包括 632 个管道行程样本、412 个悬料样本和 1391 个正常样本；数据集 B 共有 2329 个样本，包括 923 个管道行程样本、118 个悬料样本及 1288 个正常样本；数据集 C 共有 2190 个样本，包括 703 个小套漏水的故障样本、421 个管道行程样本、1066 个正常样本；数据集 D 共有 2192 个样本，包括 690 个小套漏水的故障样本、528 个悬料样本及 974 个正常样本；数据集 E 共有 2506 个样本，包括 547 个小套漏水的故障样本、638 个管道行程样本、479 个悬料样本及 842 个正常样本。

为了更清楚地说明各数据集所涵盖的炉况类型，现将其列于表 8.4.2。从表中可以看出，各数据集的炉况类型多有不同，且单个数据集往往难以覆盖所有的炉况类型。这也符合高炉生产过程中经常面临的实际状况，如果要求用于迁移学习的某一段时期内的历史生产数据涵盖待测数据的所有故障类别，这显然不合理，与待测数据相比，其故障类别往往是非完整的。

表 8.4.2 各数据集的炉况类型

数据集	正常	管道行程	悬料	小套漏水
A	√	√	√	
B	√	√	√	
C	√	√		√
D	√		√	√
E	√	√	√	√

2. 实验与结果分析

为了验证本节提出方法的有效性，本节进行多个迁移故障诊断实验。为了说明多源迁移学习相较于单源迁移学习方法的优劣，将多个源域进行混合作为新的单源数据集，应用 DDC、DAN、DAAN 三类单源迁移学习方法，并对目标域中的共享类进行故障识别。此外，为了探究不同的源域选择对多源迁移效果的影响，本节设计选取不同源域组合下的非完整多源故障诊断实验，除了深度鸡尾酒网络（deep cocktail network，DCTN），还构建采用多分类器投票机制的集成多源迁移方法（multi-source transfer learning，MSTL）与 MME-IM 进行对比。

在每个实验中，各方法共享特征提取层的网络结构，其具体参数见表 8.4.3，仅在分类器构建与模型更新机制有所不同，训练数据集包括来自源域的所有有标签样本和来自目标域的一半无标签样本，目标域的另一半样本则用于测试。每个实验均重复 10 次，并取其平均值，现将各方法的非完整多源迁移故障诊断实验结果列于表 8.4.4。

表 8.4.3　共享特征层网络结果

标记	作用	核
		尺寸/步长/填充/通道
Input	输入样本	35×35
Conv1	卷积	11×11 / 2 / 2 / 64
Pool1	池化	3×3 / 2
Conv2	卷积	5×5 / 1 / 2 / 192
Pool2	池化	3×3 / 2
Conv3	卷积	3×3 / 1 / 1 / 384
Conv4	卷积	3×3 / 1 / 1 / 256
Conv5	卷积	3×3 / 1 / 1 / 64
Pool3	池化	2×2 / 1
Fc1	全连接	/

表 8.4.4　非完整多源迁移故障诊断实验结果

实验	混合单源			多源组合		
	DDC	DAN	DAAN	MSTL	DCTN	MME-IM
$A \to B$	0.517	0.674	**0.874**	0.658	0.751	0.788
$E \to B$	0.316	0.304	**0.635**	0.527	0.587	0.564
A，$E \to B$	0.286	0.321	0.473	0.594	0.702	**0.725**
A，C，$E \to B$	0.302	0.267	0.508	0.629	**0.839**	0.826
C，$D \to E$	0.417	0.539	0.615	0.723	0.815	**0.821**
B，$C \to E$	0.392	0.375	0.481	0.564	0.683	**0.702**
A，$C \to E$	0.408	0.427	0.522	0.579	**0.717**	0.683
A，$D \to E$	0.501	0.492	0.627	0.733	0.685	**0.874**
A，C，$D \to E$	0.430	0.489	0.596	0.688	0.739	**0.768**
B，C，$D \to E$	0.379	0.451	0.528	0.593	0.706	**0.727**
A，B，C，$D \to E$	0.405	0.436	0.451	0.517	0.784	**0.815**

从混合单源的实验结果中可以看出，将多个源域混合形成新源域后，并没有明显地提升故障诊断精度，甚至在部分实验中造成了一定的性能损失，如混合单源实验中，相较于实验 $A \to B$ 与 $E \to B$，DDC、DAN 与 DAAN 在实验 $A, E \to B$ 中的故障诊断精度并未获得提升，反而有所下降。这进一步说明了多个源域不仅与目标域存在一定的差异，且彼此之间的领域知识也并不相同，直接将多个源域混合进行知识迁移并不是处理多源迁移学习的有效方法。而在多源组合实验中，多源迁移学习方法在单源迁移中并没有表现出突出的性能，如在实验 $A \to B$ 中，DAAN 取得了最好的效果，但是当源域增加后，在 $A, E \to B$，和 $A, C, E \to B$ 等多个实验中，MSTL、DCTN 及 MME-IM 都表现出了更好的故障识别能力。

同时，领域之间的差异大小会很大程度上影响迁移学习的效果，实验 $E \to B$ 与 $A \to B$ 相比较，故障诊断精度有明显的下降。为了验证领域差异对多源迁移学习的影响，设计了 $C, D \to E$、$B, C \to E$ 与 $A, C \to E$ 三个实验，将源域 C 保持不变，分别将其与源域 A、B、D 相组合进行实验，其实验结果证明了在多源迁移中，源域的选择对避免负迁移、提升模型性能仍有重要的意义。此外，有趣的是随着源域的进一步增加，在实验 $A, C, D \to E$、$B, C, D \to E$ 及 $A, B, C, D \to E$ 中，DCTN 与 MME-IM 都有一定程度上的性能提升，而没有加权机制的一般集成多源迁移方法 MSTL 则并没有表现出这一点。考虑造成性能上升的原因可能在于随着训练数据量的增加，领域知识也随之得到了丰富，这在一定程度上提升了模型的故障识别能力。同时，源域的增加使得各分类器的权重相对降低，对于 MSTL 而言，平均权重下的集成投票机制不利于模型得到最可靠的诊断结果，而 DCTN 与本节提出方法通过领域相似度对各源域的分类器进行了加权，使得在各分类器权重稀释的情况下，与目标域相近的源域仍然对最终的分类结果有较大的影响。

在多个实验结果中，MME-IM 相较于 DCTN 都有一定程度上的进步，这证明了本节提出的方法不仅可以隐性地实现域判别功能，而且通过增设两阶段特征提取器，MME-IM 可以在共享特征的基础上进一步提取出各源域的领域知识，这有助于形成源域之间的信息互补，从而提高模型的故障诊断性能。为了更直接地展示各类方法的知识迁移效果，在实验 $A, C, D \to E$ 中，各方法提取的特征通过 t-SNE 在图 8.4.2 进行了直观展示，其分类结果的混淆矩阵热力图见图 8.4.3。

从分类结果可以看出，在各类故障的识别中，本节提出的方法都表现出一定的性能提升，除了两阶段特征提取器有助于提取出更多领域知识以外，多源迁移中经过加权后的集成学习策略与协同训练一样，都可以提高伪标签的正确率，减小知识迁移中的理想联合泛化误差，从而使模型在故障诊断中表现出更好的性能。

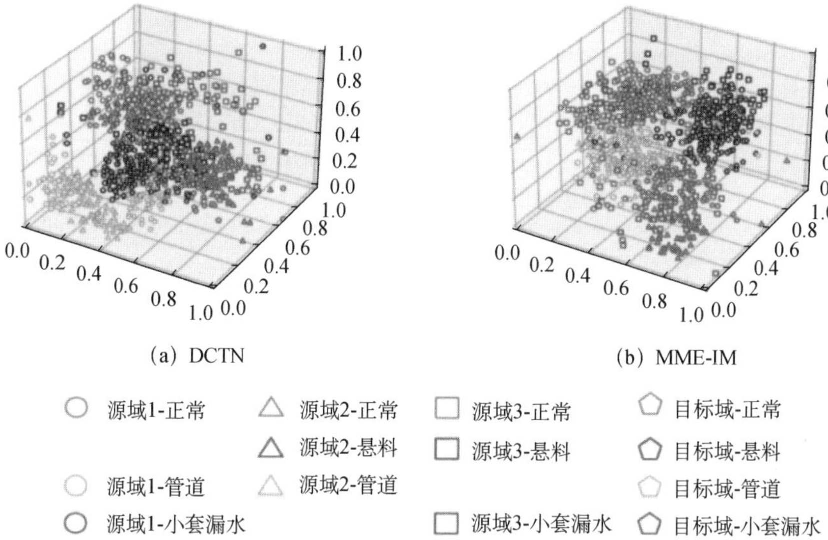

(a) DCTN (b) MME-IM

图 8.4.2 提取多源特征示意图（见彩图）

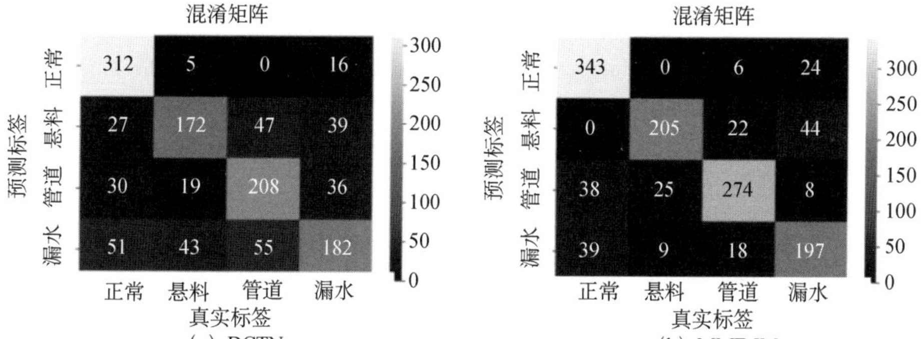

(a) DCTN (b) MME-IM

图 8.4.3 实验 *A*，*C*，*D*→*E* 分类结果

参 考 文 献

[1] Pan S J, Yang Q. A survey on transfer learning[J]. IEEE Transactions on Knowledge and Data Engineering, 2009, 22(10): 1345-1359.

[2] Zhao Z, Chen Y, Liu J, et al. Cross-people mobile-phone based activity recognition[C]. 22nd International Joint Conference on Artificial Intelligence, Barcelona, 2011: 2545-2550.

[3] Deng W Y, Zheng Q H, Wang Z M. Cross-person activity recognition using reduced kernel extreme learning machine[J]. Neural Networks, 2014, 53: 1-7.

[4] Davis J, Domingos P. Deep transfer via second-order markov logic[C]. Proceedings of the 26th Annual International Conference on Machine Learning, 2009: 217-224.

[5] Mihalkova L, Huynh T, Mooney R J. Mapping and revising Markov logic networks for transfer learning[C]. Proceedings of AAAI, Vancouver, 2007: 608-614.
[6] Mihalkova L, Mooney R J. Transfer learning by mapping with minimal target data[C]. Proceedings of the AAAI-08 Workshop on Transfer Learning for Complex Tasks, Chicago, 2008.
[7] Dai W Y, Qiang Y, Xue G R, et al. Boosting for transfer learning[C]. Proceedings of the 24th international conference on Machine learning, 2007: 193-200.
[8] Huang J, Gretton A, Borgwardt K, et al. Correcting sample selection bias by unlabeled data[C]. Proceedings of the Neural Information Processing Systems, Vancouver, 2006.
[9] Gao D L, Zhu X, Yang C J, et al. Deep weighted joint distribution adaption network for fault diagnosis of blast furnace ironmaking process[J]. Computers and Chemical Engineering, 2022, 162: 107797.
[10] Gao D L, Yang C J, Yang B, et al. Minimax entropy-based co-training for fault diagnosis of blast furnace[J]. Chinese Journal of Chemical Engineering, 2023, 59: 231-239.
[11] Tzeng E, Hoffman J, Zhang N, et al. Deep domain confusion: Maximizing for domain invariance[J]. arXiv: 1412.3474, 2014.
[12] Yosinski J, Clune J, Bengio Y, et al. How transferable are features in deep neural networks? [C]. Proceedings of the Neural Information Processing Systems, Montreal, 2014.
[13] Long M, Cao Y, Wang J, et al. Learning transferable features with deep adaptation networks[C]. Proceedings of the International Conference on Machine Learning, Lille, 2015: 97-105.
[14] Gretton A, Sejdinovic D, Strathmann H, et al. Optimal kernel choice for large-scale two-sample tests [J]. Proceedings of the Neural Information Processing Systems, Lake Tahoe, 2012.
[15] Yu C, Wang J, Chen Y, et al. Transfer learning with dynamic adversarial adaptation network[C]. IEEE International Conference on Data Mining, Beijing, 2019: 778-786.
[16] Vapnik V. The Nature of Statistical Learning Theory[M]. Berlin: Springer Science and Business Media, 1999.
[17] Valiant L G. A theory of the learnable[J]. Communications of the ACM, 1984, 27(11): 1134-1142.
[18] Blitzer J, Crammer K, Kulesza A, et al. Learning bounds for domain adaptation[C]. Proceedings of the Neural Information Processing Systems, Vancouver, 2007.
[19] Ben-David S, Blitzer J, Crammer K, et al. A theory of learning from different domains[J]. Machine Learning, 2010, 79(1): 151-175.
[20] Saito K, Kim D, Sclaroff S, et al. Semi-supervised domain adaptation via minimax entropy[C]. Proceedings of the IEEE/CVF International Conference on Computer Vision, Seoul, 2019.
[21] Mansour Y, Mohri M, Rostamizadeh A. Domain adaptation with multiple sources[C]. Proceedings of the Neural Information Processing Systems, Vancouver, 2008.

第 9 章　基于工业互联网的高炉炼铁过程故障检测与诊断应用

前面章节针对高炉故障数据特点给出一系列故障检测与诊断方法。本章在大型炼铁系统工业互联网的基础上，给出一种流程化算法部署的应用框架，包括数据库建设、算法的调用运行部署、前端展示等一整套算法部署的步骤，最后集成为APP，并作为高炉操作员的参考。以高炉故障检测与诊断算法为例，在某钢铁厂数据中心进行了部署，并实现了在线应用，证明了本章所提算法部署框架的有效性。

9.1　工业互联网平台架构

工业互联网是将传统工业生产与互联网技术相结合，实现设备、工厂和供应链之间数据共享、分析和优化的一种新型技术体系。相较于传统的工业软件系统，工业互联网实现了从物理实体层到应用层的一体化设计，实现了制造链、供应链、销售链及管理链等多方面的同步，从而有效降低产品的生产与管理成本，加快产品的更新换代。同时，通过工业互联网平台，操作人员可以对各类生产设备进行实时的故障检测、诊断及远程维护等操作。如图 9.1.1 所示，工业互联网平台架构主要包括边缘层、基础设施即服务（infrastructure as a service，IaaS）层、平台即服务（platform as a service，PaaS）层与软件即服务（software as a service，SaaS）层[1]。

工业互联网的边缘层也称为边缘计算节点，为了实现对生产过程的全面覆盖，通常采用分布部署的方式以保证边缘计算节点的稳定，这些节点通常位于工厂生产线上的设备、机器人、传感器等物理设备附近，可以进行数据采集、实时处理、控制指令下发的操作，从而实现工业互联网的实时性、稳定性及可靠性。在工业互联网边缘层中，常见的设备包括传感器、工控计算机、智能终端等。为了实现设备与云端的稳定连接，边缘层还具有一定的通信能力，如传统的现场总线、以太网及近年的 4G、5G 通信技术，与这些通信技术的结合保证了生产信息的快速收集与汇总。此外，边缘层一般会兼容多种通信协议，如 Modbus、TCP、Profinet、UDP、CAN 等，这使得来自多传感器的多源异构数据可以在边缘层中完成协议转换与本地解析的过程。在进一步的数据处理中，边缘层的并行计算、边缘分析等技术也可以有效地支持数据清洗、数据集成及数据变换的数据预处理过程，可以为后续的智能算法模型提供较高质量的工业生产数据。

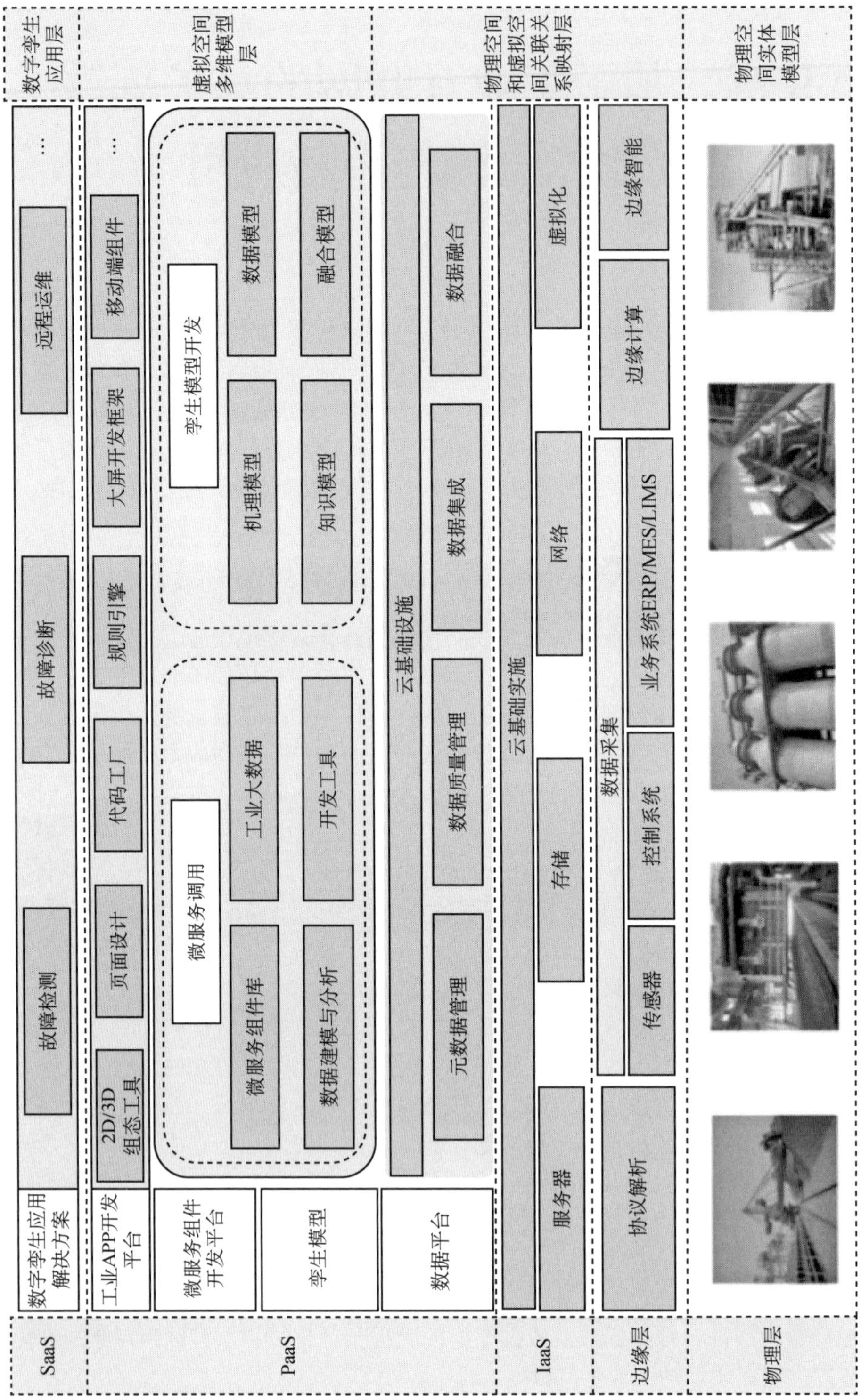

图9.1.1 大型炼铁系统工业互联网平台架构

IaaS 层主要指工业互联网的基础设施服务，主要包括服务器、存储、网络与虚拟化服务等。其中，存储服务主要指通过云存储服务将海量工业数据存储在云端为企业的智能化、数字化转型提供支撑；网络服务除了工业应用之间的数据传输，也包括网络防护保证数据安全可靠；虚拟化服务通过应用程序的隔离与资源分配使计算资源得以实现利用率的最大化。

PaaS 层是工业互联网的平台应用层，也是工业互联网中的关键层。首先，PaaS 层可以为各类工业生产数据提供数据管理，尤其与工业数据建模分析及工业大数据等技术结合之后，可以实现对海量数据的信息挖掘。其次，PaaS 层通常可以兼容多种开发语言与框架，并提供多种接口，为机理模型、知识模型、数据模型及融合模型等多种数字孪生模型的开发与应用提供平台服务。最后，在工业应用的部署与管理方面，PaaS 层将各类智能算法模型进行封装，形成具有低代码、高复用、易迁移优势的微服务组件，减少了大量的无效重复开发时间。

此外，出于方便实际应用的考虑，通过工业 APP 开发平台形成可以“拖拉拽”进行个性化定制的工业应用服务，而最后的 SaaS 层为软件服务层，可为企业提供使用者所关心的各类工业应用的解决方案。它负责与使用者及开发者进行直接的交互，将各类模型算法与工业知识以软件接口的形式完成应用服务，也是平台创新价值的直观体现。总体来说，工业互联网以其在资源整合、供需配比与技术创新等多个方面的优势逐渐成为各类工业生产过程的创新应用方向。对高炉炼铁过程而言，其涵盖范围包括铁水质量预测与优化、工艺参数优化与故障诊断等多个方面，本章主要介绍故障检测与诊断。

9.2　工业互联网平台搭建

9.2.1　容器化技术

为了实现计算资源的共享，业内广泛使用了虚拟化技术来支撑工业互联网的构建过程。在容器化技术之前，虚拟机是进行虚拟化服务的主要方式，需要对硬件与整个操作系统进行虚拟，并在其中安装和运行软件。虚拟机技术可以在一台物理实体机上构建多台相互独立的虚拟机，实现了物理机资源之间的隔离。在虚拟机部署应用服务时，即便这个服务本身所需的计算资源很小，也还是需要对虚拟机进行硬件划分并安装整套操作系统，这造成了较大的资源浪费，也使得包含整个操作系统原生镜像的虚拟机十分庞大。如图 9.2.1 所示，相较于虚拟机技术，容器化技术只需要安装应用服务所需要的核心环境，非常小巧，且同时各容器有属于自己的文件系统，可以保证各个服务之间的完全隔离，有效地避免了应用彼此间的环境冲突。由于 Docker 不需要对硬件资源进行虚拟化，也不必安装整个操作系统，而是直接利用宿主机的操作系统实现对硬件资源的访问，这使得 Docker 的效率有明显的优势，创建一个 Docker 容器仅需要几秒钟，而创建一个虚拟机所花费的时间是分钟级的。在应用服务的部署与交付方面，Docker 拥有打包镜像发布测试一键运行的能力，并且具有系统运维简便、开发与测试的环境高度一致等优点。为了进一步说明 Docker 的轻便高效，将容器化技术与虚拟机技术的性能对比列于表 9.2.1[2]。

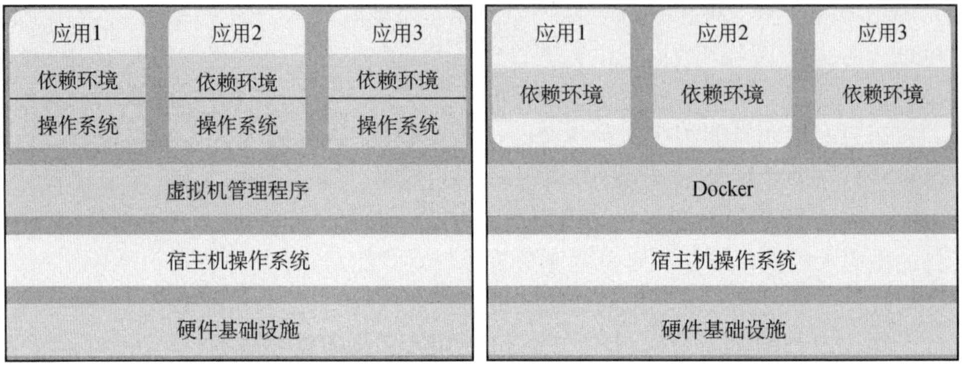

(a) 虚拟机技术　　(b) 容器化技术

图 9.2.1　容器同虚拟机技术对比图

表 9.2.1　容器化技术与虚拟机技术的性能对比

属性	虚拟机	容器化
启动速度	分钟级	秒级
硬盘使用	GB 级	MB 级
性能	较低	接近原生
普通机器支撑量	几个	数百个
隔离	进程级隔离	完全隔离

在本章所搭建的工业互联网中，对这两种技术进行了结合应用，首先采用 VMware 实现了对服务器资源的初步划分，以创建的多个虚拟机为集群的负载节点，并在虚拟机的基础上部署了 Docker 容器，各类工业服务实际是在各个彼此隔离的 Docker 内实现独立运行的。

9.2.2　容器编排

随着业务量的增加，系统复杂度与日俱增，容器编排就是对已经部署的诸多容器进行管理，协调资源，其方法主要包括 Docker Swarm、Kubernetes 和 Mesos+Marathon。其中，Kubernetes 简称为 k8s，借助 k8s 可以实现对容器的调度、扩展及长期的持续管理。具体地，k8s 为使用者提供负载均衡、存储挂载、自动部署、修复及回滚等功能。当流量增大对负载节点形成冲击时，k8s 可以对流量进行均衡分配，使容器稳定。存储挂载功能允许将数据存储在本地或者云端以供容器调用。自动部署与修复回滚等功能使容器管理与资源释放更为便捷。

相较于其他的容器编排方式，k8s 在可扩展性、社区生态及革新发展三方面具有明显的优势。除了其内置资源 Pod、Deployment、StatefulSets 等，开发人员也可以添加自定义资源，并允许使用者通过应用程序编程接口（application programming interface， API）对自定义资源进行管理。同时，k8s 是一项开源技术，累积了许多研究人员的发展与实践经验，在 k8s 中的不同领域，都有各类社区讨论并添加新功能，使得用户界面更加友好。此外，k8s 平均每年都有 3～4 个新版本的更新发布，这也使得它在各种运行负载下都表现出了相当好的灵活性。鉴于这些优点，本节采用了 k8s 进行容器编排的相关工作。

9.2.3 集群管理

在实际的工业互联网应用过程中，由于多地建厂、生产过程多分段及多条生产线，往往会形成多个 k8s 集群，而集群管理是指用于部署和管理 k8s 集群的完整方案。本节构建的工业互联网对华南某大型炼铁厂的多条生产线分别建立集群，也采用了 Rancher 进行集群管理的相关工作。

Rancher 是开源集群管理程序，它不仅可以极大地简化 k8s 的使用流程，还可以通过角色的访问控制，对集群的运行状态进行故障检测与快速定位。图 9.2.2～图 9.2.4 为对集群节点、资源使用率及 Rancher 服务状态进行监测。

图 9.2.2 集群节点监测

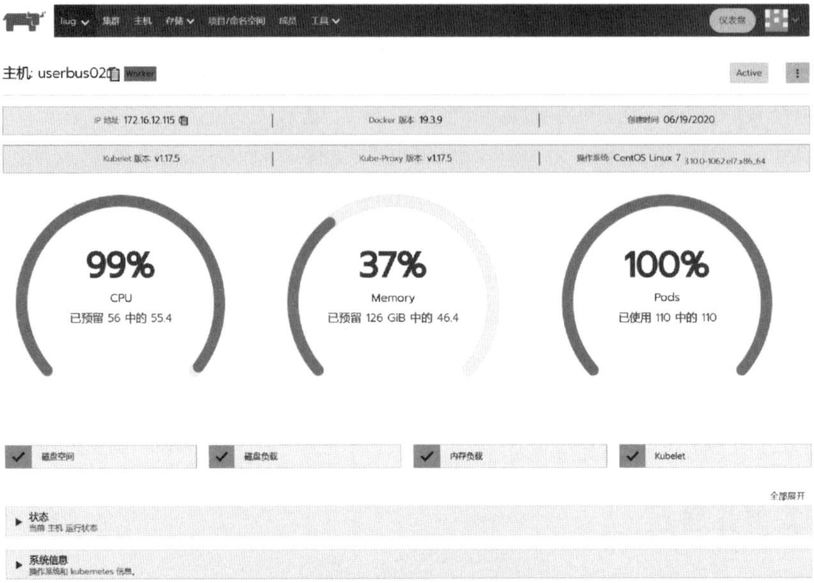

图9.2.3 资源使用率监测

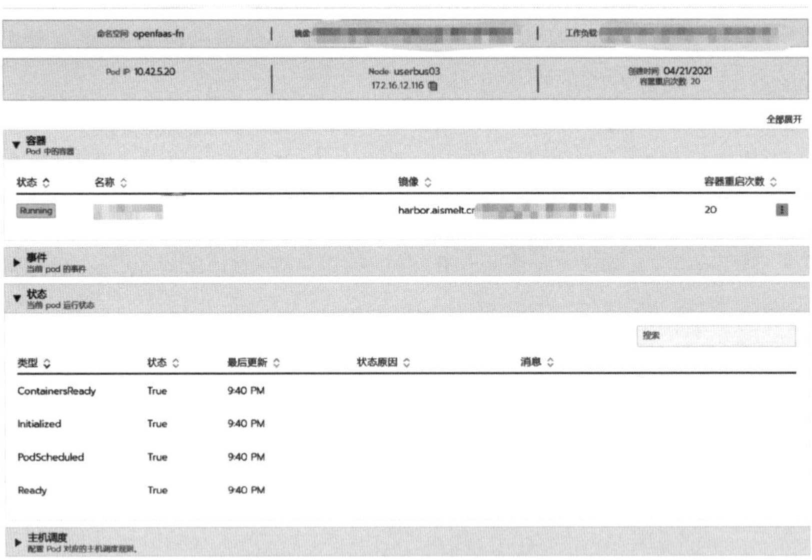

图9.2.4 Rancher服务状态监测

综上所述，本章通过虚拟化软件构建了服务器集群，并采用分布式、微服务化、容器化等方式进行设计和规划。Docker 将各类工业服务容器化，实现计算资源的隔离与各服务的独立运行；Kubernetes 是容器编排工具，负责整个容器集群的管理和调度；Rancher 是集群管理工具，可管理多个 Kubernetes 集群。最后，基于高炉炼铁过程工业互联网平台对数字孪生系统下的在线故障检测与诊断进行了探索。

9.3　数字孪生体构建

如图 9.3.1 所示，高炉炼铁流程的数字孪生系统主要包括实体模型层、多维模型层、关联关系映射层与数字孪生应用层四部分。实体模型层是高炉炼铁过程中各类实体设备的集合，也是实际生产数据的来源。它需要通过分布式传感器、协议转换与数据通信对收集到的海量异构数据进行标准化，为各类模型构建提供数据支撑。同时，模型的修正与更新也需要和实体模型层进行交互反馈以保证在线运行模型的性能。此外，实体模型层也是实际的决策执行层，需要依照模型层的预测仿真结果进行生产活动[3-5]。

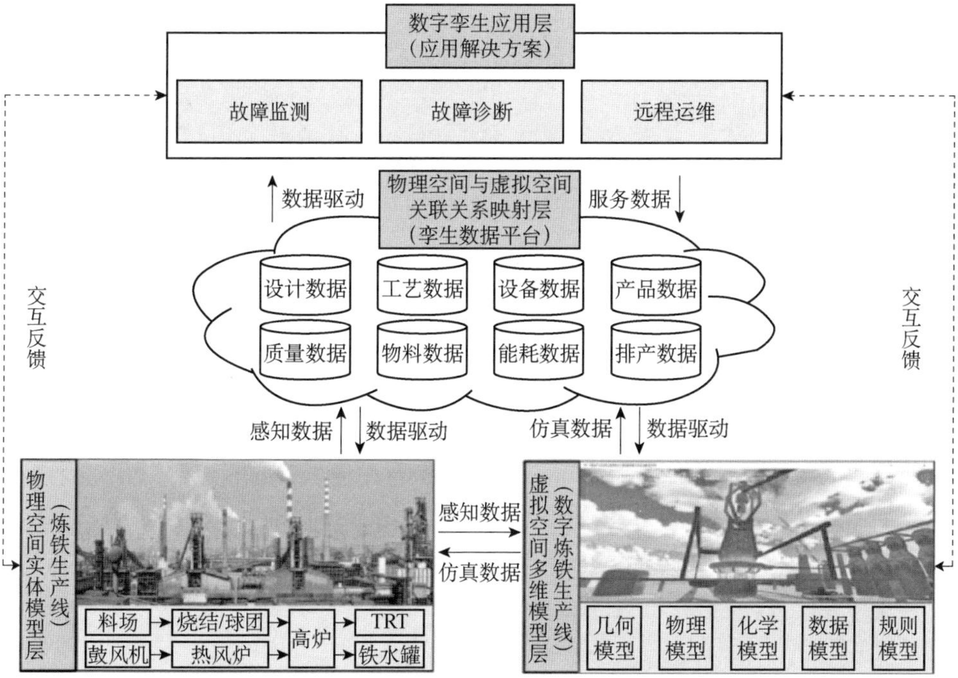

图 9.3.1　高炉炼铁流程数字孪生系统架构

多维模型层是各类模型的统称，依照数字孪生五维模型理论，从几何、物理、化学、数据及规则五个层面构建数字孪生模型[6]。几何模型主要是对生产设备的几何结构、空间运动及其关联属性进行虚拟化，并结合 3D 技术实现模型的重建，在获取物理实体几何属性方面，常用的方法包括 CAD 制图测绘技术、CCD 成像技术等，而 3D 重建技术主要有 3ds Max、Maya、Solidworks、Unity 等。本章采用 Unity 引擎对高炉炼铁过程进行了 3D 重建，其效果如图 9.3.2 所示。

物理模型主要对设备的流场、热力场等信息进行描述，通常可以采用质量守恒定律、传热模型等方式建立数学模型，其他常见方法还包括通过 ANSYS、ADINA

等有限元分析软件进行仿真实现。化学模型则主要是对系统中的反应限度、速率及传递等过程进行表征。通常会根据已有的机理知识，建立基反应、分子反应等相关模型，或通过实验数据拟合形成经验模型。但由于高炉内部的物化反应极端复杂，除了部分机理知识相对明确的生产流程，所构建的物理化学模型多数作为模型可行性分析与操作可行域的理论支撑。

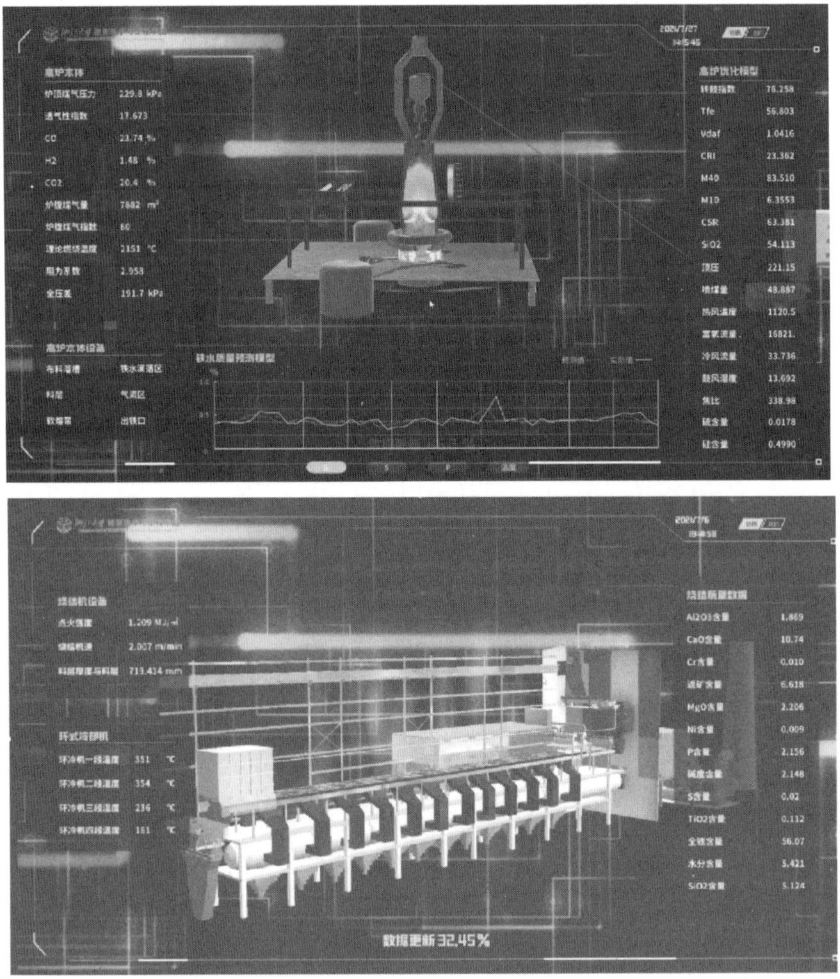

图9.3.2 几何模型的3D重构

数据模型则是指那些以数据驱动方法建立的模型，在生产过程复杂、机理知识不完备的流程工业中，孪生体的构建往往与数据科学及人工智能紧密结合。在实际应用中，各类统计学方法与机器学习已经在这一领域中得到了广泛的发展，众多数据模型如 PCA、独立成分分析（independent component analysis，ICA）、PLS 及 SVM 等，已经在工业的智能化转型中表现出极强的建模能力。相较于数据模型，规则模型更偏向于基于知识建模，通常包括因果推演、专家系统及实际生产过程中形成的经验与标准等。此外，从数据模型中进行知识挖掘，形成新的规则也是现在的研究热点，同时，规则模型也为数据模型提供了更多的可解释性，二者相互促进为模型的自学习进化提供了基础。

关联关系映射层主要负责对实体模型层的感知数据与多维模型层的仿真数据进行数据融合，对各层提供数据驱动，同时，在虚拟空间中进行仿真，对解决方案进行优化调整，及时接收数字孪生应用层的服务数据，并下达至实体模型层，并对实体设备的运行状态进行检测以便对运行数据进行及时的反馈，实现模型的不断优化。总的来说，映射层是其他各层数据及映射关系的集成体，并在交互反馈的基础上，保证系统的物理空间与虚拟空间保持同步与持续更新。

数字孪生应用层是各类服务功能的集合。对高炉炼铁过程而言，其具体包括工艺参数的设计与优化、关键元素的感知与预测、生产过程的建模与控制等多个方面，是对生产过程所面临问题提出的整体解决方案。本章以其中的故障检测、故障诊断等相关内容为主要的介绍对象。在孪生体的实际应用中，应用层需要根据多维模型层与实体模型层的反馈，不断地对解决方案进行调整优化，实现生产过程管理的智能化，减少管理成本与资源成本，实现生产效率的提高。

9.4　基于工业互联网的高炉炼铁过程故障检测与诊断

9.4.1　孪生数据驱动的故障检测与诊断

在高炉的生产过程中，由于其物化反应极其复杂，难以形成精准完备的机理模型，而原矿石品位波动与多工况等特点导致高炉生产数据的概率分布漂移明显，此外，对炉况的人为调整使得有标签的故障样本较为稀少，难以满足许多现有方法的数据要求。随着数字孪生技术的发展，在孪生体对物理实体的深度复刻基础上，越来越多的孪生数据可以为故障诊断技术的相关研究提供数据支持。同时，借助数字孪生体的数据链路，各类智能算法模型通过与现场运行数据的交互反馈可以实现模型的在线更新，保证其性能随设备运行不断优化，为实现安全高效生产保驾护航。本节在已有的研究基础上，给出一种孪生数据驱动的高炉故障诊断方法。

孪生数据驱动的故障诊断流程图如图 9.4.1 所示，主要包括孪生数据、多模型决策、孪生体验证与运行状态检测四部分。其中，孪生数据包括实体设备的实时数据、历史数据及虚拟空间内的仿真数据。孪生数据驱动的故障诊断通过分布式部署的多传感器，对高炉生产中的温度、压力、流量等关键参数进行实时感知，并通过本地数据库与云端存储保存各类故障的历史数据，构建高炉生产的故障数据集，对小样本数据进行扩增；仿真数据是由虚拟空间中的孪生体运行产生的，经反馈同步后存入孪生数据中。

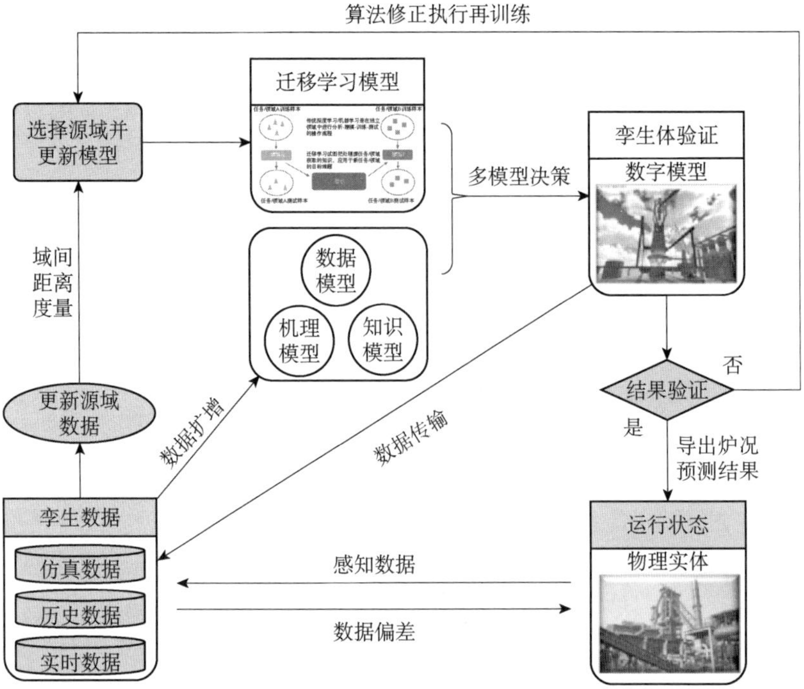

图 9.4.1 孪生数据驱动的故障诊断流程图

随着实体设备与孪生体的同步运行，孪生数据的不断积累为各类模型提供数据驱动。对传统的机理、知识及数据模型而言，孪生数据提供的数据扩增使得其模型的精度与所归纳知识的完备性都有一定的提升。此外，可以基于数字孪生体对迁移学习所需的源域数据进行周期性更新，并依据域间距离度量结果，对孪生数据中的海量数据进行源域选择并训练故障诊断模型以尽可能地避免负迁移的发生。

考虑到高炉生产处于高温高压的极端条件下，采用不当操作将极大地阻碍高效生产，甚至会引发严重事故，因此，在多模型决策中，本节采用集成学习的方式对多种模型的炉况识别结果进行加权得到输出值，并需要预先在孪生体的独立运行模式中进行验证，然后再通过孪生体与物理实体的同步运行机制，将输出值导出作为预测结果以指导现场生产，若炉况识别错误，则返回至模型的训练节点，对算法进行修正并执行再训练过程。同时，将各模型在历史数据上的平均炉况识别正确率作为权重返回至多模型决策，形成闭环的模型自学习优化。

9.4.2 应用实例

在完成工业互联网平台与数字孪生体构建后，可以利用微服务组件将前面的各类高炉故障检测与诊断算法封装为工业 APP，并在高炉生产现场进行实验验证。如图 9.4.2～图 9.4.5 所示，在应用页面中，上方的折线图是对当前高炉主要观测变量变化趋势的实时展示，下方的红色曲线为故障检测的上限阈值。绿色曲线为当前的得分指标。当绿色曲线超过红色曲线的阈值时，代表检测到故障情况，否则，为正常运行。下方的运行状况代表模型对当前高炉炉况的识别结果，故障类型会在运行失常时给出具体的故障类型，如悬料与管道行程等。

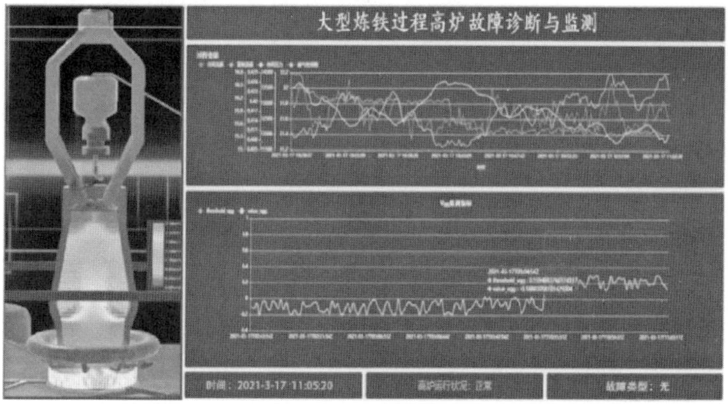

图 9.4.2　工业互联网平台的故障诊断 APP（见彩图）

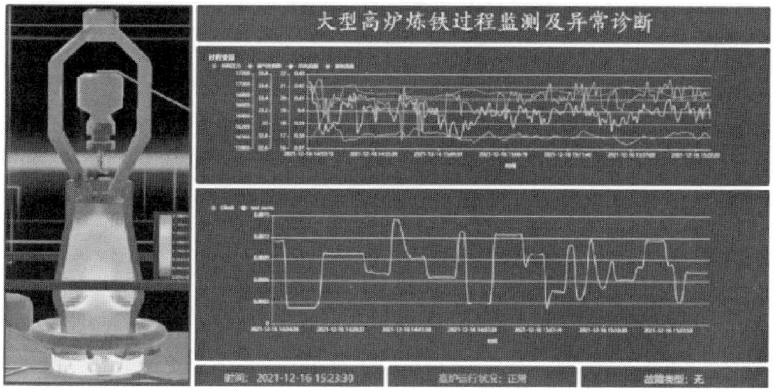

图 9.4.3　工业互联网平台的多源迁移故障诊断 APP（见彩图）

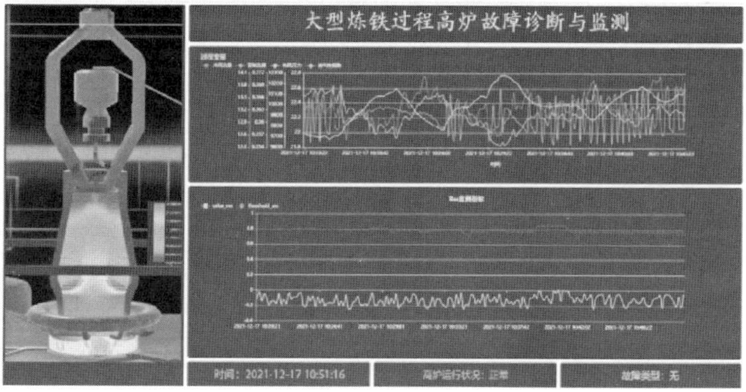

图 9.4.4　基于工业互联网的故障诊断 APP 应用图（见彩图）

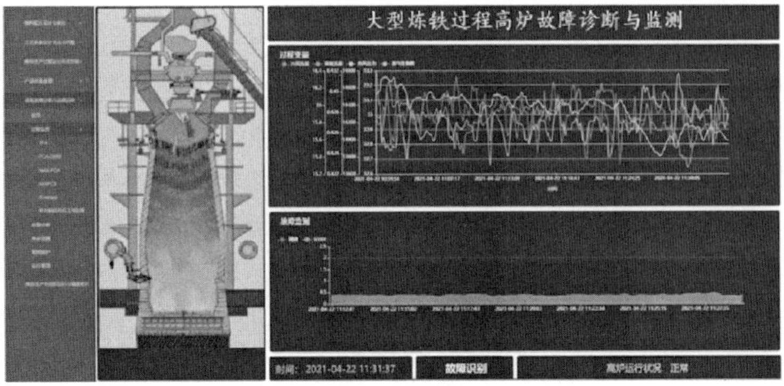

图 9.4.5　高炉故障检测可视化（见彩图）

最后，高炉故障诊断方法通过整套框架在某钢铁厂数据中心进行了部署，并实现了在线应用，前端页面作为操作人员的参考信息，提供了关键的过程变量曲线及故障检测的结果。运行的结果证明了算法部署框架的可行性和有效性。

参 考 文 献

[1] 张瀚文，杨春节，李俊方，等. 基于工业互联网平台的炼铁生产线数字孪生系统[C]. 第 32 届中国过程控制会议，太原，2021.

[2] Bernstein D. Containers and cloud: From LXC to Docker to Kubernetes[J]. IEEE Cloud Computing, 2014, 1(3): 81-84.

[3] 陶飞，刘蔚然，刘检华，等. 数字孪生及其应用探索[J]. 计算机集成制造系统，2018，24(1): 18.

[4] 陶飞，马昕，胡天亮，等. 数字孪生标准体系[J]. 计算机集成制造系统，2019，25(10): 14.

[5] Zhang D, Gao X. A digital twin dosing system for iron reverse flotation[J]. Journal of Manufacturing Systems, 2022, 63: 238-249.

[6] Negri E, Fumagalli L, Macchi M. A review of the roles of digital twin in CPS-based production systems[J]. Procedia Manufacturing, 2017, 11: 939-948.

彩　　图

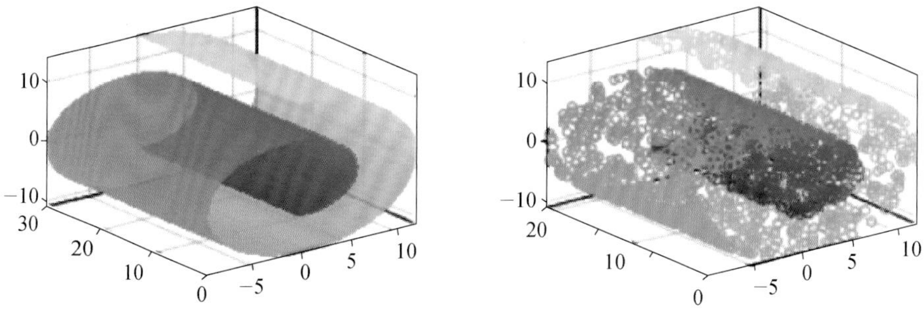

(a) 原始瑞士卷数据及形状

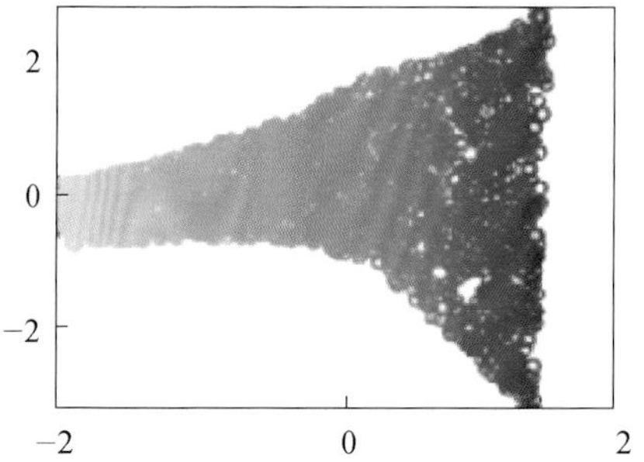

(b) LLE的二维流形特征投影

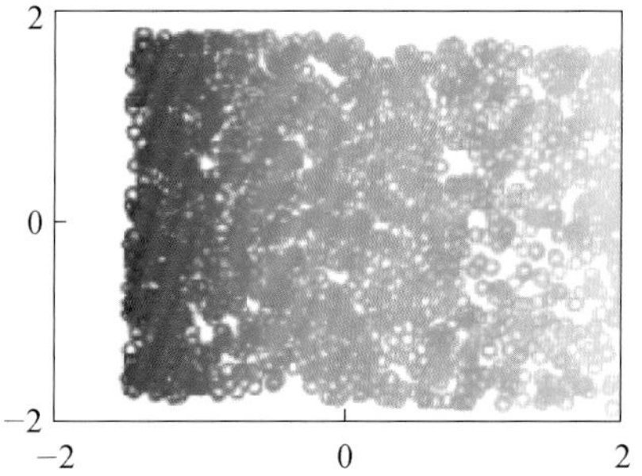

(c) HE的二维流形特征投影

图 3.4.2　投影结果

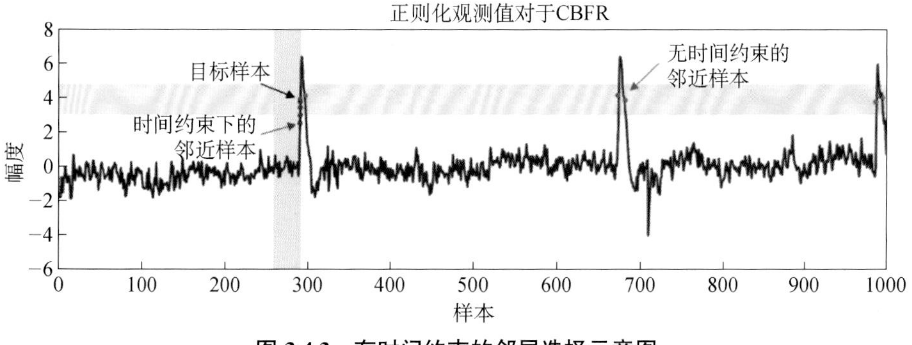

图 3.4.3　有时间约束的邻居选择示意图

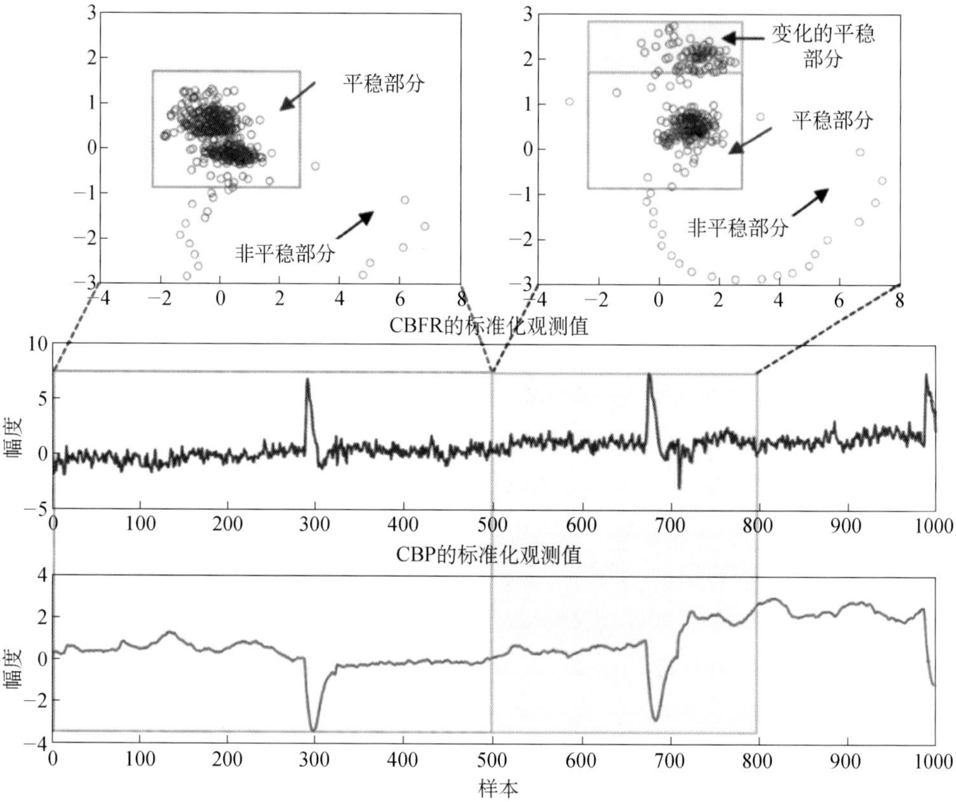

图 3.4.4　高炉炼铁过程变量的时变非平稳性特征图解

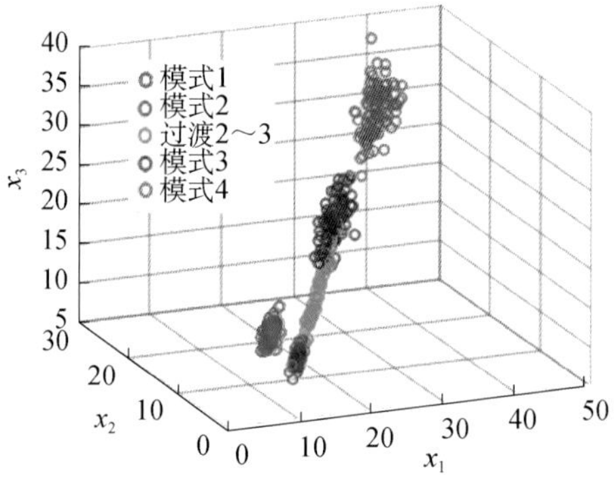

图 5.3.3　五种模式的散点图

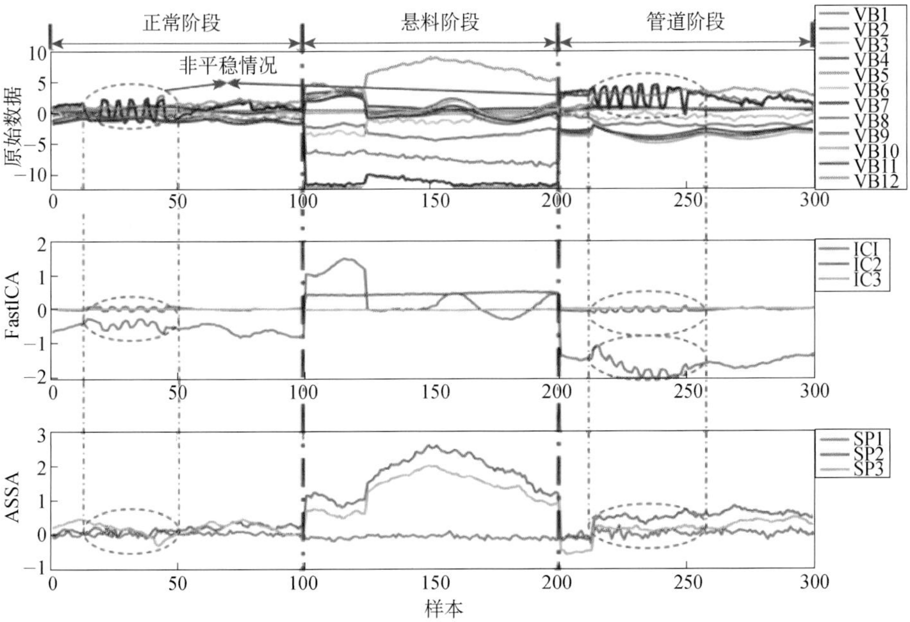

图6.2.2　在线应用阶段，原始样本、FastICA 的 3 个独立成分和 ASSA 的 3 个平稳投影

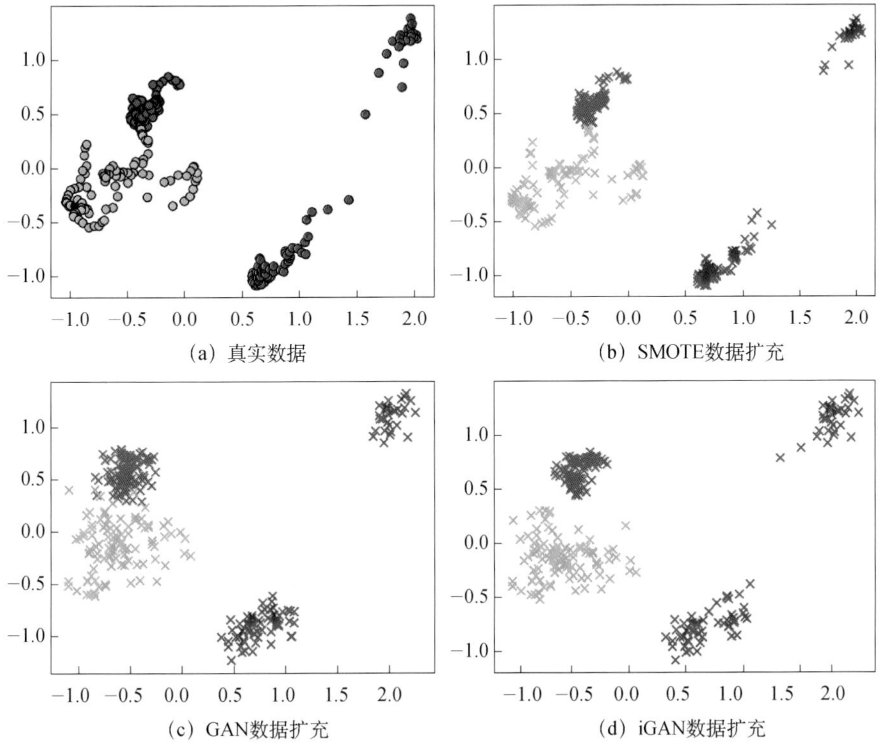

图 7.2.4　经 PCA 降维后的真实故障数据和生成的故障数据

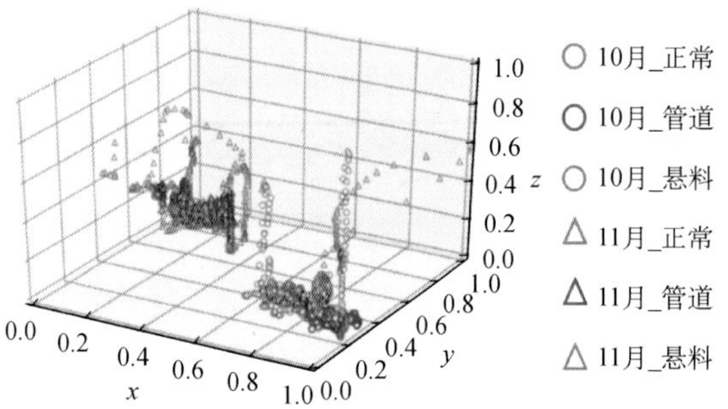

图 8.2.3　数据集 Oct 和数据集 Nov 的 t-SNE 可视化

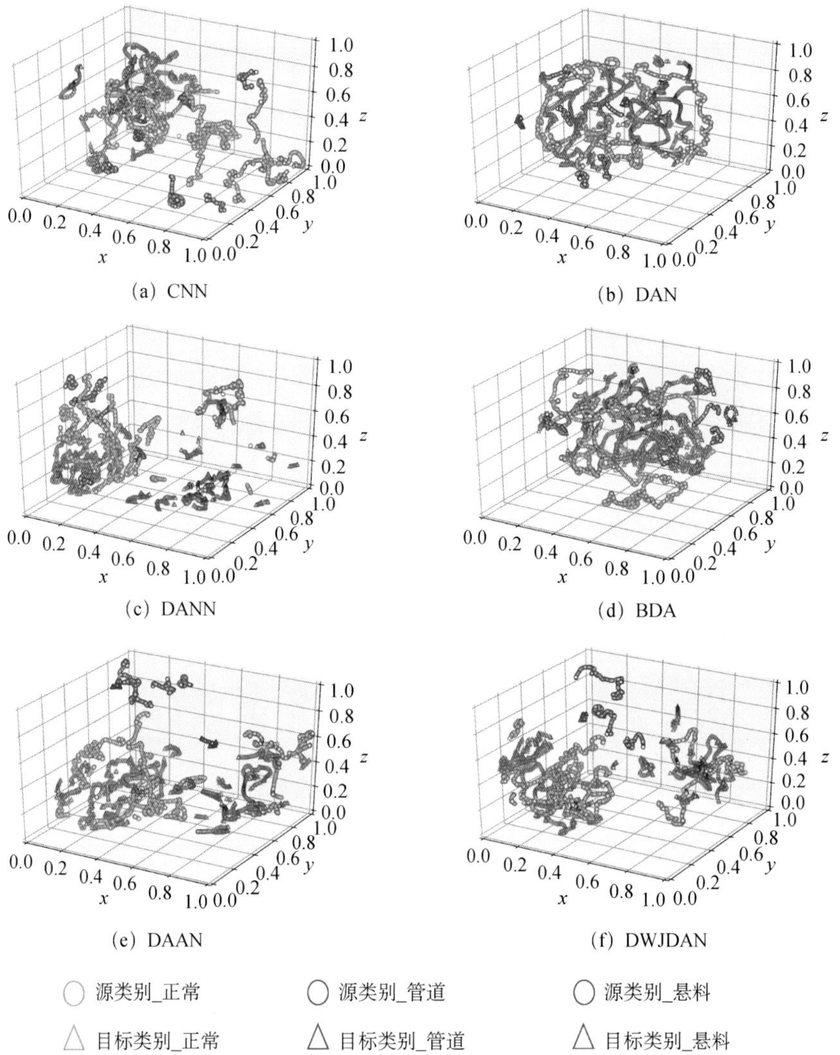

图 8.2.6　各类方法提取特征的 t-SNE 可视化 1

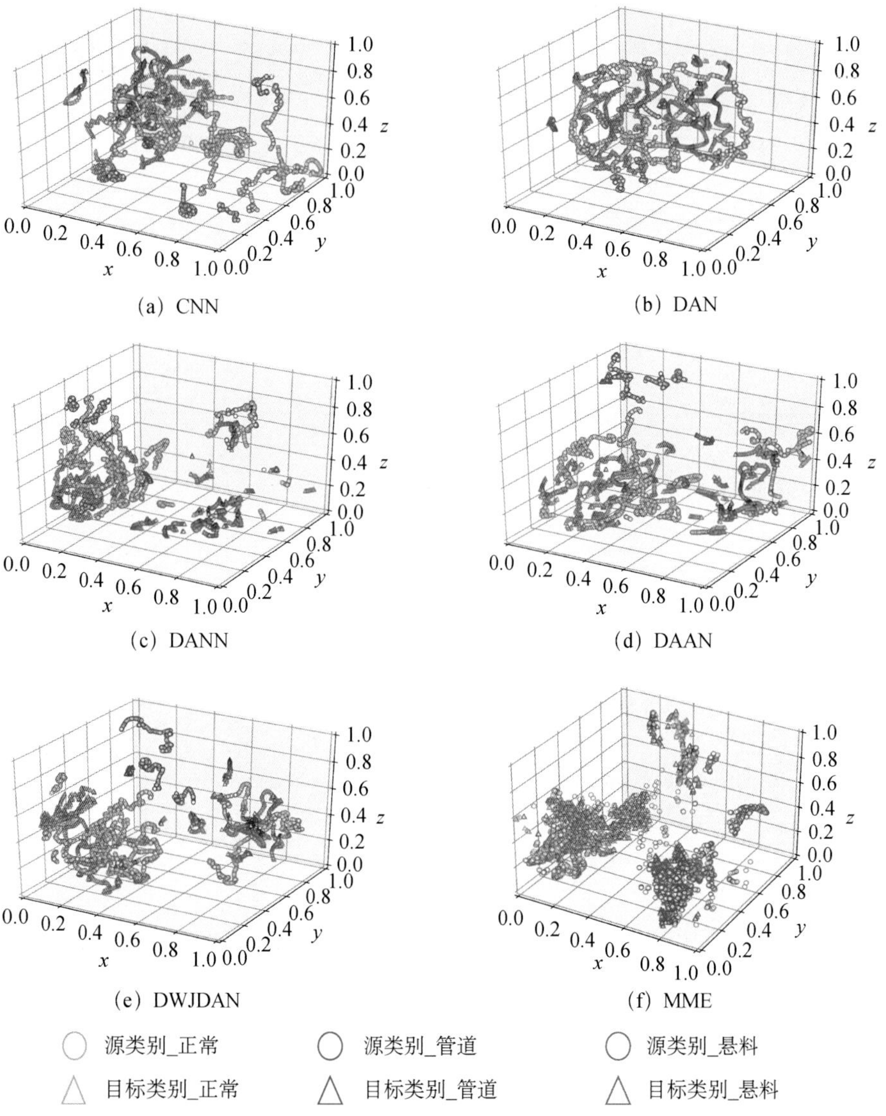

图8.3.5　各类方法提取特征的 t-SNE 可视化 2

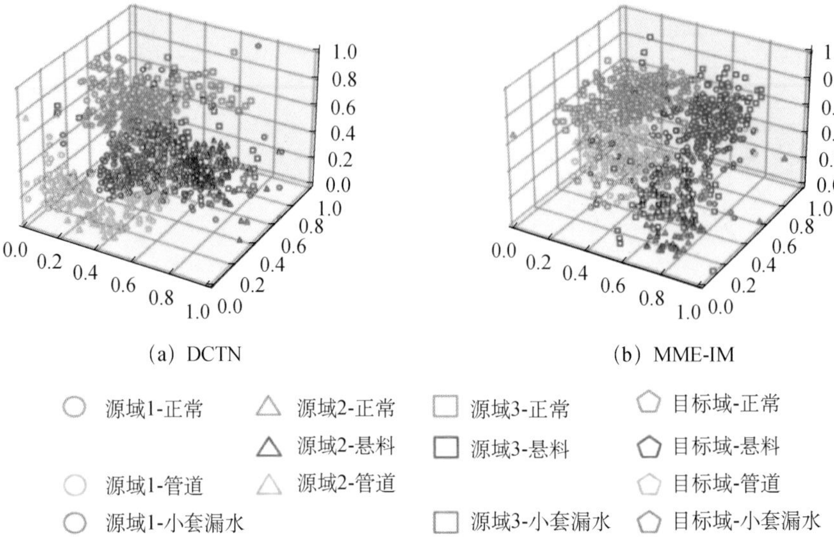

(a) DCTN (b) MME-IM

图8.4.2 提取多源特征示意图

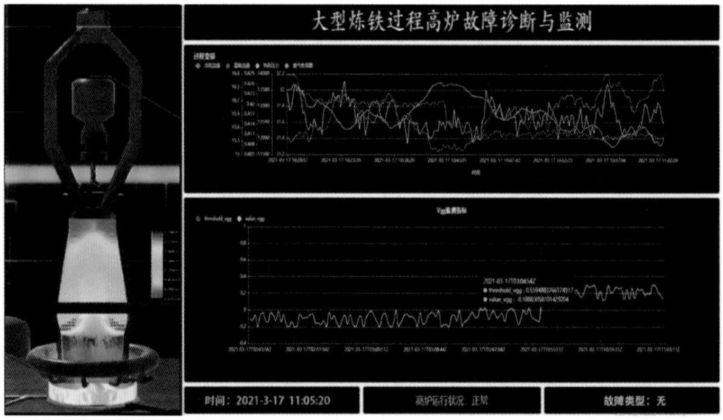

图9.4.2 工业互联网平台的故障诊断 APP

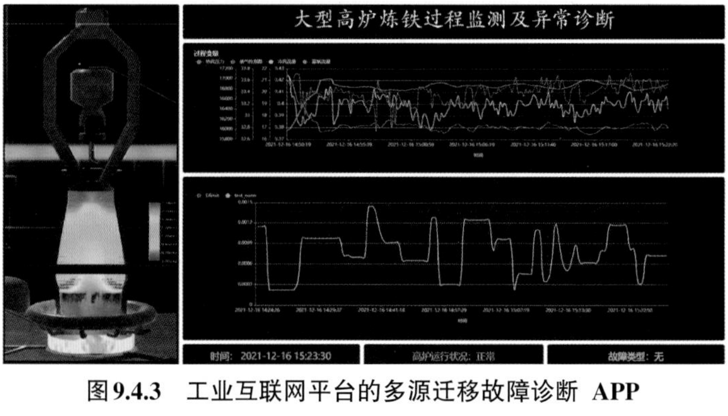

图9.4.3 工业互联网平台的多源迁移故障诊断 APP

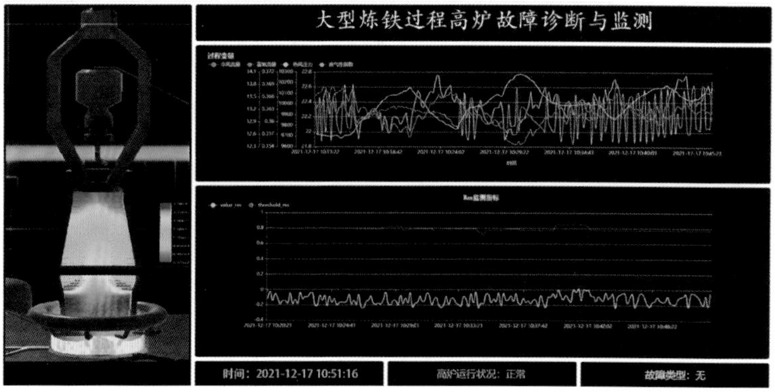

图 9.4.4　基于工业互联网的故障诊断 APP 应用图

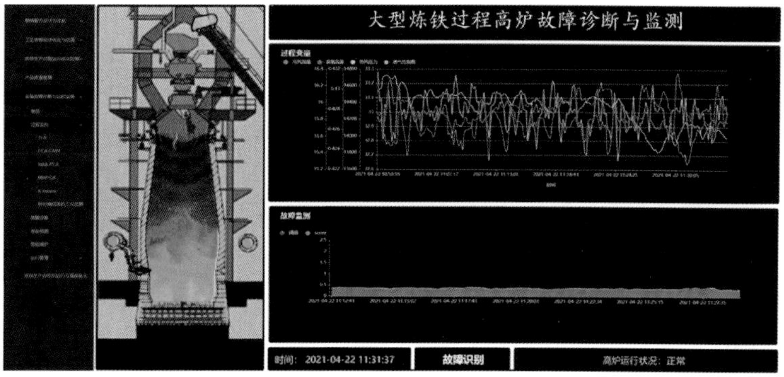

图 9.4.5　高炉故障检测可视化